Lebensmittelchemie 2

Lehrbuch der Lebensmittelchemie

Band 1: Lebensmittelinhaltsstoffe

Band 2: Die Lebensmittel

Zum Gedenken an KURT TÄUFEL (10. 12. 1892—10. 2. 1970)

Lehrbuch der Lebensmittelchemie 2

Die Lebensmittel

von PROF. DR.-ING. HABIL. CLAUS FRANZKE, Berlin

unter Mitarbeit von

Dr. H. Buhr (Berlin), Prof. Dr. habil. B. Gassmann (Bergholz-Rehbrücke), Dr. R. Göbel (Berlin), Doz. Dr. sc. S. Grunert (Berlin), Dr. sc. J. Kroll (Berlin), Dr. K. Romminger (Berlin), Prof. Dr. habil. H. Schmandke (Bergholz-Rehbrücke), Doz. Dr. J. Vogel (Berlin), Dr. G. Wolf (Leipzig), Doz. Dr. R. Zimmermann (Berlin)

Mit 16 Abbildungen und 84 Tabellen

AKADEMIE-VERLAG · BERLIN 1982

Bearbeiter:

Dr. H. BUHR,	Kap. 1
Prof. Dr. habil. Cl. FRANZKE	Kap. 2, 5, 6, 7, 9, 10, 12, 14, 15, 16, 17, 18, 19, 20, 22, 23, 24 und 27
Prof. Dr. habil. B. GASSMANN	Kap. 3 und 4
Dr. R. GÖBEL	Kap. 11
Doz. Dr. sc. S. GRUNERT	Kap. 8 und 13
Dr. sc. J. KROLL	Kap. 16
Dr. K. ROMMINGER	Kap. 26
Prof. Dr. habil. H. SCHMANDKE	Kap. 25
Doz. Dr. J. VOGEL	Kap. 1
Dr. G. WOLF	Kap. 21
Doz. Dr. R. ZIMMERMANN	Kap. 8

Erschienen im Akademie-Verlag, DDR-1086 Berlin, Leipziger Straße 3—4
Lektor: Gisela Güntherberg

Lizenznummer: 202 · 100/525/82
Schutzumschlag und Einband: Rolf Kunze
Gesamtherstellung: VEB Druckerei „Thomas Müntzer", 5820 Bad Langensalza
Bestellnummer: 762 735 3 (6553/2) · LSV 1234, 1274, 3694
Printed in GDR

DDR 38,– M

Vorwort

Das vorliegende „*Lehrbuch der Lebensmittelchemie*" ist in erster Linie für Studenten der Lebensmittelchemie, Lebensmitteltechnologie und Lebensmitteltechnik geschrieben, darüber hinaus aber auch für weitere Interessenten gedacht, die sich mit Fragen auf dem Gebiet Lebensmittel und Ernährung befassen. Die beiden Bände „*Lebensmittelinhaltsstoffe*" (Bd. I) und „*Die Lebensmittel*" (Bd. II) sind inhaltlich aufeinander abgestimmt.

Der erste Band soll die Grundlagen der Lebensmittelchemie, d. h. das Wissen über Struktur, Eigenschaften und Reaktivität der die Lebensmittel konstituierenden Bausteine vermitteln und Hinweise auf deren biologische, lebensmittelchemisch-analytische und technologische Bedeutung gewisser Verbindungen geben. In stärkerem Umfange als sonst üblich sind jene Bestandteile berücksichtigt, über deren Vorkommen, Konstitution, Entstehen und Wirkungsweise man erst in letzter Zeit besser informiert ist, die mengenmäßig meist wenig ins Gewicht fallen, aber trotzdem für die Qualität von Lebensmitteln von ausschlaggebender Bedeutung sein können. So ist beispielsweise den Kapiteln „Aroma- und Geschmacksstoffe" sowie „Fremdstoffe" relativ viel Platz eingeräumt worden.

Der zweite Band beschreibt unter Voranstellung eines Kapitels über die Reaktionskinetik von Lebensmitteln die verschiedenen Lebensmittel und die ihnen lt. Lebensmittelgesetz rechtlich gleichgestellten Produkte. Sie werden nach Erzeugnisgruppen zusammengefaßt abgehandelt. Die stoffliche Zusammensetzung der Nahrungsgüter, ihre Determiniertheit bzw. Änderung in Abhängigkeit von inneren und äußeren Faktoren steht im Vordergrund der Betrachtungen. Auf analytische Möglichkeiten ihrer Erfassung und die damit verbundenen Probleme kann nur hier und da hingewiesen werden.

Die Ausführungen zur Technologie der Gewinnung, Aufbereitung, Herstellung usw. einzelner Lebensmitteltypen und ihrer Ausgangsstoffe sind vorwiegend prinzipieller Natur. Sie sollen anhand von Zielstellung, angewendeter Verfahrensweise und gegebenen Bedingungen primär erkennen lassen, welche chemischen Umsetzungen beabsichtigt und möglich sind, um daraus Schlußfolgerungen für die Beeinflußbarkeit bestimmter Reaktionen hinsichtlich Richtung, Umfang und Geschwindigkeit ziehen zu können.

Die Darlegung ernährungsphysiologischer, lebensmittelhygienisch-toxikologischer und -rechtlicher neben der chemischer Aspekte soll das Verständnis für Zusammenhänge und eine komplexe Problembetrachtung fördern. Sie ist allerdings kurz gehalten, um genügend Raum für die Behandlung (bio-)chemischer Sachverhalte zu lassen.

Den Abschluß bildet ein Kapitel „Ausgewählte statistische Angaben über Lebensmittelverbrauch, Ernteerträge und Produktion“.

Der Student und jeder andere interessierte Leser, der sein Wissen weiter vervollkommnen möchte, sollte die Mühe nicht scheuen, die am Ende eines jeden Bandes aufgeführte Literatur zum vertiefenden Studium mit heranzuziehen.

Bezüglich der technischen Details seien folgende Hinweise gegeben. Für die Formeln sind dort, wo es aus didaktischen Gründen angebracht erschien, vereinfachte Strichzeichnungen verwendet worden, aus denen jedoch — außer im Falle eines ausdrücklichen Vermerks — Rückschlüsse auf Konfiguration oder Konformation nicht gezogen werden dürfen. Grundsätzlich wird die c-Schreibweise angewendet. Die neuen Vorschläge der IUPAC für die Schreibweise von chemischen Verbindungen sind weitgehend berücksichtigt. Als Affixe mit systematischer Bedeutung werden daher verwendet -en, anstelle von -ol oder -in für aromatische Kohlenwasserstoffe (z. B. Benzen, Caroten, Naphthalen, Styren usw.), und -ol für Verbindungen mit -OH als charakteristischer Gruppe (z. B. Cholesterol, Glucitol, Glycerol, Inositol usw.). Durchgängig wurden die SI-Einheiten angewendet, wobei aber zusätzlich in Klammern die entsprechenden Werte in alten Maßeinheiten angegeben sind.

Mein Dank gilt in erster Linie den Mitautoren, die eigenverantwortlich bestimmte Kapitel bearbeitet haben und in verständnisvoller Weise meine Änderungsvorschläge für ihre Manuskripte, die ich im Hinblick auf eine einheitliche Gestaltung für erforderlich hielt, berücksichtigt haben. Zu danken habe ich zahlreichen Fachkollegen für Ratschläge, Literaturbeschaffung sowie kritische Durchsicht von Einzelkapiteln. Herrn *Chem.-Ing. H. Döhnert* danke ich für die Anfertigung aller Zeichnungen. Dem Akademie-Verlag, besonders Frau *G. Güntherberg* und Herrn *F. Schulz*, bin ich für ihr verständnisvolles Entgegenkommen zu Dank verbunden. Besonders zu danken habe ich noch Herrn *Doz. Dr. S. Grunert*, der mich durch zahlreiche Diskussionen, Überprüfung von Einzeldarstellungen und kritische Hinweise unterstützt hat. Meine Bitte geht an alle Fachkollegen, mich auf Fehler und Unzulänglichkeiten aufmerksam zu machen.

Claus Franzke

Inhaltsverzeichnis

1. Reaktionskinetik und Berechnung lebensmittelchemischer Prozesse

1.1. Allgemeines

Lebensmittel sind vielfach sehr reaktionsbereite Systeme und können zahlreichen erwünschten oder unerwünschten Veränderungen unterliegen. Diese erstrecken sich ursächlich oder als Folge vorrangig auf chemische, biochemische, physikalische, mikrobiologische und sensorische Umwandlungen. Die Steuerung dieser substantiellen und strukturellen Veränderungen als Ziel und Notwendigkeit einer modernen industriellen Lebensmittelverarbeitung erfordert die Kenntnis der Reaktionskinetik, d. h. der Dynamik und Gesetzmäßigkeiten dieser Umwandlungen.

Die relativ junge Wissenschaftsdisziplin „Reaktionskinetik der Lebensmittel" baut auf den Grundlagen der chemischen Kinetik auf. Ein wesentlicher Unterschied zu dieser leitet sich aus der zumeist komplexen Zusammensetzung von Lebensmitteln mit einer entsprechenden Vielfalt von Reaktionsmöglichkeiten ab.

Der gegenwärtige Entwicklungsstand ist vor allem gekennzeichnet durch die Notwendigkeit zur Erforschung und Anwendung geeigneter Untersuchungsmethoden und Berechnungsverfahren, wobei zweckmäßige Vereinfachungen und die Nutzung von Indikatorreaktionen häufig vorteilhaft sind. Hierunter ist die Änderung eines analytisch erfaßbaren Inhaltsstoffes zu verstehen, der als repräsentativ für die Gesamtänderung der Qualität angesehen werden kann. In diesem Sinne kann z. B. die Bildung von Hydroxymethylfurfural in Apfelsaft als Qualitätsindikator für das Auftreten von Kochgeruch und -geschmack herangezogen werden.

Aufgabe der Reaktionskinetik der Lebensmittel ist es, die Abhängigkeit der Reaktionen von der Zeit und von den einflußnehmenden Parametern sowie deren Reaktionsmechanismen zu erforschen und damit grundlegende Voraussetzungen zur Berechnung, Steuerung und Optimierung von stoffumwandelnden und -verändernden Prozessen in Lebensmitteln zu schaffen.

Lebensmittel als Mehrstoffsysteme und die damit verbundene Vielfalt des Reaktionsgeschehens zwingen bei der Aufklärung der Reaktionsmechanismen und der Zeitabhängigkeit der Veränderungen oftmals dazu, von zunächst einfachen und überschaubaren Modellen auszugehen und die hieran gewonnenen Erkenntnisse in einem zweiten Schritt auf das Lebensmittel zu übertragen. Aus methodischer Sicht sind prinzipiell alle die Analysenverfahren als geeignet anzusehen, die die quantitative zeitabhängige Verfolgung dieser Veränderungen im Lebensmittel ermöglichen.

Für die praktische Anwendung der Reaktionskinetik zur Berechnung von Prozessen erweist es sich als zweckmäßig, den Ablauf eines Prozesses als Funktion der Zeit, der Temperatur und des Reaktionsmilieus zu betrachten. Dabei können im Hinblick auf die Variabilität dieser Parameter folgende Zuordnungen vorgenommen werden:

- Prozesse mit der Zeit als einziger Variablen (z. B. Lagerung von Lebensmitteln bei konstanten Bedingungen)
- Prozesse mit Zeit und Temperatur als Variablen (z. B. thermische Behandlung verpackter Lebensmittel)
- Prozesse mit Zeit und Reaktionsmilieu als Variablen (z. B. Lagerung unverpackter Lebensmittel bei konstanter Temperatur)
- Prozesse mit Zeit, Temperatur und Reaktionsmilieu als Variablen (z. B. Konzentrieren und Trocknen von Lebensmitteln).

1.2. Reaktionskinetische Grundlagen

Reaktionen in Lebensmitteln können nur dann ablaufen, wenn die thermodynamischen und reaktionskinetischen Voraussetzungen erfüllt sind. Das bedeutet, daß aus thermodynamischer Sicht die Änderung der freien Reaktionsenthalpie einen negativen Wert annehmen und aus reaktionskinetischer Sicht die erforderliche Aktivierungsenergie vorhanden sein muß. Bei Stoffwechselvorgängen in Lebensmitteln, z. B. in lagerndem Obst und Gemüse bzw. bei mikrobiellen Umwandlungen, ist die energetische Kopplung exergoner und endergoner Reaktionen, der Ablauf von Reaktionsketten und -cyclen sowie die Wirksamkeit biologischer Katalysatoren kennzeichnend. Das heißt, daß in den meisten Fällen die Umwandlung der Ausgangsstoffe in die Endprodukte über die Bildung von Zwischenprodukten verläuft. Die Gesamtreaktion ist also eine Folge von Teilschritten, die als Elementarreaktionen bezeichnet werden. Diese lassen sich nach der Molekularität einteilen. Je nachdem, ob ein, zwei oder drei Teilchen miteinander in Wechselwirkung treten, spricht man von mono-, bi- oder trimolekularen Reaktionen. Die Art und Zahl der beteiligten Elementarreaktionen, ihre zeitliche Folge und die auftretenden Zwischenprodukte charakterisieren im wesentlichen den Reaktionsmechanismus, dessen Aufklärung als grundlegende Aufgabe der Reaktionskinetik anzusehen ist, da sich hierauf die Beherrschung und Steuerung eines Reaktionsablaufes gründet.

1.2.1. *Reaktionsgeschwindigkeit*

Als zentrale Größe der Reaktionskinetik kann die Reaktionsgeschwindigkeit r angesehen werden. Sie ist definiert als zeitliche Änderung der Konzentration eines Stoffes, der bei einer Reaktion verbraucht oder gebildet wird. Für die Umwandlung eines Stoffes A in ein Produkt X gilt unter der Bedingung, daß die stöchiometrischen Koeffizienten gleich 1 sind:

$$r = -\frac{dc_A}{dt} = +\frac{dc_X}{dt} = f(RM) .$$

c_A und c_X = Konzentration der Stoffe A und X

Allgemein gilt:

$$r = \frac{1}{\nu_i} \cdot \frac{dc_i}{dt},$$

ν_i = stöchiometrischer Koeffizient; mit negativem Vorzeichen für Ausgangsstoffe, mit positivem für Endprodukte

Die Gleichung verdeutlicht, daß die Reaktionsgeschwindigkeit eine Funktion des Reaktionsmilieus *RM* ist. Hierunter ist zu verstehen: Konzentration bzw. Aktivität von Reaktanden, Reaktionsprodukten, Katalysatoren, Zusatz- und Begleitstoffen, Temperatur, pH-Wert, rH-Wert, Ionenstärke, Wassergehalt bzw. -aktivität, Druck, Strahlung u. a. Es ist zu beachten, daß auch Wechselwirkungen der genannten Parameter die Reaktionsgeschwindigkeit mitbestimmen können.

Weiterhin ist von Einfluß, ob die Reaktionen in homogener oder heterogener Phase stattfinden. Bei letzteren beteiligen sich mehrere Phasen an der Umsetzung und in der Regel nehmen Stofftransportvorgänge sowie Art und Größe der Phasengrenzflächen ausschlaggebenden Einfluß auf die Reaktionsgeschwindigkeit. Vielfach lassen sich auch diese Prozesse mit den Gesetzen der homogenen Kinetik beschreiben, jedoch ist die Geschwindigkeit dann z. B. nicht nur von der Temperatur, sondern auch von weiteren Parametern (Oberfläche, Diffusion, Durchmischung u. a.) abhängig. So kann der Stofftransport anteilmäßig oder in Grenzfällen ausschließlich die Gesamtgeschwindigkeit eines Vorganges bestimmen.

1.2.2. Zeitgesetze

Der funktionelle Zusammenhang zwischen Reaktionsgeschwindigkeit und Konzentration der an einer Reaktion beteiligten Stoffe bei sonst konstantem Reaktionsmilieu wird durch Zeitgesetze ausgedrückt, deren Ermittlung bei reaktionskinetischen Untersuchungen immer eine vorrangige Aufgabe darstellt. Diese Zeitgesetze stellen eine mathematische Beschreibung des Reaktionsverhaltens dar. Sind in einem reagierenden System die Komponenten A, B, C, ... vorhanden und besitzt eine im System ablaufende Reaktion das Zeitgesetz

$$r = k c_A^{\alpha} c_B^{\beta} c_C^{\gamma} \ldots,$$

so kennzeichnet

$$n = \alpha + \beta + \gamma + \ldots$$

die Gesamtordnung der Reaktion. α, β, γ, ... selbst entsprechen der Ordnung der Reaktion in bezug auf die Stoffe A, B, C, ...

Einfache Zeitgesetze besitzen die in Tab. 1.1 dargestellten Formen. Die angegebenen Gleichungen gelten für den Fall, daß die stöchiometrischen Koeffizienten ν_i der zugrundeliegenden Reaktion gleich 1 sind. Nach dem in der Differentialform der Zeitgesetze auftretenden Exponenten werden die entsprechenden Reaktionen dann als Reaktion 0., 1., 2. oder 3. Ordnung bezeichnet.

Die Reaktionsordnung einer Umsetzung kann auch gebrochene Zahlenwerte annehmen. Einfache Zeitgesetze mit ganzzahligen Exponenten gelten auch für kom-

Tabelle 1.1. Einfache Zeitgesetze für Reaktionen 0., 1., 2. und 3. Ordnung

Reaktionsordnung	Differentialform	Integralform Auflösung nach *A* bzw. *X*	Auflösung nach *t*
0.	$r = -\frac{dc_A}{dt} = kc_A^0 = k$	$c_A = -kt + c_A^0$	$t = \frac{c_A^0 - c_A}{k} = \frac{1}{k}[c_X]$
1.	$r = -\frac{dc_A}{dt} = kc_A^1$	$\lg c_A = -\frac{kt}{2{,}303} + \lg c_A^0$	$t = \frac{1}{k}\left[2{,}303 \lg \frac{c_A^0}{c_A}\right]$
2.			
$c_A^0 = c_B^0$	$r = -\frac{dc_A}{dt} = kc_A^2$	$\frac{1}{c_A} = kt + \frac{1}{c_A^0}$	$t = \frac{1}{k}\left[\left(\frac{1}{c_A} - \frac{1}{c_A^0}\right)\right]$
$c_A^0 \neq c_B^0$	$r = -\frac{dc_A}{dt} = kc_A c_B$	$c_X = \frac{c_A^0 \cdot c_B^0 (1 - e^{-kt(c_A^0 - c_B^0)})}{c_A^0 - c_B^0 e^{-kt(c_A^0 - c_B^0)}}$	$t = \frac{1}{k}\left[\frac{2{,}303}{c_A^0 - c_B^0} \lg \frac{c_B^0 c_A}{c_A^0(c_B^0 - c_X)}\right]$
3.			
$c_A^0 = c_B^0 = c_C^0$	$r = -\frac{dc_A}{dt} = kc_A^3$	$c_X = c_A^0\left(1 - \frac{1}{\sqrt{1 + 2c_A^{0^2}kt}}\right)$	$t = \frac{1}{k}\left[\frac{1}{2}\left(\frac{1}{c_A^2} - \frac{1}{c_A^{0^2}}\right)\right]$
allgemein (ohne Reaktion 1. Ordnung)	$r = -\frac{dc_A}{dt} = kc_A^n$	$\frac{1}{c_A^{n-1}} = (n-1)\,kt + \frac{1}{c_A^{0\,n-1}}$	$t = \frac{1}{k}\left[\frac{1}{n-1}\left(\frac{1}{c_A^{n-1}} - \frac{1}{c_A^{0\,n-1}}\right)\right]$

plexe Reaktionen, wenn der geschwindigkeitsbestimmende Schritt einem solchen Zeitgesetz unterliegt. Die Abhängigkeit des Abbaues eines Stoffes A von der Zeit t durch eine irreversible Reaktion 0., 1., 2. oder 3. Ordnung ist in Abb. 1.1 dargestellt.

Durch das Auftreten von Gleichgewichts-, Folge- und Nebenreaktionen erklärt sich die oftmals zu beobachtende Verschiedenheit zwischen Molekularität und Reaktionsordnung. Nur bei Elementarreaktionen, die im allgemeinen mono- oder bimolekular verlaufen, ist die Molekularität gleich der Reaktionsordnung.

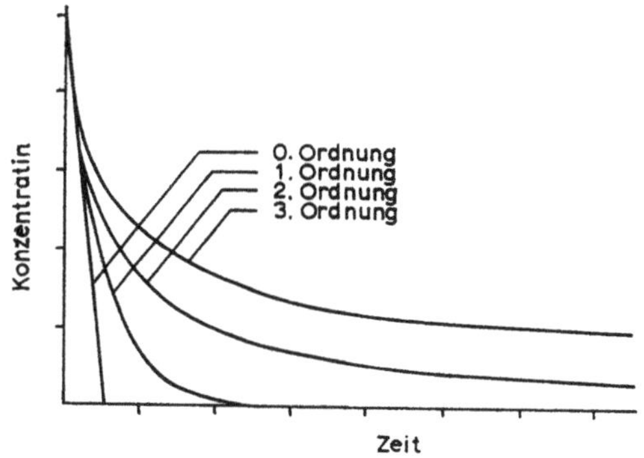

Abb. 1.1. Abbau eines Stoffes nach verschiedenen Reaktionsordnungen

1.2.3. Reaktionsgeschwindigkeitskonstante und Reaktionszeiten

Der in den Zeitgesetzen auftretende Proportionalitätsfaktor k wird als Geschwindigkeitskonstante bezeichnet. Sie ist die charakteristische Größe für eine chemische Reaktion, da sie im Gegensatz zur Reaktionsgeschwindigkeit r weder konzentrations- noch zeitabhängig ist. Die Geschwindigkeitskonstante k ist eine Funktion des Reaktionsmilieus und ergibt sich aus den Zeitgesetzen (ausgenommen Zeitgesetz 1. Ordnung) nach Integration zu:

$$k = \frac{1}{t(n-1)}\left[\frac{1}{c_A^{\,n-1}} - \frac{1}{c_A^{0\,n-1}}\right].$$

c_A^0 = Konzentration des Stoffes A zum Zeitpunkt Null

Liegen ein oder mehrere Reaktionspartner in großem Überschuß vor, so daß sich deren Konzentration im Verlaufe der Reaktion nicht merklich ändert, so kann sie in die Geschwindigkeitskonstante einbezogen werden. Die Reaktion scheint dann von einer niedrigeren Ordnung zu sein, die auch als Pseudoordnung bezeichnet wird (z. B. Rohrzuckerinversion in wäßriger Lösung mit Wasser als Reaktionspartner).

Die integrierten Formen der Zeitgesetze geben Antwort auf die in der Praxis bedeutungsvollen Fragen:

1. Wie groß ist die Konzentration eines Stoffes nach einer bestimmten Reaktionszeit?
2. Welche Prozeßzeit bewirkt einen bestimmten Stoffumsatz?

Eine Vereinfachung der Berechnungen ist durch die Anwendung relativer Größen a bzw. x für die Konzentration, denen k' als Reaktionsgeschwindigkeitskonstante und v als Reaktionsgeschwindigkeit zugeordnet sind, möglich.

$$a = \frac{c_A}{c_A^0}\,; \qquad x = \frac{c_X}{c_A^0} = 1 - a\,.$$

Für eine Reaktion $A \rightarrow X$ gilt dann:

$$r = -\frac{dc_A}{dt} = +\frac{dc_X}{dt} = k \cdot c_A{}^n\,.$$

Mit $c_A = a \cdot c_A^0$ und $dc_A = c_A^0 \cdot da$ gilt:

$$r = -c_A^0 \frac{da}{dt} = k \cdot a^n \cdot c_A^{0\,n}$$

oder

$$v = \frac{r}{c_A^0} = -\frac{da}{dt} = k \cdot c_A^{0\,n-1} \cdot a^n = k' \cdot a^n\,.$$

Aus $x = 1 - a$ folgt $dx = -da$, somit ist $-\dfrac{da}{dt} = +\dfrac{dx}{dt}$.

Die Reaktionsgeschwindigkeitskonstante besitzt die Größenart Konzentration^{1-n} $\times$ Zeit^{-1}. Neben der Reaktionsgeschwindigkeitskonstanten als eigentlichem kinetischen Charakteristikum chemischer Reaktionen hat sich in der Reaktionskinetik der Lebensmittel die Verwendung solcher Größen als günstig erwiesen, die unmittelbare Reaktionszeiten für einen definierten Umsatz bei konstanter Temperatur widerspiegeln. Für die Anwendung der im folgenden aufgeführten Rechengrößen, die in der chemischen Kinetik nicht üblich sind, sprechen im wesentlichen zwei Gründe:

- Aus der Sicht der Praxis genügt es oft, selbst komplexe Prozesse und Reaktionen mit unbekanntem Reaktionsmechanismus annähernd zu berechnen.
- Bei der Prozeßberechnung für Lebensmittel steht zumeist die Frage nach der notwendigen Zeit im Vordergrund, in der ein erwünschter oder unerwünschter Effekt entsteht (Sterilisations-, Koch-, Back-, Brat-, Gefrier-, Trocknungs-, Verderbs- und Haltbarkeitszeiten).

Als solche Zeiten sind bekannt:

Mit dem D-Wert (Decimal Reduction Time) führt man vorwiegend die Berechnung der Mikroorganismenabtötung durch. Er ist nur für Reaktionen 1. Ordnung anwendbar.

D: Zeit für einen 90%igen Stoffumsatz 1. Ordnung;

$$D = \frac{2{,}303}{k'}\,.$$

Später wurde der H-Wert für den 10%igen Umsatz eingeführt, dessen Vorteil darin liegt, daß er unabhängig von der Reaktionsordnung ist.

H: Zeit für einen 10%igen Stoffumsatz beliebiger Reaktionsordnung;

$$H = \frac{1}{10k'}\,.$$

Bei der Prozeßberechnung und -optimierung sind erwünschte und unerwünschte Effekte zu unterscheiden, deren Charakterisierung durch die folgenden Symbole vorgenommen wird:

Z: Zeit zur Erzielung eines erwünschten Effektes, z. B. Z_m für die Mikroorganismenabtötung; Z_e für die Enzyminaktivierung
t_x: Zeit für eine unerwünschte Reaktion, wobei x die prozentuale Änderung des Stoffes angibt

t_{erl}- und t_{zul}-Werte charakterisieren vorwiegend sensorisch bestimmbare Qualitätsstufen eines Lebensmittels, wobei t_{zul} oft gleichbedeutend mit der Haltbarkeitszeit ist. Die Kenntnis der Reaktionsordnung und des Umsatzes der zugrundeliegenden Reaktion ist nicht unbedingt erforderlich.

t_{erl}: Zeit, nach der erste erkennbare und noch erlaubte Mängel auftreten
t_{zul}: Zeit, in der die Mängel die gerade noch zulässige Grenze erreicht haben.

1.2.4. *Dimensionslose Zeitparameter*

Für Prozeßberechnungen ist es günstig, dimensionslose Parameter zu verwenden, die aus den Reaktionszeiten abgeleitet werden. Solche Parameter sind die Größen G und W, die das Verhältnis der real einwirkenden Reaktionszeit zu der für die Erzielung eines Effektes erforderlichen Reaktionszeit darstellen. G kennzeichnet den sogenannten Lagerungswert.

$$G = \frac{t}{t_x}; \qquad G_{erl} = \frac{t}{t_{erl}}; \qquad G_{zul} = \frac{t}{t_{zul}}.$$

W entspricht dem Inaktivierungs- oder Sterilisierwert für die Enzyminaktivierung bzw. Mikroorganismenabtötung.

$$W = \frac{t}{Z_e} \quad \text{bzw.} \quad \frac{t}{Z_m}.$$

Bei erreichtem Effekt sind W und G gleich 1, bei Unter- bzw. Überschreitung kleiner bzw. größer 1. Hiervon zu unterscheiden ist die ebenfalls als Sterilisierwert bezeichnete Größe F_0, die ein Sterilisationsäquivalent darstellt.

Weitere dimensionslose Zeitparameter werden als f_n-, f_{H_n}- und f_{D_1}-Faktoren gekennzeichnet. Diese ergeben sich aus den in Tab. 1.1 in eckigen Klammern angeführten Gliedern, wobei folgende Gleichung gilt:

$$f_n = k' \cdot t = \frac{f_{H_n}}{10}.$$

Für die praktische Anwendung hat sich der 10fache Wert des f_n-Faktors als zweckmäßig erwiesen. Dieser f_{H_n}-Wert ergibt sich auch als Quotient zweier Reaktionszeiten:

$$f_{H_n} = \frac{t_x}{H}.$$

Mit Ausnahme der Reaktion 1. Ordnung gilt allgemein:

$$f_{H_n} = \frac{10}{n-1}\left[\frac{1}{a^{n-1}} - 1\right].$$

Tabelle 1.2. Dimensionslose Zeitparameter f_{H_0}, f_{H_1}, f_{D_1}, f_{H_2} und f_{H_3} für die Zerstörung eines Stoffes A nach einer Reaktion 0., 1., 2. und 3. Ordnung (nach J. Herrmann)

Es gilt: $a_0 = 1$; $x_0 = 0$; $A \rightarrow X$ bzw. $A + B + C \rightarrow X$, wobei $c_A^0 = c_B^0 = c_C^0$ ist.

x	f_{H_0}	f_{H_1}	f_{D_1}	f_{H_2}	a	f_{H_3}
0	0	0	0	0	1,0	0
0,0001	0,001	0,001	0,00004	0,001	0,9999	0,001
0,001	0,01	0,010	0,0004	0,1	0,999	0,01
0,01	0,1	0,100	0,004	0,101	0,99	0,1
0,02	0,2	0,202	0,009	0,204	0,98	0,206
0,04	0,4	0,408	0,018	0,417	0,96	0,425
0,06	0,6	0,619	0,027	0,638	0,94	0,659
0,08	0,8	0,834	0,036	0,870	0,92	0,907
0,10	1,0	1,054	0,046	1,111	0,90	1,173
0,12	1,2	1,279	0,056	1,364	0,88	1,406
0,14	1,4	1,508	0,066	1,628	0,86	1,760
0,16	1,6	1,744	0,076	1,905	0,84	2,086
0,18	1,8	1,985	0,086	2,195	0,82	2,436
0,20	2,0	2,252	0,097	2,500	0,80	2,813
0,22	2,2	2,485	0,108	2,821	0,78	3,218
0,24	2,4	2,745	0,119	3,158	0,76	3,657
0,26	2,6	3,012	0,131	3,514	0,74	4,131
0,28	2,8	3,286	0,143	3,889	0,72	4,645
0,30	3,0	3,567	0,155	4,286	0,70	5,204
0,32	3,2	3,857	0,167	4,706	0,68	5,813
0,34	3,4	4,156	0,180	5,152	0,66	6,478
0,36	3,6	4,464	0,195	5,625	0,64	7,207
0,38	3,8	4,781	0,208	6,129	0,62	8,007
0,40	4,0	5,109	0,222	6,667	0,60	8,889
0,42	4,2	5,448	0,237	7,244	0,58	9,863
0,44	4,4	5,799	0,252	7,857	0,56	10,944
0,46	4,6	6,163	0,268	8,519	0,54	12,15
0,48	4,8	6,541	0,284	9,231	0,52	13,49
0,50	5,0	6,933	0,301	10,00	0,50	15,00
0,52	5,2	7,341	0,319	10,83	0,48	16,70
0,54	5,4	7,767	0,337	11,74	0,46	18,63
0,56	5,6	8,211	0,357	12,73	0,44	20,83
0,58	5,8	8,677	0,377	13,81	0,42	23,34
0,60	6,0	9,164	0,398	15,00	0,40	26,25
0,62	6,2	9,678	0,420	16,32	0,38	29,63
0,63	6,3	10,00	0,434	17,17	0,37	31,92
0,64	6,4	10,22	0,444	17,78	0,36	33,58
0,66	6,6	10,79	0,468	19,41	0,34	38,25
0,68	6,8	11,70	0,495	21,25	0,32	43,83
0,70	7,0	12,04	0,523	23,33	0,30	50,56
0,72	7,2	12,73	0,553	25,71	0,28	58,78
0,74	7,4	13,47	0,585	28,46	0,26	68,96
0,76	7,6	14,27	0,620	31,67	0,24	81,81
0,78	7,8	15,14	0,658	35,45	0,22	98,31
0,80	8,0	16,10	0,699	40,00	0,20	120,00
0,82	8,2	17,15	0,745	45,56	0,18	149,3
0,84	8,4	18,33	0,796	52,50	0,16	190,3
0,86	8,6	19,66	0,854	61,43	0,14	250,1
0,88	8,8	21,21	0,921	73,33	0,12	342,2

Tabelle 1.2. (Fortsetzung)

x	f_{H_0}	f_{H_1}	f_{D_1}	f_{H_2}	a	f_{H_3}
0	0	0	0	0	1,0	0
0,90	9,0	23,03	1,000	90,00	0,10	495,0
0,92	9,2	25,26	1,097	115,00	0,08	776,3
0,94	9,4	28,14	1,222	156,00	0,06	1384
0,96	9,6	32,19	1,398	240,00	0,04	3120
0,98	9,8	39,13	1,699	490,00	0,02	12495
0,99	9,9	46,06	2,000	990,00	0,01	$5 \cdot 10^4$
0,999	9,99	69,09	3,000	9990,00	0,001	$5 \cdot 10^6$
1	10,0	∞	∞	∞	0	∞

Anwendungsbeispiele zu Tab. 1.2:

a) Bekannt seien $H = 1$ min, $n = 2$ und $t = 10$ min. Wie groß ist a oder x?
Man berechnet $f_{H_2} = t/H = 10$. Aus Tab. 1.2 ergibt sich $a = 0{,}5$ und $x = 0{,}5$, d. h. 50% wurden zerstört.

b) Vom Vitamin-B-Gehalt wurden durch eine Reaktion 1. Ordnung in 10 min 18% zerstört. Wie groß ist der H- bzw. k'-Wert?
Für $x = 0{,}18$ ist $f_{H_1} = 1{,}985$, dann ist $H = t/f_{H_1} = 10/1{,}985 = 5{,}0$ min und $k' = 0{,}1/\mathrm{H} = 0{,}02\ \mathrm{min}^{-1}$.

c) Ein Stoff wird in 8,3 min bzw. 800 min um 4% bzw. 80% abgebaut. Wie groß ist sein H-Wert und welche Reaktionsordnung liegt vor?
Aus $t = f_{H_n} \cdot H = \text{const} \cdot f_{H_n}$ folgt, daß sich die f_{H_n}-Werte für $x = 0{,}04$ bzw. 0,8 für die richtige Reaktionsordnung n wie 8,3:800 verhalten müssen. Das trifft für $n = 2$ sowie $H = 20$ min zu.

d) Bekannt seien $D = 1$ min und $t = 0{,}4$ min. Wie groß ist die Stoffzerstörung?
Da $f_{D_1} = t/D = 0{,}4$ ist, ergibt sich aus Tab. 1.2 ein Wert von $x = 0{,}6$, d. h. eine 60%ige Stoffzerstörung.

e) Wie groß sind die Reaktionszeiten t_x für $x = 0{,}5$ (Halbwertszeit), wenn $H = 1$ min für eine Reaktion 0., 1., 2. und 3. Ordnung gilt?
Da $t_{0,5} = f_{H_n} \cdot H$ ist, betragen die Werte nach Tab. 1.2 5; 6,9; 10; 15 min.

Für Reaktionen 1. Ordnung werden die folgenden Beziehungen verwendet:

$$f_{H_1} = -23{,}03 \lg a = \frac{t_x}{H},$$

$$f_{D_1} = -\lg a = \frac{t}{D}.$$

In Tab. 1.2 sind die f_{H_n}- und f_{D_1}-Werte für die Konzentrationsbereiche von a und x zusammengestellt. Mit ihrer Hilfe lassen sich der Umsatz und die Reaktionsordnung leicht bestimmen.

Die vorstehend besprochenen Gesetzmäßigkeiten und Berechnungsgrundlagen sind auf die in Lebensmitteln häufig ablaufenden komplexen Reaktionen nicht ohne weiteres anwendbar. Die Kinetik dieser Reaktionen, z. B. Gleichgewichts-, Parallel- oder Folgereaktionen, einschließlich ihrer mathematischen Behandlung ist bisher im wesentlichen nur in den Fällen aufgeklärt worden, in denen durch das Auftreten eines geschwindigkeitsbestimmenden Schrittes, bei quasistationären Konzentrationen von Zwischenprodukten bzw. beim Auftreten von Fließgleichgewichten das Zeitgesetz eine einfache Form annimmt.

1.3. Einfluß des Reaktionsmilieus

1.3.1. Temperatur

1.3.1.1. Q_{10}-, z- und $Q_{\Delta T}$-Wert

Die Reaktionsgeschwindigkeit hängt bei den meisten im Lebensmittel ablaufenden Veränderungen stark von der Temperatur ab. Zur Charakterisierung der Temperaturabhängigkeit ist die VAN'T HOFFsche Regel weitgehend anwendbar. Sie besagt, daß sich die Reaktionsgeschwindigkeit chemischer Prozesse bei einer Temperaturveränderung von 10 K um den Faktor 2 bis 4 erhöht bzw. erniedrigt. Eine Präzisierung dieser Regel stellt der Q_{10}-Wert dar. Er drückt das Verhältnis zweier Reaktionsgeschwindigkeitskonstanten bzw. zweier Reaktionszeiten zur Erzielung gleicher Umsätze bei zwei sich um 10 K unterscheidenden Temperaturen aus:

$$Q_{10} = \frac{k_{T+10}}{k_T} = \frac{t_{xT}}{t_{xT+10}}.$$

Für typische in Lebensmitteln ablaufende Reaktionen liegen die Q_{10}-Werte in folgender Größenordnung:

Diffusion	1,2–1,4	bei 293 K (20 °C)
viele enzymatische Reaktionen	1,3–2,2	
Mehrzahl der chemischen Reaktionen	2,0–4,3	
nichtenzymatische Bräunung	2,4–7,8	
Eiweißdenaturierung	4,7–1390	bei 373 K (100 °C)
Mikroorganismenabtötung	4,7–44,6	

Die Berechnung der angegebenen Q_{10}-Werte erfolgte unter Zugrundelegung der Aktivierungsenergie E dieser Prozesse nach folgender Formel:

$$\lg Q_{10} = \frac{E}{0{,}2303RT(T+10)} \approx \frac{E}{0{,}2303\,RT^2}.$$

Häufig wird anstelle des Q_{10}-Wertes der z-Wert verwendet, der die Temperaturdifferenz angibt, bei der sich die Reaktionsgeschwindigkeitskonstante oder eine Reaktionszeit um den Faktor 10 erhöht bzw. auf 1/10 erniedrigt. Mit dem Q_{10}-Wert ist er durch folgende Formel verknüpft:

$$z = \frac{10}{\lg Q_{10}}.$$

Da der Q_{10}-Wert selbst von der Temperatur abhängt, ist er mit hinreichender Genauigkeit nur bis zu Temperaturdifferenzen von 30 K anwendbar. Die gleiche Abhängigkeit gilt auch für den z-Wert. Bei größeren Temperaturdifferenzen ist die Aktivierungsenergie E als Maß für die Temperaturabhängigkeit der Geschwindigkeitskonstanten zu verwenden.

Zur Berechnung anderer Temperaturdifferenzen als 10 K kann der $Q_{\Delta T}$-Wert herangezogen werden, der das Verhältnis zweier Reaktionsgeschwindigkeitskonstanten bei einer beliebigen Temperaturdifferenz ausdrückt:

$$Q_{\Delta T} = \frac{k_{T+\Delta T}}{k_T} = \frac{k_{T_b}}{k_T}.$$

T_b ist hierbei als Bezugstemperatur definiert, die entweder die Ausgangsgröße für die Berechnung einer Prozeßzeit bei einer anderen Temperatur darstellt oder aber auf die Prozeßzeit bei einer beliebigen Temperatur umgerechnet werden soll. Dabei ist $T_b = T + \Delta T$.

Bei positiven Werten von ΔT gilt:

$$Q_{10} = Q_1^{10} \quad \text{oder} \quad Q_{\Delta T} = Q_1^{\Delta T},$$

bei negativen Werten:

$$Q_{-\Delta T} = Q_1^{-\Delta T} = \frac{1}{Q_{\Delta T}}.$$

Auf Grund des reziproken Verhältnisses zwischen der Geschwindigkeitskonstanten und den anderen Zeitparametern gilt z. B. für t_x:

$$Q_{\Delta T} = \frac{t_{x_T}}{t_{x_{T+\Delta T}}} = \frac{t_{x_T}}{t_{x_{T_b}}}.$$

Diese Formeln ermöglichen folgende Berechnungen:

a) Umrechnung der Geschwindigkeitskonstanten bzw. einer Prozeßzeit von einer konstanten auf eine andere konstante Temperatur:

$$t_{x_T} = t_{x_{T_b}} \cdot Q_{\Delta T}.$$

b) Umrechnung einer Prozeßzeit t_{x_T} bzw. eines Prozeßzeitintervalles Δt_{x_T} auf eine äquivalente Zeit $t_{x_{T_b}}$ bzw. $\Delta t_{x_{T_b}}$ der Bezugstemperatur.

$$t_{x_{T_b}} = \frac{1}{Q_{\Delta T}} \cdot t_{x_T}.$$

c) Indirekt kann durch die Berechnung der Prozeßzeit eine Aussage über das Ausmaß einer Qualitätsänderung getroffen werden.

Berechnungsbeispiel: Die schlagartige Erhitzung eines Lebensmittels auf eine Temperatur von $T_1 = 373$ K (100 °C) bewirkt nach 35 min einen Thiaminverlust von 9%. Wie lange kann das Lebensmittel bei einer Temperatur von $T_2 = 368$ K (95 °C) bei gleichem Thiaminverlust erhitzt werden? Der Q_{10}-Wert dieser Reaktion beträgt 3,5.

Die Berechnung ist nach folgender Gleichung durchzuführen:

$$t_{x_T} = t_{x_{T_b}} \cdot Q_{\Delta T}; \; \Delta T = T_b - T$$

$$t_{9\%_{T_2}} = t_{9\%_{T_1}} \cdot Q_5$$

Berechnung von Q_5:

$$Q_{\Delta T} = Q_1^{\Delta T}$$

$$\lg Q_1 = \frac{\lg Q_{10}}{10} = \frac{\lg 3{,}5}{10} = 0{,}0544$$

$$Q_1 = 1{,}1335$$

$$Q_5 = 1{,}1335^5 = 1{,}8711$$

$$t_{9\%_{T_2}} = 35 \text{ min} \cdot 1{,}8711$$

$$t_{9\%_{T_2}} = 65{,}49 \text{ min}$$

Die unter b) angeführte Berechnungsmöglichkeit ist die Grundlage für die Prozeßberechnung (s. II; 3.5.).

Der $Q_{\Delta T}$-Wert kann nach der folgenden Gleichung auch aus der Aktivierungsenergie E ermittelt werden:

$$\lg Q_1 = \frac{E}{2{,}303 RT^2}\,.$$

1.3.1.2. ARRHENIUS-Beziehung

Die Abhängigkeit der Geschwindigkeitskonstanten k von der Temperatur läßt sich in vielen Fällen durch die von ARRHENIUS gefundene Beziehung ausdrücken:

$$k = A \cdot e^{-(E/RT)} \quad \text{oder} \quad \ln k = -\frac{E}{RT} + \ln A$$

A = Aktionskonstante; R = Gaskonstante

Den Zusammenhang zwischen der Aktivierungsenergie E und den bei verschiedenen Temperaturen herrschenden Geschwindigkeitskonstanten stellt nachstehende Gleichung her:

$$E = 2{,}303\, R \frac{T_1 \cdot T_2}{T_2 - T_1} \cdot \lg \frac{k_2}{k_1}\,.$$

Für die praktische Anwendung ist die folgende Form der ARRHENIUS-Beziehung zweckmäßig:

$$\lg k = \frac{E}{2{,}303 R}\left(\frac{1}{T_{k=1}} - \frac{1}{T}\right)$$

oder

$$\lg Q_{\Delta T} = \frac{E}{2{,}303 R}\left(\frac{1}{T} - \frac{1}{T_b}\right).$$

Bei der Anwendung dieser Formeln ist zu beachten, daß E und R mit gleicher Dimension zu verwenden sind.

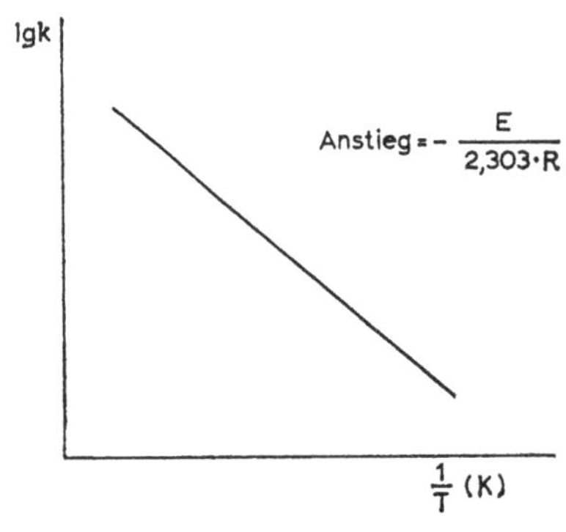

Abb. 1.2. Temperaturabhängigkeit der Geschwindigkeitskonstanten (ARRHENIUS-Diagramm)

Die graphische Darstellung dieser Beziehung ergibt das ARRHENIUS-Diagramm (Abb. 1.2). Aus dem Anstieg der Geraden kann die Aktivierungsenergie ermittelt werden.

$$E = \tan\alpha \cdot 2{,}303R\,.$$

Wird keine Gerade erhalten, so liegt keine einheitliche Reaktion vor.

Oft wird auch das sogenannte „vereinfachte“ ARRHENIUS-Diagramm verwendet, bei dem lg k gegen die Temperatur T aufgetragen wird (Abb. 1.3) und dem folgende Gleichung zugrunde liegt:

$$\lg k = \frac{1}{z}(T - T_{k=1})\,.$$

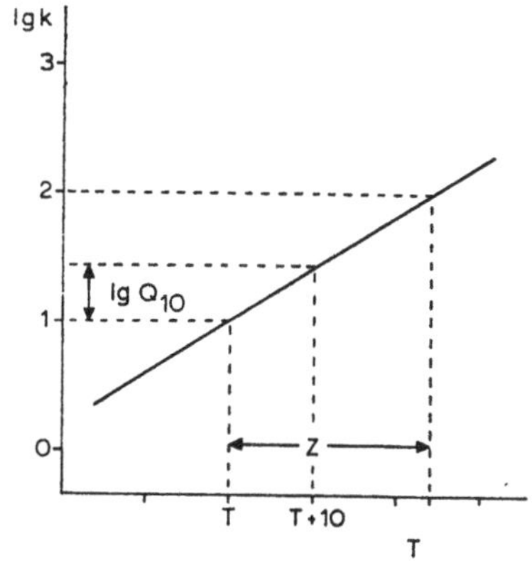

Abb. 1.3. Vereinfachtes ARRHENIUS-Diagramm

Anstelle von k können auch die anderen Zeitgrößen verwendet werden, z. B. H, Z oder t_{zul}.

Diese Darstellungsform entspricht dem bei der Mikroorganismenabtötung verwendeten TDT-Diagramm (Thermal-Death-Time). Sind die Zeit zur Erzielung eines interessierenden Effektes bei einer bestimmten Temperatur sowie der z-Wert dieser Reaktion bekannt, so läßt sich die Gerade im vereinfachten ARRHENIUS-Diagramm leicht zeichnen. Die Anwendung dieses Diagramms erstreckt sich auf zwei wesentliche Aussagen:

a) Betrachtet man nur einen Prozeß, so läßt sich aus dem Verlauf der Geraden entscheiden, unter welchen Temperatur-Zeit-Bedingungen ein Effekt erreicht wird.
b) Betrachtet man mehrere gleichzeitig ablaufende Vorgänge mit unterschiedlichen z-Werten, so läßt sich aus der gemeinsamen Darstellung im vereinfachten ARRHENIUS-Diagramm der günstigste Temperatur-Zeit-Bereich zur Erzielung eines Effektes unter Berücksichtigung der verschiedenen Veränderungen ermitteln (Abb. 1.4).

Nachteilig bei diesem Verfahren zur Ermittlung optimaler Prozeßzeiten und -temperaturen ist seine Begrenzung auf schlagartige Erhitzungsvorgänge. Erhitzungsvorgänge, bei denen Aufheiz- und Abkühlperioden das Ausmaß der Umsetzungen wesentlich mitbestimmen, erfordern Methoden zur Prozeßberechnung (s. II; 1.4.).

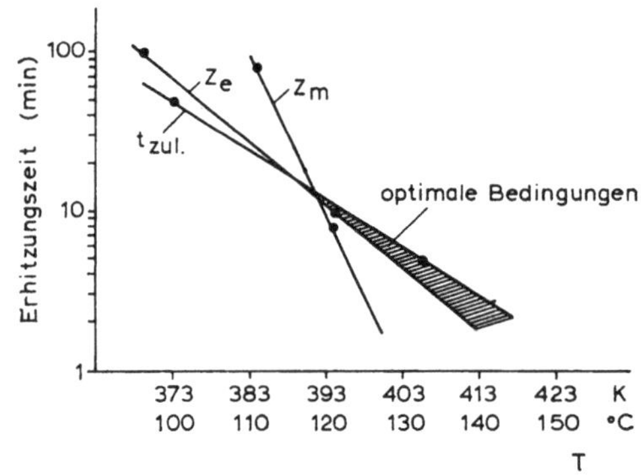

Effekt	K	°C	t(min)	z
z_m	394	121	8	10
z_e	394	121	10	25
$t_{zul.}$	100	373	50	33

Abb. 1.4. Ermittlung optimaler Erhitzungsbedingungen unter Berücksichtigung der Mikroorganismenabtötung, Enzyminaktivierung und einer unerwünschten sensorischen Veränderung

In beide Formen der ARRHENIUS-Beziehung können anstelle der Geschwindigkeitskonstanten auch andere Zeitparameter entsprechend den folgenden Formeln eingesetzt werden:

$$\lg H = \frac{E}{2{,}303R}\left(\frac{1}{T} - \frac{1}{T_{H=1}}\right),$$

$$\lg H = \frac{1}{z}\,(T_{H=1} - T)\,.$$

1.3.2. *Weitere Faktoren*

Die Reaktionsgeschwindigkeit eines Prozesses hängt außer von der Temperatur und der Konzentration der Reaktionspartner von weiteren Milieufaktoren ab. Für die bei Lebensmitteln auftretenden Veränderungen spielen vor allem der Wassergehalt bzw. die Wasseraktivität, der pH-Wert, die Ionenstärke und das Oxydations-Reduktions-Potential eine Rolle. Zur Berechnung des Einflusses dieser Parameter benutzt man in Analogie zu den $Q_{\Delta T}$-Werten die $Q_{\Delta RM}$-Werte, die je nach betrachteter Abhängigkeit konkret ausgedrückt werden können als $Q_{\Delta H_2O}$, $Q_{\Delta a_w}$, $Q_{\Delta [H^+]}$ u. a. So ergibt sich z. B.:

$$Q_{\Delta H_2O} = \frac{k_{H_2O+\Delta H_2O}}{k_{H_2O}} = \frac{k_{H_2O_b}}{k_{H_2O}} = \frac{H_{H_2O}}{H_{H_2O_b}} = \frac{t_{x_{H_2O}}}{t_{x_{H_2O_b}}}\,.$$

Für jeden Milieufaktor ist ebenfalls die Festlegung einer Bezugsgröße erforderlich, z. B. Maxima oder Minima bzw. Größen, bei denen die Geschwindigkeitskonstante den Wert 1 annimmt.

1.4. Prozeßberechnung

1.4.1. *Methoden*

Die in den vorangehenden Abschnitten dargelegten Grundlagen der Reaktionskinetik der Lebensmittel und die abgeleiteten Möglichkeiten zur Berechnung des Ausmaßes von Veränderungen erstrecken sich auf Vorgänge, bei denen eine plötzliche Änderung der Temperatur oder eines anderen Reaktionsmilieufaktors erfolgt. Von größerer praktischer Bedeutung sind im allgemeinen aber Prozesse mit regel- und unregelmäßigen Änderungen der die Reaktionsgeschwindigkeit beeinflussenden Parameter. Häufig ändern sich dabei mehrere Parameter gleichzeitig, z. B. bei der thermischen Konzentrierung der Wassergehalt, die Temperatur, die Ionenstärke, der pH-Wert sowie die Konzentration der Inhaltsstoffe.

Als Voraussetzung für die Berechnung solcher Prozesse müssen drei Bedingungen erfüllt sein:

a) Festlegung einer prozeß- bzw. qualitätsentscheidenden Zielgröße, deren Änderung berechnet werden soll (z. B. Thiaminabbau).

b) Kenntnis der reaktionskinetischen Kennwerte, die die Abhängigkeit der Zielgröße von den Prozeßparametern beschreiben (z. B. Reaktionsordnung, Geschwindigkeitskonstanten, Aktivierungsenergie, $Q_{\Delta RM}$-Werte).

c) Kenntnis des zeitlichen Verlaufes der Prozeßparameter im Lebensmittel (z. B. Temperatur-Zeit-Kurve, Änderung der Wasseraktivität).

Die Erfassung der Wirkung eines sich ändernden Einflußfaktors auf die Reaktionsgeschwindigkeit erfordert eine Integration über die Zeit. Zur Berechnung von Veränderungen in Lebensmitteln bei variablen Einflußgrößen kann die sogenannte „direkte“ oder die „indirekte“ Methode angewendet werden. Bei der direkten Methode wird die Abhängigkeit der reaktionskinetischen Zeitparameter von den jeweiligen Prozeßparametern unmittelbar verwendet. Es gelten dann folgende Gleichungen:

$$f_n = \int_{t_1}^{t_2} k' \cdot dt\,,$$

$$f_{H_n} = \int_{t_1}^{t_2} \frac{1}{H} \cdot dt\,,$$

$$G = \int_{t_1}^{t_2} \frac{1}{t_x} \cdot dt\,,$$

$$W = \int_{t_1}^{t_2} \frac{1}{Z_m} \cdot dt\,.$$

Nach der Lösung der Integrale werden mit diesen Gleichungen die in II; 1.2. angeführten Berechnungsarten auch für diese Prozesse anwendbar.

Bei der indirekten Methode wird die auf eine Bezugsgröße des Einflußfaktors bezogene äquivalente Umsatzzeit S_b ermittelt:

$$S_b = \int_{t_1}^{t_2} \frac{1}{Q_{\Delta RM}} \cdot dt \,.$$

Ist die Temperatur der variable Prozeßparameter, so gilt die Gleichung:

$$S_{T_b} = \int_{t_1}^{t_2} \frac{1}{Q_{\Delta T}} \cdot dt \,.$$

Dabei ist

$$\lg \frac{1}{Q_{\Delta T}} = \frac{E}{2{,}303R} \left(\frac{1}{T_b} - \frac{1}{T} \right).$$

Die Berechnung des Einflusses mehrerer gleichzeitig wirkender Prozeßparameter kann entsprechend folgender Gleichung vorgenommen werden:

$$S_b = \int_{t_1}^{t_2} \frac{1}{Q_{\Delta T}} \cdot \frac{1}{Q_{\Delta H_2O}} \cdot \frac{1}{Q_{\Delta [H^+]}} \cdot dt \,.$$

Allgemein gilt:

$$S_b = \int_{t_1}^{t_2} \Pi \frac{1}{Q_{\Delta RM_i}} \cdot dt \,.$$

Die Abhängigkeit der untersuchten Zielgröße von jedem der in die Berechnung einzubeziehenden Prozeßparameter muß in Form der reaktionskinetischen Kenngrößen bekannt sein.

Der in der Literatur häufig verwendete Sterilisierwert F_0 entspricht als spezifische für den Sterilisationsprozeß eingeführte Größe dem S_{T_b}-Wert für die Bezugstemperatur $T_b = 394{,}3$ K (121,1 °C). Entsprechendes gilt für den C_0-Wert, der die Minuten schlagartigen Erhitzens bei 373 K (Kochminuten) angibt. Beide Größen werden somit als Spezialfälle durch die Prozeßberechnung auf der Grundlage der $Q_{\Delta RM}$-Werte erfaßt.

Bei beiden Methoden kann die Lösung des Integrals auf graphischem Wege durch die Ermittlung des Flächenintegrals oder auf rechnerischem Wege nach der Additionsmethode erfolgen.

Die Anwendung der indirekten Methode zur Prozeßberechnung empfiehlt sich besonders deshalb, weil sie die Trennung des Einflusses der Geschwindigkeitskonstanten von dem Einfluß weiterer Faktoren des Reaktionsmilieus auf den Umsatz ermöglicht, wie die nachstehende Formel zeigt:

$$f_n = k_b \cdot S_b \,.$$

Die Reaktionsgeschwindigkeitskonstante oder eine daraus abgeleitete Größe bringt die Abhängigkeit des Umsatzes von der Konzentration der Reaktionspartner und dem Reaktionsmechanismus zum Ausdruck, während im S_b-Wert der Einfluß weiterer Parameter des Reaktionsmilieus berücksichtigt wird.

1.4.2. *Beispiele*

In einem Lebensmittel ist der durch einen Erhitzungsprozeß eintretende Thiaminverlust zu ermitteln.
Der Thiaminabbau verläuft nach einer Reaktion 1. Ordnung mit einer Geschwindigkeitskonstanten $k = 0{,}16\ \text{h}^{-1}$ bei 373 K. Die Aktivierungsenergie beträgt 155,137 kJ mol^{-1}. Die Temperatur-Zeit-Kurve des Erhitzungsprozesses ist bekannt (Abb. 1.5a). Die übrigen Faktoren des Reaktionsmilieus werden als konstant betrachtet.

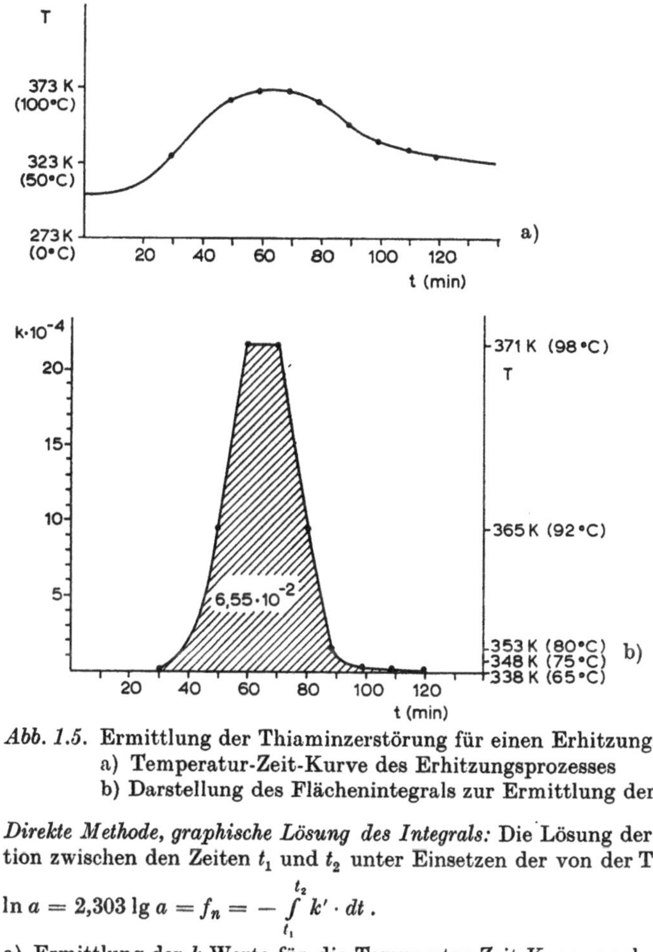

Abb. 1.5. Ermittlung der Thiaminzerstörung für einen Erhitzungsprozeß
a) Temperatur-Zeit-Kurve des Erhitzungsprozesses
b) Darstellung des Flächenintegrals zur Ermittlung der Thiaminzerstörung

Direkte Methode, graphische Lösung des Integrals: Die Lösung der Aufgabe beinhaltet die Integration zwischen den Zeiten t_1 und t_2 unter Einsetzen der von der Temperatur abhängigen k-Werte:

$$\ln a = 2{,}303 \lg a = f_n = -\int_{t_1}^{t_2} k' \cdot dt\,.$$

a) Ermittlung der k-Werte für die Temperatur-Zeit-Kurve nach der Gleichung

$$\lg k = \frac{E}{2{,}303R}\left(\frac{1}{T_{k=1}} - \frac{1}{T}\right).$$

Der Wert $\frac{1}{T_{k=1}}$ läßt sich durch Einsetzen der bekannten Werte von E, T und k in diese Gleichung ermitteln.
Hieraus folgt:

$$\lg k = 21{,}8 - \frac{8100}{T}\,.$$

b) Graphische Darstellung der den verschiedenen Temperaturen des Erhitzungsprozesses zugehörigen k-Werte gegen die Zeit, bei der die jeweilige Temperatur herrschte (Abb. 1.5b).

c) Ermittlung des Flächenintegrals. Dieses beträgt im Beispiel $6{,}55 \cdot 10^{-2}$.
d) Berechnung des Abbaues:

$$\lg a = \frac{-6{,}55 \cdot 10^{-2}}{2{,}303}$$

$a = 0{,}9366 = 93{,}66\%$

$x = 6{,}34\%$ entspricht dem eingetretenen Thiaminverlust.

Indirekte Methode, Additionsverfahren zur Lösung des Integrals: Zur Berechnung des Thiaminabbaues ist die Lösung folgender Gleichungen erforderlich:

$$S_{T_b} = \int_{t_1}^{t_2} \frac{1}{Q_{\Delta T}}\, dt\,; \qquad \frac{S_{T_b}}{H_{T_b}} = f_{H_1}\,.$$

Aus dem f_{H_1}-Wert ergibt sich nach Tab. 1.2 die entsprechende Konzentration.

a) Ermittlung der $\frac{1}{Q_{\Delta T}}$-Werte nach der Formel

$$\lg \frac{1}{Q_{\Delta T}} = \frac{E}{2{,}303 \cdot R}\left(\frac{1}{T_b} - \frac{1}{T}\right).$$

Als Bezugstemperatur wurde 371 K (98 °C) gewählt. Dann ergibt sich:

$$\lg \frac{1}{Q_{\Delta T}} = 21{,}8 - \frac{8100}{T}\,.$$

b) Schrittweise Berechnung der Werte $\frac{1}{Q_{\Delta T}} \cdot \Delta t$ für die mittlere Temperatur eines jeden Zeitintervalles und Addition dieser Werte. Hierfür ist eine tabellarische Anordnung zweckmäßig (Tab. 1.3).
c) Der gegebene Wert der Geschwindigkeitskonstanten ist auf die Bezugstemperatur von 371 K umzurechnen, wozu wieder die Gleichung

$$\lg k = \frac{E}{2{,}303 \cdot R}\left(\frac{1}{T_{k=1}} - \frac{1}{T}\right)$$

herangezogen wird.

Aus $H = \frac{1}{10k'}$ ergibt sich H_{T_b}.

Tabelle 1.3. Lösung des Integrals $S_{371,15} = \int_{t_1}^{t_2} \frac{1}{Q_{\Delta T}} \cdot dt$ nach der Additionsmethode

t (min)	T (K)	mittl. T (K)	$\frac{1}{Q_{\Delta T}}$	$\frac{1}{Q_{\Delta T}} \cdot \Delta t$ (min)
0	303			
		303	$1{,}27 \cdot 10^{-5}$	$1{,}27 \cdot 10^{-4}$
10	303			
		308	$3{,}45 \cdot 10^{-5}$	$3{,}45 \cdot 10^{-4}$
20	313			
		320,5	$3{,}66 \cdot 10^{-4}$	$3{,}66 \cdot 10^{-3}$
30	328			
⋮	⋮	⋮	⋮	⋮
120	328			
		326,5	$1{,}06 \cdot 10^{-3}$	$1{,}06 \cdot 10^{-2}$
130	325			
		324	$6{,}85 \cdot 10^{-4}$	$6{,}85 \cdot 10^{-3}$
140	323			
			Summe: $S_{371,15}$	$= 26{,}33$ min

d) Ermittlung des prozentualen Abbaues

$$\frac{S_{371}}{H_{371}} = \frac{26,33}{40,16} = 0,655 \xrightarrow{f_H\text{-Tabelle}} \begin{matrix} a = 0,9366 \\ x = 0,0634 \end{matrix}$$

Der Thiaminverlust beträgt also 6,34%.

1.5. Anwendungsmöglichkeiten in der Lebensmittelindustrie

Die Reaktionskinetik der Lebensmittel stellt durch die Aufdeckung des Zusammenhanges zwischen prozeß- bzw. qualitätsbestimmenden Zielgrößen und den einwirkenden Prozeßparametern bei der Verarbeitung von Lebensmitteln ein wesentliches Bindeglied zur Anwendung lebensmittelchemischer Erkenntnisse in der lebensmitteltechnologischen Praxis dar. Die auf der Kenntnis reaktionskinetischer Parameter aufbauende Prozeßberechnung ermöglicht die vorausschauende Optimierung ganzer Verfahrensabschnitte hinsichtlich der Wirkung wichtiger Prozeßparameter auf die jeweils qualitätsbestimmende Zielgröße. Gleichzeitig ermöglicht die vergleichende Berechnung der Wirkung mehrerer Einflußfaktoren auf eine Zielgröße deren Wichtung im Hinblick auf die Zielgröße.

Andererseits kann die reaktionskinetische Untersuchung bestehender Technologien und ihre Nutzung in der Prozeßberechnung im Rahmen der Prozeßanalyse unsere Kenntnis über die ablaufenden stoffwandelnden Vorgänge wesentlich vertiefen, eine für die weitere Intensivierung der Lebensmittelindustrie durch Mechanisierung und Automatisierung, besonders zur Einsatzvorbereitung der Mikroelektronik, unbedingt erforderliche Voraussetzung.

Nicht nur für die Analyse bestehender Produktionslinien sondern auch für die Entwicklung neuer Verfahren, Technologien und Produkte vermag die Anwendung der Erkenntnisse der Reaktionskinetik der Lebensmittel einen wesentlichen Beitrag zu leisten. Die Lösung dieser volkswirtschaftlich bedeutsamen Schwerpunkte und unsere gegenwärtig noch unbefriedigende Kenntnis der reaktionskinetischen Parameter der zahlreichen in Lebensmitteln ablaufenden erwünschten und unerwünschten Veränderungen erfordert die Anwendung vorhandener Erkenntnisse, zugleich aber auch den weiteren Ausbau des Wissensgebietes Reaktionskinetik der Lebensmittel.

2. Trinkwasser

2.1. Allgemeines

Von den essentiellen Nahrungsbestandteilen steht das Lebensmittel Wasser mengenmäßig an erster Stelle. Der Mensch benötigt etwa 2 bis 3 *l*/Tag, wobei in der Regel 30 bis 35% durch feste Nahrung und etwa 50% durch flüssige Nahrung aufgenommen werden. Die restliche Menge entfällt auf das sogenannte Oxydationswasser (s. I; 5.1.).

Wasser, das direkt oder als Bestandteil von Lebensmitteln für den menschlichen Genuß vorgesehen ist bzw. bei der Herstellung oder dem Verkehr mit Lebensmitteln mit diesen in unmittelbare Berührung kommen kann, muß in seiner Qualität aus hygienischen, sensorischen und ästhetischen Gründen bestimmten Anforderungen (Trinkwasserqualität) entsprechen. Wasser, das in Gewerbe und Industrie anderweitig verwendet wird und nicht Trinkwasserqualität aufzuweisen braucht, dafür u. U. aber anderen Qualitätsansprüchen genügen muß, wird als *Betriebswasser* bezeichnet.

Von der Gesamtmenge des Wassers der Erde entfallen etwa 97% auf Meerwasser (Salzwasser), das für eine Nutzung als Trinkwasser derzeit noch fast völlig ausscheidet. Von dem restlichen Wasser (Süßwasser) sind etwa 0,6% erschließbar. Bedingt durch den ständig steigenden Wasserverbrauch des Menschen für seinen persönlichen Bedarf (bis zu 250 *l*/Tag), für Industrie sowie Landwirtschaft und das beschränkte Angebot an Wasser in bestimmten Gegenden ist eine Mehrfachnutzung des Wassers in vielen Fällen unvermeidbar.

In der DDR beträgt der nutzbare mittlere Jahresabfluß etwa 15 Md m^3 Wasser (in Trockenjahren sogar nur 6 bis 7 Md m^3). Der Jahresbedarf liegt z. Z. bei 6 bis 7 Md m^3, bis 1985 wird mit einer Erhöhung um 50% gerechnet. Die DDR gehört damit zu den Ländern, die einen angespannten Wasserhaushalt haben. Der Nutzungsfaktor für das abfließende Wasser ist mit etwa 40% der höchste im Weltmaßstab und liegt etwa um das 100fache höher als der Weltdurchschnitt. 10% des Wasserbedarfes entfallen auf die Versorgung der Bevölkerung, 10% auf die Landwirtschaft und 80% auf die Industrie. So müssen z. B. für die Herstellung von 1 t Wolle bis 1000 m^3, für 1 t Gelatine bis 2200 m^3 und für 1 t Papier bis 3000 m^3 Wasser bereitgestellt werden.

2.2. Wasserinhaltsstoffe

Chemisch reines Wasser kommt in der Natur nicht vor. Die natürlichen Wasserarten, wie Niederschlags-, Grund-, Quell-, Mineral-, Oberflächen- und Meerwasser, enthalten immer Stoffe, die in suspendierter, emulgierter, kolloidaler oder gelöster Form vorliegen und die die Ausgangsqualität eines Wassers bestimmen. Nach ihrer Herkunft wird zwischen *natürlichen* Wasserinhaltsstoffen (z. B. Mineralstoffe aus dem Boden, Gase aus der Luft, Algen, Mikroorganismen usw.) und *Gewässerverunreinigungen*, die sich direkt oder indirekt durch menschliche Tätigkeit ergeben, unterschieden. Zu den letztgenannten Quellen der Verunreinigungen zählen z. B. Haushalte, Hotels, Speisegaststätten (Fäkalien, Küchenabfälle, Haushaltschemikalien usw.), Industrie (Abgase, Abwasser), Forst- und Landwirtschaft (Agrochemikalien, Gülle, Siloabwässer usw.) und Verkehrswesen (Abgase, Treib- und Schmierstoffe, Auftaumittel usw.).

2.2.1. Anorganische Stoffe

Alkalisalze treten in der Nähe von Salzlagerstätten (NaCl) bzw. als Verwitterungsprodukte von Silicaten in Wässern auf. Es handelt sich dabei fast ausschließlich um Natrium- und Kaliumsalze, die Salze von Lithium, Rubidium und Cäsium ($< 0{,}1$ mg/l) spielen als Wasserinhaltstoffe praktisch keine Rolle.

Tabelle 2.1. Gase und ionogene Inhaltstoffe natürlicher Wässer

	Hauptinhaltsstoffe (meist > 10 mg/l)	Begleitstoffe (meist < 10 und $> 0{,}1$ mg/l)	Spurenstoffe ($< 0{,}1$ mg/l)
Kationen	K^+, Na^+, Ca^{2+}, Mg^{2+}	Fe^{2+}, Mn^{2+}, NH_4^+	Li^+, Rb^+, Ba^{2+}, Sr^{2+}, Cu^{2+}, Zn^{2+}, Pb^{2+}, As^{3+} usw.
Anionen	Cl^-, HCO_3^-, NO_3^-, SO_4^{2-}	F^-, Br^-, NO_2^-, I^-, PO_4^{3-}	
Gase	O_2, N_2, CO_2	H_2S, NH_3, CH_4	

Das Verhältnis von Na^+ zu K^+ liegt etwa bei 10:1. Bei Wässern, die relativ viel Na^+, K^+ sowie Cl^- enthalten und bei denen mehr K^+ als Na^+ vorhanden sind, besteht der Verdacht fäkaler Verunreinigungen. Relativ große Mengen an Natrium- und Kaliumsalzen sind in den Abwässern der Kaliindustrie enthalten. Ammoniumionen (NH_4^+) treten in natürlichen Wässern im allgemeinen (Ausnahme Moorwasser) nicht auf, sie können aber infolge von Verunreinigungen (Gaswerke, Düngemittel usw.) hinein gelangen. Da NH_4^+-Ionen aber auch aus Harnstoff, dem Endprodukt des Eiweißstoffwechsels von Mensch und Tier, entstehen können, sind sie zusammen mit NO_2^- ein Hinweis auf eine mögliche fäkale Verschmutzung.

Von den *Erdalkalisalzen* haben nur die des Calciums und Magnesiums wesentliche Bedeutung. Ihr Gehalt hängt von den geologischen Bedingungen der wasserführenden Schichten ab und wird vom Kalk-Kohlensäure-Gleichgewicht beeinflußt.

$$CaCO_3 + H_2O + CO_2 \rightleftharpoons Ca^{2+} + 2\,HCO_3^- .$$

Die Erdalkalisalze stammen überwiegend aus den entsprechenden Carbonaten (Dolomit, Kalkstein, Marmor usw.), wobei das Verhältnis von Calcium zu Magnesium im Wasser meist etwa bei 5:1 liegt. Die anderen Erdalkalien spielen mengenmäßig keine Rolle. Calciumreiche Abwässer fallen u. a. bei Leder-, Carbid- und Sodafabriken (Solvay-Prozeß) sowie dann an, wenn Abfallsäuren der Industrie vor dem Einleiten in den Vorfluter mit Kalk neutralisiert werden; sie können somit Oberflächengewässer, die der Trinkwassergewinnung dienen, belasten.

Die Calcium- und Magnesiumionen bedingen die Härte des Wassers. Wenn auch der Calcium- und Magnesiumgehalt bei den meisten natürlichen Wässern, ernährungsphysiologisch gesehen, ohne Bedeutung ist, so muß übermäßig hartes Wasser doch vollständig bzw. partiell enthärtet werden, um der Gefahr der Bildung von Kessel- bzw. Wasserstein in Dampfkesseln, Warmwasser- sowie Heizungsanlagen usw. vorzubeugen. Sehr hartes Wasser führt auch zu Schwierigkeiten beim Garkochen bestimmter Lebensmittel (z. B. Hülsenfrüchte), zu unerwünschten Geschmacksbeeinflussungen (z. B. Kaffee und Tee) und zur Bildung von Calcium- und Magnesiumseifen beim Waschen.

Für den Begriff „*Härte*" werden in den verschiedenen Ländern z. Z. noch unterschiedliche Maßeinheiten verwendet:

1 °d (Deutscher Härtegrad)[1] = 10 mg CaO/*l*
1 °engl. H (Englischer Härtegrad) = 10 mg $CaCO_3$/0,7 *l*
1 °franz. H (Französischer Härtegrad) = 10 mg $CaCO_3$/*l*
1 °amer. H (Amerikanischer Härtgrad) = 1 mg $CaCO_3$/*l*

Darüber hinaus ist aber generell für die Konzentration von Einzelionen die Maßeinheit mg/*l* üblich; es entsprechen dann 7,15 mg Ca^{2+}/*l* oder 4,34 mg Mg^{2+}/*l* einem °d. Häufig erfolgen auch die entsprechenden Angaben in mval/*l*, wobei 1,00 mval Erdalkaliionen/*l* 2,8 °d, 3,5 °engl. H, 5,0 °franz. H und 50,0 °amer. H gleichzusetzen sind. Dem SI-Vorschlag folgend, der als Konzentrationsangaben in Lösungen das Mol vorsieht und unter Berücksichtigung der Tatsache, daß in der Wasserwirtschaft überwiegend die Volumeneinheit m^3 benutzt wird, bietet sich für die Zukunft an, die Konzentration der Ionen in $mmol/m^3$ anzugeben. 1 mg Ca^{2+}/*l* sind dann 35,0 $mmol/m^3$ bzw. 1 mg Mg^{2+}/*l* gleich 41,2 $mmol/m^3$.

Tabelle 2.2. Einteilung der Wässer nach ihrer Härte

Wasser-beschaffenheit	mval/*l*	°d
sehr weich	<1,5	<4,2
weich	1,5–3	4,2–8,4
mittelhart	3–6	8,4–16,8
hart	6–10	16,8–28
sehr hart	>10	>28

Neben der Bezeichnung *Gesamthärte* (*GH*), die die Summe der im Wasser vorhandenen Erdalkaliionen umfaßt, werden noch die Begriffe *Carbonathärte* (*KH*) und *Nichtcarbonathärte* (*NKH*) verwendet. Als Carbonathärte wird der Anteil an Erdalkaliionen bezeichnet, der den im Wasser gelösten Carbonat- und Hydrogencarbonationen äquivalent ist (KH $\leqq$ GH). Die Nichtcarbonathärte ergibt sich als Differenz zwischen Gesamt- und Carbonathärte.

Gesamthärte (GH)

Carbonathärte (KH)	Nichtcarbonathärte (NKH)
Carbonate und Hydrogencarbonate	Chloride, Nitrate, Sulfate, Phosphate, Humate, Silicate usw.

[1]) °d früher °dH

Ein gewisser Härtegrad (2 bis 3 °d) ist erwünscht, damit sich in Rohrleitungen eine notwendige Korrosionsschutzschicht ausbilden kann. Als optimal für Trinkwasser gelten aus geschmacklichen Gründen Werte von 5 bis 10 °d, weicheres Wasser schmeckt fade.

Bei den Schwermetallionen überwiegen eindeutig die des *Eisens* und *Mangans*, die bei den natürlichen Wässern geologisch bedingt sind. In der Regel finden sich Mengen von < 1 mg/*l*. Höhere Konzentrationen sind in Mineralwasser-Eisensäuerlingen anzutreffen (10 bis 50 mg/*l* Fe^{2+}). Kontamination mit Eisen ist bei Gewässern insbesondere durch Beizereiabwässer aus der metallurgischen Industrie und bei Trinkwasser u. U. durch Korrosion an Leitungssystemen der Wasserversorgungsanlagen möglich.

Wenngleich auch die in natürlichen Wässern vorkommenden Eisen- und Manganmengen aus gesundheitlicher Sicht für den Menschen keine Gefahr darstellen, so müssen sie dennoch aus dem für zentrale Versorgungsanlagen bestimmten Wasser entfernt werden, da sie Aussehen (Trübungen, Rostflocken usw.) und Geschmack (metallisch) erheblich beeinflussen können. Eisen macht sich in Mengen von 0,3 mg/*l* und Mangan bei 0,5 mg/*l* bereits deutlich geschmacklich negativ bemerkbar. Hinzu kommt, daß ausfallendes Eisen(III)-oxihydrat und schwerlösliche Manganverbindungen durch Ablagerungen zu Rohrverstopfungen führen, die häufig durch mangan- und eisenspeichernde Mikroorganismen (z. B. *Cladothrix, Crenothrix, Gallionella, Leptothrix*) verstärkt werden. Eisen und Mangan können auch an organische Stoffe, wie z. B. Huminsäuren (Humate), komplex gebunden sein, wodurch ihre Abscheidung aus dem Wasser erheblich erschwert wird.

Den übrigen Metallionen, die meist in Konzentrationen unter 0,1 mg/*l* anzutreffen sind und daher als *Spurenmetalle* bezeichnet werden, hat man bis vor einigen Jahrzehnten kaum Bedeutung beigemessen. Heute widmet man aber solchen Spurenmetallen große Beachtung, insbesondere wenn sie toxisch sind wie Blei, Quecksilber, Cadmium usw. (s. I; 6.2.), da bekannt ist, daß sie als Bestandteil von Industrieabwässern, Abgasen u. ä. zu den gesundheitlich gefährlichsten Wasserverschmutzungen zählen.

Chloride sind auf Grund der guten Löslichkeit der Alkali- und Erdalkalichloride Bestandteil aller natürlichenWässer. Erhöhte Gehalte an Chloriden sind ein Maß für eine Verschmutzung durch kommunale oder industrielle Abwässer.

Sulfate sind neben Carbonaten und Chloriden die mengenmäßig am häufigsten vorkommenden Anionen. Durch Auslaugungsprozesse von Mineralien (z. B. Gipswässer) und durch die Tätigkeit von Mikroorganismen (Oxydation S-haltiger organischer Stoffe) wird der natürliche Sulfatgehalt im Grund- und Oberflächenwasser bedingt. In Industrieabwässern sind Sulfate oftmals in Mengen > 1000 mg/*l* (Beizerei, Galvanikbetriebe) enthalten. In hohen Konzentrationen (1000 bis 2000 mg/*l*) wirkt Sulfat laxierend. Schädigungen an Beton (Lösungserscheinungen) sind bei Gehalten ab 300 mg/*l* möglich.

Nitrate sind nur selten geologischen Ursprungs. Sie treten am häufigsten als Endstufe der Mineralisierung organischer N-Verbindungen (Nitrifikation) auf. Die geringsten Konzentrationen findet man im unbelasteten Oberflächenwasser. In der Regel sind durch Einfluß von kommunalen und industriellen Abwässern erhöhte Nitratgehalte festzustellen. Durch nitrifizierende Mikroorganismen können Ammoniumverbindungen über Nitrit zu Nitrat oxydiert werden (biologische Abwasserreinigung). Das Vorkommen von NO_3^- ist somit ein Hinweis auf eine mögliche fäkale Verunreinigung und eine gut funktionierende biologische Reinigung stickstoffbelasteter Abwässer. Wasser mit mehr als 40 mg/l NO_3^- kann bei Säuglingen bereits Methämoglobinämie auslösen.

Nitrite sind in natürlichen Wässern meist nicht nachweisbar. Regenwasser kann nach Gewitter geringe Mengen (bis 0,25 mg/l) enthalten. Das Vorkommen von NO_2^- deutet auf fäkale Verschmutzung. Allerdings muß ein durch Fäkalien verunreinigtes Wasser nicht unbedingt NO_2^- enthalten, da NO_2^- mikrobiell zu NO_3^- oxydiert oder NH_3 reduziert werden kann. Nitrithaltiges Wasser (s. Nitrat) kann bei Säuglingen lebensgefährliche Zustände (Methämoglobinämie) hervorrufen.

Hydrogencarbonate, vor allem die des Calciums, sind durch Reaktion des im Wasser gelösten Kohlendioxids mit entsprechenden Carbonatgesteinen entstanden. Sie sind in unterschiedlichen Mengen in jedem natürlichen Wasser vorhanden und gemeinsam mit anderen Wasserinhaltsstoffen (z. B. Silicate) entscheidend an der Pufferwirkung des Wassers beteiligt.

Geringe Mengen an phosphorhaltigen Verbindungen treten im Wasser — abgesehen von organisch gebundenem Phosphor — überwiegend als *Hydrogenphosphate* (meist unter 0,1 mg/l) auf. Phosphat stellt häufig den limitierenden Faktor für das Algenwachstum im Oberflächenwasser dar. Konzentrationsanstiege an Phosphat in (stehenden) Gewässern — ausgelöst z. B. durch Einleiten von kommunalem Abwasser, insbesondere mit phosphathaltigen Wasch- und Reinigungsmitteln — führen meist schon bald zu einem überreichlichen Wachstum (Eutrophie) der Algen und anderer Wasserpflanzen (Wasserblüte) mit weiteren negativen Folgeerscheinungen. Um diese Eutrophierung zu verhindern, kommt der Phosphatentfernung solcher Abwässer größte Bedeutung zu. Trinkwasser darf in der DDR maximal 0,1 mg PO_4^{3-}/l enthalten. Bei Trinkwasser, das zur Bildung einer Schutzschicht phosphatiert wurde, und bei Wasser, dessen Phosphatgehalt eindeutig geologisch bedingt ist, darf der Phosphatanteil aber bis 7 mg/l betragen.

2.2.2. Organische Stoffe

Während im Grundwasser zumeist nur geringe Mengen an organischen Stoffen vorkommen, kann ihre Anzahl und Menge im Oberflächenwasser um ein Vielfaches höher liegen. Abgesehen von lebenden und abgestorbenen Pflanzen sowie Tieren einschließlich Mikroorganismen und deren Stoffwechsel- bzw. Zersetzungsprodukten, muß hier besonders an die verschiedenartigsten organischen Verbindungen gedacht werden, die mit den kommunalen und industriellen Abwässern sowie durch die Land- und Forstwirtschaft und das Verkehrswesen in das Grund- bzw. Oberflächenwasser gelangen können.

Durch das komplexe Zusammenwirken physikalischer, chemischer und biologischer Prozesse unterliegen viele organische Stoffe in Gewässern einem oxydativen Abbau (natürliche Selbstreinigung). Die natürliche Selbstreinigung ist abhängig von den im Wasser befindlichen Mikroorganismen sowie den gegebenen physikalischen und chemischen Verhältnissen. In Abhängigkeit von ihrer chemischen Struktur können die organischen Verbindungen biologisch leicht, schwer oder nicht abbaubar sein.

Bei Einleitung von Abwässern mit hohem Anteil an organischen Verbindungen wird das Selbstreinigungsvermögen der Gewässer oftmals überfordert; es kommt zu negativen Veränderungen im Aussehen, Geruch und Geschmack. Hinzu kommt, daß solche Verunreinigungen u. U. physiologisch bedenklich bzw. toxisch sind und damit die Aufarbeitung des Wassers zu Trinkwasser überhaupt in Frage stellen.

Die Vielfalt der möglichen organischen Verbindungen hat dazu geführt, daß neben der Bestimmung von Einzelsubstanzen sogenannte „Summenbestimmungsverfahren" eingesetzt werden, wie z. B. die Bestimmung des organisch gebundenen Kohlenstoffes (*TOC* = Total Organic Carbon) oder die Ermittlung des Sauerstoffes, der zur Oxydation der organischen Stoffe im Wasser erforderlich ist. Im letzteren Fall wird zwischen dem *biochemischen Sauerstoffbedarf* (BSB_n), der ein Maß für die biologisch abbaubaren Verbindungen darstellt, und dem *chemischen Sauerstoffverbrauch* (*CSV*) — z. B. bestimmt durch den $K_2Cr_2O_7$- bzw. den $KMnO_4$-Verbrauch — unterschieden.

2.2.3. *Gase*

Die im Wasser gelösten Gase bestimmen mit die Qualität des Wassers. Mengenmäßig überwiegen Sauerstoff, Kohlendioxid und Stickstoff (häufig über 10 mg/*l*), wobei Stickstoff ohne wesentliche Bedeutung ist.

Sauerstoff gelangt einerseits durch die Atmosphäre und andererseits insbesondere durch die Lebenstätigkeit chlorophyllhaltiger Pflanzen (Photosynthese) in das Wasser. Der Sauerstoff ist nicht nur für die im Wasser lebenden Tiere lebensnotwendig, sondern auch ein wesentlicher Faktor für die Selbstreinigung der Gewässer. Im Trinkwasser ist ein Mindestgehalt von etwa 5 mg/*l* zur Ausbildung der die Korrosion von Eisen verhindernden Schutzschicht erforderlich.

Das *Kohlendioxid* im Wasser kann der Atmosphäre und dem biologischen Abbau organischer Substanz entstammen. Es spielt im Hinblick auf das Kalk-Kohlensäure-Gleichgewicht eine wesentliche Rolle. Kohlensäure kommt in jedem natürlichen Wasser in freier (*freie Kohlensäure*) und in gebundener Form (*gebundene Kohlensäure*), z. B. in Carbonaten und Hydrogencarbonaten, vor. Die freie Kohlensäure besteht überwiegend aus physikalisch gelöstem Kohlendioxid (CO_2) und nur ein geringer Teil (0,7%) liegt hydratisiert als H_2CO_3 vor, die in der ersten Stufe in H^+ und HCO_3^- und in der zweiten Stufe in Wasserstoff- und Carbonationen dissoziiert. Kohlensäure in dieser Form ist für natürliche Wässer insofern von Bedeutung, als sie Calciumcarbonat und andere schwer lösliche Carbonate zu den entsprechenden Hydrogencarbonaten lösen kann.

$$CO_2 + CaCO_3 + H_2O \rightleftharpoons Ca^{2+} + 2\,HCO_3^-$$

Die praktisch in allen natürlichen Wässern vorhandenen Hydrogencarbonationen benötigen, um in Lösung zu bleiben, eine bestimmte Menge an freier Kohlensäure, die als *zugehörige freie Kohlensäure* („unschädliche" Kohlensäure) bezeichnet wird. Die Differenz zwischen freier Kohlensäure und zugehöriger freier Kohlensäure ist die *überschüssige freie Kohlensäure* („schädliche" Kohlensäure).

Im *Kalk-Kohlensäure-Gleichgewicht* befindet sich ein Wasser, wenn einerseits keine Abscheidung von Calciumcarbonat eintritt und anderseits auch keine kalklösende

Wirkung zu verzeichnen ist, d. h., daß gerade so viel freie Kohlensäure vorhanden ist, um das vorliegende Calciumhydrogencarbonat in Lösung zu halten. Wasser, das sich in diesem Gleichgewicht befindet, bildet bei ausreichender Carbonathärte (mindestens 2 bis 3 °d) und gleichzeitiger Anwesenheit von Luftsauerstoff (etwa 5 mg/*l*) in Eisenrohren u. ä. eine Kalk-Rostschutzschicht aus. Liegt hingegen außer der zugehörigen noch weitere freie Kohlensäure vor, unterbleibt die Ausbildung der gewünschten Schutzschicht, und eiserne Rohrleitungen u. ä. werden angegriffen. Als metallagressiv erweist sich die gesamte freie Kohlensäure, als kalkagressiv hingegen nur die jeweils überschüssige Kohlensäure, die z. B. auch aus Mörtel und Beton das Calciumcarbonat als Hydrogencarbonat zu lösen vermag.

Als gasförmige Abbauprodukte organischer Verbindungen können u. a. *Ammoniak*, *Methan* und *Schwefelwasserstoff* im Wasser vorkommen. Ammoniak kann aber auch aus dem zur Entkeimung u. U. herangezogenen Chlor-Ammoniak-Verfahren stammen. Schwefelwasserstoff als eine sehr giftige und geruchsintensive Verbindung kann sich aus Eisenkies (FeS_2) bilden; er läßt sich aber durch ausreichende Belüftung des Wassers verhältnismäßig leicht entfernen.

2.3. Wassergewinnung

Zur Trinkwassergewinnung wird *Grund-* oder *Oberflächenwasser* genutzt, in seltenen Fällen auch direkt *Niederschlagswasser.*

2.3.1. Grundwasser

Als Grundwasser wird das Wasser bezeichnet, das die Hohlräume der Erdrinde zusammenhängend ausfüllt und sich in den Lockersedimenten (Sand und Kies) über undurchlässigen Schichten (Lehm, Ton, Gestein) ansammelt.

Grundwasservorkommen werden bevorzugt zur Trinkwassergewinnung herangezogen, da sie besser vor Verunreinigungen geschützt sind als Oberflächenwasser. Zur Vergrößerung des natürlichen Angebotes an Grundwasser muß häufig das Prinzip der *künstlichen Grundwasseranreicherung* angewendet werden. Durch entsprechende bauliche und technische Maßnahmen wird dabei geeignetes Oberflächenwasser nach Durchströmen bestimmter unterirdischer Strecken durch Fassungsanlagen als echtes Grundwasser gewonnen. *Uferfiltriertes Grundwasser* ist Wasser, das von oberirdischen Gewässern, z. B. am Rande von Flüssen, aus dem Boden der Uferzone herausgepumpt wird.

Grundwasser hat im Gegensatz zu Oberflächenwasser eine nahezu konstante Temperatur, ist im allgemeinen keimarm, aber dafür meist mineralstoffreicher.

Zur Gewinnung von Grundwasser für zentrale Versorgungsanlagen dienen überwiegend *Rohrbrunnen,* von denen oft mehrere zu einer Brunnengalerie zusammengefaßt werden, oder *Horizontalfilterbrunnen,* bei denen von einem zentralen vertikalen Sammelschacht sternförmig horizontal Filterrohre in den Grundwasserleiter verlegt sind. *Schachtbrunnen* haben praktisch nur noch für Einzelwasserversorgungen Bedeutung. *Rammbrunnen* werden noch vereinzelt für kurzfristige Wasserentnahmen bei hohem Grundwasserstand angelegt.

Quellwasser ist Grundwasser, das von selbst zutage tritt. Es ist häufig reich an Mineralstoffen. Seine Bedeutung für die Wasserversorgung nimmt aber immer mehr ab, da für größere Einzugsgebiete Quellwasser in den seltensten Fällen in ausreichendem Umfang zur Verfügung steht. Mineralquellen sind eine besondere Art von Quellwasser, die sich durch einen relativ hohen Mineralstoffanteil auszeichnen.

2.3.2. Oberflächenwasser

Trotz aller Bemühungen, für die Trinkwasserversorgung bevorzugt Grundwasser zu verwenden, müssen infolge des ständig steigenden Wasserbedarfs in zunehmendem Umfang Oberflächenwasser für die Versorgung herangezogen werden (in der DDR etwa 25%). Oberflächenwasser ist meist erheblich verschmutzter als Grundwasser und seine Aufbereitung zu Trinkwasser dadurch bedeutend aufwendiger.

Flußwasser ist auf Grund seiner starken Beschaffenheitsschwankungen nur bedingt zur direkten Trinkwassergewinnung geeignet. Es wird aber häufig zur Grundwasseranreicherung (Infiltration) herangezogen.

Für die Gewinnung von Trinkwasser aus stehenden Gewässern (Seen, Teiche) eignen sich nur nährstoffarme Gewässer mit ausreichendem Zulauf.

Zur Trinkwassergewinnung aus Talsperren (Staubecken) muß die Entnahme von Wasser aus verschiedenen Tiefen möglich sein, um bei Schichtungsänderungen innerhalb des Wasserkörpers jeweils das beste Rohwasser erfassen zu können.

2.3.3. Niederschlagswasser

Regenwasser — zumeist auf Dächern aufgefangen und in Zisternen gesammelt — kommt für die Trinkwassergewinnung nur für kleine Versorgungsanlagen (z. B. auf Inseln) in Betracht. Es ist sehr weich (wenig Mineralstoffe) und in Abhängigkeit von der Ortslage mehr oder weniger stark mit Staub, Mikroorganismen usw. verunreinigt.

Schnee hat nur im Hochgebirge und in der inneren Antarktis für die individuelle Trinkwasserversorgung praktische Bedeutung. Auch die Kondensation von Wasser in Tauteichen oder Taubrunnen wird gelegentlich auf Inseln oder in Zonen besonders trockenen Klimas ausgenutzt.

2.4. Wasseraufbereitung

Die Aufbereitung des in der Natur vorkommenden und erschlossenen Wassers ist eine notwendige Maßnahme, um das geförderte *Rohwasser* für seinen speziellen Verwendungszweck — *Trinkwasser* — nutzbar zu machen. In Abhängigkeit von der

Zusammensetzung und der Beschaffenheit des Rohwassers erfolgt in Wasseraufbereitungsanlagen (Wasserwerke) eine mehr oder minder intensive Bearbeitung. Hierzu zählen Maßnahmen wie Klärung, Entkeimung, Enthärtung, Entsäuerung, Entfernung von Schwermetallionen (insbesondere Eisen und Mangan) sowie Geruchs- und Geschmacksstoffen, wobei die angewendeten Verfahren sich im Hinblick auf ihre Wirkungseffekte oft überlagern.

2.4.1. Klärung

Um Sink- Schwimm- und Schwebestoffe anorganischer oder organischer Natur (Algen, Pilze, Kalk, Ton, Mergel, Sand usw.) abzuscheiden, nutzt man entweder die Sperrigkeit dieser Stoffe (Siebung bzw. Filtration) oder deren Dichteunterschiede gegenüber dem Wasser (Sedimentation, Separation) aus.

Die zur Wasserreinigung üblicherweise eingesetzten Sedimentations- und Filtrationsverfahren ermöglichen aber praktisch nur, grobdisperse Stoffe zu entfernen, nicht aber Kolloide. Durch Zusatz von Flockungsmitteln können auch kolloiddispers verteilte Stoffe weitgehend abgeschieden werden. Die bekanntesten Flockungsmittel sind Salze des Eisens und Aluminiums, wie Aluminiumsulfat, Eisen(II)-sulfat und Eisen(III)-chlorid, die mit den im Wasser vorhandenen Ionen grobflockige Hydroxide (positiv geladen!) bilden, die nun ihrerseits die zumeist negativ geladenen kolloiddispersen Stoffe und daneben auch andere mitreißen.

Der Flockungsprozeß ist vom pH-Wert sowie der Art und Menge der vorhandenen Ionen abhängig. Allgemein gelten als günstig: bei Verwendung von Aluminiumsulfat pH-Werte von 5,5 bis 6,5 bzw. 8 bis 9 (Zugabemenge 10 bis 50 g/m^3), bei Eisen(II)-sulfat pH-Werte von 5,5 bis 6,5 (Zugabemenge 20 bis 50 g/m^3) und bei Eisen(III)-chlorid pH-Werte von 5,5 bis 6,5 bzw. 8 bis 9 (Zugabemenge 10 bis 30 g/m^3). Mitunter muß durch Zugabe von Kalkmilch der pH-Wert erhöht werden, damit in ausreichendem Maße die Bildung der unlöslichen Oxihydrate erfolgen kann.

Durch Zusatz von Flockungshilfsmitteln, wie Bentonite, aktivierte Kieselsäure und organische Polyelektrolyte (z. B. Alginate, Stärkederivate, Hydrolyseprodukte von Polyacrylamiden), kann der Wirkungseffekt der Flockungsmittel erheblich verbessert werden. Die Einsatzmenge dieser Stoffe liegt um 1 g/m^3.

2.4.2. Entkeimung

Um die im Wasser vorhandenen Mikroorganismen (Protozoen, Bakterien, Viren) zu entfernen bzw. abzutöten, ist eine Entkeimung unbedingt erforderlich. Diese kann durch physikalische Maßnahmen (Entkeimungsfilter o. ä., Abkochen, UV-Bestrahlung) oder chemische Verfahren (Chlor bzw. chlorhaltige Verbindungen, Ozon, oligodynamisch wirkende Metalle) erfolgen, wobei für zentrale Trinkwasserversorgungsanlagen überwiegend Chlorgas herangezogen wird.

Die gute, absolut keimtötende Wirkung des *Chlors* (0,2 bis 1 g/m³ sind bei einer Zeitdauer von 30 min bereits ausreichend) ist sicher in erster Linie auf die reine Oxydation durch den Sauerstoff in statu nascendi, der beim Einleiten von Chlorgas in Wasser entsteht, zurückzuführen. Zusätzlich ist aber auch mit Halogenierungs- und Halogenadditionsreaktionen zu rechnen.

$$Cl_2 + H_2O \rightleftharpoons HClO + HCl$$

$$HClO \rightarrow HCl + O$$

Vor der Chlorung wird zunächst der Chlorbedarf für das betreffende Wasser ermittelt, der sich aus dem Chlorbindungsvermögen und dem gewünschten Restchlorgehalt ergibt. Das ist unbedingt erforderlich, um sowohl einen sicheren Entkeimungseffekt zu gewährleisten als auch Geruchs- und Geschmacksbeeinträchtigungen durch einen zu hohen Chlorgehalt zu vermeiden. Entscheidend ist hierbei der nach einer bestimmten Einwirkzeit noch vorhandene Chlorgehalt, dessen wünschenswerte Höhe im allgemeinen gesetzlich fixiert ist (meist 0,1 g/m³). Das Chlorbindungsvermögen (Chlorzehrung) resultiert aus der Reduktion bzw. Bindung des Chlors durch Eisen(II)-, Mangan(II)- und Nitritionen sowie durch organische Stoffe, Mikroorganismen usw. Dem Reinwasser wird in Wasserwerken zur Entkeimung meist 0,2 bis 0,5 g/m³ Chlor zugegeben, um an den Endsträngen der Versorgungsleitungen noch 0,1 g/m³ zu gewährleisten. Mitunter ist zur sicheren Abtötung der Mikroorganismen ein erheblich höherer Chloreinsatz erforderlich (Hochchlorung bis 10 g/m³). Derartiges Wasser riecht und schmeckt nach Chlor, es muß daher wieder entchlort werden; hierzu werden Reduktionsmittel, wie z. B. Natriumthiosulfat, Calciumsulfit, Schwefeldioxid oder Aktivkohle, benutzt. Aktivkohle ist besonders dann angezeigt, wenn das entsprechende Wasser Phenole (z. B. aus Industrieabwässern) enthält. Durch die Chlorung werden die Phenole zu den sehr geruchs- und geschmacksintensiven Chlorphenolen umgesetzt, die aber durch Aktivkohle wirkungsvoll adsorptiv entfernt werden.

In kleineren Anlagen wird auch eine Chlorung mit *Hypochlorit* (Natrium- bzw. Calciumhypochlorit) vorgenommen.

Chlordioxid (ClO_2) ist besonders dann zur Entkeimung zu empfehlen, wenn das Wasser relativ reich an Phenolen ist, da Chlordioxid diese Verbindungen restlos abbaut. Allerdings ist der Einsatz von Chlordioxid aufwendiger, da es sich um ein außerordentlich reaktionsfähiges und leicht zersetzliches Gas handelt, das nicht lagerfähig ist und erst am Einsatzort aus Chlorit durch Umsatz mit Chlor bzw. Säure hergestellt werden muß.

$$2\,ClO_2^- + Cl_2 \rightarrow 2\,ClO_2 + 2\,Cl^-$$

$$5\,ClO_2^- + 4\,H^+ \rightarrow 4\,ClO_2 + Cl^- + 2\,H_2O$$

Für spezielle Zwecke, wie z. B. Rohrleitungssysteme, die schwer keimfrei zu halten sind, bzw. Filteranlagen, bei denen die Gefahr der Bildung von Bakteriennestern besteht, kommt auch das *Chlor-Ammoniak-Verfahren* in Betracht. Man nutzt hierbei die Tatsache aus, daß die bei der Chlorierung von Ammoniak in den ersten beiden Stufen entstehenden Chloramine NH_2Cl und $NHCl_2$ beständige Oxydationsmittel sind und die entkeimende Wirkung des gebundenen Chlors verhältnismäßig lange anhält. Da der Entkeimungseffekt aber geringer ist als bei reinem Chlor; sind höhere Einsatzmengen erforderlich.

Der Einsatz von *Ozon* gewinnt mit zunehmender Verwendung von Oberflächenwasser zur Trinkwasserversorgung trotz höherer Betriebskosten ständig an Bedeutung. Ozon hat den Vorteil, daß es bei hoher antimikrobieller Wirksamkeit (0,03 g/m^3 reichen bereits aus, um innerhalb 1 min 99% der im Wasser vorhandenen Keime abzutöten) weder den Geruch noch den Geschmack von Wasser beeinträchtigt. Hinzu kommt, daß Eisen(II)- zu Eisen(III)-, Mangan(II)- zu Mangan(IV)- u. U. sogar zu Mangan(VII)-Verbindungen oxydiert werden, die sich leicht abscheiden lassen. Außerdem werden Kohlenstoff-Kohlenstoff-Doppelbindungen angegriffen. So entsteht z. B. aus Benzen Glyoxal, Glyoxylsäure und Oxalsäure; Phenole werden gleichsinnig abgebaut. Bei kondensierten Ringsystemen (z. B. polycyclische aromatische Kohlenwasserstoffe) kann ebenfalls mit einem partiellen oxydativen Abbau gerechnet werden.

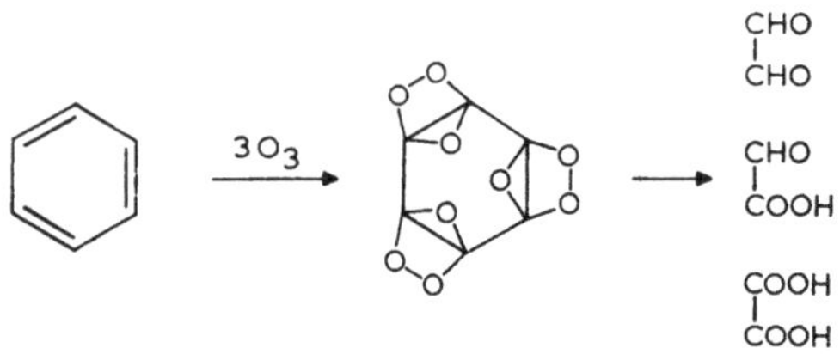

Die oligodynamische Keimfreimachung (Katadynverfahren) durch *Silber* (Silberung) wird heute für zentrale Trinkwasserversorgungsanlagen aus mehreren Gründen (hoher Preis, lange Einwirkzeit, Versagen bei stark verschmutztem Wasser) im allgemeinen abgelehnt.

Die antimikrobielle und algenwachstumverhindernde Wirkung von *Kupferionen* wird bei der Aufbereitung von Wasser für Schwimmbecken ausgenutzt.

2.4.3. *Enthärtung*

Beim *Kalkverfahren* (Entcarbonisierung) wird zunächst durch Zugabe von Kalk (Kalkmilch) die freie Kohlensäure gebunden, anschließend werden die Calcium- und Magnesiumionen ausgefällt.

$$Ca(OH)_2 + CO_2 \rightarrow Ca(HCO_3)_2$$

$$Ca(OH)_2 + Ca(HCO_3)_2 \rightarrow 2\,CaCO_3 + 2\,H_2O$$

$$2\,Ca(OH)_2 + Mg(HCO_3)_2 \rightarrow 2\,CaCO_3 + Mg(OH)_2 + H_2O$$

Bei dieser Enthärtung (Beseitigung der Carbonathärte) geht der Härtegrad in Abhängigkeit von der Nichtcarbonathärte auf etwa 2 bis 4 °d zurück. Überschüssiger Kalk wird entweder durch Recarbonisierung (Zusatz von Kohlendioxid) oder Teilstrombehandlung des Wassers (Vermischen mit nicht enthärtetem Wasser) entfernt.

Das *Kalk-Soda-Verfahren* wird bei Wasser mit hoher Carbonat- und Nichtcarbonathärte angewendet. Die Carbonathärte wird hierbei durch Kalk (s. Kalkverfahren), die Nichtcarbonathärte (z. B. Calciumsulfat oder andere Calcium- bzw. Magnesiumsalze, die gut löslich sind) durch Soda beseitigt. Die Resthärte liegt hiernach bei 1 bis 2 °d.

$K_2CO_3 + CaSO_4 \rightarrow CaCO_3 + K_2SO_4$

Eine nahezu vollständige Enthärtung (Resthärte etwa 0,1 °d) kann durch Ausfällen der Härtebildner mit Phosphaten (z. B. Trinatriumphosphat) erreicht werden.

Durch den Einsatz von Ionenaustauschern kann nicht nur eine Enthärtung, sondern auch eine vollständige Entsalzung (Entionisierung) erfolgen. Die Verwendung von Ionenaustauschern hat bei der Kesselspeisewasseraufbereitung und bei der Einführung von Betriebswasserkreisläufen in der Industrie in den letzten Jahren zunehmend an Bedeutung gewonnen.

Zur Entsalzung (z. B. beim Meerwasser) können u. a. auch Ausfrier-, Destillations- und elektroosmotische Verfahren herangezogen werden.

2.4.4. Entsäuerung

Durch die Entsäuerung von Wasser soll das Kalk-Kohlensäure-Gleichgewicht erreicht werden, wobei je nach Art und Beschaffenheit des Wassers (Kohlensäuregehalt, Härtegrad usw.) verschiedene Verfahren angewendet werden. Neben den Belüftungsverfahren (Verregnung, Verrieselung, Verdüsung usw.) kommen chemische Verfahren, wie Entsäuerung mit Kalkmilch, Soda oder Natronlauge bzw. Filtration über Marmor ($CaCO_3$), halbgebrannten Dolomit ($CaCO_3 \cdot MgO$) und Magnesit ($MgCO_3$), zum Einsatz.

2.4.5. Entfernung von Eisen und Mangan

Die Enteisenung von Wasser beruht im Prinzip darauf, daß das nach Oxydation der Eisen(II)-ionen mit Luftsauerstoff anfallende Eisen(III)-oxihydrat auf entsprechenden Filtereinrichtungen abgeschieden wird.

Die analoge Entfernung von Mangan(II)-ionen ist jedoch schwieriger. Entweder es muß bei relativ hohen pH-Werten (nicht $<7{,}5$) gearbeitet werden, was durch Zusatz von Kalk oder Natronlauge bzw. alkalische Filter erreichbar ist, oder es muß ein Filtermaterial verwendet werden, das zur Oxydation der Mangan(II)-ionen bereits Mangandioxid (Braunstein) als Sauerstoffüberträger enthält, z. B. braunsteinhaltiger Mangankies. Üblicherweise verwendete Kiesfilter sind in diesem Sinne erst wirksam (eingearbeitet), wenn sich auf der Oberfläche genügend Braunstein gebildet hat; das ist durch Zusatz von etwas Kaliumpermanganat zum Rohwasser bei Inbetriebnahme und gleichzeitiger intensiver Belüftung schnell zu erreichen.

Zur Manganentfernung auf biologischem Wege nutzt man das Vermögen bestimmter Mikroorganismen (z. B. *Crenothrix fusca* auf Sandfiltern als Rasen gezüchtet), dem Wasser Mangan zu entziehen.

Eisen(II)- und Mangan(II)-ionen lassen sich natürlich auch durch entsprechende Ionenaustauscher entfernen.

Tabelle 2.3. Richt- und Grenzwerte für Trinkwasser

Kriterium		Richtwert	Grenzwert
Temperatur	(K)	281–285	≧ 276 und ≦ 293
	(°C)	8–12	≧ 3 und ≦ 20
pH		6,8–8,6	≧ 6 und ≦ 9
Gesamthärte (GH)	(°d)	2–25	40
Carbonathärte (KH)	(°d)	2–25	25
Abdampfrückstand	(mg/*l*)	≦ 1000	1500
Chlorid	(mg/*l*)	≦ 250	350
Fluorid	(mg/*l*)	1	1,3
Sulfat	(mg/*l*)	≦ 250	400
Phosphat	(mg/*l*)	n. n.	0,1
Nitrit	(mg/*l*)	n. n.	0,2
Nitrat	(mg/*l*)	≦ 20	40
Ammonium	(mg/*l*)	n. n.	0,1
Kalium	(mg/*l*)	≦ 10	10
Natrium	(mg/*l*)	≦ 80	150
Calcium	(mg/*l*)	≦ 100	280
Magnesium	(mg/*l*)	≦ 70	125
Eisen	(mg/*l*)	≦ 0,1	0,3
Mangan	(mg/*l*)	≦ 0,05	0,1
Aluminium	(mg/*l*)	n. n.	0,2
Arsen	(mg/*l*)	n. n.	0,05
Blei	(mg/*l*)	n. n.	0,1
Kupfer	(mg/*l*)	n. n.	1,0
Zink	(mg/*l*)	≦ 2	5
Kieselsäure	(mg/*l*)	≦ 15	40
Kalkagressive Kohlensäure	(mg/*l*)	0–2 bei KH 2–3° d	–
		0–3 bei KH 3–6° d	–
		0–4 bei KH > 6° d	–
Sauerstoff, gelöst	(mg/*l*)	6–10	≧ 4 und ≦ 14
Schwefelwasserstoff	(mg/*l*)	n. n.	n. n.
Phenole	(mg/*l*)	n. n.	0,003
Detergentien, anionisch	(mg/*l*)	n. n.	1,0
Psychophilen–Keimzahl	(Keime/m*l*)	< 50	100
Mesophilen–Keimzahl	(Keime/m*l*)	< 5	20
Endokeimzahl	(Keime/m*l*)	n. n.	4
davon Lactosepositive	(Keime/m*l*)	n. n.	n. n.
Koliformen–Titer	(m*l*)	> 100	> 100
Fäkalkoli–Titer	(m*l*)	> 111	> 111
Enterokokken–Titer	(m*l*)	> 111	> 111
Pathogene Bakterien		n. n.	n. n.
Parasiten–Entwicklungsstadien		n. n.	n. n.

n. n. = nicht nachweisbar nach den für Wasseruntersuchungen geltenden Analysenverfahren

2.4.6. Fluoridierung und Entfluoridierung

Eine Sonderstellung unter den Maßnahmen zur Trinkwasseraufbereitung nimmt die Fluoridierung bzw. Entfluoridierung ein. Ausgangspunkt hierfür waren Beobachtungen, die bereits im 18. Jahrhundert gemacht wurden, daß bei der Bevölkerung bestimmter Gegenden braunschwarze Zahnschmelzflecken (mottled teeth) auftraten, und daß Kinder mit derartig „gesprenkelten" Zähnen kaum Zahncaries bekamen. Später stellte man dann eine Korrelation zwischen dem Fluorgehalt des Wassers und der Zahnfleckenhäufigkeit bzw. der Cariesresistenz fest. Mit steigender Fluoridkonzentration tritt progressive Vermehrung der Zahnflecken — die auch als Dentalfluorose bezeichnet wird — auf, während sie bei Trinkwasser mit 1 mg F^-/l unterbleibt, bei gleichzeitiger nicht unbeträchtlicher Cariesresistenz. In einigen Ländern wird daher zur Verminderung der Carieserkrankungen in bestimmten Gegenden bzw. Städten (in der DDR z. B. seit 1959 in Karl-Marx-Stadt) Fluor meist in Form von Natriumfluorid (NaF), Natriumhexafluorosilicat (Na_2SiF_6) oder Hexafluorokieselsäure (H_2SiF_6) in solchen Mengen zugesetzt, daß im Trinkwasser 1 mg F^-/l vorliegt. Schadwirkungen sollen bei Konzentrationen ab etwa 2 mg F^-/l eintreten. In derartigen Fällen ist eine Entfluoridierung auf einen Restfluorgehalt von etwa 1 mg F^-/l angezeigt; das ist durch Adsorption an Aktivkohle oder Aluminiumoxid bzw. durch Anwendung von Aluminiumsulfat (250 g/l) und Calciumoxid (45 mg/l) möglich.

2.5. Anforderungen an Trinkwasser

Trinkwasser muß frei von Krankheitserregern sein und darf keine gesundheitsschädigenden Stoffe enthalten. Es soll möglichst keimarm, klar, kühl, farblos, ohne fremden Geruch und Geschmack sein und soll keine Korrosions- und Inkrustationsschäden verursachen sowie stets in ausreichender Menge zur Verfügung stehen.

In Tab. 2.3 sind einige der für die DDR verbindlichen Richt- und Grenzwerte für Trinkwasser (vgl. hierzu TGL 22433 (1971)) zusammengestellt, aus denen eindeutig hervorgeht, daß neben der chemisch-physikalischen Analyse der mikrobiologischen Untersuchung größte Bedeutung zukommt.

3. Fleisch und Fleischerzeugnisse

3.1. Allgemeines

Unter Fleisch wird im engeren Sinne die Skelettmuskulatur von Schlachttieren (Kälber, Rinder, Schweine, Schafe; Ziegen, Einhufer; Geflügel, Kaninchen) und Wild verstanden. Im weiteren Sinne sind Fleisch alle verzehrsfähigen Schlachttierteile, nämlich *Binde-*, *Fett-* und *Nervengewebe*, *Knochen*, *Innereien* und *Schlachtabschnitte* sowie *Schlachtfette* und *Fleischwaren*. Ihre Einbeziehung in die lebensmittelrechtliche Begriffsbestimmung für Fleisch ist von Land zu Land unterschiedlich; sie erfolgt im Rahmen gesetzlicher Regelungen zur Ermittlung der Genußtauglichkeit von Fleisch, für die Schlachttier- und Fleischuntersuchungen vorgeschrieben sind. Dort werden auch die Merkmale, Kennzeichnungsformen und Verwertungsbereiche sowie erforderliche Bearbeitungsvorschriften für *taugliches*, *minderwertiges*, nach Behandlung minderwertiges (*bedingt taugliches*) und *untaugliches* Fleisch festgelegt.

Bei bestimmten Tieren (Geflügel, Kaninchen, Wild) — in manchen Ländern auch generell — geht der Fleischbeschau eine Einordnung in Schlachtwert- oder Handelsklassen voraus (*Lebendviehvermarktung*), während bei Rindern, Kälbern, Schweinen und Schafen in einigen Ländern, u. a. auch in der DDR, die nach dem Ausbluten, Ausweiden sowie Abtrennen der Gliedmaße und anderer Körperteile erhaltenen Schlachtkörper in Qualitätsklassen eingestuft werden (*Schlachtkörpervermarktung*). Die Schlachtkörper werden in Industriegrob- und -feinsortimente sowie weitergehend in Verbraucherfleischsortimente zerlegt, wobei die Schnittführung von den anatomischen Gegebenheiten und dem Verwendungszweck der gewonnenen Fleischstücke bestimmt wird. *Frischfleisch* ist Fleisch, das nicht einer auf Haltbarkeitsverlängerung zielenden Behandlung unterworfen worden ist. *Kühlfleisch* (Kerntemperatur höchstens 281 K = 8 °C) und *Gefrierfleisch* (Kerntemperatur mindestens 265 K = −8 °C) gelten als Frischfleisch.

Wegen seines Nähr- und Genußwertes besitzt Fleisch für die Ernährung und Lebensmittelversorgung des Menschen große Bedeutung. Im Weltmaßstab sind während des Zeitraumes von 1971 bis 1976 im Durchschnitt etwa 13% des Nahrungsproteins durch Fleisch bestritten worden (davon 41% durch Rind- und Kalbfleisch, 27% durch Schweinefleisch und 24% durch Geflügelfleisch). Wenngleich sowohl im Versorgungsgrad (Entwicklungsländer: Industriestaaten ≙ 1:3) als auch in der Versorgungsstruktur (Rind-: Schweinefleischverzehr: USA = 1:0,6; DDR = 1:2) erhebliche regionale Unterschiede bestehen, nehmen die Produktion und der Verbrauch von Fleisch insgesamt doch ständig zu. Im Jahre 1970 betrug die Weltfleischerzeugung 104 und 1977 bereits 126 Mio Tonnen Schlachtgewicht (s. a. Tab. 27.16).

Der Nährwert des Fleisches wird einmal durch den Gehalt an Eiweiß und dessen hohen biologischen Wert (72—78) bestimmt. Zum anderen stellt Fleisch eine gute Eisen-, Phosphor- und Vitaminquelle dar. Der Genußwert des Fleisches wird durch zahlreiche Aroma- und Geschmacksstoffe bedingt, von denen die meisten erst beim Erhitzen entstehen. Bisher sind mehr als 500 Flavourkomponenten des Fleisches bekannt.

3.2. Fleisch

3.2.1. *Muskelfleisch*

3.2.1.1. *Aufbau*

Die Skelettmuskulatur besteht aus vielkernigen, bis mehrere Zentimeter langen Zellen (Muskelfasern), die von einer lamellenförmigen Membran (Sarkolemm, Stroma) mit angelagertem Bindegewebe (Endomysium) umgrenzt sind. Durch eine als Perimysium bezeichnete Bindegewebshülle werden sie in paralleler Anordnung zu Bündeln zusammengefaßt. Gruppen solcher Bündel bilden den Muskel, der wiederum von einer kollagenen Muskelscheide, dem Epimysium, umschlossen wird (Abb. 3.1). Das stets extrazelluläre Bindegewebe ist mit Sehnen und diese sind mit den Knochen verbunden.

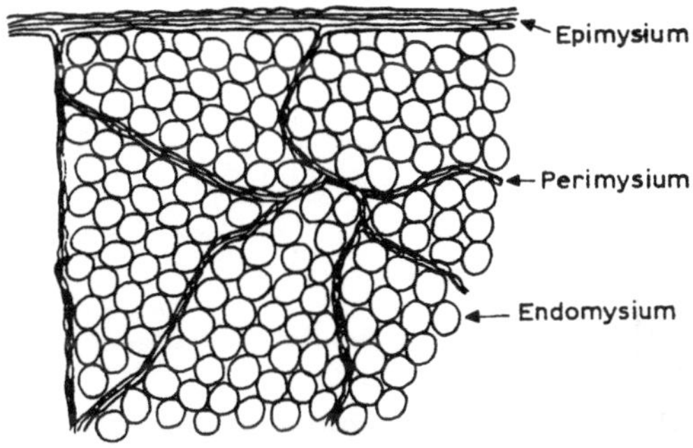

Abb. 3.1. Querschnitt durch ein Muskelfaserbündel
(nach J. R. Bendall in: E. J. Briskey, R. G. Cassens u. J. C. Trautmann, „*Physiology and Biology of Muscle as a Food*“, University of Wisconsin Press, Madison (USA), 1966.)

In den Muskelfasern sind parallel zueinander die sogenannten Myofibrillen angeordnet; diese sind in das Sarkoplasma eingebettet und von einem Netzwerk aus Röhrchen und Bläschen, dem sarkoplasmatischen Reticulum umspannt, das primär der Reizleitung vom Sarkolemm zu den Myofibrillen dient (Abb. 3.2).

Das Sarkoplasma enthält neben zahlreichen niedermolekularen organischen Verbindungen und Mineralstoffen Hunderte verschiedener Proteine, die sich in Albumine

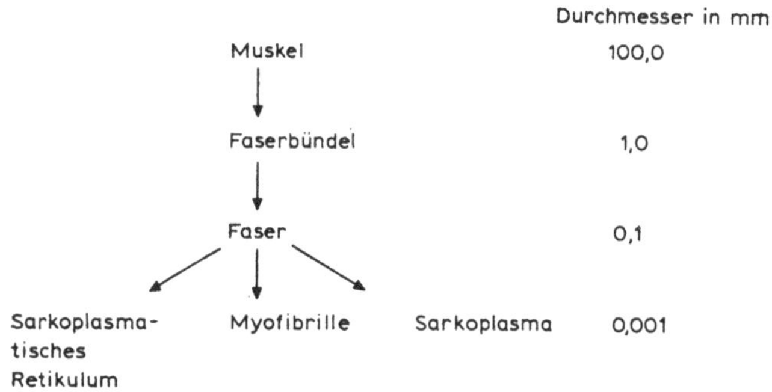

Abb. 3.2. Struktur des Muskelaufbaus

(Myogene, im wesentlichen Glycolyseenzyme) und Globuline (Globulin X, Myoglobin, Hämoglobin) unterteilen. Hinzu kommen im Sarkoplasma eingelagerte Partikel (Mitochondrien, Lysosomen, Fettkügelchen und Glycogenkörnchen).

Die Myofibrillen bestehen aus fadenförmigen Eiweißfilamenten, die in der Faserrichtung orientiert sind. Längs der Faserachse wechseln sich dünne und dicke Filamente miteinander ab, die durch sogenannte Z-Scheiben, welche die Fibrille quer zur Faserrichtung durchziehen, unterbrochen werden (Abb. **3.3**). Der Abstand zwischen zwei Z-Scheiben wird als das Sarkomere bezeichnet. Aus dem regelmäßigen Wechsel von dichten, anisotropen Regionen (*A*-Banden, Überlappungszonen dicker und dünner

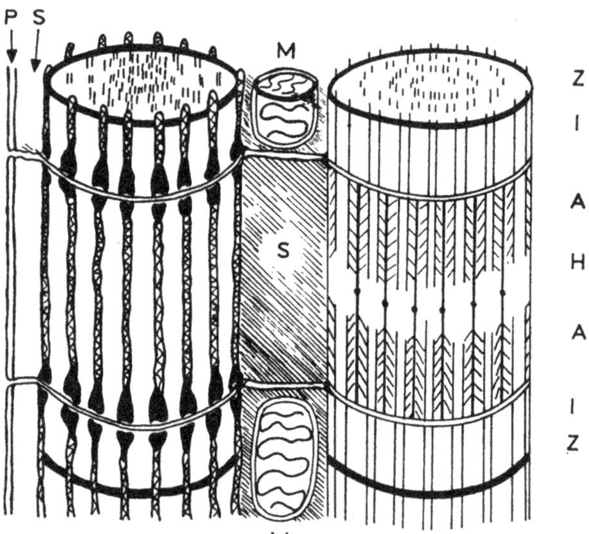

Abb. 3.3. Längsschnitt durch eine Muskelfaser (nach J. R. Bendall in: E. J. Briskey, R. G. Cassens u. J. C. Trautmann, „*Physiology and Biology of Muscle as a Food*", University of Wisconsin Press, Madison (USA), 1966.)

(*links*: Fibrille mit intaktem sarkoplasmatischen Reticulum; *rechts*: Fibrille abgeschalt zur diagrammatischen Darstellung der Filamente)

P = Plasmalemm (Sarkolemm); *S* = Sarkoplasma; *M* = Mitochondrien; *Z* = Z-Scheibe; *I* = I-Bande; *A* = A-Bande

Filamente) mit weniger dichten, isotropen (I-Banden, dünne Filamente) und den gleichfalls als dicht erscheinenden Z-Scheiben ergibt sich lichtmikroskopisch die bekannte Querstreifung der Muskelfaser.

Die dicken Filamente bestehen aus dem Eiweißkörper Myosin, die dünnen aus den Proteinen Actin, Actinin, Tropomyosin und Troponin. Darüber hinaus ist in einem Gitter M, an dem beidseitig die Myosinfilamente befestigt sind, noch ein Gerüstprotein lokalisiert.

3.2.1.2. *Fleischinhaltsstoffe*

Die chemische Zusammensetzung des Muskelfleisches bewegt sich in Abhängigkeit von der Tier- und Muskelart, vom Alter, vom Ernährungszustand und vom Grad der Muskelbeanspruchung in einem Bereich, für den die in Tab. 3.1 und 3.2 angegebenen Zahlen als Durchschnittswerte angesehen werden können.

Tabelle 3.1. Nährstoffzusammensetzung von Fleisch verschiedener Tiere

Tierart	Eiweiß (%)	Fett (%)	Kohlenhydrate (%)	Energiewert (kJ/100 g)	Energiewert (kcal/100 g)
Kalb	16–21	1–15	0,4–0,5	400– 860	95–205
Rind	16–19	10–34	0,3–0,5	840–1425	200–340
Schwein	10–14	35–55	0,3–0,5	1675–2510	400–600
Schaf	14–20	6–33	0,2–0,4	755–1885	180–450
Ente	16–21	6–29	0,2–0,4	630–1360	150–325
Gans	14–16	26–32	< 0,1	1300–1530	310–365
Huhn	17–21	5–25	< 0,1	610–1215	145–290
Pute	18–23	5–23	0,1–0,5	630–1170	150–280
Taube	16–22	1– 2	0,2–0,5	400– 440	95–105
Hase	20–23	0,9–5	0,1–0,5	480– 545	115–130
Hirsch	18–22	1 –5	0,2–0,5	440– 525	105–125
Reh	21–23	0,7–6	0,2–0,5	440– 560	105–135
Wildente	19–23	2 –3	0,3–0,5	460– 500	110–120

Wasser

Mageres Fleisch enthält etwa 72 bis 76% Wasser. Die Kraft, mit der das Wasser gebunden ist, wird als Wasserbindungsvermögen bezeichnet; dieses ist sowohl für die Qualität von Fleisch und Fleischwaren (Farbe, Saftigkeit, Zartheit) als auch für die Wirtschaftlichkeit und Technologie der Fleischbehandlung und -verarbeitung von erheblicher Bedeutung.

Nur 4 bis 5% des Muskelwassers sind fest an die Proteinmoleküle gebunden und werden als Hydratationswasser bezeichnet. Das übrige Wasser ist mehr oder weniger stark im Netzwerk der myofibrillären Proteine immobilisiert. Der Anteil an Hydrata-

Tabelle 3.2. Chemische Typzusammensetzung vom Fettgewebe befreiter (schierer) Muskeln ausgewachsener Säugetiere (%)

Wasser	75,0		
Fett	1,5		
Protein	19,0		
myofibrilläre Proteine		10,20	
Myosin			6,50
Actin			2,40
Tropomyosin			0,50
Troponine A und B			0,50
α-Actinin			0,20
β-Actinin			0,05
M-Protein			0,05
Sarkoplasmaproteine		5,80	
Myogen			2,90
Myoglobin			0,10
Globulin X			2,80
Bindegewebsproteine		3,00	
Stickstofffreie Extraktstoffe	2,3		
Organische Säuren		0,90	
Kohlenhydrate		0,50	
Glycogen			0,10
Mineralstoffe		0,90	
Phosphor			0,20
Kalium			0,35
Natrium			0,13
Magnesium			0,02
Eisen			0,03
Stickstoffhaltige Extraktstoffe	2,1		
Aminosäuren		0,30	
Dipeptide		0,30	
Carnosin			0,25
Anserin			0,03
Kreatin		0,500	
Kreatinin		0,030	
Carnitin		0,150	
Cholin		0,050	
Purine		0,450	
Pyrimidine		0,003	
Vitamine, Glycolyse-Zwischenprodukte u. ä.	0,1		

tionswasser wird durch die bei der Fleischbehandlung eintretenden Struktur- und Ladungsveränderungen nicht beeinflußt. Für die in der Praxis wichtigen Unterschiede und Wandlungen im Wasserbindungsvermögen ist allein der Grad der Immobilisierung des an sich freien Wassers entscheidend. Eine Lockerung des myofibrillären Netzwerkes durch Schwächung der Wechselwirkung zwischen den Proteinmolekülen oder -filamenten (z. B. bei der Fleischreifung oder infolge Salzens) ermöglicht eine vermehrte Aufnahme von Wasser in den immobilisierten Zustand. Nimmt dagegen die Proteinvernetzung zu (z. B. bei der Totenstarre und beim Erhitzen, Gefrieren oder Trocknen), so verkleinern sich die zur Aufnahme und Immobilisierung von Wasser zur Verfügung stehenden Räume, immobilisiertes Wasser wird freigesetzt und fließt schon bei leichter Krafteinwirkung (z. B. beim Abhängen) aus.

Als Quellungsvermögen des Fleisches ist die mit Gewichts- und Volumenzunahme verbundene spontane Aufnahme von Wasser aus einer umgebenden Flüssigkeit definiert. Zwischen Quellungs- und Wasserverbindungsvermögen besteht eine enge Korrelation.

Proteine

Rund 30% des Gesamtproteins bestehen aus Sarkoplasmaproteinen. Sie sind teilweise schon in Wasser und insgesamt in Salzlösungen niedriger Ionenstärke löslich und sind die grenzflächenaktiven Stoffe, die vorzugsweise die Bildung und Stabilisierung von Fleisch-Fett-Wasser-Systemen bewirken, wie sie viele Fleisch- und insbesondere Wurstwaren darstellen. Die fibrillären Proteine, die mehr als die Hälfte des Fleischeiweißes ausmachen, besitzen zwar eine größere „Emulgierkapazität", sind aber weniger gut wasserlöslich. Der die Fleischfarbe bestimmende Plasmaproteinanteil an Myoglobin hängt von der Muskelbeanspruchung ab. Die sich langsam und tonisch kontrahierende Skelettmuskulatur besteht vorwiegend aus „roten" Muskelfasern. Die überwiegend „weiße" Fasern enthaltende (tetanische) Muskulatur leistet dagegen eine zeitlich begrenzte und intensive Arbeit mit kurzfristig ausgelösten Kontraktionen. Zwischen beiden Fasertypen bestehen dementsprechend Unterschiede in der Stoffwechsellage und -kapazität.

Von den fibrillären Proteinen ist das Myosin Träger einer ATPase, die durch Calciumionen aktiviert und durch Magnesiumionen gehemmt wird. Setzen im lebenden Muskel Nervenimpulse aus dem sarkoplasmatischen Retikulum Calciumionen frei, wird ATP durch die Myosin-ATPase gespalten und die Energie geliefert, die zur Muskelkontraktion erforderlich ist. Unter Sarkomerenverkürzung gleiten Myosin- und Actinfilamente ineinander und bilden Actomyosin, dessen über das Myosin eingebrachte ATPase jedoch nicht mehr durch Magnesiumionen gehemmt, sondern aktiviert wird. Letztendlich werden Kontraktion und Erschlaffung des Muskels durch ein Regelsystem gesteuert, das die Ionenverhältnisse und die ATPase-Aktivität von Myosin, Actomyosin und sarkoplasmatischem Retikulum betrifft und in das sensibilisierend oder drosselnd die Proteine Tropomyosin, Troponin und Actinin eingreifen.

Bei der *Totenstarre* (Rigor mortis) treten analog der Muskelkontraktion ebenfalls die Bildung eines Actomyosinkomplexes und eine Verkürzung der Sarkomerenlänge ein. Im Unterschied zu den physiologischen Gegebenheiten bei der Muskelkontraktion wird jedoch infolge des Zusammenbruchs der Sauerstoffversorgung ATP, das im lebenden Muskel als „Weichmacher" wirkt, weil es Actomyosin in Actin und Myosin zu spalten vermag, über die mitochondriale oxydative Phosphorylierung gar nicht mehr und über den Kreatinphosphatspeicher sowie die anaerobe Glycolyse nur anfänglich noch nachgeliefert. Der die Bildung des Actomyosinkomplexes auslösende Calciumionenspiegel des Sarkoplasmas in Höhe von 0,5 bis 1,0 µmol kann nicht mehr unterschritten werden und der Actomyosinkomplex nicht wieder dissoziieren.

Es gilt als sicher, daß sowohl die Totenstarre als auch die Kontraktion durch eine Erhöhung der intrazellulären Calciumkonzentration verursacht werden. In neuerer Zeit wird jedoch bezweifelt, daß die zur Freisetzung der Calciumionen führende Schädigung des sarkoplasmatischen Retikulums eine Folge von ATP-Mangel ist und daß die Vorstellungen über den Mechanismus der Muskelkontraktion voll auf die Totenstarre übertragen werden können.

Die Totenstarre ist für die Fleischqualität und -verarbeitung von erheblicher Tragweite. Schlachtwarmes Fleisch ist trocken und von gummiähnlicher Konsistenz, in zubereiteter Form jedoch zart, soweit nicht eine bindegewebsbedingte Zähigkeit vorliegt. Als Folge der Actomyosinbildung und der mit ihr verbundenen Muskelfaserschrumpfung während der Totenstarre wird das Fleisch zäh und wasserlässig. Die actomyosinbedingte Zähigkeit bildet sich umso stärker aus, je schneller und intensiver der Rigor einsetzt. Bei einer Verkürzung der Sarkomeren um etwa 40% erreicht sie ihr Maximum. Wird Fleisch vor dem Einsetzen der Totenstarre eingefroren, setzt diese beim Auftauen umso heftiger und schneller ein, je größer dabei das Ausmaß und die Geschwindigkeit der Schädigung calciumspeichernder Membranen im sarkoplasmatischen Retikulum sind (Taurigor).

Im Unterschied zur actomyosinbedingten Zähigkeit des Fleiches stellt die bindegewebsbedingte eine Art Hintergrundzähigkeit dar. 80 bis 90% des Bindegewebsgehaltes in der Muskulatur (er schwankt zwischen 5 und 35% und beträgt im Mittel 12% der Trockenmasse) ist Kollagen, die restlichen Teile sind Elastin und Mucopolysaccharid-Protein-Komplexe. Die bindegewebsbedingte Zähigkeit hängt speziell von der Menge und vor allem vom Vernetzungsgrad des Kollagens ab und ist dementsprechend bei Arbeitsmuskeln und alten Tieren am größten.

Lipide

Lipide kommen im Fleisch intra- und extrazellulär vor. Der selten mehr als 3 bis 4% des Fleischgewichtes betragende intrazelluläre Anteil tritt nur geringfügig in Form von Tröpfchen auf, die in das Sarkoplasma eingelagert sind. Zumeist sind die zellulären Lipide Phospholipide und als solche in unterschiedlichem Ausmaße Membranbestandteile. Das im perimysialen Bindegewebe zwischen den Zellen eingelagerte Fett bewirkt die sogenannte Marmorierung des Fleisches. Es ist für die geschmackliche Beurteilung und manche Verwendungszwecke (z. B. Schweinekamm zum Grillen) von Bedeutung. Das fettem Fleisch aufliegende Fett ist außerhalb der Faserbündel angelagert. Sofern Schlachtkörperteile fast ganz oder ausschließlich aus Fettbindegewebe bestehen, bezeichnet man sie als Fettgewebe. Dazu zählen z. B. der Schweinespeck, die als Flomen oder Liesen bekannten Depotfette, sowie das Gekröse- oder Mickerfett. In Abhängigkeit vom Alkensäuregehalt unterliegen die aus Fettgeweben durch Erhitzen und Abpressen oder Zentrifugieren gewonnenen Schlachtfette (Zusammensetzung s. II; 7.2.) der Autoxydation. Dabei wirken die Hämfarbstoffe des Hämo- und Myoglobins prooxydativ, und als Folge treten bei der Lagerung von Fleisch Mißgeschmacksnoten und Farbaufhellungen auf.

Extraktstoffe

Fleischextrakte stimulieren die Speichel- und Magensaftsekretion und begünstigen mittelbar die Verdauung. Angaben zu ihrer stofflichen und mengenmäßigen Zusammensetzung hängen von der angewandten Analysentechnik sowie davon ab, ob es sich um ausgepreßten Fleischsaft, frisch und schonend hergestellte Muskelextrakte oder um handelsübliche Erzeugnisse handelt, die durch einen technischen Prozeß gewonnen wurden.

Unter den organischen Extraktstoffen des Fleisches nehmen die stickstoffhaltigen eine beherrschende Stellung ein. 80 bis 90% davon sind mit Phosphorwolframsäure fällbar und werden häufig als Fleischbasen zusammengefaßt. Diese Gruppe besteht zur Hauptsache aus Carnosin, Carnitin, Aminosäuren, mehr oder weniger langkettigen Peptiden, Purin- und Pyrimidinverbindungen sowie Kreatin und Kreatinin (Tab. 3.2).

Der Gehalt an β-Alanylhistidinpeptiden ist in gewisser Weise fleischartenspezifisch. Das Gewichtsverhältnis Anserin : Carnosin beträgt im Rindfleisch etwa 0,1, während es im Hühnerfleisch zwischen 2,2 und 5,5 schwankt. Charakteristisch für Walfleisch ist das Balenin, ein Anserinisomeres, das bis jetzt in keiner anderen Tierart gefunden worden ist, aber dort in beträchtlicher Konzentration vorkommt (Carnosin : Anserin : Balenin = 10 : 1 : 45).

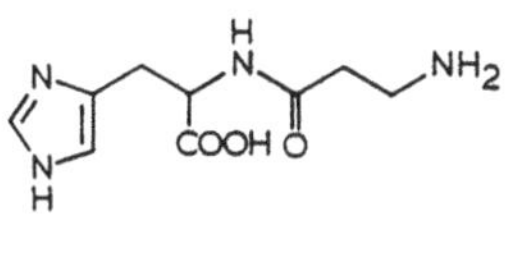

Carnosin

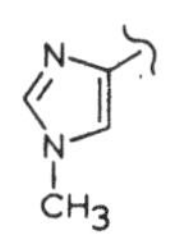

Anserin

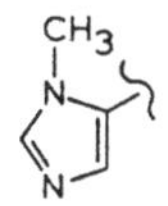

Balenin

Als freie Aminosäuren kommen hauptsächlich Alanin und Glutaminsäure vor; hinzu kommt das Cystein-Stoffwechselprodukt Taurin. Das Auftreten von Aminen (Mono- und Diaminoalkane, biogene und andere aus der Fäulnis von Proteinen bekannte Amine) ist insofern von Bedeutung, als einige von ihnen in gepökelten Fleischwaren direkt mit Nitrit unter Bildung cancerogener Nitrosamine reagieren können.

Die in Fleischextrakte übergehenden Purin- und Pyrimidinverbindungen sind Nucleotide und postmortal daraus vermehrt gebildete Abbauprodukte. Unter ihnen ist das geschmacksaktive Inosin-5'-phosphat das einzige Nucleotid und organische Phosphat, das in handelsüblichen Fleischextrakten mit Sicherheit nachgewiesen worden ist. (Relativ hoch ist der Gehalt an Purinen in Wildfleisch und Innereien.)

Während das Kreatin/Kreatinin-Verhältnis großen Schwankungen unterliegt, ist die als Gesamtkreatinin bezeichnete Summe bemerkenswert konstant. Deshalb sowie wegen der relativ großen Menge in Fleischextrakten und des Fehlens in pflanzlichen Würzpasten und Hefeextrakten ist die Bestimmung des Gesamtkreatinins für die Unterscheidung und Qualitätsbeurteilung von Extrakten und Würzen (Tab. 3.3) ein unentbehrliches analytisches Hilfsmittel. Alternative Charakterisierungsmöglichkeiten ergeben sich lediglich noch aus der differenzierenden Bestimmung der Alanylhistidindipeptide.

Bei den stickstofffreien Extraktstoffen des Fleisches nehmen die organischen Säuren und darunter vor allem die Milchsäure (0,2 bis 0,8% des Gewebefeuchtgewichtes) sowie die Mineralstoffe eine Vorrangstellung ein. In der Asche von Fleischextrakten überwiegen Kalium und Phosphat. Der Anteil der organischen Phosphate am Gesamtphosphat liegt zwischen 10 und 30%. Mehr als die Hälfte des Wasserbindungsvermögens im Rindermuskel ist auf die im Sarkoplasma gelösten Salze zurückzuführen. Fleischsaftverluste bei der Fleischbehandlung (z. B. infolge unsachgemäßen Gefrierens und Auftauens) verursachen deshalb eine Abnahme des Wasserbindungsvermögens.

Muskelglycogen geht beim Kochen von Fleisch zum Teil in das Kochwasser über und wird in Fleischextrakten in Mengen bis zu 1% gefunden. Daneben sind noch geringe Mengen an Glucose, Fructose, Ribose, Desoxyribose, Glucose-6-phosphat und Fructose-6-phosphat nachgewiesen worden.

Tabelle 3.3. Analytische Charakteristik von Extrakten und Würzen

	Fleischextrakte				Hefe-extrakte	Würz-pasten
	Rind	Schaf	Huhn	Wal		
Gesamt-kreatinin	um 7%	um 7%	bei gleichem N-Gehalt wie Rind	um 5%	abwesend	abwesend
Alanyl-histidin-peptide	mehr Carnosin als Anserin	wie Rind	mehr Anserin als Carnosin	Balenin, Carnosin, Anserin	abwesend	abwesend
Gesamt-stickstoff	um 9%	um 10%	um 10%	um 10%	6–10%	> 6%
Stickstoff freier Aminosäuren	< 1%	< 1%	< 1%	< 1%	> 3,5%	> 4%
Purinver-bindungen	Hypoxanthin > Adenin > Guanin	ähnlich Rind	wie Rind	ähnlich Rind	Adenin > Guanin > Hypoxanthin	abwesend
weitere Kenn-zeichen	—	—	viel Fett und Gelatine	relativ viel Glycogen	3-Aminobutansäure, 3'-Ribonucleotide	4-Oxopentansäure, Methansäure

3.2.2. *Innereien und Schlachtabschnitte*

Trotz ihres Gehaltes an hochwertigem Eiweiß, Mineralstoffen und Vitaminen (Tab. 3.4) ist der „Verkehrswert" von Innereien niedriger als der von Muskelfleisch. Die Gründe hierfür sind der Mangel an gleichen Verwertungsmöglichkeiten und Vorurteile, die vor allem auf hygienischen sowie auf Bedenken gegenüber einem vermehrten Bindegewebs- (z. B. Euter, Lunge, Pansen) und Cholesterolbestand (Leber 0,3 bis 0,6%, Gehirn um 3%) beruhen. Die Verarbeitung von Innereien zu Rohwurst wird grundsätzlich abgelehnt. Zumeist werden sie für Kochwürste, vereinzelt auch für Brühwürste, verwendet. Die Därme werden überwiegend zu Wursthüllen aufbereitet (Kuttelei).

Rinder liefern bei der Schlachtung 12 bis 15 Liter, Schweine 2 bis 3,5 Liter *Blut.* Mit einem Gehalt von durchschnittlich 18% hochwertigem Eiweiß und einem Energiewert von 350 kJ/100 g besitzt es einen schierem Muskelfleisch nahe kommenden Nährwert. Schlachtblut von Schweinen und gelegentlich von Rindern wird sowohl

Tabelle 3.4. Durchschnittlicher Nährstoffgehalt von 100 g Innereien

Nährstoff		Herz	Hirn	Leber	Lunge	Niere	Zunge
Eiweiß	(g)	16	11	19	15	16	15
Fett	(g)	7	9	4	2	6	15
Energie	(kJ)	565	600	550	340	530	850
	(kcal)	135	143	131	81	127	203
Calcium	(mg)	15	9	7	4	11	8
Phosphor	(mg)	190	360	345	130	235	180
Eisen	(mg)	3	2	12	4	9	3
Natrium	(mg)	90	160	90	120	190	90
Kalium	(mg)	160	340	365	275	310	260
Retinol	(mg)	0,009	—	7,6	—	0,3	—
Thiamin	(mg)	0,4	0,16	0,3	0,1	0,3	0,16
Riboflavin	(mg)	0,9	0,24	3,3	0,3	2,2	0,29
Nicotinamid	(mg)	6,6	3,80	14,8	3,9	6,6	4,30

unmittelbar als Grundstoff zur Herstellung von Kochwurst (Blut-, Rot-, Preßwurst) als auch als farbgebender Hilfsstoff (z. B. bei Fleischfarcen und Pasteten) verwendet. Da es beim Schlachten innerhalb weniger Minuten unter Bildung eines Blutkuchens gerinnt, muß es zur Weiterverarbeitung entweder stabilisiert oder vom Fibrin befreit werden (Abb. 3.4).

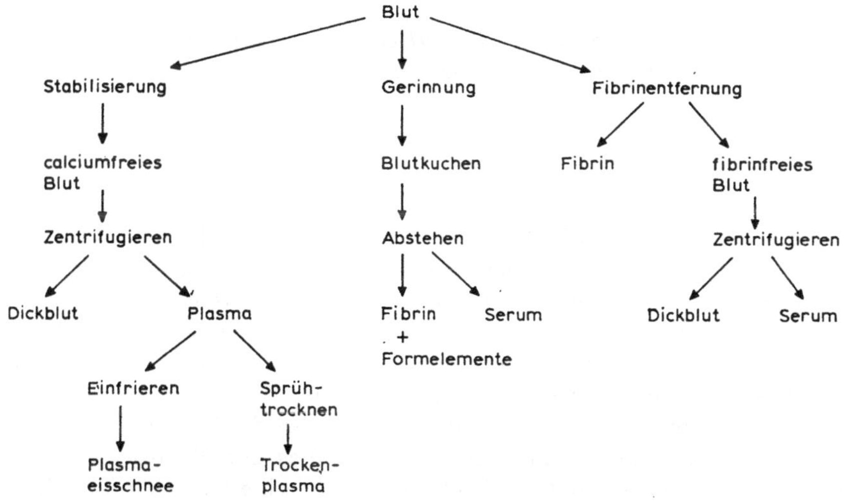

Abb. 3.4. Die Aufarbeitung von Schlachtblut

Bei der Fibrinentfernung wird das Fibrinogen durch Schlagen mit Metallruten in Fibrin übergeführt und als Gerinnsel abgeschieden. Meist werden jedoch mit Hilfe calciumionenbindender Salze (z. B. Citrat, Phosphate, überwiegend Pyrophosphat =Fibrisol) oder Ionenaustauscher die Fibrinbildung und -vernetzung verhindert und die Formelemente (Erythrocyten, Leukocyten, Thrombocyten) durch Zentrifugieren als Dickblut entfernt. Das verbleibende, noch Fibrinogen enthaltende Blutplasma ist mit 7 bis 8% Protein nicht nur ein wertvoller Eiweißträger, sondern auch ein technologischer Hilfsstoff, der sich als Zusatz zu Brühwürsten bei der Hitzekoagulierung an der Ausbildung eines festen Eiweißgerüstes beteiligt und so die Wasserbindung durch die Muskelproteine unterstützt. Wegen der Gefahr des mikrobiellen Verderbs wird das Blutplasma meist in getrockneter Form(62 bis 68% Rohprotein, 12 bis 24% Mineralstoffe, 10 bis 12% Wasser) oder tiefgefroren als „Eisschnee" verarbeitet. Blutserum- und -plasmaeiweiße finden in der Lebensmittelindustrie überdies als Eiklarersatz Verwendung.

Die bei der Schlachttierkörperzerlegung anfallenden *Knochen* werden zu Lebensmittelzwecken (*Fleischknochen, Knochenfett, Speisegelatine*), zu technischen Erzeugnissen (Knochenfett, Leim, Filmgelatine) oder zu Futter- und Düngemitteln (Knochenmehl) aufgearbeitet. Bei der Gelatinegewinnung werden Knochen, Knorpel, Rinds- und Schweinshaut bzw. Schweineschwarten entfettet und mit verdünnter Salzsäure aufgeschlossen. Einer anschließenden Kalkmilchbehandlung folgen die Hydrolyse des Kollagens zu Gelatine und deren Extraktion mit Dampf oder Heißwasser. Die fettfrei geklärten Gelatinelösungen werden konzentriert und schonend getrocknet. Speisegelatine wird zudem mit schwefliger Säure oder alkalischer Wasserstoffperoxidlösung gebleicht. Sie löst sich unter starker Quellung in warmem Wasser und bildet beim Abkühlen thermoreversible Nebenvalenzgele aus, deren strukturmechanische Eigenschaften von der Konzentration (1 bis 10%), der Temperatur, dem pH-Wert und dem Elektrolytgehalt abhängen.

3.2.3. *Veränderungen in der Beschaffenheit und Zusammensetzung des Fleisches bei der Behandlung*

3.2.3.1. *Lagern und Reifen*

Der pH-Wert des Muskelfleisches fällt nach dem Schlachten infolge Milchsäurebildung von 7,0 bis 7,5 auf 5,4 bis 5,8 ab. Die Fleischsäuerung ist ein abakterieller enzymatischer Vorgang, dessen Schnelligkeit und Ausmaß vor allem vom Glycogenvorrat und von der Temperatur bestimmt werden. Die Muskelproteine geraten durch die Milchsäurebildung in den Bereich ihres mittleren isoelektrischen Punktes und damit der geringsten Löslichkeit und Wasserbindung. In gleicher Weise nachteilig auf das Quellungs- und Wasserbindungsvermögen wirkt sich die bei der Totenstarre eintretende Actomyosinbildung aus. Technologisch zwingt dies zur Verarbeitung von schlachtwarmem oder rasch tief- und durchgefrorenem Fleisch sowie zur Anwendung von Hilfsmitteln. Solche Hilfsmittel sind das Einsalzen möglichst noch im schlachtwarmen Zustand bzw. vor dem Auftauen, das Zerkleinern (Kuttern) des Fleisches unter Kühlung (Eis- oder CO_2-Schneezusatz) und die Einarbeitung wasserbindender, emulgierender und stabilisierender Zusatzstoffe (Kutterhilfsmittel: Citrate, Lactate, Tartrate; Polyphosphate; Mono-/Diglyceridgemische, Polyglycerolfettsäureester; Milch-, Pflanzen- und Blutplasmaproteine bzw. deren Salze oder Teilhydrolysate).

Zur Aufhebung der actomyosinbedingten Zähigkeit und zur Wiedererlangung der vollen Genußtauglichkeit muß Muskelfleisch abhängen (reifen). Wie für das Einsetzen der Totenstarre ist die zum Abhängen erforderliche Zeitspanne temperaturabhängig und von Muskel zu Muskel sowie von Tierart zu Tierart verschieden. Bei Rindfleisch und Kühlhaustemperatur ist sie mit etwa zwei Wochen am längsten, bei Geflügel mit 12 bis 24 h am kürzesten.

Im Verlauf der *Fleischreifung* verlängern sich die während der Totenstarre verkürzten Sarkomeren, ohne daß die frühere Dehnbarkeit der Muskelfasern wiedererlangt wird. Die in dieser Hinsicht der Erschlaffung des lebenden Muskels nicht gleichlaufende Veränderung der Actin-Myosin-Wechselwirkung ist nicht die Folge eines proteolytischen Abbaues durch die postmortal aus den Lysosomen austretenden und in ihrer spezifischen Aktivität gesteigerten Kathepsine. Man nimmt heute vielmehr an, daß die Abnahme des pH-Wertes und der Membranpermeabilität Ionendiffusions- und -austauschvorgänge ermöglichen, die zu Änderungen in den Bindungen und Wechselwirkungen und damit der Konformation der Proteinmoleküle führen. Auf diese Weise kommt es zur Lockerung der Myosin-Actin-Vernetzung und darüber hinaus zu einer Zerstörung der Proteinstruktur im Bereich der Z-Linien, was schließlich eine Lösung des Zusammenhaltes benachbarter Fibrillen verursacht. Der pH-Wert steigt erst wieder stark an, wenn Verderbnis einsetzt. Bei verdorbenem Fleisch liegt er über 6,5.

Die bindegewebsbedingte Zähigkeit läßt sich nicht durch Abhängenlassen, sondern mehr oder weniger allein durch Erhitzen des Fleisches bei der küchentechnischen Zubereitung verringern. Hierbei tritt zunächst eine Denaturierung und mit ihr eine Schrumpfung des Kollagens ein, ehe infolge Spaltung inter- und intramolekularer Bindungen ein partieller Übergang in die wasserlösliche und beim Abkühlen gelbildende Gelatine (Aspik) erfolgt (s. II; 3.3.2.).

Wird nicht ausgekühltes Fleisch aufeinander gestapelt und ohne genügende Lüftung aufbewahrt, kann es zur sogenannten stickigen Reifung kommen. Infolge hoher Temperaturen im Fleischinneren läuft nicht allein die Glycolyse ab, sondern es werden auch andere Stoffwechselwege eingeschlagen, die am Ende übelriechende Stoffe wie Buttersäure und Schwefelwasserstoff liefern.

Mit Ausnahme der stickigen Reifung führen die postmortalen biochemischen Veränderungen zwar nicht zum Verderb, die Lagerung des Fleisches erleichtert aber den Angriff von Mikroben. Durch sie gelangt Fleisch unter Farb-, Geruchs-, Geschmacks- und Texturveränderungen schnell zur Fäulnis. Ohne konservierende Maßnahmen beträgt die Haltbarkeit von Fleisch etwa 3 bis 7 Tage. Form und Ablauf der Zersetzungsprozesse sind von der Art und der Zahl der Keime sowie von Umweltfaktoren abhängig (Tab. 3.5). Als Endprodukt entstehen neben Gasen (CH_4, H_2,H_2S, N_2, NH_3,

Tabelle 3.5. Oberflächlich feststellbare Symptome an verdorbenem Fleisch

Sauerstoff-status	Mikroben-typ	Zersetzungssymptome
aerob (Außenfäulnis)	Bakterien	schleimige Oberfläche; Verfärbung infolge Myoglobinabbaues oder Kolonienbildung; Flecken- und Mißgeruchsentstehung; Fettzersetzung
	Hefen	Hefeschleim, Verfärbung, schlechter Geruch und Geschmack, Fettzersetzung
	Schimmel	klebrige Oberfläche, Verfärbung, Flecken- und Mißgeruchsbildung, Fettzersetzung
anaerob (Innenfäulnis)	Bakterien	Auftreten von faulem Geruch, Gasbildung, Sauerwerden

SO_2) Alkan-, Hydroxyalkan- und Aminosäuren, Amine, Indol, 3-Methyl-indol (Scatol), Ptomaine (Leichengifte) und Bakterientoxine. Das Abhängenlassen von Wild zum Zwecke der Hautgoutbildung führt an die Grenzen der Fäulnis.

3.2.3.2. Erhitzen

Die thermische Behandlung des Fleisches mit trockener (Backen, Braten, Grillen) oder feuchter Hitze (Brühen, Dämpfen, Dünsten, Kochen, Schmoren) dient sowohl der Haltbarmachung als auch der Erhöhung des Genußwertes. Zur Haltbarkeitsverlängerung muß mindestens eine Temperatur von **338** K (65 °C) im Kern erreicht werden, da erst dann die meisten Fleischenzyme inaktiviert sind. Gleichzeitig tritt eine Denaturierung des Myoglobins ein, die einen Farbumschlag von rot nach graubraun verursacht.

Die drastischen Veränderungen des Fleischgefüges beim Erhitzen (Schrumpfen und Erhärten des Gewebes, Austritt von Saft) vollziehen sich in zwei Phasen: die erste liegt zwischen **303** und **323** K (30 bis 50 °C), die zweite zwischen **333** und **363** K (60 bis 90 °C). Im Temperaturbereich von **323** bis **333** K (50 bis 60 °C) verändert sich wenig. Die Veränderungen in der ersten Phase beruhen auf der Hitzekoagulation des Actomyosinsystems. Dabei bilden sich zwischen den aufgefalteten Proteinmolekülen verhältnismäßig instabile Querverbindungen; diese bedingen ein dichteres Netzwerk der Eiweißstruktur. In der zweiten Phase erfolgen die Denaturierung des Kollagens und die Bildung neuer, verhältnismäßig stabiler Querverbindungen innerhalb des koagulierten Actomyosinsystems. Die zwischen **313** und **333** K (40 bis 60 °C) eintretende Hitzekoagulierung der Sarkoplasmaproteine hat für die Abnahme der Zartheit und des Wasserbindungsvermögens beim Erhitzen von Fleisch keine Bedeutung.

Erst bei Temperaturen über **343** K (70 °C) kommt es in den myofibrillären Proteinen zu tiefgreifenden Umwandlungen. Infolge Oxydation zu Cysteinsäure, Abspaltung von Schwefelwasserstoff und Bildung schwefelhaltiger Aromastoffe gehen zunehmend SH- und SS-Gruppen verloren. Die leichtere Kaubarkeit und verbesserte Verzehrsfähigkeit erhitzten Fleisches ist jedoch vor allem auf die bei **343** K (70 °C) eintretende Quellung und den bei **363** K (90 °C) erfolgenden partiellen Zerfall des Bindegewebes zurückzuführen. Bräunungsreaktionen vom MAILLARD-Typ beginnen im wesentlichen ebenfalls bei **363** K (90 °C) und nehmen mit steigender Temperatur und Dauer des Erhitzens an Intensität zu. Sie bewirken die Ausbildung der gewünschten Farbe sowie des typischen Geruches und Geschmackes.

Die normale küchentechnische Zubereitung von Fleisch ruft nur geringe Veränderungen im Aminosäurengehalt und in der Verdaulichkeit hervor. Unter den Bedingungen der Hitzesterilisation (Dosenfleisch) werden jedoch essentielle Aminosäuren (Cystein, Methionin, Lysin) teilweise zerstört und die Verdaulichkeit der Proteine vermindert.

3.2.3.3. Kühlen und Gefrieren

Die einfachste Form der Frischhaltung von Fleisch ist die *Kühllagerung.* Sie bringt aber das Problem mit sich, zum einen ein Austrocknen des Fleisches (Dripverluste,

Farbvertiefung) und zum anderen ein Feuchtbleiben der Oberfläche (Mikrobenwachstum) zu vermeiden. Durch schnelle Abkühlung bei einer der Temperatur angepaßten Luftzirkulation sowie durch anschließende Kühllagerung bei 277 K (4 °C) und 80 bis 90% relativer Luftfeuchte in Räumen ohne Luftumwälzung läßt sich das Problem zufriedenstellend lösen. Wegen der Masseverluste und des Auftretens von Lagerungsschäden an der Fleischoberfläche (Metmyoglobinbildung, Lipidautoxydation) und trotz der Möglichkeit zusätzlicher konservierender Maßnahmen (Luftaustausch gegen Kohlendioxid, Lagerung in verschiedenartigster Folienverpackung) ist die Kühlung heute weitgehend durch das *Einfrieren* von Fleisch abgelöst worden. Durch Einhaltung von Temperaturen um 253 K (−20 °C) läßt sich die Lagerzeit von maximal 6 Wochen beim Kühlen auf 10 bis 15 Monate bei Rind- und 6 bis 7 Monate bei Schweinefleisch ausdehnen.

Etwa 75% des vorhandenen Wassers gefrieren bei Fleischtemperaturen zwischen 272,7 und 268,2 K (−0,5 bis −5 °C). Die Geschwindigkeit, mit der dieser Temperaturbereich durchlaufen wird, und die am Ende eingehaltene Lagertemperatur bestimmen die Qualität des Gefrierfleisches. Je geringer die Gefriergeschwindigkeit ist, desto größer ist der Anteil extrazellulär gefrorenen Wassers. Mit fortschreitender Eisbildung konzentriert sich die extrazelluläre Flüssigkeit und entzieht den Muskelzellen auf osmotischem Wege Wasser, das an die bereits vorhandenen Eiskristalle anfriert. Die Folge davon sind ein intrazellulärer Anstieg der Ionenkonzentration und eine damit verbundene Denaturierung sowohl der sarkoplasmatischen als auch der myofibrillären Proteine. Darüber hinaus bewirken große extrazelluläre Eiskristalle ein Auseinanderdrängen der Muskelfasern und schließlich eine Zerstörung der Zellmembranen. Das Wasserbindungsvermögen sinkt, beim Auftauen tritt Fleischsaft aus, und das Fleisch wird trocken und zäh. Die maximal 10% betragenden Saftverluste können durch Auftauen bei 278 bis 281 K (5 bis 8 °C) und 90% relativer Luftfeuchte sowie durch anschließende Lagerung in Kühlräumen bis auf 1% gesenkt werden.

Der elektrophoretische Nachweis des mitochondrialen Isoenzyms der Aspartat-Aminotransferase im Fleischsaft dient mit Einschränkung (Schweinefleisch) zur lebensmittelchemischen Unterscheidung zwischen aufgetautem Gefrierfleisch und Kühlfleisch.

3.2.3.4. Salzen und Pökeln

Das Salzen von Fleisch ist eine der ältesten Formen, Lebensmittel durch Herabsetzung der Wasseraktivität mit Hilfe wasserbindender Mittel haltbar zu machen (s. I; 5.1.). Vom Gesamtwasser des Fleisches steht Mikroorganismen nur der freie und nicht immobilisierte Anteil zur Verfügung und zwar in dem Ausmaße, als es ihnen gelingt, den bestehenden osmotischen Druck zu überwinden. Da sich der osmotische Druck umgekehrt proportional zur Wasseraktivität a_w verhält, gibt es für jede Art von Mikroorganismen einen minimalen a_w-Wert, der eine Vermehrung ausschließt. Während das bakterielle Wachstum in Fleisch und Fleischwaren bei $a_u = 0{,}88$ (halophile Bakterien erst bei 0,75) erlischt, stellen Hefen und Schimmelpilze noch bis zu a_v-Werten von 0,62 eine potentielle Gefahr dar. Das Salzen von Fleisch (bis zu 12%

Kochsalz) wirkt sich demzufolge fäulnishemmend, nicht jedoch fäulnisverhütend aus (gesättigte Kochsalzlösung: $a_w = 0{,}75$).

Wegen der erreichten Ionenstärke geht bei Salzfleisch zwar anfänglich mit den sarkoplasmatischen Proteinen auch etwas Myoglobin in den kochsalzhaltigen Fleischsaft über, aber insgesamt tritt eine Myoglobinanreicherung ein, so daß die Farbe tief dunkelrot wird (Bauernschinken). Beim Kochen wird Salzfleisch jedoch ebenso wie Frischfleisch graubraun, weil aus dem Myoglobin Hämichromogene entstehen (s. I; 9.2.1.). Aus diesem Grunde und zur Erzielung einer besonderen Geschmacksnote sowie zum sicheren Ausschluß toxinbildender Keime, insbesondere von *Clostridium botulinum*, werden Fleisch und Fleischwaren gern gepökelt, d. h. mit einer Mischung aus Kochsalz und 0,5 bis 0,6% Kalium- oder Natriumnitrit (Nitritpökelsalz), der 1% Nitrat beigemischt sein kann, behandelt (50 bis 160 mg Nitrit/kg). Dadurch wird das Myoglobin zum stabileren Stickoxidmyoglobin „umgerötet", dessen Denaturierung die Rosafärbung gekochten Pökelschinkens bewirkt (Abb. 3.5). Pökelhilfsstoffe, wie Saccharose, Glucose, Maltodextrine und Ascorbinsäure, fördern enzymatisch-bakteriell (Anregung des Bakterienwachstums und der zur pH-Senkung führenden Glycolyse, Begünstigung denitrifizierender Bakterien) oder chemisch die zur Bildung von Stickoxid und Stickoxidmyoglobin Anlaß gebenden Reduktionsvorgänge.

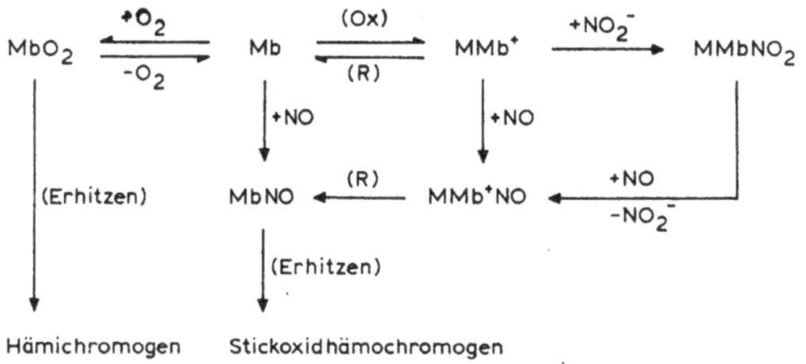

Abb. 3.5. Prinzip und Folgen der Reaktionen des Hämfarbstoffes beim Pökeln

Mb = Myoglobin; MMb^+ = Metmyoglobin; (R) = Reduktionsmittel; (Ox) = Oxydationsmittel

Grüne Mißfärbungen treten auf, wenn im Fall der Verdorbenheit Schwefelwasserstoff entsteht und aus Myoglobin Sulfmyoglobin bzw. nach Sprengung des Porphyrinringes Verdohäm gebildet wird, oder wenn als Folge zu hoher Nitritkonzentrationen und zu geringer pH-Werte nitrithaltiges Metmyoglobin entsteht und dieses beim Erhitzen denaturiert wird (Nitritbrand). Da in der Pökellake keine Katalase vorhanden ist, bei der Einwirkung von Ascorbinsäure oder anderen Reduktionsmitteln auf Oxymyoglobin jedoch leicht Wasserstoffperoxid auftritt (s. I; 6.3.9.), kann sich überdies auch grünes Choleglobin entwickeln, das zu verschiedenfarbigen Gallenfarbstoffen abgebaut wird (s. I; 9.2.2.).

Industriell wird das Pökeln heute weniger durch Einreiben des Fleisches mit Pökelsalz (Trockenpökeln; 4 bis 8 Wochen Haltbarkeit) vorgenommen als vielmehr durch Einlegen in eine Pökellake bei einer Temperatur von 279 bis 281 K (6 bis 8 °C), die 10 bis 25% Nitritpökelsalz enthält (Naßpökelverfahren; 3 bis 4 Wochen Lagerfähigkeit) oder durch intramuskuläre bzw. intraarterielle Injektion von Pökellake (Schnellpökelung; Haltbarkeit 3 bis 6 Tage; überwiegend Umrötungs-, kaum Konservierungseffekt).

Wegen der Gefahr einer Bildung cancerogener Nitrosamine bei Nitrat- bzw. Nitritanwendung sind bereits mehr als 700 Verbindungen mit komplex gebundenen Nitro- bzw. Stickoxidgruppen als Nitrit-Ersatzstoffe zum Pökeln geprüft worden. Nicht eine hat sich jedoch als gleichwertig erwiesen.

3.2.3.5. *Trocknen*

Das *konventionelle Trocknen* von Fleisch besitzt in Europa nur noch zur Herstellung von Spezialitäten (z. B. Bündnerfleisch in der Schweiz) und Trockensuppeneinlagen Bedeutung. Technisch hat sich als bestes Verfahren das Kochen und das anschließende Zerkleinern größerer Fleischstücke mit nachfolgender Trocknung bei Temperaturen unter 343 K (70 °C) erwiesen. Hierbei erleiden Wasserbindevermögen und Quellbarkeit die geringsten Einbußen, und die nichtenzymatische Bräunung hält sich in Grenzen. Bei einem Wassergehalt unter 10% kann gepreßtes Trockenfleisch unter Luftausschluß bis zu drei Jahren gelagert werden.

Im Unterschied zu konventionell getrocknetem kann *gefriergetrocknetes Fleisch* auch zur Brüh- und Rohwurstherstellung sowie zur Bereitung von brätmassenhaltigen Speisen (Frikadellen, Gemüserouladen, Pasteten) eingesetzt werden. Das erforderliche Wasserbindungsvermögen läßt sich dadurch gewährleisten, daß das Fleisch nach der Schlachtung möglichst schnell entbeint und in Gegenwart von Kochsalz (2%) zerkleinert wird und daß man beim Trocknen den Sublimationsdruck möglichst niedrig hält, um ein Auftauen zu verhindern. Stückfleisch muß vor der Gefriertrocknung gut abhängen oder mit Polyphosphaten behandelt werden. Farbveränderungen sowie auf MAILLARD-Reaktionen oder enzymatische Lipidspaltungen zurückzuführende Mißgeschmacksbildungen lassen sich erst bei einem Wassergehalt unter 3% verhindern. Zum Ausschluß der Lipidoxydation bedarf es der Verpackung in licht- und sauerstoffundurchlässigen Folien.

Bei sorgfältiger Gefriertrocknung ist ein Rückgang im Wasserbindungsvermögen und eine Zunahme der Zähigkeit des Fleisches lediglich auf eine durch den Wasserentzug selbst bedingte Denaturierung myofibrillärer Proteine, nicht aber auf den Gefrierprozeß oder den Anstieg der Salzkonzentration im Sarkoplasma zurückzuführen.

3.2.3.6. *Räuchern*

Das sich dem Pökeln anschließende Räuchern von Fleisch- und Fleischwaren dient heute mehr der Verbesserung von Aussehen, Geruch und Geschmack als der Haltbarkeitsverlängerung. Der durch unvollständige Verbrennung (Schwelen) harter Hölzer erzeugte Rauch ist ein aus mehr als 300 Komponenten zusammengesetztes Aerosol, dessen wirksame Bestandteile an der Fleischoberfläche teils adsorbiert werden, teils chemische Verbindungen eingehen. Soweit beim Räuchern ein Konservierungseffekt eintritt, ist er eine Folge des Wasserentzuges und der damit verbundenen Konzentrierung von Salz und antibakteriell wirkenden Rauchinhaltsstoffen an der Oberfläche.

Rauchzusammensetzung und -wirksamkeit hängen von der Glimmtemperatur (Pyrolyse der Cellulose: 453 bis 553 K; Pyrolyse des Lignins: 533 bis 723 K), der Rauchführung (Strömungsweg) sowie der Temperatur, Luftfeuchtigkeit und Dauer der Einflußnahme auf das Räuchergut ab. Die zwischen 282 und 293 K (9 bis 20 °C) vorgenommene und zwei Tage bis mehrere Wochen dauernde *Kalträucherung*, die gewöhnlich bei Pökelfleisch, Speck und Rohwürsten angewandt wird, wirkt sich auf die Haltbarkeit am nachhaltigsten aus. Die in wenigen Stunden und bei Temperaturen zwischen 333 und 393 K (60 bis 120 °C) vollzogene *Heißräucherung* hingegen bezweckt hauptsächlich eine Aroma- und Farbgebung und darüber hinaus ein Garwerden des Räuchererzeugnisses (z. B. Brühwurst). Die *Warmräucherung* (303 bis 333 K = 30 bis 60 °C) wird wegen der Gefahr von Qualitätsminderungen und Fehlfabrikationen nur noch beschränkt angewandt.

Neuere Verfahren der Rauchgewinnung und -anwendung sind die Rauchentwicklung durch Reibung von Holz an rotierenden Stahlscheiben (Friktionsverfahren) oder durch Erhitzen des Holzmaterials mit Heißluft (Fluidisationsverfahren), die Ionisation der Rauchpartikel durch Passieren von Kondensatorfeldern (elektrostatisches Verfahren) sowie das Tauchen des Räuchergutes in Rauchkondensate oder -essenzen.

Die im Rauch nachweisbaren chemischen Stoffklassen können in Alkohole, Carbonylverbindungen, Säuren, Ester, Ether, Phenole und polycyclische aromatische Kohlenwasserstoffe untergliedert werden. Die wichtigsten Vertreter sind Methanol, Ethanol, Methanal, Ethanal, Octanal, Furfural, Propanon, Butan-2-on, 2-Oxo-propanal, 3-Oxo-butan-2-on (Diacetyl), Methan-, Ethan-, Butan- und Octansäure, Phenol, Brenzkatechin, Pyrogallol, Guajacol, Vanillinsäure sowie 3,4-Benzpyren, 1,2,5,6 -Dibenzanthracen, Kohlenmonoxid und Wasserstoff.

Carcinogene polycyclische aromatische Kohlenwasserstoffe entstehen vorzugsweise bei der Verbrennung von Lignin. Räucherwaren enthalten im Durchschnitt 0,6 µg 3,4-Benzpyren/kg, über Holzkohle gegrillte Produkte 6 µg/kg. Der gegenüber nicht geräucherten Erzeugnissen feststellbare Schutz vor dem Ranzigwerden ist auf im Rauch vorhandene Stoffe mit antioxydativer Wirkung zurückzuführen. Die Umwandlung von Monocarbonylen in Reduktone und deren Polymerisierung zu gelblich-braunen Melanoidinen verleiht Räucherwaren neben MAILLARD-Produkten die charakteristische Farbe.

3.2.3.7. *Weitere Behandlungsverfahren*

Die Fleischkonservierung mit Hilfe *ionisierender Strahlen* (γ-, Kathoden-, Röntgenstrahlen) erfordert zur Unterbindung des Keimwachstums Strahlungsdosen von 50 kJ/kg und zur Enzyminaktivierung noch weit mehr. Außer zur Ionisierung führt die Bestrahlung auch zur Aktivierung von Molekülen und löst dadurch Radikal- und Peroxidbildungen sowie Polymerisationen aus, die sich sowohl sensorisch (Farbe, Geschmack, Textur) als auch auf den Nährwert (essentielle Aminosäuren, Vitamine) nachteilig auswirken und weitere Maßnahmen wie vorheriges Erhitzen oder die Einhaltung sehr tiefer Temperaturen (193 K = −80 °C) erforderlich machen. Darum und aus Furcht vor dem Entstehen gesundheitsschädigender Stoffe (z. B. Carcinogene) haben sich die Bestrahlungsverfahren bisher nicht durchgesetzt.

Ebenso wenig hat die Anwendung proteolytisch wirkender *Enzympräparate* pflanzlichen (Ficin, Papain) oder mikrobiellen Ursprungs (Schimmelpilzproteasen) zur künstlichen Reifung (Tenderisierung) nicht abgehangenen Fleisches Verbreitung gefunden. Solche Präparate können in Stückfleisch oberflächlich eingearbeitet (Zartmachersalze) oder injiziert werden. Die Applikation kann auch in größerem Umfange und zwar prämortal durch intravenöse und postmortal durch intraarterielle Infusion erfolgen. In jedem Fall verteilen sich die Proteasen in den endo- und perimysialen Bindegewebshüllen und entfalten dort ihre Wirksamkeit in der Anlaufphase des Erhitzens bei der küchenmäßigen Fleischzubereitung. Dabei werden kollagene Bindegewebsanteile und wohl auch noch Sarkoplasmaproteine abgebaut, nicht aber die Fibrillen angegriffen. Demzufolge wird nur die kollagenbedingte Hintergrundzähigkeit beseitigt. Für die Verhinderung oder Aufhebung der rigorbedingten Actomyosinzähigkeit gibt es bisher keine praktikable Lösung.

3.3. Fleischerzeugnisse

3.3.1. Wurstwaren

Wurstwaren werden aus zerkleinertem Fleisch, Fett, Organen, Schwarten und Blut von Schlachttieren unter Zusatz von Speise- oder Pökelsalz, Gewürzen, Zucker und Kutterhilfsmitteln hergestellt, in Hüllen, Gläser oder Dosen gefüllt und roh oder erhitzt, darüber hinaus oft geräuchert, in den Handel gebracht. Als Binde- oder Streckmittel werden auch Grütze, Semmeln, Mehl und strukturierte Pflanzenproteine verarbeitet. Der Wurstverbrauch ist zwar traditionell verhaftet und nimmt in den mitteleuropäischen Ländern nahezu die Hälfte der gesamten Fleischproduktion in Anspruch, steigt aber international allgemein an.

Das Standardsortiment der (in der DDR knapp 100) gängigen Wurstwaren läßt sich in Roh-, Koch- und Brühwürste unterteilen. Rohwürste werden aus rohem Grundmaterial, d. h. rohem Muskel- und Fettgewebe (zumeist vom Rind und Schwein) hergestellt. Sie unterliegen speziellen Trocknungs-, Räucherungs- und Reifungsprozessen unterschiedlicher Zeitdauer (Tage bis Monate), in deren Verlauf sich typische Geruchs-, Geschmacks- und „Mundgefühlsnoten“ herausbilden. Daran sind wesentlich Mikroorganismen, insbesondere Lactobacillen, beteiligt. Darum werden zur Förderung der Rohwurstreifung dem Brät heute vielfach sogenannte Starterkulturen zugesetzt. Die Haltbarkeit von Rohwürsten richtet sich nach der Sorte und reicht von einer Woche bis zu 8 Monaten. Je länger die Reifungsdauer (bis 45% Wasserverlust), desto besser ist die Lagerfähigkeit. Manche Dauerwürste werden mit Hefe-, Schimmel- oder anderen Überzügen bedeckt und oberflächlich mit Kreide, Gips oder Titandioxid weiß gefärbt.

Auf Grund der Haltbarkeit unterscheidet man bei *Rohwürsten Frisch-*, *Halbdauer-* und *Dauerware.* Die Würste können streichfähig (Mettwurst, Teewurst) oder von schnittfester Konsistenz sein (Knackwurst, Salami, Zervelatwurst). Frische Rohwurst weist einen Wassergehalt von 33 bis 45%, einen Eiweißgehalt von 10 bis 13% und einen Fettgehalt von 43 bis 55% auf. Bei Dauerware liegt der Wassergehalt zwischen 23 und 33%, der Eiweißgehalt zwischen 15 und 20% und der Fettgehalt zwischen 45 und 60%.

Kochwürste werden aus gekochtem, gebrühtem oder anderweitig vorgegartem und teilweise vorgepökeltem Schweinefleisch sowie aus (meist gekochten) Innereien, Speck, Blut, gelierenden Schlachtkörperteilen (Schwarten, Sehnen, Spitzbeine, Schweinsköpfe, Kalbsfüße), Gewürzen sowie zum Teil unter gelegentlichem Cerealienzusatz (bei frischer Blut- und Leberwurst) hergestellt und im Kochkessel oder Luftkochschrank bei 353 bis 373 K (80 bis 100 °C) gegart. Die Haltbarkeitsgrenze bei Kühllagerung zwischen 273 und 277 K (0 bis 4 °C) beträgt zwei Wochen. Je nach dem Grundmaterial unterscheidet man bei Kochwürsten zwischen *Blut-*, *Leber-* und *Sülzwürsten.* Der minimale Eiweißgehalt beträgt bei Blutwürsten etwa 11%, bei Leberwürsten etwa 9% und bei Sülzwürsten etwa 13%. Der maximale Fettgehalt schwankt zwischen 15 und 80% (Blutwurst), 25 und 50% (Leberwurst) bzw. 22 und 45% (Sülzwurst).

Das Brät von *Brühwürsten* besteht aus einem Gemisch von rohem Muskelfleisch (Rind, Kalb, Schwein), Fettgewebe, bestimmten Innereien und Schlachtabschnitten. Das Fleisch wird nach dem Vorzerkleinern mitunter vorgepökelt und unter Kühlung aufbewahrt. Unter Zugabe von Salz, Gewürzen und gekühltem Wasser oder Eis wird es dann fein gekuttert. Dem fertig gekutterten Brät können noch Fleisch- und/oder Fettstücke beigefügt werden. Das beim Kuttern zugegebene und als Schüttwasser oder Fremdwasser bezeichnete Wasser (bis 40%) muß trotz der anschließenden Heißräucherung (20 bis 45 min) und des darauffolgenden 20minütigen Brühens (348 bis 352 K = 75 bis 80 °C) gebunden bleiben, damit die Würste saftig und knackig schmecken. Das und die Vermeidung großer Gewichtsverluste bei der Lagerung erfordern die Verarbeitung von Fleisch mit hohem Wasserbindungsvermögen und/oder Kutterhilfsmitteln.

Das Brühwurstsortiment wird in Aufschnittware mit einer Haltbarkeit von 3 bis 4 Tagen (z. B. Bierschinken, Jagdwurst, Mortadella), Halbdauerware (z. B. Kochsalami), Dauerware (z. B. ausgereifte Krakauer Brühwurst) und sogenannte Würstchen (z. B. Bockwurst, Rostbratwurst, Knoblauchbrühwurst) unterteilt. Aufschnittware und Würstchen enthalten 50 bis 70% Wasser, 18 bis 35% Fett und 10 bis 14% Eiweiß. Bei Halbdauer- und Dauerware betragen der Wasergehalt 25 bis 50%, der Fettgehalt 30 bis 60% und der Eiweißgehalt 12 bis 15%.

3.3.2. Fleischwaren, Fleischfeinkosterzeugnisse, Fleischsalate

Unter *Fleischwaren* versteht man aus Schlachtkörperteilen und speziell aus Schweinefleisch durch Pökeln, Räuchern und teilweise durch Garen zubereitete Erzeugnisse.

Zu ihnen zählen *gepökeltes Frischfleisch, Schnellpökelwaren* (z. B. Kaßlerprodukte), *Garfleischwaren* (z. B. Kochschinken oder verzehrsfertig gebratene Produkte) und *Dauerpökelwaren* (z. B. Lachs-, Land-, Nuß-, Rollschinken).

Fleischfeinkosterzeugnisse sind Spezialitäten, die sich als Aspikwaren, Sülzen, Feinkostrouladen, Pasteten und Bratfeinkostwaren in Gruppen zusammenfassen lassen. Während bei *Aspikwaren* Gelatine als Geliermasse verwendet wird, sind es bei *Sülzen* kollagenreiche Schlachtkörperteile (Schweine-, Kalb-, Rinderkopffleisch, Schwarten, Eisbeine, Spitzbeine, gebrühte Kalbs- und Rinderfüße). *Feinkostrouladen* und *Pasteten* bestehen aus einer Brätmasse (Farce), der verschiedenartige Einlagen und Umrandungen beigegeben sind.

Fleischsalate werden mit oder ohne Beifügung von Kochschinken aus in Streifen geschnittenem Rind- oder Schweinefleischbrät, das unter Zusatz von Speck, Schwarten, Salz, Gewürzen und Wasser fein gekuttert und in Formen gebrüht worden ist, sowie aus Mayonnaise, Gewürzen und gegebenenfalls zerkleinerten Gurken hergestellt.

3.3.3. Konserven

Vollkonserven sind in Blechdosen oder Gläser eingefüllte *Fleisch-* und *Wursterzeugnisse* oder *tischfertige Fleischgerichte,* die durch Erhitzen, vor allem durch Drucksterilisation bei 388 bis 396 K (115 bis 123 °C), haltbar gemacht worden sind. Im allgemeinen werden Fleisch im eigenen Saft und ähnliche Erzeugnisse roh eingefüllt. Bei Kochwurstkonserven stellt die vorbereitete Masse das Füllgut dar; bei tischfertigen Fleisch-Sauce-Gerichten wird das Fleisch vor der Sterilisation teilweise vorbehandelt, d. h. angebraten oder angeschmort und mit einer geeigneten Sauce übergossen. Gegenüber anderen Dauerwaren besitzen Vollkonserven den Vorteil, bei der Lagerung und beim Transport nicht dem Schwund oder anderen Beeinträchtigungen zu unterliegen. Bei Kühlung und Lichtausschluß sind sie 2 bis 4 Jahre haltbar.

Aus Gründen der Qualitätserhaltung können Würstchen und Dosenschinken nur als *Halbkonserven* hergestellt werden; diese müssen zwar frei von pathogenen Keimen sein, enthalten aber meist noch lebende Mikroorganismen. Bei Brühwurst-Halbkonserven wird meist auf den Brühprozeß verzichtet. Die heißgeräucherten Würstchen werden in eine 2 bis 4%ige Kochsalzlösung eingelegt und mit dieser pasteurisiert, wobei 373 K (100 °C) nicht überschritten werden. Die Haltbarkeit ist auf wenige Wochen begrenzt.

Dosenschinken werden ähnlich wie Kochschinken aus der Keulenmuskulatur des Schweines hergestellt. Einer kombinierten Schnell- und Naßpökelung schließt sich eine Lagerung bei 279 bis 281 K (6 bis 8 °C) und 75% relativer Luftfeuchte an, bei der sich das sogenannte Durchbrennen vollzieht. Danach folgt eine Kalträucherung, ehe das Fleisch entbeint, von Fett befreit und in Dosen eingepreßt wird. Um den Geleeabsatz zu fördern und damit beim Erhitzen freiwerdendes Wasser zu binden, wird Gelatine zugesetzt. Zum Pasteurisieren werden die evakuierten Dosen nicht über 350 K (77 °C) erhitzt. Dosenschinken werden vor allem nach ihrer Saftigkeit beurteilt. Sie gehören international zu den am meisten gefragten Fleischerzeugnissen.

3.4. Fleisch- und Hefeextrakte, Speisewürzen, Brüherzeugnisse, Fleischaromakonzentrate, Suppen und Saucen

Fleischextrakte werden entweder als Nebenprodukte der Corned-beef-Fabrikation oder aus speziell hergestellten, mittels Separatoren vom Fett befreiten und schrittweise konzentrierten wäßrigen Auszügen frischen Muskelfleisches gewonnen. Sie stellen von koagulierbaren und leimgebenden Proteinen freie hell- bis dunkelbraune Pasten dar, die einen Restwasser- und Aschegehalt von je etwa 20% besitzen. Zur Gewinnung von *Hefeextrakten* werden Saccharomyces- und Torulahefen isoliert oder kombiniert mit Wasser gekocht (Thermolyse), mit Kochsalzlösungen und Heißdampf behandelt (Plasmolyse) oder einer enzymatischen Selbstauflösung (Autolyse) unterworfen und ebenfalls zu braunen Pasten aufgearbeitet, denen vielfach noch Glutaminsäure zugesetzt wird.

Speise- oder *Suppenwürzen* sind mit Salzsäure hergestellte und mit Natriumhydroxid oder -carbonat neutralisierte Hydrolysate proteinhaltiger Materialien von zumeist pflanzlichen (Mais- und Weizenkleber, Ölsamenschrote), seltener tierischen Ursprungs (Blut- und Fleischmehle, Rückstände der Fisch- und Knochenverarbeitung, Milchproteine). Die Abhängigkeit der sie charakterisierenden chemischen Kennzahlen vom Trockenmassegehalt kann Tab. 3.6 entnommen werden.

Tabelle 3.6. Kennzahlen von Speisewürzen in Abhängigkeit vom Gehalt an Trockenmasse

Bestandteil (%)	Konsistenz		
	flüssig	pastös	trocken
Trockenmasse	40	80	95
Kochsalz (maximal)	20	40	48
Glutaminsäure (minimal)	10	20	24
Löslicher Stickstoff	3	6	7

Brüherzeugnisse sind pasten- oder pulverförmige, gepreßte oder gekörnte Erzeugnisse aus Speisewürzen, Kochsalz, Gemüse- und Würzkräutern sowie Gewürzen und Nahrungsfetten, denen häufig noch Hefeextrakt und Glutaminsäure zugesetzt sind und die mit heißem Wasser Trinkbrühen ergeben bzw. zur Würzung von Speisen dienen. Sofern sie Fleisch oder Fleischextrakte und mindestens 0,45% Gesamtkreatinin enthalten, dürfen sie als Fleischbrüherzeugnisse bezeichnet werden. Der Trockenmassegehalt von Brühpasten liegt zwischen 78 und 85%, der von Brühwürfeln bei mindestens 95%. Die Halbarkeitsdauer muß 12 Monate betragen.

Bei international unterschiedlicher Rechtsauffassung werden *Fleischaromakonzentrate* eingesetzt, um Fleischsimulate zu aromatisieren, um infolge Verkürzung der Anbratzeiten oder anderer technologischer Maßnahmen im Geschmack verarmte bzw. für Diätzwecke einseitig zusammengesetzte Produkte sensorisch aufzuwerten und um den Genußwert von Suppen und Saucen zu erhöhen. In Anlehnung an die natürlich ablaufenden Vorgänge bei der küchentechnischen Fleischzubereitung erfolgt die Herstellung von Fleischaromakonzentraten zumeist auf der Basis der MAILLARD-Reaktion zwischen Aminosäuren und Kohlenhydraten. Dazu werden entweder Gemische reiner Aminosäuren oder durch saure bzw. enzymatische Hydrolyse gewonnene Proteinhydrolysate, denen einzelne Aminosäuren zugefügt werden, in Gegenwart schwefelhaltiger Verbindungen (Cystein, Methionin, H_2S, Thiamin, Thiole) mit Hexosen und/oder Pentosen erhitzt. Zur Abrundung und Intensivierung des Geschmackes werden den Reaktionsprodukten Brat- und Kochfette, Fleisch- und Hefeextrakte, Würzmittel und Geschmacksverstärker (Glutamat, bestimmte Ribonucleotide) zugesetzt. In den Handel gelangen sowohl pastöse als auch pulverförmige und flüssige Erzeugnisse.

Industriell hergestellte *Suppen* und *Saucen* werden entweder tischfertig (Konserven) oder kochfertig (Konzentrate, Pasten, Pulver) in den Verkehr gebracht. Als Einlagen bzw. Dickungsmittel enthalten sie meist mehr oder weniger modifizierte Stärkeprodukte (Getreidemehle und -stärken, Hülsenfrüchte) und/oder Pflanzengummen. Dazu kommen Gemüse, Früchte, Fett, Fleisch, Fleischextrakt, Speck, Speisesalz, Gewürze, Würzen und Geschmacksverstärker (Glutamat, Fleischaromakonzentrate).

Ein breites Sortiment tischfertiger Saucen, zu denen auch die aus asiatischem Brauch herrührenden und mit verschiedenen Früchten und Gewürzen bereiteten Chutney-Saucen, nicht jedoch die eigentlichen Gewürzsaucen (Cumberland-, Picknick-, Tabasco-, Worcester-, Soja-, Pfeffersaucen) gezählt werden, hat die früher üblichen Saucenhilfsmittel (Mischungen aus Würz- und Dickungsmitteln) weitgehend abgelöst. Zu den Würzsaucen, häufig als Dressings bezeichnet, gehören auch cremeartige Zubereitungen, die Mayonnaise mit unterschiedlichen Pflanzenölanteilen enthalten.

Bei Suppen unterscheidet man zwischen süßen und nicht süßen Erzeugnissen. Je nach dem geschmacksgebenden Bestandteil werden die nicht süßen Suppen als Fleisch-, Fisch-, Gemüse- oder Pilzsuppen gekennzeichnet. Die nach qualitätsbestimmenden Merkmalen differenzierenden gesetzlichen Regelungen stimmen damit nicht immer überein und sind international nicht einheitlich.

4. Fisch und Fischerzeugnisse

4.1. Allgemeines

Die Fische gehören zu der stammesgeschichtlich ältesten und untersten Gruppe der Wirbeltiere. Die Anzahl der bekannt gewordenen Arten liegt bei über 25000. Die meisten von ihnen besitzen ein echtes Knochenskelett, nur bei wenigen ist es knorpelig (z. B. bei Haien und Rochen). Zwischenmuskelgräten (Fleischgräten) sind Bindegewebsversteifungen; sie finden sich vornehmlich in Nutzfischen des Süßwassers. Die Erkennung der verschiedenen Fischarten orientiert sich u. a. an den Schuppenformen, dem Flossenaufbau, den Maulstellungen und dem Seitenlinienverlauf. Die Seitenlinie ist ein mit Nervenendigungen verbundenes Kanalsystem, das der Wahrnehmung von Erschütterungen und Strömungen dient.

Außer nach systematischen Gesichtspunkten werden die Fische nach ihrem Lebensraum in *Süßwasserfische* (z.B. Barsch, Blei, Hecht, Karpfen, Plötze, Schleie) und *Seefische* (z. B. Dorsch, Hering, Makrele, Rotbarsch, Sardine, Thunfisch) untergliedert. Einige Fischarten leben jedoch sowohl im Süß- als auch im Seewasser (z. B. Aale, Forellen, Lachse). Die Form des Körperdurchschnittes ist das Merkmal für die Unterscheidung zwischen Rundfischen (z. B. Kabeljau, Schellfisch, Seelachs) und Plattfischen (z. B. Flunder, Heibutt, Scholle, Seezunge). Vom Standpunkt der Ernährung erfolgt eine Unterteilung auf Grund des Genußwertes (Edelfische, Konsumfische) oder der Nährstoffzusammensetzung, vorzugsweise des Fettgehaltes (Tab. 4.1).

Tabelle 4.1. Einteilung der Fischarten nach dem Fettgehalt

Gruppe	Fettgehalt (%)	Fischart
Magerfische	< 2	Flunder, Flußbarsch, Dorsch, Hecht, Kabeljau, Rotzunge, Schellfisch, Schleie, Scholle, Seelachs, Seezunge, Wittling, Zander
mittelfette Fische	2–10	Bachforelle, Heilbutt, Karpfen, Katfisch, Rotbarsch, Sardine, Steinbutt
Fettfische	> 10	Aal, Hering, Lachs, Makrele, Thunfisch

Für die Lösung der Welternährungsprobleme, insbesondere für die Deckung des Eiweißbedarfes, besitzt die Fischwirtschaft erhebliche Bedeutung. Ungefähr ein Viertel des Weltaufkommens an tierischem Protein wird durch den Fischfang bestritten. Die nach dem zweiten Weltkrieg gewaltig gestiegenen Fangerträge (Tab. 4.2) könnten auf über 100 Mio t/Jahr ausgedehnt werden. Rund 30% der aufgebrachten Menge werden als Fischmehl zur Tierernährung genutzt. Ein großer Teil des für die menschliche Ernährung bestimmten Fischproteins geht auf dem Wege vom Fang zum Verbraucher noch immer verloren. Bei Ausschöpfung der Fangmöglichkeiten und Durchsetzung effektiver Verfahren der Aufbewahrung, Verarbeitung und Zubereitung wird im Weltdurchschnitt ein Versorgungsgrad von 12 g Fischprotein/Kopf und Tag für realisierbar gehalten.

Tabelle 4.2. Entwicklung der Weltfischerei seit 1900[1]) (Fangerträge in Mio t)

1900	1938	1955	1976	2000 (Prognose)
4,0	21,0	28,9	73,5	100

[1]) s. a. Tab. 27.15

Bedingt durch regionale Überfischung, Schonmaßnahmen und die Ausweitung nationaler Hoheitsgewässer ist das Aufkommen der Hochseefischerei in manchen Ländern rückläufig. Gleichzeitig haben andere, vorwiegend kleinere Fischarten als die traditionell gewohnten, wie Hering, Kabeljau und Schellfisch, sowie die Binnenfischerei und insbesondere die vom Menschen gelenkte Fischzucht (Aqua-Kultur: Aal, Forelle, Karpfen) an Bedeutung gewonnen. 1976/77 stammten bereits 13% des Weltfangertrages aus Binnengewässern (DDR 7,5%).

4.2. Fischfleisch

4.2.1. Aufbau und Zusammensetzung

Je nach Fischart, Alter, Laich- und Ernährungszustand beträgt der Fleischanteil bei Fischen 45 bis 65%. Er wird im wesentlichen von der Körpermuskulatur, vornehmlich durch die vom Kopf und Schultergürtel bis zur Schwanzflosse angeordneten Seitenmuskeln bestritten.

Eine in Richtung der Längsachse verlaufende Scheidewand zerlegt die Körpermuskulatur in einen oberen (dorsalen) und einen unteren (ventralen) Teil. Bindegewebige Scheidewände (Septen) teilen die Muskeln in Abschnitte (Myomere) auf, die wie Tüten ineinanderstecken. In ihnen erstrecken sich von vorn nach hinten die Muskelfasern. Wie bei den Säugetieren setzen sie sich aus quergestreiften Fibrillen, dem Sarkoplasma und dem sie umschließenden Sarkolemm zusammen. Der die schlängelnde Fortbewegung der Fische bedingende Mechanismus der Muskelkontraktion entspricht dem der Säugetiermuskeln (s. II; 3.2.1.1.). In ähnlicher Weise gibt es helles und dunkles (rotes) Fleisch. Bei dorschartigen und anderen Magerfischen ist der Anteil an rotem Fleisch minimal. In größerem Umfang (bis zu 10%) tritt rotes Fleisch bei Herings- und Makrelenarten auf. Die Blutmenge macht bei Fischen nur $^1/_{13}$ des Körpergewichtes aus (bei Schlachttieren $^1/_3$). Weißblutfische (z. B. Eisfisch) verfügen weder über Hämoglobin noch über Myoglobin.

In der Nährstoffzusammensetzung (Tab. 4.3) und im biologischen Wert des Proteins (72 bis 89) ist das Fleisch von Fischen dem von Schlachttieren (s. II; 3.2.1.2.) ver-

Tabelle 4.3. Durchschnittlicher Nährstoff- und Energiegehalt von Fischen, bezogen auf 100 g eßbaren Anteil

Nährstoff/ Energie		Aal	Bach-forelle	Heilbutt	Hering	Kabeljau	Makrele	Rotbarsch	Scholle	Thun-fisch
Wasser	(g)	59	76	76	65	82	68	77	81	62
Eiweiß	(g)	15	20	20	18	17	19	18	17	22
Fett	(g)	25	2,7	2,3	15	0,3	12	3,6	0,8	16
Energie	(kJ)	1300	460	460	920	330	800	460	360	1000
	(kcal)	300	110	110	220	80	190	110	85	240
Mineralstoffe	(g)	0,9	1,3	1,3	1,3	1,1	1,4	1,1	1,4	1,1
Calcium	(mg)	17	18	14	34	11	5	22	61	40
Phosphor	(mg)	220	240	200	250	190	240	200	200	200
Natrium	(mg)	65	40	67	120	85	140	80	100	43
Kalium	(mg)	220	470	450	360	350	36	310	310	—
Iod	(mg)	0,004	0,032	0,052	0,052	0,013	0,045	0,074	0,19	0,05
Retinol	(mg)	0,98	0,045	0,032	0,038	—	Spur	0,012	n.n.	0,45
Thiamin	(mg)	0,18	0,084	0,078	0,040	0,057	0,14	0,11	0,21	0,16
Riboflavin	(mg)	0,32	0,076	0,070	0,22	0,040	0,35	0,08	0,22	0,16
Nicotinamid	(mg)	2,6	3,4	5,9	3,8	2,1	7,7	2,5	4,0	8,5

— nicht untersucht, n. n. = nicht nachweisbar

gleichbar, z. T. sogar überlegen. Bezogen auf das Frischgewicht, schwankt der Stickstoffgehalt zwischen 2 und 3%. Der insgesamt geringe, meist unter 1% liegende Bindegewebsanteil des Frischgewichtes (nur bei Knorpelfischen bis 11%) ist eine wesentliche Ursache für die Zartheit sowie die leichte und hohe Verdaulichkeit (95 bis 100%) des Fischfleisches.

Relativ groß ist der Anteil an Nichtproteinstickstoff (*NPN*). Im Unterschied zu Säugetieren fehlt bei Fischen das Carnosin. Ein für Seefische und marine Krebse typisches Stoffwechselprodukt ist Trimethylaminoxid (Richtwert: 55 mg/100 g). Regelmäßig ist Taurin enthalten (Richtwert: 45 mg/100 g). Weitere Durchschnittsmengen an NPN-Bestandteilen in 100 g Fischfleisch sind: 63 mg Kreatin, 31 mg Purinderivate, 24 mg Anserin (besonders bei schellfischartigen Fischen) und 12 mg freie Aminosäuren. Daneben treten noch Harnstoff (vor allem bei Knorpelfischen) und Ammoniak sowie Amine auf. Unter den freien Aminosäuren dominieren bei weißem Muskelfleisch Glycin und Alanin, bei rotem Histidin.

Das im Unterschied zum Eiweiß sowohl in der Menge als auch in der Zusammensetzung großen art- und territorialspezifischen sowie jahreszeitlichen Schwankungen unterliegende Fett ist meist intrazellulärer Natur. Es ist jedoch nicht gleichmäßig über den gesamten Körper verteilt, sondern in besonderen Partien angereichert. Im allgemeinen besteht eine Korrelation zwischen Wasser- und Fettgehalt; diese ist bei einigen Fischarten (z. B. Hering und Rotbarsch) auch analytisch auswertbar. Magerfische speichern das Fett in der Leber (z. B. der Dorsch). Die Lipide sind komplizierter zusammengesetzt als Landtierfette und durch langkettige ($C_{18}-C_{24}$) sowie mehrfach ungesättigte Fettsäuren mit 4 bis 6 Doppelbindungen gekennzeichnet. Der hohe Polyalkensäuregehalt gibt Anlaß zu Oxydations- und Polymerisationsvorgängen, die schnell zur Bildung traniger Geschmacksnoten sowie zu gelbbraunen Verfärbungen führen. Fischleberöle sind besonders reich an den Vitaminen A und D (Tab. 4.4). Thunfischleberöle können pro Gramm Mengen bis zu 50 mg Retinol und 1 mg Calciferol enthalten.

Tabelle 4.4. Vitamin-A- und -D-Gehalt von Fischleberölen

Fischart	Retinol (g/kg)	Calciferol (mg/kg)
Flußbarsch	2,4	28,0
Heilbutt	15,0	30,0
Kabeljau	0,4	2,5
Lachs	3,0	4,5
Makrele	2,5	19,0
Schellfisch	0,3	0,18
Thunfisch	19,0	400,0

Von den Mineralstoffen ist für die Ernährung vor allem das im Fisch gegenüber anderen Lebensmitteln hohe Iodvorkommen wichtig. Der geringfügige Gehalt an Kohlenhydraten ist zwar für die Versorgung des Menschen unbedeutend, spielt aber für die postmortale Glycolyse und die mit ihr verbundenen Reifungsvorgänge eine Rolle.

4.2.2. *Postmortale Veränderungen*

Fischfleisch verdirbt leicht und schnell. Für die Haltbarkeit sind Ausmaß und Dauer der bei Fischen genauso wie bei den übrigen Wirbeltieren eintretenden und ablaufenden Totenstarre von wesentlicher Bedeutung. Während dieser Zeit ruhen infolge der Blockierung des Stoffaustausches noch weitgehend die zum Verderb führenden Prozesse. Gewöhnlich setzt die *Totenstarre* 1 bis 7 h nach dem Tod ein und währt je nach vorangegangener Erschöpfung und Lagerungstemperatur 30 bis 120 h. Abgejagte Fische haben ihre ATP-, Kreatinphosphat- und Glycogenspeicher größtenteils abgebaut und bilden darum nur eine flache und kurzfristige Totenstarre aus. Die bei der üblichen Fangtechnik unvermeidbaren Kraftanstrengungen der Fische sind auch der Grund dafür, daß die postmortale Glycolyse lediglich in Ausnahmefällen zu pH-Werten unter 6,0 bis 6,6 führt. Das genügt jedoch nicht, um proteolytisch wirkende Mikroorganismen zu unterdrücken. Dennoch nimmt das Wasserbindungsvermögen ab, und wegen der bei der Totenstarre eintretenden Actomyosinbildung (s. II; 3.2.3.1.) wird das Fleisch zäher. Aus den gleichen Gründen treten bei Gefrierfisch auch die Erscheinungen des Taurigors auf (s. II; 3.2.1.2.).

Bei der Lösung der Totenstarre ist in Fischfleisch, im Unterschied zu Warmblüterfleisch, die proteolytische Wirksamkeit von Kathepsinen nicht auszuschließen. Nach Aufhebung der Totenstarre setzt sofort der unter Ammoniakabspaltung zu Hypoxanthin führende enzymatische Abbau von ATP ein (Abb. 4.1). Ammoniak wird auch mikrobiell aus freien Aminosäuren gebildet und bewirkt gemeinsam mit Trimethylamin einen Wiederanstieg des pH-Wertes. Damit sind die Bedingungen für die eigentliche Proteolyse gegeben; diese ist die Folge eines Zusammenspiels fischeigener und mikrobieller Enzyme und ist trotz der bindegewebsarmen und lockeren Struktur des Fischmuskelgewebes keine Autolyse.

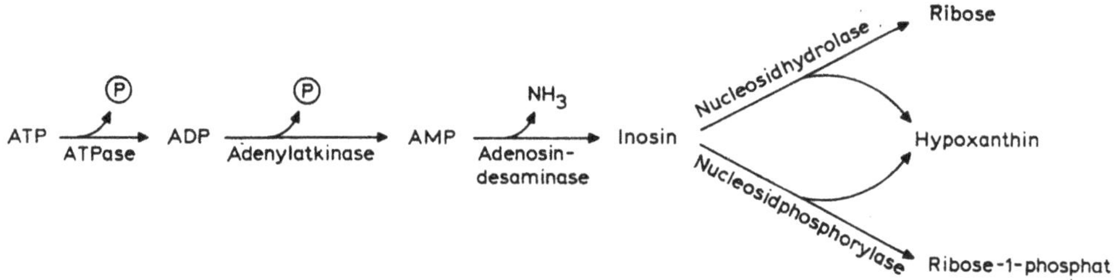

Abb. 4.1. Der postmortale Abbau von ATP zu Hypoxanthin in Fischfleisch

Ⓟ = Phosphat

Unmittelbar nach dem Fang ist das Fischmuskelfleisch noch steril. Mikroorganismen finden sich jedoch im Darmtrakt, an den Kiemen und auf der Hautoberfläche. Ihre Vermehrung wird durch die zur Feuchthaltung der Fische erforderlichen Maßnahmen gefördert und durch Kühlen oder Gefrieren bestenfalls verzögert; denn es handelt sich zunächst überwiegend um psychrophile (Kälte liebende) und psychrotolerante (Kälte vertragende) Keime, die im Bereich von 273 bis 283 K (0 bis 10 °C) gut wachsen. Mit zunehmender Verarbeitung und dem damit verbundenen Kontakt zu Schiffs- und Landeinrichtungen treten auch mesophile Bakterienarten (Temperaturoptimum: 288 bis 298 K = 15 bis 25 °C) hinzu. Am Ende setzt sich die Mikroflora im wesentlichen aus Pseudomonaden, Achromabacter- und Flavobacter-Arten sowie Mikrokokken und Sporenbildnern zusammen. *Bakterielle Fischvergiftungen* werden in den meisten Fällen durch nach dem Schlachten eingebrachte Salmonellen, Clostridien oder Coli-Bakterien hervorgerufen, wobei sich neben Toxinen auch Histamin auswirken kann. Als Vergiftungsursache nimmt Fisch im Vergleich zu anderen Lebensmitteln indessen keine Sonderstellung ein.

Lange bevor der eigentliche Eiweißabbau beginnt, entsteht durch NPN-Verbindungen angreifende Mikroorganismen ein breites Spektrum an Geruchs- und Geschmacksstoffen. Unter ihnen spielt bei Seefischen neben Ammoniak das aus Trimethylaminoxid unter Einbeziehung der postmortal entstandenen Milchsäure gebildete Trimethylamin eine dominierende Rolle.

$$4\,(CH_3)_3NO + 2\,CH_3CH(OH)COOH \rightarrow 4\,(CH_3)_3N + 2\,CH_3COOH + 2\,CO_2 + 2\,H_2O$$

Weiterführende oder parallel dazu verlaufende Abbauvorgänge bewirken die Entstehung geringer Mengen Mono- und Dimethylamin, so daß Trimethylaminoxid neben den Nucleotiden und freien Aminosäuren ein substantieller Lieferant des flüchtigen basischen Stickstoffes ist. Dessen Bestimmung wird ebenso wie die des Trimethylamin-Stickstoffes und der flüchtigen reduzierenden Substanzen zur Unterstützung der sensorischen und mikrobiologischen Frischegradbeurteilung von Magerfischen herangezogen. Von den Inhaltsstoffen, die etwas über die erste Qualitätsphase auszusagen vermögen, ist außer dem Trimethylaminoxid das Hypoxanthin von Bedeutung. Die Bestimmung des pH-Wertes kann chemische Befunde nur bedingt ergänzen. pH-Werte über 7,0 gelten aber allgemein als Indiz für Genußuntauglichkeit.

Die Proteolyse selbst führt über Peptide zu freien Aminosäuren, aus denen im sauren Medium durch anaerobe Decarboxylierung Amine bzw. „einfachere" Aminosäuren entstehen.

Glutaminsäure	→ 4-Amino-butansäure *(Streptococcen)*
Histidin	→ Histamin *(Clostridien; E. coli)*
Lysin	→ Cadaverin *(Bac. cadaveris; E. coli)*
Ornithin	→ Putrescin *(Clostridien)*
Tryptophan	→ Tryptamin *(Streptococcen, Clostridien)*
Tyrosin	→ Tyramin *(Streptococcen)*
Valin	→ 2-Methylaminopropan *(Proteus vulgaris, Pseudomonas cocovenans)*

Im neutralen und alkalischen Bereich kommt es dann zunehmend zu oxydativen Desaminierungen und Decarboxylierungen von Aminosäuren, wobei u. a. Oxoalkansäuren, Indol, Scatol und Phenol entstehen, sowie zur Abspaltung von Schwefelwasserstoff aus Cystein.

Mit der Fäulnis einher gehen enzymatische und autoxydative Fettveränderungen, die gleichfalls zu sensorischen Wertminderungen führen. Frei werdende Fettsäuren treten in Wechselwirkung mit Proteinen, verursachen weitere off-Flavour-Noten und setzen überdies die Proteinlöslichkeit herab.

4.2.3. *Verfahren zur Haltbarmachung*

Die wichtigsten Ursachen der Qualitätsbeeinträchtigung von Fisch und Fischerzeugnissen bei der Lagerung und Verarbeitung sind in Tab. 4.5 aufgeführt. Einige der gebräuchlichen Verfahren zur Haltbarmachung werden nachfolgend erläutert, auf andere wird im Zusammenhang mit der Beschreibung von Fischerzeugnissen eingegangen.

Tabelle 4.5. Ursachen der Qualitätsbeeinträchtigung von Fisch und Fischerzeugnissen bei der Lagerung und Verarbeitung

	Eiskühlung, Kühlraumlagerung	Gefrieren	Vollkonservierung (Sterilisieren)	Trocknen
Mikrobiell bedingter Verderb	+			
Enzymatische Reaktionen	+			
Lipidhydrolyse		+		
Lipidoxydation	+	+		+
MAILLARD-Reaktionen			+	+
Mißgeschmacksbildung			+	+
Erweichen			+	
Zähigkeitsausbildung		+		+
Frostbrand		+		

4.2.3.1. *Kühlen und Gefrieren*

Etwa 1/4 des Weltfangertrages wird auf dem Wege vom Fangplatz zum Verbraucher noch immer dadurch frisch gehalten, daß die zumeist ausgenommenen und gewaschenen und an Land überwiegend filetierten Fische *mit Eis* vermischt und in Kühlräumen aufbewahrt werden. Dennoch beträgt die Haltbarkeit selbst bei Kerntemperaturen um den Gefrierpunkt und Gewährleistung einer Kühlkette nur 15 bis 20 Tage.

Lagerfristen bis zu 9 Monaten gewährleistet das *Gefrieren* unmittelbar nach dem Fang auf See, wobei aus den gleichen Gründen wie bei Schlachttierfleisch (s. II; 3.2.3.3.) der Bereich von 273 bis 268 K (0 bis —5 °C) rasch passiert werden muß. Die gebräuchlichsten Gefrierverfahren sind das Luftgefrieren (Gefrieren im Kaltluftstrom) und das Kontaktgefrieren (Gefrieren zwischen gekühlten Platten). Neuerdings sind auch Verfahren zum Gefrieren in flüssigen Gasen, wie Stickstoff und Freon, in Gebrauch. In Größe und Körperform geeignete Fische werden vorher meist filetiert. Darüber hinaus werden entweidete und geköpfte Fische, Fischfleisch und -stücke sowie Farsch (zerkleinerter gräten- und hautfreier Fischmuskel) gefroren angelandet.

Da die Gefrier- und Lagertemperatur entscheidend für die Qualitätserhaltung ist, werden heute für alle gefrorenen Fische generell 245 K (—28 °C) gefordert. Beim Gefriervorgang sterben 60 bis 90% der Mikroorganismen ab. Während die meisten enzymatischen und mikrobiellen Umsetzungen unterdrückt werden, besteht bei dem Gefriergut weiterhin die Gefahr der Lipidautoxydation und der Lipidhydrolyse (vor allem bei Phospholipiden) sowie zusätzlich die des Austrocknens vom Rand her (Frostbrand). Ihr versucht man mit Umhüllungssubstanzen (Wasserglasur, Alginatgelee, Kunststoffolien) zu begegnen.

Infolge des langsameren Wärmedurchgangs ist das industrielle Auftauen schwieriger als das industrielle Gefrieren. Von den möglichen Verfahren hat sich am besten das Auftauen in wasserdampfgesättigtem Luftstrom von etwa 293 K (20 °C) oder in fließendem Wasser bewährt.

4.2.3.2. *Trocknen und Salzen*

Durch *Trocknen* an der Luft werden in Island und Norwegen aus von Kopf und Gräten befreiten Magerfischen (Dorsch, Kabeljau) große Mengen *Klipp-* und *Stockfisch* hergestellt. Klippfisch wird vorher einer Salzbehandlung unterworfen und enthält am Ende 18 bis 20% Kochsalz und 35% Wasser, während der Wassergehalt von Stockfisch zwischen 12 und 18% liegt. Die Herabsetzung der Wasseraktivität auf das bakterienhemmende Minimum muß bei niedriger Temperatur, reichlicher Luftbewegung und relativ schnell (2 bis 3 Monate) erfolgen. Die Haltbarkeit von Trockenfisch beträgt mehrere Jahre. Die Fleischqualität hängt weitgehend vom Quellungsvermögen ab.

Das *Salzen* wird sowohl zur ausschließlichen Haltbarmachung (*Salzfisch*) als auch zur Vorbereitung einer weiteren Verarbeitung zu Anchosen, Marinaden und Räucherwaren angewandt. Der wichtigste Salzfisch ist der Hering. Er kommt gekehlt (nach Entfernung von Herz, Magen und Kiemen) oder ungekehlt mit leichter Salzung (unter 10% Kochsalz z. B. Matjeshering), mittlerer Salzung (10 bis 14% Kochsalz) und harter Salzung (über 14% Kochsalz) in den Handel. Das Salzen kann in nasser oder trockener Form erfolgen und bezweckt außer einer Herabsetzung der Wasseraktivität im Verlauf von 3 bis 6 Wochen auch die Erzielung von Genußfähigkeit („Salzgarung"). Der Wasserentzug bewirkt zwar eine gewisse Proteingerinnung, eine generelle Enzyminaktivierung erfolgt aber nicht, so daß proteolytische Stoffwechselabläufe (Reifungsvorgänge) möglich sind; diese werden außer von biologischen Wirkungsfaktoren auch durch die Salzkonzentration beeinflußt und gesteuert und haben typische Aroma- und Texturbildungen zur Folge. Hart gesalzene Fische sind bis zu 4 Jahren haltbar (z. B. Sardellen).

4.2.3.3. *Räuchern und Marinieren*

Die Prinzipien der Rauchgewinnung, -führung und -wirkung sind bei Fischfleisch dieselben wie bei Warmblüterfleisch (s. II; 3.2.3.6.). Vor dem *Räuchern* wird der Fisch je nach Räucherart mehr oder weniger stark gesalzen. Bei der *Kalträucherung*, die bei 293 bis 303 K (20 bis 30 °C) erfolgt und mindestens 6 bis 8 h, oft mehrere Tage und gelegentlich Wochen dauert, dient die Salzung auch der Garmachung. Bei der *Heißräucherung*, die höchstens 4 h dauert und Temperaturen von 358 bis 423 K (85 bis 150 °C) erreicht, wird die Genußfähigkeit durch Erhitzen erzielt (s. II; 3.2.3.2.). Sie ist darum lediglich mit einem kurzen Einlegen der Fische in eine mäßig starke Salzlake verbunden; dies dient hauptsächlich der Geschmacksgebung sowie einer die Textur festigenden Vorentwässerung. Heißgeräucherte Fische (z. B. Aal, Bücklinge, Sprotten, Makrelen) und Fischstücke (z. B. Heilbutt, Kabeljau, Rotbarsch) sind mit 3 bis 4 Tagen im allgemeinen weniger haltbar als Kalträucherwaren (z. B. Räucherlachs), die ohne Wertminderung eine Lagerdauer von 10 Tagen überstehen.

Unter *Marinieren* (mare = Meer) versteht man eine haltbar und genußfähig machende Behandlung von Fisch durch kombiniertes Einwirken von Salz und Genußsäuren, vorzugsweise Essigsäure. Der eigentliche Gar- bzw. Reifungsprozeß ist proteolytischer Natur. Er ist außer von biologischen Einflußfaktoren von der Salz- und Essigsäurekonzentration abhängig und damit steuerbar. Auf solche Weise werden Aroma- und Texturveränderungen bewirkt und Halbfabrikate gewonnen, die unter Zusatz von Aufgüssen verschiedener Art und pflanzlichen Beigaben zu Marinaden weiterverarbeitet werden (z. B. zu sauren Delikateß- und Tafelheringen oder zu Rollmöpsen).

4.3. Fischerzeugnisse

4.3.1. Allgemeines

Fischerzeugnisse sind alle nicht als Kühl- oder Gefrierfisch vermarkteten Lebensmittel, die aus Fisch und Fischteilen sowie im Wasser lebenden Krebs- und Weichtieren hergestellt sind. Im erweiterten und im Sinne von Enderzeugnissen können darunter auch bereits geschlachtete und entweidete Fische verstanden werden, soweit sie handelsüblich sind und der direkten küchenmäßigen Zubereitung unterliegen.

Fischhalbkonserven (*Präserven*) werden in Gläsern, Dosen oder Kunststoffpackungen luftdicht verschlossen in den Verkehr gebracht. Sie sind nicht sterilisiert und, obwohl zumeist chemisch konserviert, nur begrenzt haltbar.

Fischvollkonserven sind rohe oder unterschiedlich vorbehandelte (gebraten, gedämpft, gekocht, geräuchert usw.) und mit den verschiedensten Zugaben versehene Seetiere oder Seetierteile, die in luftdicht verschlossenen Behältnissen bei Temperaturen über 373 K (100 °C) so lange erhitzt worden sind, daß alle Enzyme inaktiviert und Mikroorganismen, insbesondere die pathogenen Formen, entweder vernichtet oder doch so weit geschädigt worden sind, daß sie nicht mehr zur Entwicklung kommen und damit zur Genußuntauglichkeit des Erzeugnisses führen können. Als Haltbarkeitsgarantie wird mindestens ein Jahr gefordert.

Der Anteil der Fischerzeugnisse am Gesamtfischsortiment ist von Land zu Land verschieden; in der DDR beträgt er 85%. Die Nährstoffzusammensetzung von Fischerzeugnissen hängt sowohl von der Art und Behandlung der verarbeiteten Seetiere oder Seetierteile als auch von den vielfältigen Zutaten ab. Für einige ausgewählte Produkte ist sie in Tab. 4.6 (s. S. 80) angegeben.

4.3.2. Nicht sterilisierte Erzeugnisse

Das umfangreiche Sortiment nicht sterilisierter Fischerzeugnisse läßt sich in folgende Gruppen unterteilen:

- einfache Fischbearbeitungsprodukte,
- Salzfischerzeugnisse,
- Kräuterfischerzeugnisse,

- Marinaden,
- Brat- und Kochfischwaren,
- Räucherfischerzeugnisse und
- Ölpräserven.

Von den *einfachen Bearbeitungsprodukten* sind Fischfilets die wichtigsten. Unter einem Fischfilet wird die von Hauptgräten, Eingeweiden, Kopf, Flossen und Schwanz freie Körperhälfte verstanden. Am Rücken zusammenhängende Filets nennt man Lappen (z. B. Hering, Makrele).

Salzfischerzeugnisse (Salzfisch, Pökelfisch, eingesalzener Fisch) sind Fische und Fischteile, die durch unterschiedlich starke Salzung genußfähig und begrenzt haltbar gemacht worden sind. Die bekanntesten Salzfische sind Heringe und Sardellen.

Echter *Kaviar* wird aus dem Rogen verschiedener Störarten und überwiegend in der UdSSR gewonnen. Je nach Jahreszeit wird er mehr oder weniger gesalzen. Der Salzzusatz bezweckt einmal einen Konservierungseffekt und zum anderen ein Aufquellen und Härten der Eier, so daß sie glasig und körnig werden. Mild gesalzen (3 bis 4% Kochsalz) kommt der Kaviar als „Malossol" und scharf gesalzen (bis 10% Kochsalz) als Salz- oder Faßkaviar in den Handel. Beluga-Kaviar ist sehr grobkörnig und gilt als der edelste. Von mittlerer Körnung sind Ossiotr- und Ship-Kaviar, wohingegen Sewruga-Kaviar feinkörnig ist. Während die Stör-Kaviare graugrün aussehen, ist der von Lachsarten sibirischer Flüsse gewonnene, als weniger wertvoll angesehene grobkörnige Keta-Kaviar rot.

Als „deutschen Kaviar" bezeichnet man in ähnlicher Weise wie echten Kaviar aus dem Rogen des Seehasen (*Cyclopterus lumpus*), daneben auch aus Dorsch-, Kabeljau- oder Heringsrogen hergestellte Produkte. Bei ihnen sind eine künstliche Färbung und der Zusatz von Bindemitteln zulässig. Alle Rogenerzeugnisse sind chemisch konserviert.

Fischpasten werden aus gesalzenen Sprotten (Anchovispaste), Sardellen (Sardellenpaste) oder geräuchertem Lachs und Pflanzenöl hergestellt (Lachspaste). Der Salzgehalt von Anchovis- und Sardellenpaste beträgt 18%, der von Lachspaste 10%.

Kräuterfischerzeugnisse (Anchosen) sind Sprotten oder Heringe, die unter Beifügung von Salz, Zucker und Gewürzen einem Reifungsprozeß unterworfen und auf verschiedene Weise schmackhaft zubereitet worden sind (z. B. Anchovis, Gabelbissen, Kräuterheringsfilets, Appetitsild).

Marinaden sind Fischerzeugnisse, die durch Behandeln mit Salz und Essig oder anderen Genußsäuren sowie unter Zusatz von Gewürzen oder gewürzreichen Aufgüssen gar und begrenzt haltbar gemacht worden sind. Zu ihnen zählen z. B. Rollmöpse, das sind mit pflanzlichen und Gewürzbeigaben eingerollte marinierte Filets aus Heringen, Makrelen oder anderen geeigneten Fischarten.

Von *Feinmarinaden* spricht man, wenn zum Marinieren besonders ausgewählte Fische, Fischteile und Zutaten verwendet werden. Die geschmackliche Veredlung erfolgt mit Hilfe pflanzlicher Beigaben und durch Einlegen in essigsaure Aufgüsse, Cremes, Mayonnaisen, Remouladen oder Tunken.

Bratfischwaren sind Erzeugnisse aus Fischen oder Fischteilen, die verschieden vorbereitet und meist mit Panade in Fett gebraten und in sauren Aufgüssen oder Tunken sowie als Aspikwaren oder Fischkonserven in den Verkehr gebracht werden. Bekannte Bratfischwaren sind Bratheringe, Bratmakrelen und Bratkarbonaden. Zu den Bratfischwaren werden auch Filetten, Schnitten, Sticks und Stäbchen gerechnet;

Tabelle 4.6. Durchschnittlicher Nährstoff- und Energiegehalt von Fischerzeugnissen, bezogen auf 100 g eßbaren Anteil

Nährstoff/ Energie		Aal, geräuchert	Bückling	Heilbutt, geräuchert	Brathering, Bratmakrele	Hering in Aspik	Heringsfilet in Tomatensauce	Ölsardinen[1])	Kaviar, echt	Dtsch. Kaviar	Sprotten, geräuchert	Thunfisch in Öl
Wasser	(g)	51	60	64	62	72	66	56	47	71	61	53
Eiweiß	(g)	18	22	17	17	12	15	24	26	14	19	24
Fett	(g)	29	14	17	15	13	15	14	16	6,5	18	21
Energie	(kJ)	1500	960	1000	960	750	920	1000	1200	590	1100	1300
	(kcal)	350	230	240	230	180	220	240	280	140	260	300
Mineralstoffe	(g)	2,2	1,3	1,7	2,2	2,0	2,2	3,6	6,7	5,5	—	2,3
Calcium	(mg)	19	32	18	36	20	49	330	51	51	1700	57
Phosphor	(mg)	250	250	260	240	200	190	430	300	—	—	290
Natrium	(mg)	500	720	410	570	590	530	510	1900	2100	790	360
Kalium	(mg)	240	290	280	180	160	350	400	160	100	590	340
Iod	(mg)	0,005	—	—	0,13	—	—	0,02	—	—	—	0,05
Retinol	(mg)	0,94	0,015	0,033	0,02	n. n.	0,01	0,058	—	—	0,15	0,37
Thiamin	(mg)	0,19	0,04	0,060	0,01	0,01	0,06	0,040	n. n.	—	0,025	0,05
Riboflavin	(mg)	0,37	0,290	0,040	0,13	0,10	0,18	0,300	—	—	0,40	0,06
Nicotinamid	(mg)	3,5	3,5	6,0	3,9	2,0	2,6	6,5	—	—	—	11,0

[1]) abgetropft, — nicht untersucht, n. n. = nicht nachweisbar

dies sind aus ganzem oder zerkleinertem Filet (z. B. Farsch) hergestellte portionierte und verpackte küchenfertige Gefrierfischerzeugnisse.

Kochfischwaren sind Aspikerzeugnisse aus Filet, entweideten Fischen ohne Kopf oder zerkleinertem Fisch sowie aus Krebsen. Garniert mit Mayonnaise, Ei, Gemüse und Früchten, gelten sie als Feinkostprodukte, deren Wert vom Fischanteil (40 bis 60%) abhängt.

Räucherfischerzeugnisse sind mehr oder weniger stark vorgesalzene Fische und Fischteile, die mit Holzrauch behandelt wurden (z. B. Aal, Bückling, Makrele, Räucherlachs, Sprotte).

Ölpräserven sind in Pflanzenöl eingelegte Salz-, Kräuter- oder Räucherfischwaren. Zu ihnen rechnet auch die Gruppe der Seelachserzeugnisse; diese werden ähnlich wie Produkte aus echtem Lachs (*Salmo salar*) als Scheiben oder Schnitzel aus gesalzenem Seelachs (*Gadus virens*) oder Kabeljau hergestellt, jedoch künstlich gefärbt. Sie müssen als Lachsersatz gekennzeichnet sein.

Fischsalate sind Zubereitungen aus unterschiedlich genußfähig gemachtem Fischfleisch, dem Würzen und Gewürze beigegeben und das mit Essig, Öl, Mayonnaise oder Tunken vermischt worden ist.

4.3.3. Sterilisierte Erzeugnisse

Bei der Herstellung von sterilisierten Fischerzeugnissen (Fischkonserven, Vollkonserven) wird zumeist von Halbfabrikaten ausgegangen, die zwecks Entzug von Gewebewasser, Festigung der Textur und Ausbildung erwünschter Geschmacksnoten vorbehandelt worden sind. Ihnen werden Aufgüsse, Tunken, Cremes, Öl, Früchte, Gemüse, Pilze und Würzkräuter zugesetzt. Dem und der Zweckbestimmung entsprechend kann das Sortiment zu folgenden Erzeugnisgruppen zusammengefaßt werden:

- Aufgußkonserven (z. B. Herings- oder Makrelenfilet in Wein-, Tomaten- und anderen Aufgüssen)
- Cremekonserven (z. B. Herings- oder Makrelenfilet in Citronen-, Mayonnaisen- oder Senfremouladencreme)
- Fertiggerichte (Fischgulasch, -filet oder -rouladen mit Reis bzw. Teigwaren und Gemüse)
- Hors d'oeuvre (herzhafte Vorgerichte mit einem Fischanteil bis zu 70%, davon 1/3 Edelfische, sowie Feingemüsen, Früchten, Pilzen u. ä.)
- Naturellkonserven (z. B. Hering, Makrele, Lachs oder Fischleber in eigenem Saft)
- Ölkonserven (z. B. Bücklings-, Herings- oder Makrelenfilet bzw. Sardinen oder Sprotten in Öl)
- Salat- und Mixkonserven (ohne Mayonnaise oder Remoulade mit Herings- oder Makrelen- bzw. Dorsch- oder anderem Magerfischfilet)
- Tunkenkonserven (z. B. Dorsch, Hering, Makrele, Schellfisch oder Sprotten in Tomaten-, Paprika, Wein- und anderen Tunken)

Darüber hinaus werden auch andere Erzeugnisse wie Fischbouletten, -klöße, -pasten, -salate und -wurst sowie solche aus Fischmilch und Fischrogen als Konserven in den Verkehr gebracht. International am meisten gefragt sind Thunfisch-, Lachs- und Sardinenkonserven.

4.4. Krebs- und Weichtiere

4.4.1. Krebstiere

Die Krebstiere gehören zu den Arthropoden (Gliederfüßler) und dort zur Klasse der Crustacea (Krustentiere). Die wirtschaftlich genutzten Krebse finden sich nur in der Unterklasse der Malacocrustacea (höhere Krebse) und zwar in der Ordnung Decapoda (zehnfüßige Krebe). Krebstiere besitzen lediglich ein aus einem segmentierten Chitinpanzer bestehendes Außenskelett. Man unterscheidet zwischen Süßwasserkrebsen (Fluß- und Edelkrebse; *Astacidae*) und Meereskrebsen. Die für den menschlichen Verzehr wichtigsten Meereskrebse sind:
Garnelen (Nordseekrabben, *Crangon crangon*), Hummer (*Homarus gammarus*), Langusten (*Pallinurus* u. ä. Arten), Tiefseekrebse (*Nephrops norvegicus*) und Krabben (*Anomura* und *Brachyura*).

Krebstiere sind besonders leicht verderblich. Der pH-Wert des frischen Fleisches liegt bei 7 oder darüber und steigt schnell an. Krebstiere werden darum lebend oder gekocht und konserviert gehandelt. Verwendet wird im wesentlichen nur das Muskelfleisch der Extremitäten und des Abdomens.

4.4.2. Weichtiere

Die als Lebensmittel verwendeten Weichtiere, Schnecken (Gastropoda), Muscheln (Bivalvia) und Kopffüßler (Cephalopoda), gehören zum Unterstamm Chonchifera (Schalenträger) des Stammes Mollusca (Mollusken). Im Unterschied zu Krebstieren sind Weichtiere nicht segmentiert. Unter den Schnecken haben neben der Weinbergschnecke (*Helix pomatia*) Meeresschnecken der Haliotisarten („Seeohren") wirtschaftliche Bedeutung. Muscheln kommen in Kolonien oder Bänken vor und können in großen Mengen geborgen werden. Die wichtigste Familie ist die der Miesmuscheln (Pfahlmuscheln); diese werden zumeist gekocht und mit den Schalen serviert. Industriell wird Muschelfleisch gesalzen, mariniert und in Aufguß oder Gelee verpackt bzw. als Vollkonserve hergestellt. Die begehrtesten Muscheln sind die Austern (*Ostrea edulis*). Sie werden vorwiegend lebend verzehrt und bedürfen darum einer besonderen hygienischen Kontrolle. Muscheln gehen nach dem Tode vor allem dann schnell in Zersetzung über, wenn sie als Schlammfresser in verunreinigten Gewässern aufgewachsen sind. Sie werden darum wie Krebstiere nur lebend oder konserviert bzw. zubereitet in den Verkehr gebracht.

Von den Kopffüßlern werden die Vertreter der Decabrachia (Zehnfüßler) und Octobrachia (Achtfüßler) genutzt. Insbesondere das Fleisch von Tintenfischen (verschiedene Octopusarten) wird gebraten, mariniert, getrocknet oder zu Konserven verarbeitet.

5. Eier und Eierzeugnisse

5.1. Allgemeines

Vogeleier haben wegen ihres Wohlgeschmackes, ihrer Bekömmlichkeit und vielfältigen Verwendungsmöglichkeiten seit jeher dem Menschen als Nahrungsmittel gedient. Heute werden in Europa jedoch fast nur noch Hühnereier verzehrt. Die eßbaren Eier anderer Vogelarten (*Ente, Gans, Möwe, Pute, Wachtel* usw.) haben demgegenüber wirtschaftlich keine Bedeutung. Da der Verzehr von rohen oder nur weichgekochten Enteneiern zu schweren Gesundheitsschäden infolge mikrobieller Infektion (insbesondere Salmonella-Bakterien) führen kann, ist in der DDR das Inverkehrbringen und die Verwendung von Enteneiern für die menschliche Ernährung verboten.

Die Eier von Reptilien (z. B. *Schildkröteneier*) sind als Lebensmittel in Europa weitgehend unbekannt, spielen aber in anderen Ländern eine nicht unwesentliche Rolle.

Da unter dem Begriff „Eier“ gemäß den geltenden gesetzlichen Bestimmungen nur Hühnereier verstanden werden (die Eier anderer Vogelarten sind als Gänse-, Wachteleier usw. zu deklarieren), beziehen sich die folgenden Ausführungen auf Hühnereier; sie können aber sinngemäß auf alle Vogeleier übertragen werden.

Eier zählen zu den biologisch besonders wertvollen Lebensmitteln, da ihre Inhaltsstoffe zu über 95% ausgenutzt werden. Das Eiweiß des Eies gilt auf Grund seiner Zusammensetzung als das hochwertigste Nahrungseiweiß. Der ständige Verzehr übergroßer Mengen an rohem Eiklar ($>$ 6 Eier/Tag) kann aber zu Stoffwechselstörungen führen, da das Eiklar einen Trypsininhibitor (Ovomucoid, relative Molekülmasse 29000) und einen Biotininhibitor (Avidin, relative Molekülmasse 53100) enthält (s. I; 7.3.6.); beide Verbindungen werden aber beim Kochen bzw. Backen oder Braten inaktiviert. Da das Ei ein sehr cholesterolreiches (0,5%) Lebensmittel ist, sollten Personen, denen ärztlicherseits eine cholesterolarme Diät empfohlen ist, möglichst den Verzehr von Eidotter — nur hier ist das Cholesterol enthalten — meiden. Ein Ei liefert etwa 355 kJ (85 kcal). Hervorzuheben ist der relativ hohe Gehalt an Vitaminen, insbesondere Vitamin A (2 mg/kg), Vitamin D (0,05 mg/kg), Vitamin B_2 (3 mg/kg) und Vitamin B_{12} (0,02 mg/kg); Vitamin C ist nicht nachweisbar.

5.2. Aufbau und Zusammensetzung

Das Ei hat in der Regel eine ovale Form und ist von einer etwa 0,3 mm dicken porösen Kalkschale umhüllt, der von innen eine dünne doppelschichtige Schalenhaut anliegt, die sich am stumpfen Ende des Eies teilt und die Luftkammer (beim Frischei etwa 5 mm Durchmesser) bildet. Diese Luftkammer vergrößert sich bei der Lagerung und kann bedingt zur Altersbestimmung von Eiern herangezogen werden. Unter der Schalenhaut befindet sich das Eiklar (Weißei) und im Zentrum das Eidotter (Eigelb). Gewichtsmäßig entfallen auf die Schale etwa 10%, auf das Eiklar etwa 60% und auf das Eidotter etwa 30%.

Tabelle 5.1. Durchschnittliche Eimasse einiger Vogelarten

Strauß	1200 g	Kiebitz	25 g
Gans	175 g	Taube	20 g
Ente	65 g	Wachtel	10 g
Pute	65 g	Kolibri	0,5 g
Huhn	55 g		

Tabelle 5.2. Durchschnittliche Zusammensetzung des Hühnereies

		Gesamtei	Eischale	Eiklar	Eidotter
Masse	(g)	55	6	32	17
Wasser	(%)	66	1,5	87,5	48,5
Eiweiß	(%)	12	3	11	16,5
Fett	(%)	11	Spur	Spur	33
Kohlenhydrate	(%)	1	Spur	1	0,5
Mineralstoffe	(%)	10	95,5	0,5	1,5

Schale

Die Schale besteht aus einem Eiweißgerüst (~ 3%), Calciumcarbonat (~ 95%), Calciumphosphat (~ 1%) sowie Magnesiumcarbonat (~ 1%) und enthält zahlreiche Porenkanäle (~ 150/cm^2), durch die die Atmung für das sich entwickelnde Küken ermöglicht wird. Durch diese Porenkanäle kann — abgesehen von der partiellen Austrocknung — aber auch eine Infektion von außen erfolgen, insbesondere dann, wenn versucht wurde, Schmutz (Hühnerkot) durch Abreiben bzw. Abwaschen (Beschädigung der Cuticula) zu entfernen.

Eiklar

Das Eiklar besteht überwiegend aus Eiweißstoffen (88% i. T.). Hauptkomponenten sind Ovalbumin (~ 60%) und Conalbumin (~ 20%) neben geringen Mengen an Ovoglobulin und Glycoproteiden (Ovomucin und Ovomucoid), die zusammen etwa 20% ausmachen. Außerdem enthält das Eiklar etwa 1% an Kohlenhydraten, wovon 50% an Eiweiß gebunden vorliegen und 50% auf freie Glucose entfallen, die für bestimmte unerwünschte Veränderungen (MAILLARD-Reaktion) von Eipulvern verantwortlich ist. Um diese Reaktion zu verhindern, wird mitunter vor dem Trocknen von Eiern die Glucose durch enzymatischen Abbau mit Glucoseoxydase oder Vergären mit mikrobiellen Enzymen entfernt. Die schwach grünlich-gelbe Farbe ist durch Riboflavin (~ 3 mg/kg) bedingt.

Eidotter

Hauptkomponente des Dotters sind die Lipide (~ 65% i. T.), die auch als Dotterfett oder Eieröl bezeichnet werden und zu etwa 65% aus Triglyceriden, 30% aus Phospholipiden (davon 80% Lecithin, 18% Kephalin und 2% Sphingosinderivate) und 5% Cholesterol (davon 20% verestert) bestehen. Das Lecithin liegt hierbei partiell als Lipoproteid (Lecithalbumin) vor, das durch Alkohol gespalten werden kann.

Die guten emulgierenden Eigenschaften des Eidotters beruhen auf seinem relativ hohen Phosphatidgehalt und werden technisch bei der Herstellung von Eierlikör, Mayonnaise usw. genutzt.

Die mehr oder minder intensive Gelbfärbung des Dotters (Pigmentgehalt: ~0,3 mg) ist rein alimentär bedingt und in erster Linie auf die Carotenoidfarbstoffe Lutein (3,3'-Dihydroxy-α-caroten) und Zeaxanthin (3,3'-Dihydroxy-β-caroten) zurückzuführen. Da im Dotter Farbstoffe bevorzugt gespeichert werden, kann die Intensität der Dotterfarbe durch besonders carotenoidreiches Futter (verbotenerweise sogar durch Teerfarbstoffe!) stark beeinflußt werden.

Bei den Eiweißstoffen entfällt die Hauptmenge (~ 90%) auf die Phosphoproteide Vitellin und Vitellenin.

Der relativ hohe Gehalt an Cholesterol bzw. Phosphatiden wird analytisch zur Bestimmung des Eigehaltes von Lebensmitteln (z. B. bei Teigwaren und Eierlikör) ausgenutzt.

5.3. Veränderungen bei der Lagerung

Abgesehen davon, daß Eier leicht Fremdgerüche annehmen, tritt bei der Lagerung durch Austrocknung (gefördert durch höhere Temperaturen und niedrige Luftfeuchtigkeit) eine Gewichtsabname (Vergrößerung der Luftkammer) ein. Durch osmotische Prozesse kommt es zu Konzentrationsänderungen einschließlich eines Stoffaustausches der im Dotter bzw. Eiklar gelösten Stoffe. Außerdem spielen sich durch arteigene Enzyme ausgelöste Abbauprozesse ab (insbesondere Bildung von wasserlöslichen Phosphaten aus Phospatiden und Phosphoproteiden, Bildung von freien Aminosäuren und Ammoniak, Abbau der Mucinsubstanzen und damit Verflüssigung des Eiklars). Diese Prozesse bedingen den „Altgeschmack" von länger gelagerten Eiern. Der beim Abbau S-haltiger Aminosäuren u. a. entstehende Schwefelwasserstoff (Geruch) reagiert mit Eisenionen unter Bildung des grünschwarzen Eisensulfides.

Infolge der porösen Schale können aber auch Mikroorganismen von außen her in das Ei dringen und zum Verderb (ähnlich wie bei Fleisch und Fisch) führen, wobei käsige Zersetzungen, Trübungen, Flockungen, Schrumpfungen, unangenehme Gerüche und unterschiedliche Verfärbungen beobachtet werden. Es handelt sich hierbei in erster Linie um die Wirkung von Pseudomonas-, Escherichia-, Salmonella- und Proteus-Bakterien.

Die bakteriellen Zersetzungen können, sobald sie einen bestimmten Grad erreicht haben, makroskopisch beim Durchleuchten leicht festgestellt werden. Als besonders gefährlich gelten die Bakterien der Gattung Salmonella.

Um die vorgenannten unerwünschten Veränderungen zu verhindern, wird heute die Kühllagerung (273 K = 0 °C, 80 bis 90% relative Luftfeuchtigkeit) von Eiern bevorzugt angewendet (Haltbarkeit etwa 6 Monate). In Schutzgasatmosphäre (Kohlendioxid, Stickstoff, Ethylenoxid usw.) gelagerte Eier werden als stabilisierte Eier bezeichnet. Weitere Möglichkeiten, die Haltbarkeit von Eiern zu verlängern, sind das seltener durchgeführte Ölen (Eintauchen in Paraffin o. ä.) bzw. die Thermostabilisierung (kurzzeitiges Tauchen in heißes Wasser oder in Öl bzw. Hocherhitzen im Luftstrom) sowie das heute kaum noch angewendete Einlegen in Kalkwasser (2%ig) oder Wasserglaslösungen (3%ig).

5.4. Eierzeugnisse und Eiaustauschstoffe

Zu den *Eierzeugnissen* (Eiprodukte) zählen die nach Entfernen der Schale insgesamt oder nach Trennung in Eiklar und Eidotter, meist nach Homogenisieren und Pasteurisieren durch Konservierungsmittel (z. B. Benzoe- bzw. Sorbinsäure und/oder Kochsalz), insbesondere aber durch Gefrieren (Einfrieren bei 238 bis 248 K = −25 bis −35 °C, Lagerung bei 255 bis 258 K = −15 bis −18 °C) oder Trocknung (vorzugsweise Sprüh- und Vakuumtrommeltrocknung, aber auch Gefriertrocknung) haltbar gemachten Produkte. Sie werden überwiegend in der Lebensmittelindustrie (Backwaren, Teigwaren usw.) eingesetzt. *Trockenvollei* hat einen Wassergehalt von 3 bis 6%, d. h. etwa 13 g Eipulver entsprechen einem Frischei.

Die Qualität und Haltbarkeit der Eierzeugnisse sind — abgesehen von der eingesetzten Rohware — stark von den Herstellungs- und Lagerbedingungen sowie der Beschaffenheit der Verpackung abhängig. Nach Anbruch der Verpackung sind Eierzeugnisse gegen mikrobiellen Befall und oxydative Veränderungen des Dotterfettes durch Luftsauerstoff sehr empfindlich.

Eiausstauschstoffe sind meist schlagfähige eiweißhaltige Produkte auf der Basis von pflanzlichem (z. B. Soja) und tierischem Eiweiß (z. B. Magermilch- und Molkenpulver), die das Ei in küchentechnischer Hinsicht ersetzen sollen. Sie enthalten häufig Zusätze, insbesondere solche, die die Schlagfähigkeit und Standfestigkeit des Schaumes verbessern sollen. Solche Produkte haben aber bisher nur in Zeiten der Not eine gewisse Rolle gespielt.

6. Milch und Milcherzeugnisse

6.1. Allgemeines

Milch ist die aus den Milchdrüsen weiblicher Säugetiere während der Lactation abgesonderte Flüssigkeit. In der Zusammensetzung der Milch der einzelnen Säugetierarten zeigen sich insbesondere im Fett-, Eiweiß- und Mineralstoffgehalt teilweise erhebliche Unterschiede, was in erster Linie mit der Wachstumsgeschwindigkeit der betreffenden Jungtiere, für die diese Milch eigentlich bestimmt ist, zusammenhängt. Je höher die Wachstumsgeschwindigkeit der jeweiligen Individuen ist, um so höher ist auch der Eiweiß- und Mineralstoffgehalt der Milch (bei Fett nicht in jedem Fall). Nach dem dominierenden Milcheiweiß wird zwischen Caseinmilch (z. B. Rind, Schaf, Ziege, Lama) und Albuminmilch (z. B. Mensch, Pferd, Esel) unterschieden.

In den meisten Ländern versteht man unter Milch als Handelsware nur die Kuhmilch, während die Milch anderer Tierarten (z. B. Schaf- und Ziegenmilch) als solche eindeutig gekennzeichnet sein muß. Alle weiteren Ausführungen beziehen sich — wenn nicht ausdrücklich anders vermerkt — auf Kuhmilch.

In der DDR sind für Milch und die wichtigsten flüssigen Milcherzeugnisse folgende Begriffsbestimmungen rechtsgültig:

— *Rohmilch* ist ein durch regelmäßiges, vollständiges Ausmelken des Euters sauber gewonnenes und anschließend abgekühltes Produkt von einer oder mehreren Kühen, aus einer oder mehreren Melkzeiten, dem nichts entzogen und nichts hinzugesetzt ist.

— *Milch mit zugesicherten Eigenschaften* ist Rohmilch, die jedoch von einem besonders ausgewählten, staatlich als tuberkulosefrei anerkannten und brucellosefrei bestätigten Rinderbestand gewonnen wird (Fett mindestens 3%, weniger als 120000 Keime/m*l*, Alter maximal 18 h nach Gewinnung).

— *Pasteurisierte Trinkmilch* ist ein in Molkereien aus roher Kuhmilch durch Reinigung, Einstellen auf einen bestimmten Fettgehalt — gegebenenfalls auch Homogenisierung — und Erhitzen nach einem zugelassenen Pasteurisierungsverfahren sowie anschließender Kühlung aufbereitetes Erzeugnis, wobei folgende Sorten unterschieden werden: Entrahmte Frischmilch (E-Milch), Trinkvollmilch (2,5% Fett) und Markentrinkvollmilch (3,2% Fett).

— *Ultrahocherhitzte Milch* (H-Milch) ist eine nach speziellen Erhitzungsverfahren (413 K = 140 °C) behandelte und homogenisierte Milch, die in Verbindung mit aseptischer Verpackung auch ohne Kühllagerung mehrere Wochen haltbar ist.

— *Sahne* (Rahm) ist das nach Abscheiden von Magermilch aus Milch gewonnene und nach einem zugelassenen Pasteurisierungsverfahren erhitzte und evtl. auch homogenisierte Erzeugnis.

- *Kaffeesahne* ist Sahne mit einem Fettgehalt von mindestens 10%.
- *Saure Sahne* ist Sahne mit einem Fettgehalt von mindestens 10%, die durch Beimpfung mit Buttereikultur einer Milchsäuregärung unterlag.
- *Schlagsahne* ist Sahne mit einem Fettgehalt von mindestens 30%.
- *Buttermilch* ist die bei der Verbutterung pasteurisierter und mittels Buttereikultur gesäuerter Sahne nach Abscheiden der Butter anfallende Flüssigkeit.
- *Geschlagene Buttermilch* ist das aus entrahmter Frischmilch oder Süßrahmbuttermilch oder einem Gemisch beider Flüssigkeiten durch Säuerung mit Buttereikultur erhaltene Erzeugnis, das nach der Säuerung geschlagen, gerührt oder homogenisiert werden darf.

Milch enthält neben 83 bis 88% Wasser etwa 3 bis 5% Fett, 3 bis 4% Eiweiß, 4 bis 6% Kohlenhydrate und etwa 0,75% Mineralstoffe. Die Schwankungsbreite der Inhaltsstoffe ist bedingt durch Rasse, Alter, Gesundheitszustand, Lactationsstadium, Pflege und Beanspruchung der Tiere, Futter sowie Melkeinflüsse. Während einer Lactationsperiode (etwa 300 Tage) liefert eine Kuh ungefähr 3000 *l* verarbeitungsfähiger Milch. Die in den ersten Tagen nach dem Abkalben bzw. kurz davor abgesonderte zähflüssige Colostralmilch (Biestmilch) ist sehr eiweißreich (bis 15%) und erst nach etwa 5 Tagen wieder mit einer normalen Milch vergleichbar. Sie gilt lebensmittelrechtlich als verdorben und ist daher vom Verkehr auszuschließen.

Milch zählt auf Grund ihrer Zusammensetzung und guten Ausnutzbarkeit (95 bis 99%) zu den ernährungsphysiologisch hochwertigen Lebensmitteln. Besonders hervorzuheben ist der biologische Wert des Eiweißes, der relativ hohe Gehalt an Calcium (etwa 0,1%), Phosphor (etwa 0,1%) und Vitamin B_2 (etwa 1,5 mg/l). 1 *l* Trinkmilch hat einen Energiegehalt von etwa 2,6 MJ (630 kcal). Mit der empfohlenen Verbrauchsmenge von 0,5 *l*/Tag werden etwa 50% des Bedarfes an Calcium, Phosphor und Vitamin B_2 gedeckt.

Einschränkend muß man jedoch feststellen, daß es — im Weltmaßstab gesehen — eine nicht unbeträchtliche Zahl von Menschen gibt, die nach dem Genuß von Milch Symptome von Allergien zeigen bzw. das Kohlenhydrat Lactose unter Unverträglichkeitserscheinungen nicht ausnutzen können (Lactosemaldigestion und -malabsorption).

6.2. Zusammensetzung der Milch

Milch ist eine gelblich-weiße Flüssigkeit, deren Farbe im wesentlichen durch die Fettkügelchen sowie die Proteine (auch fettfreie Milch ist weiß) hervorgerufen wird. Die schwach gelbliche bzw. grün-gelbliche Tönung ist durch Carotenoide der Fettphase (besonders bei Weidegang der Kühe) und durch Riboflavin der wäßrigen Phase bedingt.

Die Hauptbestandteile der Milch sind grob- (Lipide), kolloid- (Proteine) und molekulardispers (Kohlenhydrate) verteilt bzw. liegen im ionogenen Zustand (Mineralsalze) vor, wobei die Fettkügelchen das Bestreben haben, infolge ihrer geringen Dichte langsam nach oben zu steigen (Aufrahmung).

Der pH-Wert der Milch liegt bei 6,5 bis 6,7, der Säuregrad, ausgedrückt als SOXHLET-HENKEL-Zahl (*ml* 0,25 N Natronlauge je 100 *ml* Milch) bei 6 bis 7, die Dichte zwischen 1,028 und 1,035 und der Gefrierpunkt bei 272,60 bis 272,62 K (—0,53 bis – 0,55 °C). Abweichungen von diesen analytisch leicht zu ermittelnden Werten lassen Rückschlüsse auf mikrobielle Kontamination (erniedrigter pH-Wert bzw. erhöhter Säuregrad) und Verwässerung (verminderte Dichte und verminderte Gefrierpunktserniedrigung) zu.

Kohlenhydrate

Lactose (Milchzucker) ist das charakteristische Kohlenhydrat der Milch und kommt in Mengen von 4 bis 6% in der α- und β-Form (1 : 1,55) vor. Andere Kohlenhydrate treten nur in Spuren auf, z. B. Glucose (0,8 mg/*l*) und Galactose (0,2 mg/l).

Bei der Herstellung zahlreicher Molkereierzeugnisse ist die Lactose wichtiges Nährsubstrat für Mikroorganismen, wobei die Vergärung zu Milchsäure (z. B. bei Rahmsäuerung, Sauermilchgetränken) die größte Rolle spielt, aber für bestimmte Erzeugnisse ist auch zusätzlich die alkoholische Gärung (z. B. bei Kefir und Kumys) von Bedeutung. Unerwünschte mikrobielle Umsetzungen sind z. B. wilde Milchsäuregärungen bei Milch, Buttersäuregärung bei Käse oder Essigsäuregärung bei Sauermilchquark. Da Lactose durch Mikroorganismen nicht direkt vergoren werden kann, ist eine vorherige enzymatische Spaltung (Lactase) in Glucose und Galactose erforderlich.

Lactose ist auch an unerwünschten sensorischen Veränderungen (Farbe, Geruch und Geschmack) von hoch erhitzten Milchprodukten beteiligt, wobei neben Caramelisierung, typischen MAILLARD-Produkten u. a. auch Aldehyde, Ketone und niedermolekulare Säuren nachgewiesen wurden. Infolge der gegenüber anderen Zuckern verhältnismäßig geringen Löslichkeit von Lactose kann es bei der Herstellung von Kondensmilch in der Abkühlphase (insbesondere bei gezuckerter Kondensmilch) oder bei der Produktion von Speiseeis zu einem Überschreiten der Löslichkeitsgrenze und damit zum Auskristallisieren kommen, was sich sensorisch auf der Zunge als „Sandigkeit" bemerkbar macht.

Aus Milch (Molke) gewonnene Lactose wird u. a. direkt und zur Herstellung von Lactulose für Kindernahrung, als Nährsubstrat für die Produktion von Penicillin und als Tablettierungsgrundlage in der pharmazeutischen Industrie verwendet.

Stickstoffhaltige Substanzen

Milch enthält eine Vielzahl von Eiweißkörpern, die sich in ihrer Zusammensetzung und damit auch ihren Eigenschaften unterscheiden. Die klassische, erstmals 1872 vorgenommene Einteilung der Milchproteine in die drei Hauptkomponenten *Casein*, *Lactalbumin* und *Lactoglobulin* ist bis heute beibehalten worden, obwohl bekannt ist, daß es sich um keine einheitlichen Verbindungen handelt (s. I; 2.4.4.).

Als *Caseinfraktion* bezeichnet man den bei pH 4,6 ausfällbaren Anteil (etwa 2,8%). Im Filtrat verbleibt hierbei mit etwa 0,6% das hitzekoagulierbare Molkeneiweiß (Serumeiweiß), das durch fraktionierte Salzfällung in die *Lactalbuminfraktion* (etwa

0,45%) und *Lactoglobulinfraktion* (etwa 0,15%) getrennt werden kann. Außerdem sind noch etwa 0,1% der sogenannten *Proteosen-Pepton-Fraktion* (hochmolekulare hitzestabile Peptide) sowie maximal 0,1% der *NPN-Fraktion* (Nicht-Protein-Stickstoff) neben Spuren anderer stickstoffhaltiger Verbindungen (freie Aminosäuren, Kreatin, Kreatinin, Harnstoff, Harnsäure usw.) vorhanden.

Casein ist auf Grund des relativ geringen Anteils an α-Helixstrukturen in den Polypeptidketten und des Fehlens von Cystin und Cystein recht hitzestabil und gerinnt beim Erhitzen auf 373 K (100 °C) erst nach Stunden, bei 423 K (150 °C) aber bereits nach wenigen Sekunden. Die Molkenproteine hingegen sind hitzelabil, da sie einen hohen Gehalt an α-Helixstrukturen sowie an Cystin und Cystein aufweisen. Auf Grund seiner guten Verdaulichkeit und Aminosäurezusammensetzung gilt das Milcheiweiß als biologisch hochwertig.

Lipide

Die Lipide sind in der Milch grobdispers als Kügelchen mit einem Durchmesser von 0,5 bis 10 µm (überwiegend 3 bis 5 µm) verteilt; 1 *l* enthält davon etwa 2000 Milliarden.

Der Kern der Kügelchen besteht aus *Triglyceriden*, die mit einer monomolekularen (2,5 nm) Phospholipidschicht überzogen sind, wobei die lipophilen Gruppen zum Kern und die hydrophilen entgegengesetzt orientiert sind. Das *Cholesterol* ist in diese Schicht ebenfalls eingebettet und analog ausgerichtet. Auf die *Phospholipide* ist eine Proteinschicht (auch als Membran- oder Euglobulinschicht bezeichnet) aufgelagert, die ihrerseits eine Hydrathülle aufbaut. In der Euglobulinschicht finden sich angereichert Enzyme wie Aldolase, alkalische Phosphatase und Xanthinoxydase sowie Schwermetalle (Cu und Fe).

Auf Grund des geschichteten Aufbaus ist das Milchfett mit unpolaren Lösungsmitteln nicht direkt extrahierbar, sondern erst nach Zerstörung der Membranschicht. Die Milchlipide (s. II; 7.2.2.) sind am sensorischen Gesamteindruck der meisten Milchprodukte entscheidend beteiligt.

Mineralstoffe und organische Säuren

Der Mineralstoffgehalt der Milch schwankt zwischen 0,7 und 0,9%. Von ernährungsphysiologischer Bedeutung ist — wie bereits ausgeführt — der relativ hohe Anteil an Calcium (0,1 bis 0,14%) und Phosphor (0,08 bis 0,11%). Citrate finden sich in Mengen von 0,2 bis 0,3% (nur ein Teil liegt dabei als freie Säure vor). Außerdem ist Orotsäure nachgewiesen worden. Die Mineralstoffe wirken in der Milch puffernd und stabilisierend auf den kolloiden Zustand der Milchproteine.

Vitamine und Enzyme

Der Vitamingehalt der Rohmilch schwankt insbesondere in Abhängigkeit von der Fütterung (speziell bei Provitamin A und Vitamin A) sowie der Pansen- und Darmflora der Tiere.

Tabelle 6.1. Gehalt der Milch an ausgewählten Vitaminen (in 100 ml)

Vitamin A	0,01–0,05 mg	Vitamin B_1	0,03–0,04 mg
Provitamin A	0,01–0,05 mg	Vitamin B_2	0,1 –0,2 mg
Vitamin D	0,05–0,15 μg	Vitamin B_6	0,06–0,15 mg
Vitamin E	0,02–0,1 mg	Vitamin B_{12}	0,4 –0,8 μg
		Niacin	0,04–0,12 mg
		Vitamin C	1 –2,5 mg

Wie bei allen Lebensmitteln ist auch bei Milch und Milchprodukten formal zwischen originären Enzymen und solchen, die sekundär in diese gelangt sind, zu unterscheiden. Eine klare Herkunftsbestimmung ist aber nicht in jedem Falle möglich. Die Enzyme sind in der Milch unterschiedlich lokalisiert. Die wichtigsten originären Enzyme sind Aldolase, Amylase, Katalase, Lipase, Protease, alkalische und saure Phosphatase, Peroxidase und Xanthinoxydase. Von diesen Enzymen ist die saure Phosphatase (pH-Optimum etwa 5) am hitzestabilsten (bei 370 K = 97 °C, etwa 1 min), während die alkalische Phosphatase (pH-Optimum etwa 9) sehr hitzelabil ist (bei 345 K = 72 °C nur etwa 15 s), was zum Nachweis einer ausreichenden Pasteurisierung analytisch genutzt wird. Bei manchen Enzymen kann es aber — insbesondere nach Inaktivierung durch Hochtemperatur-Kurzzeit-Hitzebehandlung (423 K = 150 °C, 1 s) — zu einer partiellen „Reaktivierung“ kommen.

Ungesteuerte, zum Beispiel durch Fremdinfektion hervorgerufene, enzymatische Umsetzungen bei Milch und Milchprodukten führen meist zu einer sensorischen Wertminderung, die bis zur Genußuntauglichkeit gehen kann (Ranzigkeit, Bitterkeit usw.). Andererseits werden bestimmte enzymatische Prozesse in Milch bewußt ausgelöst, um gewisse Aroma- und Geschmacksstoffe zu erzeugen.

Aroma- und Geschmacksstoffe

Der Geschmack normaler Milch ist sowohl schwach salzig (Mineralstoffe) als auch schwach süß (Lactose). Nicht behandelte Kuhmilch hat ein nur wenig ausgeprägtes Aroma, an dem niedermolekulare Verbindungen, wie Aceton, kurzkettige einbasige Carbonsäuren und Ethanol, sowie N- und S-haltige flüchtige Verbindungen (u. a. Dimethylsulfide) beteiligt sind. Durch die gesetzlich vorgeschriebene molkereitechnische Behandlung (Pasteurisierung) entstehen durch vielfältige Reaktionen sekundär neue Stoffe (z. B. Sulfhydrilverbindungen), die sensorisch für den Verbraucher zum gewohnten charakteristischen Milcharoma bzw. -geschmack geworden sind.

Abweichungen vom normalen Geschmack und Geruch treten bei Milch verhältnismäßig leicht ein. Diese Geruchs- und Geschmacksfehler können einerseits infolge physikalischer, chemischer oder mikrobiologischer Einflüsse auf die Milchinhaltsstoffe entstehen, oder sie sind durch Krankheiten der Tiere (z. B. Ketosis), Futter und Umwelteinflüsse (z. B. Stallgeruch, besonders in den Wintermonaten) bedingt. Bei der Ketosis tritt eine erhöhte Ausscheidung von Ketonkörpern (Aceton, Acetessigsäure und β-Hydroxybuttersäure) auf, von denen das Aceton in Konzentrationen von > 25 mg/kg den bekannten „Kuhgeschmack“ hervorruft. Durch intensive Lichteinwirkung kann aus Methionin Methional entstehen, das den sogenannten „Lichtgeschmack“ bedingt (s. I; 2.2.1.).

Bei mikrobiell gesäuerten Milchprodukten (Sauerrahmbutter, Joghurt usw.) sind am Flavour maßgebend Carbonylverbindungen, wie Acetoin, Acetaldehyd, Diacetyl sowie Ethanol und niedermolekulare Carbonsäuren (Milchsäure, Propionsäure usw.) beteiligt. Ausgangsstoffe hierfür sind in erster Linie Lactose und Citronensäure.

Acetaldehyd ist z. B. entscheidend am Joghurtaroma und Diacetyl am Sauerrahmbutteraroma beteiligt. Bei gereiften Käsen ergibt sich demgegenüber ein sehr viel breiteres Spektrum von Aroma- und Geschmacksstoffen, da hier in wesentlich verstärktem Umfang ein Ab- bzw. Umbau der Eiweißstoffe und Lipide erfolgt.

6.3. Bearbeitung und Weiterverarbeitung der Milch zu Milcherzeugnissen

Ziel der Bearbeitung der Rohmilch ist es, die mikrobiell sehr anfällige Milch zu reinigen, von pathogenen Keimen zu befreien sowie haltbar zu machen. Bei der Verarbeitung der Rohmilch zu Trinkmilch, Kondensmilch, Milchmischgetränken, gesäuerten Milchprodukten, Rahm, Butter und Käse ist die Milch insbesondere mechanischen, thermischen, rein chemischen und mikrobiellen Einflüssen ausgesetzt.

Die angelieferte Rohmilch wird gesammelt (Kühllagerung) und zunächst nach Vorwärmen in Zentrifugen gereinigt und entrahmt, wobei nach Abscheiden des festen Schmutzes der fettreiche Rahm und entrahmte Milch (etwa 0,02% Fett) anfallen.

Zur Einstellung der verschiedenen Trink- und Käsereimilchsorten auf den erforderlichen Fettgehalt erfolgt eine entsprechende Rückmischung von Rahm zur Magermilch.

Zur Verlängerung der Haltbarkeit sowie zum Schutz des Verbrauchers vor pathogenen Keimen wird die Milch erhitzt (Pasteurisierung), wobei in der DDR die Kurzzeiterhitzung auf 344 bis 347 K (71 bis 74 °C) (Heißhaltung 42 bis 45 s) und die Hocherhitzung auf 358 K (85 °C) (Heißhaltung 8 bis 16 s) zugelassen sind. Teilweise erfolgt zusätzlich eine Homogenisierung der Milch. Hierzu wird die meist vorgewärmte (333 K = 60 °C) Milch durch feine Düsen entweder nach dem Niederdruckverfahren (0,5 bis 3 MPa = 5 bis 30 atm) oder dem Hochdruckverfahren (10 bis 30 MPa = 100 bis 300 atm) gepumpt. Der Durchmesser der Fettkügelchen wird dabei von durchschnittlich 3 μm auf 1 μm reduziert und die Oberfläche dadurch vertausendfacht. Homogenisierte Milch zeichnet sich durch reduziertes Aufrahmvermögen, leichtere Verdaulichkeit und vollmundigeren Geschmack (infolge Feinverteilung des Fettes) sowie durch erhöhte Weißkraft (bedingt durch verstärkte Lichtreflektion infolge Oberflächenvergrößerung) aus; sie ist allerdings anfälliger gegen lipolytische und oxydative Veränderungen (insbesondere bei Reinfektion). Eine Homogenisierung wird meist bei solchen Produkten durchgeführt, bei denen sich ein Aufrahmen besonders nachteilig auswirkt, wie z. B. bei H-Milch, Kondensmilch und Kaffeesahne. Auch Käsereimilch wird mitunter homogenisiert. Das hat den Vorteil, daß die Molke fettärmer ist, sich die Einlabungszeit verkürzt, erwünschte mikrobielle Fettabbaureaktionen schneller ablaufen und das „Fettschwitzen“ der Käse bei hohen Temperaturen weitgehend unterbleibt; allerdings hat der Käsebruch eine geringere Festigkeit.

Die Homogenisierung stellt ebenso wie das Rühren, Umpumpen und Zentrifugieren eine mechanische Beanspruchung der Milch dar. Als Folge davon kann es zu Zerstörungen der Membranschicht der Fettkügelchen und damit zum Freilegen von

Fett kommen, das dann lipolytisch leichter angreifbar ist. Auch mit einer Desorption von Enzymen aus der Fettkügelchenhülle ist zu rechnen.

Den größten Einfluß auf die Milch bei der Bearbeitung hat aber die thermische Behandlung (Pasteurisierung), da hierdurch neben anderen Reaktionen energiearme Bindungen gespalten und neue Bindungen entstehen können. Besonders betroffen sind hiervon die Proteine. Während eine Hitzedenaturierung des Caseins erst bei hohen Temperaturen möglich ist, werden die Serumproteine in Abhängigkeit vom Erhitzungsgrad mehr oder weniger vollständig denaturiert. Bei 363 K (90 °C) fallen sie vollständig aus; das wird z. B. zur Enteiweißung von Molken bei der Lactosegewinnung ausgenutzt. Beim Erhitzen der Milch kommt es ferner zu einer Zunahme des Nicht-Protein-N und des Proteosen-Pepton-N, verbunden mit einer entsprechenden Abnahme des Albumin-N und Globulin-N durch Spaltung kovalenter Bindungen. Geringe Mengen Schwefelwasserstoff, Dimethylsulfide und andere leicht flüchtige Substanzen werden gebildet, die sich sensorisch bemerkbar machen. Auch MAILLARD-Reaktionen spielen sich ab, die aber erst bei längerem Erhitzen (z. B. bei Kondensmilchherstellung) augenfällig werden. Durch das Erhitzen erfolgt eine Enzyminaktivierung. Die Vitaminverluste betragen maximal etwa 15%; und ein Teil des Calciums fällt als unlösliches Calciumphosphat aus, das sich als sogenannter „Milchstein“ an den Milcherhitzern absetzt.

6.3.1. Dauermilcherzeugnisse

Dauermilcherzeugnisse sind Produkte, die durch Sterilisieren, Einengen (teilweise unter gleichzeitigem Zusatz von Zucker) oder Trocknen hergestellt werden und gegenüber Frischmilcherzeugnissen eine wesentlich verlängerte Haltbarkeit aufweisen. Zu ihnen zählen sterilisierte Milch, Kaffeesahne, H-Milch, Kondensmilch und Trokkenmilch.

6.3.1.1. Sterilmilch

Sterilmilch ist eine Trinkvollmilch, die innerhalb von 22 Stunden nach ihrer Gewinnung nach einem zugelassenen Sterilisationsverfahren sachgemäß behandelt worden ist. Bei der Herstellung wird die gereinigte, auf den gesetzlich vorgeschriebenen Fettgehalt eingestellte Milch nach einem anerkannten Hocherhitzungsverfahren pasteurisiert, dann homogenisiert, in Flaschen oder Dosen abgefüllt und bei Temperaturen von 383 bis 413 K (110 bis 140 °C) unter Bewegen (Vermeidung partieller Überhitzung) sterilisiert (10 bis 60 min).

Sterilmilch hat durch die intensive Hitzeeinwirkung einen typischen „Kochgeschmack“ und ist auf Grund von MAILLARD-Reaktionen sowie u. U. partieller Caramelisierung der Lactose häufig schwach gelblich gefärbt. Der Gehalt an hitzelabilen Vitaminen ist reduziert. Der Frischmilchcharakter ist weitgehend verloren gegangen und der biologische Wert gemindert.

Die zur Herstellung von *H-Milch* angewendete Uperisation (Ultrapasteurisierung) von Milch – eine Kurzzeiterhitzung der unverpackten Milch auf etwa 413 K (140 °C) für maximal 5 s mit anschließender Homogenisierung und aseptischer Abpackung – führt zu Produkten, die in ihren sensorischen Eigenschaften und ihrem biologischen Wert normaler pasteurisierter Trinkmilch bei wesentlich verlängerter Haltbarkeit (6 Wochen in unangebrochener Verpackung) etwa entsprechen.

Kaffeesahne, die in der DDR durch Verdünnen von möglichst fettarmem (etwa 20%) Rahm mit Milch hergestellt wird, sowie bestimmte Milchmischgetränke (z. B. Kakaomilch) können analog wie Sterilmilch zu Sterilerzeugnissen verarbeitet werden.

6.3.1.2. Kondensmilch

Handelsprodukte sind Kondensmilch (7,5 bzw. 10% Fett), gezuckerte Kondensvollmilch (8,5% Fett und 41% Saccharose) und gezuckerte Kondensmagermilch ($<$ 1% Fett, 41% Saccharose). Für die Herstellung dieser Produkte darf nur einwandfreie Ausgangsmilch mit möglichst niedrigem Säuregehalt und niedriger Keimzahl genommen werden. Bei den Vollmilcherzeugnissen muß der Fettgehalt vor dem Einengen so eingestellt werden, daß die gesetzlich fixierten Fett- und Trockensubstanzwerte eingehalten werden.

Um die Gerinnung zu verhindern, ist der Zusatz geringer Mengen (0,05 bis 0,5%) an Trinatriumcitrat und Dinaturiumhydrogenphosphat in den meisten Ländern erlaubt.

Die gereinigte und pasteurisierte bzw. sterilisierte Milch wird gegebenenfalls mit einer aufgekochten Zuckerlösung im Vakuum im Verhältnis von etwa 1:2,5 eingeengt und dann in Flaschen, Dosen oder Tuben abgefüllt. Kondensvollmilch wird anschließend sterilisiert; bei den gezuckerten Kondensmilcharten ist dies nicht erforderlich. Bei nicht ordnungsgemäßer Verfahrensführung kann es zu Braunverfärbungen (MAILLARD-Produkte, Caramelisierung), Sandigkeit und Sedimentbildung (auskristallisierte Lactose, seltener Saccharose), Fettabscheidung sowie mikrobiell bedingter Nachdickung, Koagulation und Bombagen kommen.

6.3.1.3. Trockenmilch

Nach der Art der eingesetzten Ausgangsmilch und dem angewendeten Trockenverfahren unterscheidet man *Walzenvollmilch-*, *Walzenmagermilch-*, *Sprühvollmilch-* und *Sprühmagermilchpulver*. Bei der Herstellung geht man in jedem Fall von einer voreingedickten Milch aus, die entweder auf beheizten Walzen (403 K = 130 °C) oder nach Zerstäubung im Heißluftstrom (Eintrittstemperaturen 423 bis 473 K = 150 bis 200 °C) getrocknet wird, wobei die Milchtröpfchen aber nur ungefähr 333 K (60 bis 65 °C) warm werden.

Instantmilchpulver zeichnen sich durch eine besonders schnelle Benetzbarkeit, Verteilung und Auflösung aus; das erreicht man in erster Linie durch Agglomeration der Teilchen mit spaltenreichen, kapillaraktiven Oberflächen. Beim sogenannten

Einphasenverfahren erzielt man diesen Effekt durch spezielle Sprühverfahren, während beim Zweiphasenverfahren das primär hergestellte Milchpulver wieder angefeuchtet (Wassergehalt etwa 5 bis 15%) und dann in einem speziellen Arbeitsprozeß nachgetrocknet wird.

Milchpulver hat eine gelblich-weiße Farbe, die bei unsachgemäßer Lagerung nachdunkelt. Typische Geschmacksfehler sind Talgigkeit und Ranzidität, die durch Luftausschluß bei der Lagerung (Verpackung unter inertem Gas) weitgehend vermieden werden können. Der Gehalt an Trockensubstanz liegt bei etwa 95%, der an Fett für Vollmilchpulver bei 25% und für Magermilchpulver maximal bei 1%.

6.3.2. *Sauermilcherzeugnisse*

Die wichtigsten handelsüblichen Sauermilcherzeugnisse sind *Joghurt, Acidophilusmilch* und *Kefir.* Sie werden mit spezifischen Gärungserregern aus eingestellter Milch oder entrahmter Frischmilch mit oder ohne Eindampfen oder durch Zusatz von Milchpulver oder Milchkonzentrat hergestellt. Bei diesem Prozeß wird Lactose zu Milchsäure und auch zu Ethanol (bei Kefir) abgebaut. Daneben findet die Bildung der typischen Aromastoffe statt.

Für die Herstellung von *Joghurt* wird die entsprechende Milch mit etwa 2 bis 4% Joghurtkultur (sie enthält u. a. *Streptococcus thermophilus* und *Lactobacillus bulgaricus*) versetzt und bei etwa 313 bis 318 K (40 bis 45 °C) für einige Stunden (meist 2 bis 3 h) bebrütet. Der Milchsäuregehalt liegt bei etwa 1%. Durch Zusatz von Früchten, Fruchtmark u. ä. sowie Zucker erhält man entsprechende Spezialprodukte.

Acidophilusmilch (Reform-Joghurt) wird mit *Thermobacterium acidophilus* analog dem Joghurt bei allerdings erheblich verlängerter Bebrütungszeit (in der Regel wenigstens 8 h) gewonnen (Milchsäuregehalt meist um 0,8%).

Bei *Kefir* handelt es sich um ein Produkt, bei dem neben der Milchsäuregärung auch eine alkoholische Gärung abgelaufen ist. Die Bebrütung der vorerhitzten Milch erfolgt bei 293 bis 298 K (20 bis 25 °C) meist während 8 bis 12 Stunden. An der Kefirgärung sind lactosevergärende Hefearten und Milchsäurebildner (u. a. *Streptococcus lactis, Streptococcus cremoris* und *Lactobacillus caucasicus*) beteiligt. Das Endprodukt ist leicht moussierend (CO_2) und enthält neben etwa 0,7% Milchsäure auch etwa 0,7% Alkohol.

Kumys ist ein bevorzugt in Asien aus Stuten- oder Ziegenmilch durch spezifische Kulturen hergestelltes Getränk, das neben Milchsäure bis zu 3% Ethanol enthält.

6.3.3. *Käse*

6.3.3.1. *Einteilung*

Käse ist das aus Milch, Sahne, teilweise oder vollständig entrahmter Milch, Buttermilch, Ziegenmilch, Schafsmilch oder aus Gemischen dieser Flüssigkeiten, gegebenenfalls unter Verwendung von Molke, Wasser, Kochsalz, Pilz- und Bakterienkulturen, durch Säuerung oder Zusatz von Lab gewonnene Gemisch, das zugelassene Farbstoffe enthalten darf und entweder frisch oder in verschiedenen Graden der Reife zum Verzehr bestimmt ist. Nach dem Fettgehalt werden in der DDR folgende Käse unterschieden:

Erzeugnis	Fettgehalt i. T. %
Magerkäse	weniger als 10
Viertelfettkäse	10
Halbfettkäse	20
Dreiviertelfettkäse	30
Fettkäse	40
Vollfettkäse	45
Rahmkäse	50
Doppelrahmkäse	60
Vollrahmkäse	70

Auf Grund der Verarbeitung unterscheidet man zwischen Frischkäse und gereiftem Käse. *Frischkäse* werden heute überwiegend durch Säuerung (meist unter geringfügiger Labzugabe) gewonnen und haben keinen oder nur einen geringfügigen Reifungsprozeß durchlaufen. *Gereifte Käse* sind Erzeugnisse, bei denen die Käsemasse unter dem Einfluß von Mikroorganismen eine mehr oder weniger starke chemische Umwandlung, verbunden mit Veränderung der Textur sowie der Ausbildung typischer Aroma- und Geschmacksstoffe erfahren hat, wobei nach Art der Proteinabscheidung noch zwischen Sauermilch- und Labkäsen unterschieden wird. In der DDR unterteilt man in folgende Käsearten und -sorten:

- *Frischkäse*: z. B. Buttermilchquark, Speisequark und dessen Zubereitungen, Schichtkäse, Sahnequark, Rahm- und Doppelrahmfrischkäse
- *Weichkäse mit Schimmelbildung*: z. B. Altenburger Ziegenkäse, Brie, Camembert
- *Weichkäse mit Schmierebildung*: z. B. Butterkäse, Limburger, Münsterkäse, Romadour
- *Fester und halbfester Schnittkäse*: z. B. Edamer, Gouda, Tollenser, Edelpilzkäse, Steppenkäse, Steinbuscher, Weißlacker
- *Hartkäse*: z. B. Cheddar, Chester, Emmentaler, Tiefländer
- *Sauermilchkäse*: z. B. Gelb-, Halbschimmel- und Schimmelkäse
- *Kräuterkäse*: z. B. reibfähiger bzw. streufähiger Kräuterkäse, Kräuterkäsecreme
- *Schmelzkäse*: z. B. schnittfester bzw. streichfähiger Schmelzkäse, Schmelzkäsezubereitung
- *Kochkäse*

Der Energiegehalt der Käse ist stark abhängig vom Fettgehalt und kann etwa zwischen 355 kJ (85 kcal) (Speisequark) und 1770 kJ (425 kcal) (Chester mit 50% Fett i. T.) je 100 g liegen. Käse ist meist leicht verdaulich sowie calciumreich und zählt auf Grund des biologisch wertvollen Eiweißes zu den hochwertigen Lebensmitteln.

6.3.3.2. Herstellung

Für die Herstellung der *Labkäse* wird überwiegend pasteurisierte Milch (Kesselmilch genannt, da sie früher in Kesseln angesetzt wurde) verwendet, was den Vorteil hat, daß das Fett gleichmäßig verteilt ist (reduziertes Aufrahmvermögen) und keine störende Fremdinfektion vorliegen kann. Die auf den gewünschten Fettgehalt eingestellte und eventuell mit Farbstoffen versetzte Milch wird mit 0,5 bis 1,5% Milchsäurebakterienkultur leicht gesäuert. Durch Säuerung wird eine schnellere Gerinnung und ein besserer Molkenablauf erreicht. Außerdem erfolgt im schwachsauren Milieu (pH 5 bis 5,5) bei der späteren Reifung ein geregelter und nicht zu schneller Eiweißabbau; pH-Werte unter 4 sind zu vermeiden (zu langsamer Eiweißabbau).

Für die einzelnen Käse kommen zur Erzielung der artspezifischen Note noch spezielle Kulturen zur Anwendung, die vor, während oder nach der Lagerung bzw. während der Kellerbehandlung zugesetzt werden. Grundsätzlich wird die Milch mit Lab (etwa 2,5 g Labpulver je 100 *l*) bei Temperaturen von meist etwa 303 K (30 °C) zur Gerinnung gebracht. Das Lab spaltet zunächst aus dem $\varkappa$-Casein ein Peptid ab. Danach bilden die Calciumionen mit der restlichen Caseinfraktion das schwerlösliche Paracasein, das als Netzwerk ausfällt und in den Hohlräumen die Molke enthält. Labträgkeit beruht häufig auf einem Mangel an löslichen Calciumsalzen, was verschiedene Ursachen (calciumarmes Futter, Übergang löslicher in unlösliche Calciumsalze z. B. in $Ca_3(PO_4)_2$, partiell denaturiertes Casein usw.) haben kann. Die anfallende Gallerte (Dickete) wird mit speziellen Geräten (Käseharfe, Käsesäbel, Käsequirl) zerkleinert (Bruchmachen), wobei der flüssige Anteil (Molke) austritt. Im Bruch befinden sich die ausgefallenen Proteine und der überwiegende Anteil der Lipide, während in der Molke Milchzucker, Molkeneiweiß und die Hauptmenge der Mineralstoffe verbleiben. Mit zunehmendem Zerkleinerungsgrad sinkt der Molkengehalt im Bruch, der Bruch wird fester. Bei bestimmten Käsesorten wird das Bruch-Molkegemisch nachgewärmt (Brennen), meist bei Temperaturen bis max. 328 K (55 °C). Anschließend wird die Käsemasse ausgeformt, abgepreßt (Molkenentfernung), gesalzen (Einlegen in 10 bis 25%ige NaCl-Lösung oder Trockensalzen) und in Gär- bzw. Reifungskellern bei Temperaturen von etwa 280 bis 290 K (7 bis 17 °C) gelagert. Die Lagerzeit beträgt in Abhängigkeit von der Käseart etwa 2 Wochen bis 4 Monate. Während dieser Phase erfolgen die entscheidenden Veränderungen in Textur, Farbe, Aroma und Geschmack. Um eine Schimmelbildung zu erzeugen, werden die Käse lediglich häufig gewendet; bei Käse mit Schmierebildung hingegen werden sie mit Wasser bzw. Salzwasser abgerieben, bis eine gleichmäßige Schmiere entsteht. Um diesen aufwendigen Prozeß der Kellerbehandlung zu verkürzen, werden Käse z. T. auch mit Paraffin o. ä. überzogen bzw. in Folien der Reifung überlassen.

Bei der Herstellung der *Sauermilchkäse* wird die Kesselmilch in der Regel allein durch Milchsäurebakterien dickgelegt. Die ausgefallene Käsemasse wird gesalzen, abgepreßt, vermahlen, mit sogenannten Reifungssalzen ($NaHCO_3$, $CaCO_3$ u. ä.) zum Abstumpfen der gebildeten Milchsäure versetzt, ausgeformt und unter Mitverwendung bestimmter Kulturen zur Reifung gebracht (sie erfolgt in der Regel von außen nach innen).

Für die Gewinnung von *Schmelzkäse* werden sensorisch einwandfreie Hart- und Weichkäse (meist ein Gemisch verschiedener Käse unterschiedlichen Reifungsgrades) nach Oberflächenreinigung gemahlen und nach Zusatz von sogenannten Richt- oder Schmelzsalzen (2 bis 5%) sowie eventuell Farbstoffen, bestimmten organischen Säuren und Gewürzen bei Temperaturen von etwa 355 bis 395 K (80 bis 120 °C) geschmolzen, abgefüllt und verpackt. Die Schmelzsalze (Natrium-, Kalium und Calciumcitrate sowie Mono-, Di- und Polyphosphate) haben primär die Aufgabe zu verhindern, daß eine Phasentrennung des Käses in Lipide, Eiweiß und Wasser erfolgt, d. h. sie sollen die Emulsion Schmelzkäse stabilisieren.

Kochkäse ist ein Erzeugnis, das überwiegend aus Sauermilchquark z. T. unter Mitverwendung anderer Milchprodukte, Zusatz von Schmelzsalzen, Farbstoffen und organischen Säuren in der Wärme (meist 343 bis 363 K = 70 bis 90 °C) hergestellt wird und Gewürze enthält.

6.3.3.3. *Käsereifung*

Die Käsereifung ist ein sehr komplexer Prozeß, bei dem sich Abbau-, Umbau- und Resynthesereaktionen abspielen. Insbesondere ist hiervon das Eiweiß betroffen, aber auch die anderen Käseinhaltstoffe, wie Fett, Kohlenhydrate usw., sind in diesen Reaktionsmechanismus mit einbezogen.

Man unterteilt die Reifung in eine Vor- und eine Hauptreifung. Die *Vorreifung* verläuft für alle Käsesorten ähnlich. Im Vordergrund steht hierbei — neben einem einleitenden Eiweißabbau — die Milchsäuregärung, bei der die Lactose zu Milchsäure umgesetzt wird. Bei bestimmten Käsesorten (z. B. Emmentaler) ist ein intensiver Sekundärumsatz der Milchsäure zu Propionsäure (Propionsäuregärung) wegen der damit verbundenen Lochbildung (CO_2) und aus geschmacklichen Gründen erwünscht.

$$3\ CH_3CHOH \cdot COOH \rightarrow 2\ CH_3CH_2COOH + CO_2 + H_2O + CH_3COOH$$

Eine fehlerhafte Lochbildung durch Buttersäuregärung hingegen ist unerwünscht.

$$2\ CH_3CHOH \cdot COOH \rightarrow CH_3CH_2CH_2COOH + 2\ H_2 + 2\ CO_2$$

Die *Hauptreifung* — sie verläuft für die einzelnen Käsesorten unterschiedlich — ist gekennzeichnet durch einen überwiegend enzymatisch ausgelösten tiefer greifenden Abbau des Eiweißes, aber auch der Lipide und anderer Inhaltsstoffe. Neben originären Enzymen der Milch und des Labes sind es vor allem die Enzyme der in die Milch eingebrachten Mikroorganismen, die bei der Reifung wirksam werden. Der Eiweißabbau verläuft über die Bildung von Peptiden partiell bis zu den Aminosäuren, die zu Aminen, Fettsäuren usw. umgesetzt werden können. Beim Fettabbau entstehen freie Fettsäuren und Carbonylverbindungen, unter denen die Alkan-2-one den typischen Flavour von Edelpilzkäsen (z. B. Roquefort) bedingen. Bei Weichkäsen erfolgt die Reifung von außen nach innen, bei Hartkäse hingegen gleichzeitig durch die ganze Käsemasse.

Käsefehler ergeben sich dadurch, daß die gewünschten Veränderungen entweder zu langsam oder zu schnell bzw. in zu geringem oder zu weitem Umfang ablaufen oder eine völlig andere Richtung einschlagen, was sich negativ auf Textur, Farbe, Aroma und Geschmack auswirken kann.

6.4. Speiseeis

Speiseeis ist eine durch Gefrieren in starren Zustand gebrachte Zubereitung, für die je nach Sorte unterschiedliche Mengen an Milch und Milcherzeugnissen, Zucker, Obst und Obsterzeugnissen, Eiern, natürlichen Aroma- und Geschmacksträgern (z. B. Vanille oder Kakao), Essenzen, Farbstoffen, Speiseeisbindemitteln (Hydrokolloidbildner), Trinkwasser und Halberzeugnissen (Speiseeispulver und Speiseeiskonserven) verwendet werden.

Nach der Zusammensetzung und Herstellungsart unterscheidet man:

- *Streicheis*, ein im Gefrierkessel des Speiseeisbereiters frisch ausgefrorenes Produkt, das durch Spatelung beim Gefrieren der Mischung seine Volumenvermehrung (Aufschlag) erreicht und zum sofortigen Verzehr bestimmt ist.
- *Softeis*, ein im Freezer frisch ausgefrorenes Produkt, das durch einen hohen Lufteinschlag unter Überdruck seine starke Volumenzunahme (50 bis 100%) erreicht und zum sofortigen Verzehr bestimmt ist.
- *Eiscreme*, ein Softeis, das zusätzlich tief gefroren (gehärtet) wird und somit ein lagerfähiges Speiseeis ist.
- *Halbgefrorenes*, ein gehärtetes, lockeres und lagerfähiges Produkt, das durch aufgeschlagene Sahne bzw. eine entsprechende Pflanzenfettemulsion seine Volumenzunahme erreicht.

Speiseeisansätze sind auf Grund ihrer Zusammensetzung ein guter Nährboden für Mikroorganismen und müssen daher vor dem Gefrierprozeß einer Hitzebehandlung (30 min bei 338 K = 65 °C oder 10 min bei 345 K ≙ 72 °C) unterworfen und nach schneller Abkühlung (innerhalb 90 min auf weniger als 280 K = 7 °C) sofort verarbeitet werden. Der Hitzebehandlung schließt sich meist eine Homogenisierung bei etwa 333 K (60 °C) an, wodurch eine bessere Schlagfähigkeit erreicht und eine Entmischung verhindert wird. In den heute allgemein gebräuchlichen Freezern wird zur Herstellung von Softeis ein Teil des Wassers gefroren und gleichzeitig Luft in die Mischung eingesogen und dort verteilt. Die Gefriertemperaturen liegen bei einer Dauer von 10 bis 20 min meist um 260 K (−13 °C). Das Härten von Softeis zu Eiscreme erfolgt bei Temperaturen von 248 K (−25 °C) und darunter.

In jüngster Zeit werden auch *Instantpulver* (keimarm), die in Wasser aufgelöst werden, zur Eisherstellung eingesetzt. Diese Ansätze brauchen nicht mehr vor der Weiterverarbeitung erhitzt zu werden.

7. Fette und Fetterzeugnisse

7.1. Allgemeines

Die für Nahrungszwecke verwendeten Fette (exakter ist die Bezeichnung Lipide) stellen relativ kompliziert zusammengesetzte Produkte dar, die zum größten Teil ($\sim$ 98%) aus Triglyceriden (s. I; 3.) bestehen.

Fette sind in der Ernährung auf Grund ihres hohen physiologischen Brennwertes (1 g Fett = 38 kJ (9,3 kcal)) ein wesentlicher Energielieferant; außerdem versorgen sie den menschlichen Organismus mit essentiellen Fettsäuren und fettlöslichen Vitaminen.

Die Fette werden überwiegend aus fettreichen tierischen Geweben und Pflanzensamen durch verschiedene technologische Verfahren (Ausschmelzen, Abpressen, Extrahieren usw.) gewonnen und entweder direkt (das gilt vorzugsweise für die Tierkörperfette) oder nach Raffination bzw. einer anderen, weiteren technologischen Bearbeitung als Lebensmittel bzw. Bestandteil von Lebensmitteln verwendet. Unabhängig davon enthalten viele natürliche Nahrungsmittel (z. B. Milch, Eier, Nüsse) nicht unbeträchtliche Mengen an Fett.

Etwa 80% der im Weltmaßstab erzeugten Fette werden für die menschliche Ernährung eingesetzt.

Einteilung der Nahrungsfette

Natürliche Fette

a) Tierfette
  - Landtierfette
    - Körperfette
    - Milchfette
  - Seetierfette
    - Körperfette
    - Leberfette

b) Pflanzenfette
  - Fruchtfleischfette
  - Samenfette

Künstlich veränderte Fette

Fraktionierte Fette
Fettmischungen
Umgeesterte Fette
Reveresterte Fette
Hydrierte Fette
Emulgierte Fette

7.2. Landtierfette

7.2.1. *Körperfette*

Die tierischen Depotfette (Reserve- oder Speicherfette), die für die menschliche Ernährung mengenmäßig von Interesse sind — *Schweineschmalz* und *Rindertalg* sowie von untergeordneter Bedeutung *Hammeltalg* und *Gänseschmalz* — haben eine recht ähnliche Fettsäurezusammensetzung. Im Gegensatz zu den meisten Pflanzenfetten enthalten sie geringere Anteile an mehrfach ungesättigten Fettsäuren und dafür mehr gesättigte Vertreter. Als typische ungesättigte Fettsäure ist in diesen Fetten — im Gegensatz zu Pflanzenfetten — Arachidonsäure in Mengen von 0,1 bis 0,7% anwesend, was zum Nachweis von Tierfetten ausgenutzt werden kann.

Schweineschmalz

Schweineschmalz wird überwiegend aus den Bauchwandfettgeweben (Flomen, Liesen) gewonnen, während das Rückenfett meist als Speck verzehrt wird. Die Konsistenz und damit die Fettsäurezusammensetzung von Schweineschmalz ist — wie bei allen tierischen Depotfetten von Monogastriden — relativ stark fütterungsbedingt. Bei Verwendung von Mais oder Soja als Mastfutter steigt der Gehalt an ungesättigten Fettsäuren im Depotfett (Zunahme der Iodzahl bis zu 15 Einheiten).

Nach Art der Gewinnung, Güteklasse und Herkunft unterscheidet man: *Roh-, Dampf-, Neutral-, Liesen-, Braten-* und *Griebenschmalz* sowie *deutsches, chinesisches, amerikanisches Schmalz* usw.

Rindertalg

Beim Rindertalg wird unterschieden zwischen dem aus frischen und ausgewählten Fettgeweben bei nicht zu hohen Temperaturen (323 bis 328 K; 50 bis 55 °C) ausgeschmolzenen *Feintalg* (premier jus) und dem *einfachen Speisetalg,* der aus weniger ausgesuchten Teilen gewonnen wird. Typisch für Rinderfett ist das Vorkommen von trans- (bis 10%), verzweigten (bis 3%) und ungeradzahligen (bis 2%) Fettsäuren.

Tabelle 7.1. Kenndaten von Landtierfetten

Tierart	Smp.		$n_D^{40°}$	Verseifungszahl	Iodzahl
	(K)	(°C)			
Schwein	300—313	27—40	1,456—1,462	190—200	45—70
Rind	313—323	40—50	1,455—1,460	190—200	35—50
Hammel	318—328	45—55	1,453—1,458	190—200	30—45
Ziege	318—328	45—55	1,455—1,460	190—200	30—35
Pferd	303—313	30—40	1,460—1,465	195—205	70—90
Gans	298—308	25—35	1,460—1,463	190—200	60—80
Huhn	298—313	25—40	1,460—1,462	195—200	60—75

(Die Menge an unverseifbaren Stoffen liegt bei allen Landtierfetten zwischen 0,2—0,8%.)

Von den Landtierfetten werden — abgesehen von der küchenmäßigen Verwendung — zumeist nur Rindertalg und Schweineschmalz in der Lebensmittelindustrie teilweise direkt als Brat- und Backfett bzw. für die Margarineproduktion und teilweise erst nach technologischer Weiterverarbeitung (Fraktionierung, Umesterung usw.) genutzt (s. II; 7.4.4.3.). Nicht unbeträchtliche Mengen werden auch für technische Zwecke verwendet.

Tabelle 7.2. Fettsäurezusammensetzung von Landtierfetten (m-%)

	C-Atomzahl						
Tierart	14	16	16 : 1	18	18 : 1	18 : 2	18 : 3
Schwein	1–2	25–30	1–3	8–15	45–55	3–10	0,5–2,5
Rind	3–5	25–35	0,5–2,5	15–30	30–40	1–3	1
Hammel	3–5	25–35	0,5–2	18–35	30–40	1–3	1
Ziege	1–3	30–40	1–2	20–35	30–40	1–2	1
Pferd	2–5	20–30	1–2	5–10	35–50	12–25	3–8
Gans	1	20–25	1–3	5–8	40–55	10–15	2–6
Huhn	1	15–20	2–4	5–8	40–50	20–25	1–3

Aus ernährungsphysiologischer Sicht werden Schweineschmalz und Rindertalg als nicht besonders hochwertig eingeschätzt, da sie einerseits relativ große Mengen (~ 50%) gesättigter Fettsäuren und nur wenig Linolsäure (~ 5%) sowie wenig Tocopherol (5 bis 30 mg/kg) enthalten. Hinzu kommt, daß in diesen Fetten 0,07 bis 0,15% Cholesterol vorhanden ist.

Handelsübliche Landtierfette sollten Säurezahlen unter 1, Peroxidzahlen (mmol O_2 pro kg) unter 5 und Wassergehalte unter 0,3% haben.

7.2.2. *Milchfette*

Praktisch spielt für die menschliche Ernährung nur die Kuhbutter eine Rolle, die als *Sauerrahmbutter* (aus gereiftem, gesäuertem Rahm) oder als *Süßrahmbutter* (aus gereiftem, aber nicht gesäuertem Rahm) in den Handel kommt.

Unter Butter versteht man das aus Kuhmilch gewonnene, sich in starrer Emulsion (Wasser-in-Öl-Emulsion) befindende Milchfett, das neben einer bestimmten Menge Wasser und Kochsalz noch Reste der ursprünglichen Milchbestandteile (Milchzucker 0,4 bis 0,8%, Eiweiß 0,4 bis 0,8%, Mineralstoffe ~ 0,1%) enthält, wobei Wassergehalt (meist zwischen 20 und 25%) bzw. Fettgehalt (meist zwischen 75 und 80%) gesetzlich festgelegt sind. Butter eignet sich gut als Streich-, Koch-, Back- und Bratfett. Sie wird wegen ihres angenehmen Geruches und Geschmackes besonders geschätzt. Charakteristisch für ihre Fettsäurezusammensetzung ist gegenüber den Depotfetten das Auftreten größerer Mengen an Fettsäuren mit 4 bis 14 C-Atomen. Außerdem enthält Butter — analog wie Rindertalg — ungeradzahlige, verzweigte und trans-Fettsäuren. Das typische Butteraroma wird in erster Linie durch Diacetyl (Butan-2,3-dion) bedingt, das in Sauerrahmbutter bis zu 4 mg/kg und in Süßrahmbutter bis zu 0,5 mg/kg vorkommt. Außerdem sind am Butteraroma u. a. beteiligt: Acetoin (3-Hydroxy-butan-2-on), Ethylformiat, Butanol, Butan-2-on, Methylsulfid, Pentan-2-on und aliphatische Lactone der Kettenlänge C_8—C_{16}.

Infolge ihres hohen Wassergehaltes, verbunden mit dem Vorliegen geringer Phosphatid-, Eiweiß- und Kohlenhydratanteile, ist Butter ein guter Nährboden für Mikroorganismen, so daß enzymatisch-mikrobielle Prozesse des Fettverderbs, wie Hydrolyse, Bildung von Alkan-2-onen usw., leicht ablaufen können. Ebenso finden reine

Tabelle 7.3. Kenndaten von Butterfett

Erstarrungspunkt	= K 288 – 298	Vitamin A	= 4 – 14 mg/kg
	°C 15 – 25		
Verseifungszahl	= 220 – 235	Caroten	= 4 – 9 mg/kg
Iodzahl	= 20 – 35	Vitamin D	= 3 – 40 µg/kg
		Vitamin E	= 20 – 35 mg/kg
		Cholesterol	= 0,2 – 0,3%
		Phospholipide	= 0,2 – 0,5%

Tabelle 7.4. Fettsäurezusammensetzung von Milchfett (m-%)

C-Atomzahl		C-Atomzahl	
C_4	2,5–4,0	C_{16}	20 –35
C_6	1,5–2,5	$C_{16:1}$	1,5–2,5
C_8	1,0–1,5	C_{18}	10 –15
C_{10}	2,5–3,5	$C_{18:1}$	25 –35
C_{12}	2,5–4,0	$C_{18:2}$	2,5–4,0
C_{14}	7–13	$C_{18:3}$	0,2–1,0
ungeradzahlige gesättigte Fettsäuren		(C_5–C_{23})	ca. 2,5
ungeradzahlige ungesättigte Fettsäuren		(C_{15}–C_{23})	ca. 0,7
gesättigte Fettsäuren		(C_{20}–C_{26})	ca. 0,7
ungesättigte Fettsäuren		(C_{20}–C_{22})	ca. 0,7
verzweigte Fettsäuren			ca. 1,5

(Im Milchfett sind bisher über 60 verschiedene Fettsäuren nachgewiesen und bestimmt worden. In Tab. 7.4 sind aber nur die Vertreter einzeln aufgeführt, die mehr als 1% der Gesamtfettsäuren ausmachen.)

Autoxydationsvorgänge statt. Geruchs- und Geschmacksabweichungen bei Butter können aber auch durch Futterbestandteile, entgleiste Rahmreifung, Aufnahme von Fremdgerüchen u. a. zustande kommen. Bestimmte Mikroorganismen bedingen auch gelbe, rote, grüne oder schwarze Verfärbungen. Alle diese Fehler können durch Auswahl einwandfreier Milch sowie optimale Verfahrensweise bei der Herstellung und Lagerung vermieden werden.

Butterschmalz (Fettgehalt ~ 99%), das durch Ausschmelzen von Butter gewonnen wird und nur noch Spuren von Wasser, Kohlenhydrat und Eiweiß enthält, ist in jedem Fall besser und länger haltbar als Butter.

Butter enhält gegenüber Pflanzenölen relativ große Mengen an gesättigten Fettsäuren, verhältnismäßig wenig Linolsäure (~ 3%) und wenig Tocopherol (~ 30 mg/kg), dafür aber größere Anteile an Caroten sowie Vitamin A (~ 10 mg/kg).

Zum Nachweis von Butterfett ist es häufig ausreichend, die Verseifungs- bzw. Buttersäurezahl zu bestimmen. Eindeutige Ergebnisse liefert die gaschromatographische Bestimmung der Fettsäurezusammensetzung.

Produktionszahlen für Butter s. Tab. 27.18.

7.3. Seetierfette

Als Fettlieferanten kommen die im Meer lebenden Säugetiere (insbesondere Wale und Robben) sowie die Fische in Betracht. Zusätzlich kann noch jeweils zwischen Körper- und Leberfett unterschieden werden.

Wal- und Robbenöle

Wal- und Robbenöle weichen in ihrer Zusammensetzung erheblich von den Körperfetten der Landsäugetiere ab; sie haben mehr Ähnlichkeit mit den Fischölen. Auf Grund ihres relativ hohen Gehaltes an mehrfach ungesättigten Fettsäuren verderben sie schnell und sind deshalb unmittelbar als Speiseöl nicht geeignet. In hydrierter Form — hierdurch wird die Oxydationsanfälligkeit reduziert und der Schmelzpunkt steigt — können sie u. a. als Margarinekomponente verwendet werden. Die Fettsäurezusammensetzung von Wal- und Robbenölen ist sehr ähnlich.

Fischöle

Fischöle sind meist noch stärker ungesättigt als Wal- und Robbenöle. Für ihre Verwendung gelten die gleichen Bedingungen wie dort. Es sind vor allem die Körperöle von Fischen aus der Familie der Clupeidae (*Hering, Sardine, Menhaden, Pilchard* und *Anchovis*), die für die Fettgewinnung herangezogen werden.

Leberöle

Die Leberöle — bei Fischen ist die Leber vielfach ein Fettspeicherorgan — verdanken ihre therapeutische Bedeutung ihrem relativ hohen Gehalt an Vitamin A und Vitamin D, der aber innerhalb recht weiter Grenzen schwankt und von Herkunft sowie Art und Gewinnung abhängig ist. Bei der Aufarbeitung der Lebern muß der großen Instabilität der Vitamine gegenüber äußeren Einflüssen Rechnung getragen werden. Für die Leberölgewinnung kommen insbesondere in Betracht *Dorsch* oder *Kabeljau* sowie *Schellfisch* und *Heilbutt.*

Tabelle 7.5. Kenndaten von Seetierfetten

	Wale und Robben	Fischkörperöle (Clupeidae)	Leberöle (Gadusarten)
Verseifungszahl	185—200	185—190	180—200
Iodzahl	100—140	120—180	150—180
Unverseifbares (%)	0,5—2,0	0,8—1,5	0,5—1,5

Tabelle 7.6. Fettsäurezusammensetzung von Seetierfetten (m-%)

Gesättigte Fettsäuren (C_{14}—C_{18})	12—30
Fettsäuren mit einer Doppelbindung	35—65
Fettsäuren mit zwei Doppelbindungen	1— 3
Fettsäuren mit drei Doppelbindungen	1— 3
Fettsäuren mit vier Doppelbindungen	1— 4
Fettsäuren mit fünf Doppelbindungen	4—20
Fettsäuren mit sechs Doppelbindungen	3—15
Fettsäuren mit 20 und mehr C-Atomen	20—55

Die Fettsäurezusammensetzung von Seetierfetten ist sehr großen Schwankungen unterworfen. Zur Orientierung können die in Tab. 7.6 angegebenen Richtwerte gelten.

Zum Nachweis von Seetierfetten kann die Unlöslichkeit der Bromadditionsprodukte der vier- und mehrfach ungesättigten Fettsäuren in Chloroform/Eisessig bzw. das Vorkommen größerer Mengen an Fettsäuren mit 20 und mehr C-Atomen ausgenutzt werden.

7.4. Pflanzenfette

Die Pflanzenfette werden in Fruchtfleisch- und Samenfette eingeteilt, wobei sich eine zusätzliche Untergliederung der Samenfette in feste und flüssige in der Praxis als günstig erwiesen hat. Pflanzenfette zeichnen sich gegenüber Tierfetten dadurch aus, daß sie Cholesterol (s. I; 3.1.3.) praktisch nicht bzw. nur vereinzelt in Spuren enthalten und — wenn man von den festen Samenfetten absieht — im allgemeinen weitaus größere Mengen an Linolsäure (10—65%) und Tocopherol (meist 500—1000 mg/kg) aufweisen, wobei parallel mit dem Anstieg des Linolsäuregehaltes meist auch ein Anstieg des Tocopherolgehaltes zu verzeichnen ist.

Einteilung der wichtigsten pflanzlichen Nahrungsfette

Fruchtfleischfette	*Samenfette*	
	a) Feste Fette	b) Flüssige Fette
Olivenöl	Cocosfett	Baumwollöl
Palmöl	Palmkernfett	Erdnußöl
	Kakaobutter	Leinöl
		Raps(Rüb)öl
		Sesamöl
		Sojaöl
		Sonnenblumenöl

In diese Einteilung sind nur jene Fette aufgenommen, deren Produktionsmenge im Weltmaßstab mehr als 1% ausmacht.

7.4.1. *Fruchtfleischfette*

Olivenöl

Olivenöl wird aus dem Fleisch (15 bis 50% Fett) der kirschenähnlichen Früchte des Ölbaumes (Hauptanbaugebiete sind die Anliegerstaaten des Mittelmeeres) durch Abpressen gewonnen. Die besten Qualitäten werden durch Kaltpressung erhalten (Jungfernöl, Vierge- und Courante-Sorten) und sind direkt als Speiseöl verwendbar, während die durch Pressung bei höheren Temperaturen gewonnenen Produkte (Baumöl, Lampantöl) partiell raffiniert werden. Die durch Extraktion mit Fettlösungsmitteln aus den Preßrückständen gewonnenen Erzeugnisse (Tresteröle, Sansaöle) sind praktisch nur noch für technische Zwecke einsetzbar.

Olivenöl ist gelbgrün (Chlorophyll), relativ dickflüssig, angenehm im Geruch und Geschmack (schwach süßlich) und auf Grund seiner Fettsäurezusammensetzung verhältnismäßig gut haltbar (keine Linolensäure und relativ wenig Linolsäure!). Auffallend ist der sehr hohe Squalengehalt (0,1 bis 0,6%).

Palmöl

Aus den Früchten der insbesondere in Westafrika, aber auch in Ostasien und Lateinamerika wachsenden Ölpalme wird einerseits aus dem Fruchtfleisch (30 bis 50% Fett) das in der Konsistenz schmalzartige Palmöl und andererseits aus dem Samen (40 bis 50% Fett) das feste Palmkernfett gewonnen.

Das orange-rote Palmöl enthält 0,05 bis 0,2% Carotenoide und ist bei der Herstellung von Speisefetten vielfältig einsetzbar.

Tabelle 7.7. Kenndaten und Fettsäurezusammensetzung von Oliven- und Palmöl

	Olivenöl	Palmöl
Erstarrungspunkt (K)	265–273	303–309
(°C)	−8–0	30–36
Verseifungszahl	185–195	195–200
Iodzahl	75–90	40–60
Unverseifbares (%)	0,5–1,5	0,4–1,0
(C-Atomzahl)	Fettsäuren (m-%)	
14	bis 1	bis 2
16	9–15	35–45
16:1	bis 2	bis 1
18	1–3	4–6
18:1	65–85	35–50
18:2	5–15	7–15

7.4.2. *Feste Samenfette*

Cocos- und Palmkernfett

Cocosfett wird aus dem Kernfleisch der Cocosnuß, der Steinfrucht der Cocospalme, das im getrockneten Zustand Kopra (50 bis 70% Fett) heißt, gewonnen. Cocospalmen wachsen bevorzugt in allen tropischen Küstengebieten. Das aus frischem Kernfleisch gewonnene Fett enthält nur geringe Mengen (maximal 0,3%) freie Fettsäuren, während in dem aus Kopra hergestellten Produkt meist 5 bis 10% freie Fettsäuren neben nicht unerheblichen Mengen an Methylketonen vorhanden sind, so daß eine Raffination erforderlich ist. Cocosfett enthält ebenso wie Palmkernfett etwa 60% an kurz-

und mittelkettigen Fettsäuren (C_6-C_{12}). Hieraus resultiert die hohe Anfälligkeit gegen hydrolytische Einflüsse und die Bereitschaft, leicht Methylketone zu bilden (s. I; 3.7.2.).

Cocosfett wird sowohl als Koch-, Brat- und Backfett sowie als Margarinegrundstoff und in der Süßwarenindustrie verwendet.

Palmkernfett ist dem Cocosfett sehr ähnlich und wird daher in gleicher Weise verwendet.

Kakaobutter

Kakaobutter ist das aus dem Samen (50 bis 55% Fett) des tropischen Kakaobaumes durch Pressung gewonnene Fett. Die charakteristische Eigenschaft der Kakaobutter ist, unterhalb des Erweichungspunktes (Schmelzpunkt 305 bis 309 K = 32 bis 36 °C) ohne zu schmieren hart und spröde zu bleiben und im Mund mit deutlich kühlendem Geschmack zu schmelzen. Dieser Effekt (bedingt durch die Glyceridstruktur) wird von keinem anderen Fett in diesem Ausmaß erreicht und ist für die Herstellung von Schokolade und Schokoladenerzeugnissen von wesentlicher Bedeutung (s. II; 21.). Vermutlich wird das Schmelzverhalten der Kakaobutter durch ihre typische Glyceridstruktur (etwa 80% 1,3-digesättigte-2-monoungesättigte, maximal 1% 1,2-digesättigte-3-monoungesättigte, etwa 15% 1,2-diungesättigte-3-gesättigte, neben geringen Mengen 1,2,3-trigesättigte bzw. ungesättigte Triglyceride) bedingt.

Tabelle 7.8. Kenndaten und Fettsäurezusammensetzung der wichtigsten festen Samenfette

	Cocosfett	Palmkernfett	Kakaobutter
Erstarrungspunkt (K)	293–298	293–298	295–299
(°C)	20–25	20–25	22–26
Verseifungszahl	250–265	245–255	190–200
Iodzahl	7–10	12–17	35–40
Unverseifbares (%)	0,1–0,6	0,2–0,7	0,2–0,5
(C-Atomzahl)	Fettsäuren (m-%)		
C_6	bis 1	bis 0,5	—
C_8	7–10	3–5	—
C_{10}	4–10	3–6	—
C_{12}	40–50	45–55	—
C_{14}	15–20	15–20	bis 0,2
C_{16}	8–10	7–9	20–30
C_{18}	1–3	1–3	30–40
$C_{18:1}$	5–8	12–17	30–40
$C_{18:2}$	1–3	1–3	2–4

7.4.3. *Flüssige Samenfette*

Über die wichtigsten ölliefernden Pflanzensamen und deren Kenndaten sowie über die Fettsäurezusammensetzung der daraus gewonnenen Öle informieren Tab. 7.9 und Tab. 7.10.

Tabelle 7.9. Die wichtigsten ölliefernden Pflanzensamen

Samen	Fettgehalt (%)	Hauptanbaugebiete	Verwendung
Baumwollsaat	20–30	UdSSR, USA, China, Indien, Brasilien	Speiseöl, Hartfett, Margarine usw.
Erdnüsse	45–50	China, Afrika, Mittelamerika, Argentinien	Speiseöl, Hartfett, Margarine usw.
Leinsaat	30–40	alle gemäßigten Zonen	Lack- und Farbenindustrie, z. T. auch Speiseöl
Rapssaat	30–40	Nord-, Ost- und Mitteleuropa, Kanada	Speiseöl, Hartfett, Margarine usw.
Sesamsaat	45–55	Indien, China	Speiseöl in Erzeugerländern
Sojabohne	17–23	USA, China	meist hydriert, Margarine usw.
Sonnenblumensamen	30–35	UdSSR, Balkan	Speiseöl, seltener Hartfett, Margarine usw.

Hauptbestandteil des *Rapsöles* ist die Erucasäure (s. I; 3.2.1.1.). Rapsöl hat in Tierversuchen eine pathophysiologische Wirkung gezeigt. Beim Menschen sind Schäden durch den Verzehr von Rapsöl bisher nicht nachgewiesen worden. Inzwischen ist es gelungen, erucasäurefreie Rapssorten zu züchten (s. Tab. 7.10).

Als weitere Samenöle, die im Weltmaßstab zwar ohne Bedeutung, regional aber von Interesse sind, seien aufgeführt: *Getreide-*, *Haselnuß-*, *Kapok-*, *Kürbiskern-*, *Nigersaat-*, *Mandel-*, *Mohn-*, *Olivenkern-*, *Perilla-*, *Saflor-*, *Senf-*, *Teesamen-*, *Tomaten-*, *Traubenkern-* und *Walnußöl.*

Zu den nicht genießbaren Ölen, die aber im technischen Sektor eingesetzt werden, zählen: *Oiticica-*, *Ricinus-* und *Tungöl* (*Holzöl*).

7.4.4. *Einfluß der Raffination auf Pflanzenfette*

Im Gegensatz zu den tierischen Fetten werden die meisten Pflanzenfette einer Raffination unterzogen, um unerwünschte Geruchs- und Geschmacksstoffe, Farbstoffe, toxische Substanzen sowie prooxydative Verbindungen zu entfernen und eine gute Lagerstabilität bei hoher sensorischer Qualität zu garantieren. Zwangsläufig werden aber auch einige wertbestimmende Fettbegleitstoffe (natürliche Antioxydantien, Carotene usw.) bei der Raffination partiell mitentfernt.

Die Raffination – unabhängig davon, ob sie periodisch oder kontinuierlich bzw. in einer Miscella durchgeführt wird – gliedert sich in 4 Hauptprozesse (s. Tab. 7.11).

Tabelle 7.11. Prozeßparameter für eine diskontinuierliche Raffination (Beispiel)

Raffinationsstufe	Temperatur (K)	Temperatur (°C)	Zeit (h)	Raffinationshilfsstoffe
1. Entschleimung	363	90	1,5	0,1% Phosphorsäure
2. Entsäuerung	363	90	8	8%ige Natronlauge
3. Bleichung	363	90	1	1% Bleicherde
4. Desodorierung	493	220	1,5	50 mg/kg Citronensäure

Tabelle 7.10. Kenndaten und Fettsäurezusammensetzung der wichtigsten flüssigen Samenfette

		Baumwoll-saatöl	Erdnußöl	Leinöl	Rapsöl	Rapsöl[1]	Sojaöl	Sonnen-blumenöl	Sesam-öl
Erstarrungs-	(K)	273–278	269–271	<258	270–273	—	258–263	253–263	267–270
punkt	(°C)	0 bis +5	–4 bis –2	< –15	–3 bis 0	—	–15 bis –10	–20 bis –10	–6 bis –3
Verseifungs-zahl		190–200	185–195	190–195	170–180	185–195	190–195	185–195	185–195
Iodzahl		100–120	100–110	170–195	95–105	105–120	120–140	115–140	100–120
(Unverseifbare Stoffe bei allen flüssigen Samenfetten = 0,5–1,5%)									
C-Atomzahl		Fettsäuren (m-%)							
16		15–30	7–15	4– 7	2– 6	3– 5	4–12	4–10	7–12
16:1		0,5–1,5	—	—	0,5–2,5	0,5–2,5	bis 0,5	—	bis 0,5
18		2– 6	2– 6	2– 5	1– 3	1– 3	2– 5	2– 6	4– 6
18:1		20–25	40–60	15–20	12–20	55–65	20–30	20–30	35–50
18:2		45–55	25–35	15–20	10–20	20–30	50–57	55–65	35–50
18:3		bis 1	bis 1	45–55	5–10	7–12	4–9	—	—
20		bis 1	1– 2	bis 1	bis 1	—	bis 1	bis 1	bis 1
20:1		—	1– 2	—	8–13	bis 1	bis 1	—	bis 0,5
22		—	3– 6	—	—	—	bis 0,5	—	—
22:1		—	—	—	35–45	—	—	—	—

[1]) erucasäurefrei

Tabelle 7.12 zeigt am Beispiel von Rapsöl, welche Veränderungen an bestimmten Fettinhaltsstoffen, die für die sensorische Qualität und Lagerstabilität mitverantwortlich sind, während der Raffination eintreten.

Tabelle 7.12. Veränderungen von Rapsölinhaltsstoffen während der Raffination (Beispiel)

Inhaltsstoff	Raffinationsstufe				
	roh	entschleimt	entsäuert	gebleicht	desodoriert
Freie Fettsäuren (%)	0,88	–	0,07	0,07	0,06
Carotenoidfarbstoffe (mg/kg)	40	30	28	0,5	0,3
Chlorophyllfarbstoffe (mg/kg)	19	18	13	0	0
Tocopherole (mg/kg)	617	585	493	440	411
Polymere Fettsäuren (%)	0,39	0,39	0,36	0,36	0,49
Phosphor (mg/kg)	130	45	3,5	2,0	2,0
Schwefel (mg/kg)	20	15	7,2	6,2	1,1
Kupfer (mg/kg)	0,24	0,11	0,06	0,02	0,01
Eisen (mg/kg)	2,9	1,6	1,2	0,2	0,03
Carbonyle (mg/kg) (ber. als Heptanal)	76	262	80	104	80
Epoxyfettsäuren (%)	0,09	0,02	0,02	0,02	0,01
Peroxidzahl (mmol O_2/kg)	5,6	2,0	3,8	2,8	0,8

Aus Tab. 7.12 geht hervor, daß bei der Raffination alle die Qualität negativ beeinflussenden Stoffe (freie Fettsäuren, Chlorophyll, Phosphor, Schwefel, Kupfer, Eisen, Epoxide und Peroxide) reduziert werden, daß aber auch die Menge an wertbestimmenden Stoffen wie Tocopherol und Carotenoide, abnimmt. Der Anstieg im Carbonylgehalt während der Entschleimung bzw. der Bleichung ist auf Peroxidzersetzungen durch die zugesetzte Phosphorsäure bzw. die saure Bleicherde zurüchzuführen (s. I; 3.7.). Die Zunahme an polymeren Fettsäuren während der Desodorierung resultiert aus den dabei angewendeten Temperaturen.

7.5. Mikrobenfette

Bei der mikrobiellen Eiweißsynthese – bevorzugt werden *Hefen* und *Bakterien* eingesetzt – fallen neben 40 bis 80% Rohprotein (in der Trockensubstanz) etwa 5 bis 15% Lipide an, wobei die Zusammensetzung der Lipide nach Klassen sowie Art und Menge der Fettsäuren gegenüber herkömmlichen Nahrungsfetten nicht unerhebliche Unterschiede aufweist (s. Tab. 7.13).

Tabelle 7.13. Zusammensetzung von Hefe- und Bakterienfetten im Vergleich zu Schweineschmalz

		Hefefett	Bakterienfett	Schmalz
Freie Fettsäuren	(%)	3–30	1–70	0,1–1
Triglyceride	(%)	15–45	2–25	98–99
Partialglyceride	(%)	1–15	1–10	unter 1
Phosphatide	(%)	15–45	30–60	unter 1
Glycolipide	(%)	2– 8	2–15	–
Unverseifbares	(%)	5–15	5–30	0,5–1

Generell ist festzustellen, daß die Zusammensetzung der Mikrobenfette in Abhängigkeit von ihrer Art und dem verwendeten Nährsubstrat sehr großen Schwankungen unterliegt. Im Hinblick auf die Fettsäurezusammensetzung ähneln die Hefefette etwas den Pflanzenölen. Bei Bakterienfetten treten aber erhebliche Abweichungen insofern auf, als *verzweigte* (bis 80%), *cyclische* (bis 30%), *ungeradzahlige* (bis 20%) und *Hydroxyfettsäuren* (bis 50%) vorliegen können, die in natürlichen Nahrungsfetten in diesem Ausmaße nicht vorkommen. Hieraus resultieren — sicher zu Recht — mit die Vorbehalte gegenüber Bakterienfetten.

7.6. Synthetische Fette

Synthetische Fette sind Triglyceride, die durch Veresterung von synthetischen Fettsäuren mit Glycerol hergestellt werden. Als Ausgangsmaterial dient überwiegend *TTH-Paraffin* (Tieftemperatur-Hydrierungsparaffin der Braunkohlenschwelung), *Paraffingatsch* der FISCHER-TROPSCH-Synthese und in jüngster Zeit *n-Erdölparaffine*, die man bei der Extraktion von kristallinen Harnstoffaddukten aus geeigneten Mineralölen oder bei Verwendung von Molsieben erhält.

Die Paraffine werden katalytisch bei 373 bis 413 K (100 bis 140 °C) mit Luftsauerstoff zu Fettsäuren oxydiert, von unerwünschten Nebenprodukten (Dicarbonsäuren, Hydroxysäuren, Oxosäuren, Alkoholen usw.) befreit und fraktioniert destilliert. Im Gegensatz zu den natürlichen Fettsäuren sind die aus der Paraffinoxydation stammenden Produkte nur gesättigt und zu etwa gleichen Teilen gerad- und ungeradzahlig. Ernährungsphysiologische Bedenken gegen die ungeradzahligen Fettsäuren bestehen nicht, da sie im Organismus gleichermaßen wie geradzahlige verwertet werden.

Durch Einsatz von Paraffinen bestimmter Siedegrenzen und Feinfraktionierung der Finalprodukte ist es möglich, gezielt bestimmte Fettsäuren (z. B. mittelkettige) herzustellen. Da der Fettsäurebedarf für die verschiedensten technischen Zwecke — das betrifft besonders den Bedarf an Fettsäuren bestimmter Kettenlängenbereiche — durch natürliche Fettsäuren allein nicht in befriedigendem Umfang gedeckt werden kann, gewinnen die synthetischen Fettsäuren immer mehr an Bedeutung, zumal sie sich z. T. billiger als natürliche Fettsäuren und beim heutigen Stand der Technik auch mit dem gleichen Reinheitsgrad herstellen lassen.

Die synthetischen Fettsäuren können anschließend mit Glycerol zu Tri- bzw. Partialglyceriden verestert werden. Für die menschliche Ernährung spielen solche Fette aber derzeit keine Rolle.

7.7. Künstlich veränderte Fette

Viele natürliche Fette entsprechen in ihren chemischen, physikalischen oder ernährungsphysiologischen Eigenschaften mitunter nicht dem in Aussicht genommenen speziellen Verwendungszweck in optimaler Weise, so daß durch verschiedene technologische Verfahren — insbesondere Fraktionierung, Umesterung und Hydrierung — versucht wird, deren Eigenschaften zu verbessern.

7.7.1. Fraktionierte Fette und Fettmischungen

Durch *fraktionierte Kristallisation* von Fetten gelingt es, Chargen mit unterschiedlichen chemischen, physikalischen und ernährungsphysiologischen Eigenschaften zu gewinnen. Diese Fraktionierungen werden überwiegend direkt mit den Fetten, seltener in Lösungsmitteln (Aceton, Hexan, Propan-2-ol) vorgenommen.

Bestimmte Fraktionen von Rindertalg (Preßtalg; Oleomargarin) und Schweineschmalz werden z. B. bei der Herstellung von Backfetten und Margarine eingesetzt. Die festen Fraktionen von Cocos- und Palmkernfett (Cocos- bzw. Palmkernstearin) bzw. Palmöl und hydrierten Fetten können u. a. für Überzugsmassen und die Produktion von Kakaobutterersatzfetten herangezogen werden.

Ein Spezialfall der Fraktionierung ist die „*Winterisierung*" von Speiseölen. Einige pflanzliche Öle (z. B. Baumwollsaat- und Sonnenblumenöl) sind nicht kältebeständig, d. h. bei längerer Aufbewahrung scheiden sie bei etwa 277 K (4 °C) feste Bestandteile (Wachse, Glyceride usw.) ab. Um dies zu verhindern, werden solche Fette industriell abgekühlt und danach blank filtriert.

Durch *Mischen* verschiedener Fette ist es häufig möglich, Produkte mit bestimmten Eigenschaften zu erhalten (z. B. Margarinefette, Back- und Bratfette, Kakaobutterersatzfette usw.) oder Ausgangskompositionen für eine weitere technologische Bearbeitung zu gewinnen.

7.7.2. *Umgeesterte Fette und reveresterte Fette*

Bei der Umesterung reagieren die natürlichen Fette (interesterification, ester interchange) unter intra- und intermolekularem Acylaustausch. Vereinfacht dargestellt ergeben sich folgende Möglichkeiten:

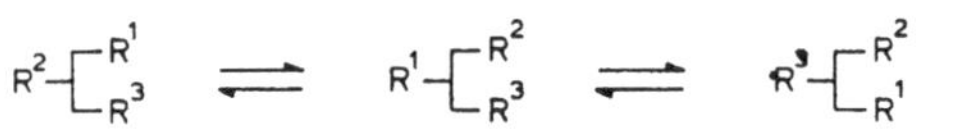
(1)

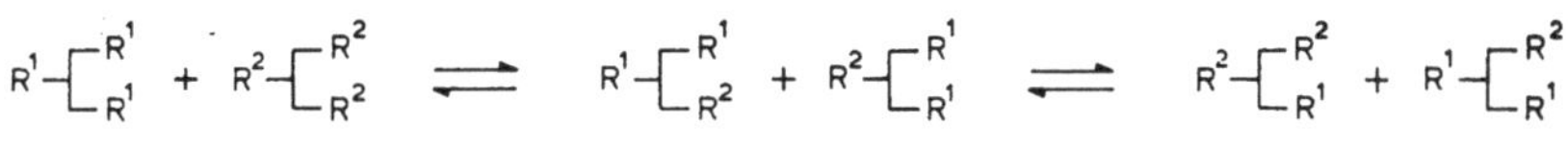
(2)

Das erste Schema (1) zeigt die intramolekulare Umesterung eines dreisäurigen Triglycerids, das zweite Schema (2) die intermolekulare Umesterung von zwei einsäurigen Triglyceriden. In natürlichen Fetten sind die Reaktionsmöglichkeiten um ein Vielfaches größer, da hier verschiedene ein-, zwei- und dreisäurige Triglyceride nebeneinander vorliegen.

Die Umesterung wird durch alkalische Katalysatoren beschleunigt und kann bei relativ niedrigen Temperaturen (343 bis 373 K = 70 bis 100 °C) durchgeführt werden. Als Katalysatoren werden vorzugsweise Alkalialkoholate und Alkalimetalle in Konzentrationen von 0,03 bis 1% eingesetzt.

Durch die Umesterung tritt eine Neuverteilung der Fettsäuren in den Fetten nach den Gesetzen der Wahrscheinlichkeit (random distribution) (s. I; 3.2.1.3.) ein. Umgeesterte Fette und umgeesterte Gemische von Fetten weisen daher im allgemeinen ganz andere physikalische Eigenschaften auf (Schmelzpunkt, plastisches Verhalten usw.) als die Ausgangsfette. Diese Veränderungen sind um so größer, je mehr die Fett-

säureverteilung des Ausgangsfettes bzw. -fettgemisches von der statistischen Verteilung der Fettsäuren entfernt war.
In der Praxis unterscheidet man folgende Reaktionen:

- Einphasige (ungelenkte) Einfettumesterungen
- Einphasige (ungelenkte) Mehrfettumesterungen
- Zweiphasige (gelenkte) Einfettumesterungen
- Zweiphasige (gelenkte) Mehrfettumesterungen

Im Gegensatz zu den ungelenkten Umesterungen wird bei den gelenkten Umesterungen während des Prozesses die Temperatur so gesenkt, daß die höherschmelzenden Triglyceride laufend auskristallisieren können und sich so ständig ein neues Gleichgewicht in der flüssigen Phase im Hinblick auf die Fettsäureverteilung einstellt. Man kann also im Endeffekt bei laufender Temperatursenkung zwei in ihrer Fettsäurezusammensetzung recht unterschiedliche Produkte (Phasen) erhalten, von denen das eine überwiegend ungesättigte und das andere überwiegend gesättigte Fettsäuren enthält.

Katalysatorgifte für die verwendeten Alkalialkoholate und Alkalimetalle sind Protonen-Donatoren wie freie Fettsäuren, Hydroperoxide und Wasser, da mit diesen Substanzen folgende Reaktionen ablaufen können:

a) $RCOOH + CH_3ONa \rightarrow CH_3OH + RCOONa$
$RCOOH + Na \rightarrow 1/2\ H_2 + RCOONa$

b) $ROOH + CH_3ONa \rightarrow CH_3OH + NaOOR$
$ROOH + Na \rightarrow 1/2\ H_2 + NaOOR$

c) $H_2O + CH_3ONa \rightarrow CH_3OH + NaOH$
$H_2O + Na \rightarrow 1/2\ H_2 + NaOH$

Als Grenzwerte für die umzuesternden Fette gelten im allgemeinen: Säurezahl $< 0{,}15$, Peroxidzahl (mmol O_2/kg) $< 1{,}5$ und Wasser $< 0{,}015\%$. Anderenfalls müssen auf Grund der voranstehenden Gleichungen die Katalysatormengen entsprechend erhöht werden.

Die Inaktivierung des Katalysators nach der Umesterung erfolgt durch Wasser- oder Säurezusatz (vorzugsweise Citronen- oder Phosphorsäure). Die dabei entstehenden Salze werden durch die anschließende Raffination restlos entfernt, ebenso wie die bei Einsatz von Natriummethylat entstandenen Fettsäuremethylester.

Naturgemäß werden in den Prozeß der Umesterung u. a. auch die freien Sterole und Tocopherole mit einbezogen, so daß umgeesterte Fette eine reduzierte Oxydationsstabilität infolge Bildung von Fettsäureestern der Tocopherole aufweisen können.

Durch die verschiedenen Möglichkeiten der Umesterung, den Einsatz ausgewählter Fette in Kombination mit anderen Methoden der Fettumformung, wie Fraktionierung und Hydrierung, lassen sich „maßgeschneiderte" (tailor made fats) Fette herstellen. Es ist daher verständlich, daß die Umesterung heute im breiten Umfang zur Herstellung von Margarinefetten, Back-, Koch- und Bratfetten, Fettglasuren, Kakaobutterersatzfetten usw. eingesetzt wird. Auch Acetoglyceride (Glyceride, die neben langkettigen Fettsäuren Essigsäure enthalten), die u. a. als Überzugsmassen von Bedeutung sind, lassen sich elegant durch Umesterung von Triacetin mit Fetten herstellen.

Aus ernährungsphysiologischer Sicht bestehen gegen die Umesterung keine Bedenken, da die Bausteine der Fette — Glycerol und Fettsäuren — nicht verändert werden.

Zu den Umesterungen zählt auch die *Alkoholyse*, bei der in einem Ester im einfachsten Fall ein Alkoholrest durch einen anderen substituiert wird.

Ein Spezialfall ist die *Glycerolyse*, die zur Herstellung von Partialglyceriden (Emulgatoren) dient. Hierbei werden Fette mit Glycerol bei Temperaturen von etwa 473 K (200 °C) bei Anwesenheit eines Katalysators (vorzugsweise Alkali- bzw. Erdalkalioxide oder -hydroxide) umgesetzt und Produkte gewonnen, die etwa 50% Mono-, 35% Di- sowie geringe Mengen Triglyceride und Glycerol enthalten.

Zur Vollständigkeit sei bei den Umesterungen noch die *Acidolyse* genannt, bei der im einfachsten Fall zwischen einem Ester und einer Säure ein Acylaustausch stattfindet.

Zum schnellen Nachweis umgeesterter Fette eignet sich die Aufnahme einer Erstarrungskurve (s. Abb. 7.1) bzw. die Differential-Thermoanalyse.

Reveresterte Fette (Esterfette) sind Produkte, die insbesondere durch Veresterung von natürlichen Fettsäuren, die bei der destillativen Entsäuerung von Fetten anfallen, mit Glycerol gewonnen werden. Praktische Bedeutung haben die Olivenesteröle, die in ihrer Fettsäurezusammensetzung mit originärem Olivenöl identisch sind, aber

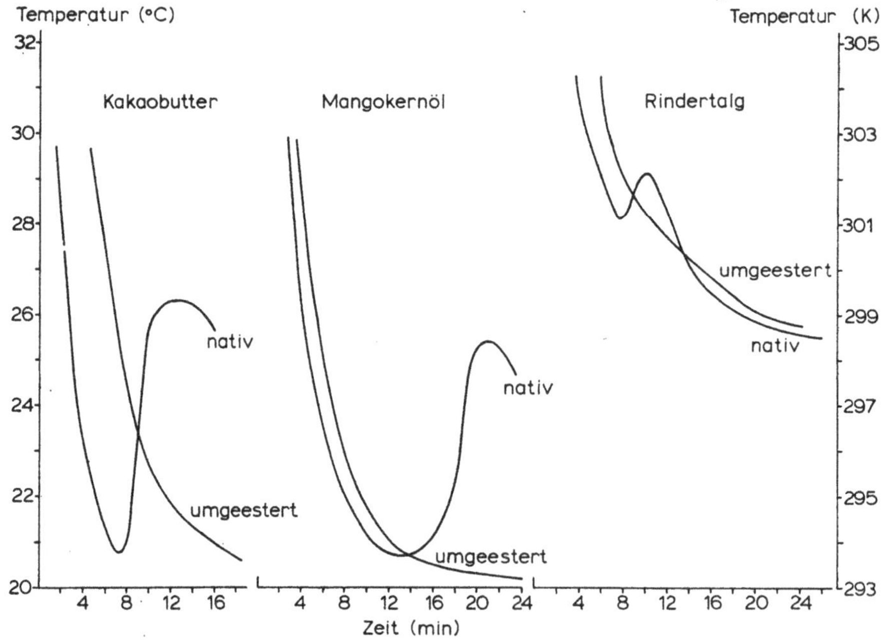

Abb. 7.1. **Erstarrungskurven von nativen und umgeesterten Fetten**

eine statistische Fettsäureverteilung aufweisen, was zum Nachweis solcher Fette ausgenutzt werden kann.

Für Diätzwecke werden Spezialfette bzw. -Margarinesorten hergestellt, die überwiegend nur mittelkettige Triglyceride (Fettsäuren C_8 und C_{10}) enthalten. Die hierfür erforderlichen Fettsäuren werden aus Cocos- bzw. Palmkernfettsäuren durch fraktionierte Destillation gewonnen. Theoretisch ist es möglich, durch Auswahl entsprechender Fettsäuren gezielt Fette mit ganz bestimmten Eigenschaften herzustellen.

Die Reveresterung von Fettsäuren kann durch Erhöhung des Anteils von Glycerol auch so gelenkt werden, daß überwiegend Partialglyceride (Mono- und Diglyceride) entstehen, die als Emulgatoren eingesetzt werden (s. I; 16.2.3.2.).

7.7.3. *Hydrierte Fette*

Bei der katalytischen Hydrierung (Härtung) von Fetten (Wasserstoffdruck etwa 0,1 bis 0,3 MPa (1 bis 3 atm) Temperatur meist von 423 auf 473 K (150 bis 200 °C) steigend) reagieren die ungesättigten Fettsäuren in verschiedener Weise, die im Endeffekt eine Erhöhung des Schmelzpunktes und damit auch der Oxydationsstabilität zur Folge hat. Hauptreaktion ist die Absättigung von Doppelbindungen. In der Praxis wird nur in Ausnahmefällen eine totale Hydrierung angestrebt (derartige Produkte haben im allgemeinen Schmelzpunkte über 323 K = 50 °C). Insbesondere bei linolensäurehaltigen Ölen, wie Soja- und Rapsöl, wird nur eine selektive partielle Hydrierung in dem Sinne gewünscht, daß die Linolensäure möglichst weitgehend reduziert und die Linolsäure möglichst nicht angegriffen wird. Bei der Hydrierung spielen sich zusätzlich Nebenreaktionen ab, wie die Bildung von Positions- und trans-Isomeren. Die Positionsisomeren entstehen durch Wanderung von Doppelbindungen bzw. partielle Hydrierung von Polyenfettsäuren.

(Z)-9-Octadecensäure → (Z)-10-Octadecensäure
(Ölsäure) (Isomeres der Ölsäure)

(Z)-9,12-Octadecadiensäure + H_2 → (Z)-12-Octadecensäure
(Linolsäure) (Isomeres der Ölsäure)

Die nach der technischen Hydrierung erhaltene Menge an trans-Isomeren schwankt gewöhnlich zwischen 30 und 70% (bezogen auf die Gesamtmenge der ungesättigten Fettsäuren). Gegen diese Raumisomeren und die genannten Positionsisomeren bestehen keine ernährungsphysiologischen Bedenken.

Die bei der Hydrierung anfallenden Hartfette werden bei etwa 263 K (90 °C) zur Entfernung des Katalysators (meist Nickel- bzw. Kupferverbindungen) filtriert und nachraffiniert. Es wird meist auf Schmelzpunkte zwischen 303 bis 318 K (30 bis 45 °C) hydriert und dabei gleichzeitig angestrebt, daß Fettsäuren mit drei und mehr Doppelbindungen im Finalprodukt nicht mehr nachweisbar sind.

Durch Hydrierung ist es möglich, Seetierfette, die auf Grund ihrer leichten Oxydierbarkeit sowie ihres unangenehmen Geruches und Geschmackes sonst nur eingeschränkt verwendbar sind, in relativ oxydationsstabile Nahrungsfette mit befriedigender sensorischer Qualität umzuwandeln.

Während Tocopherole und Sterole durch die Hydrierung praktisch nicht verändert werden, sind partielle Hydrierungen an ungesättigten Fettbegleitstoffen, wie Carotenoiden und Vitamin A, unausbleiblich. Die dabei entstehenden Folgeprodukte sind unbedenklich und werden bei der Nachraffination zum überwiegenden Teil entfernt. Bei unsachgemäßer Hydrierung kann es zur Bildung von cyclischen und polymeren Verbindungen kommen.

Hydrierte Fette werden als Koch-, Back- und Bratfett sowie bei der Margarineproduktion eingesetzt. Der Nachweis von hydrierten Fetten ist IR-spektralanalytisch (trans-Verbindungen) leicht möglich. Die Bestimmung der essentiellen Linolsäure erfolgt enzymatisch mit Lipoxydase (s. I; 3.7.2.); dabei wird das typische Oxydationsprodukt, ein cis-trans-konjugiertes Hydroperoxid, auf Grund seiner selektiven Lichtabsorption bei 234 nm erfaßt.

7.7.4. Emulgierte Fette

Margarine

Margarine, die ursprünglich als ein Austauschlebensmittel für Butter gedacht war, hat sich inzwischen zu einem Lebensmittel eigener Prägung entwickelt. Die Herstellung der ersten Margarine gelang dem Franzosen MÈGE-MOURIÉS im Jahre 1869, indem er Rindertalg aufschmolz und bei 294 bis 298 K (21 bis 25 °C) wieder erstarren ließ. Den hierbei nach Abpressen erhaltenen flüssigen Anteil (Oleomargarin) emulgierte er in Milch.

Für die Margarineproduktion werden heute Fettkompositionen aus Pflanzenölen und -fetten, hydrierten Fetten, umgeesterten Fetten, mitunter auch Tierfetten, unter Zusatz von etwa 0,5% Emulgatoren (Lecithin, Mono- und Diglyceride), geringen Mengen Aromastoffen (Diacetyl, Lactone usw.), Farbstoffen (vorzugsweise synthetisches Caroten), Stärkesirup, Citronensäure, Kochsalz, Konservierungsmitteln (Benzoe- bzw. Sorbinsäure) und Kartoffelstärke (0,2% als Indikator) eingesetzt, die in Wasser oder gesäuerter Magermilch emulgiert (Wasser-Öl-Emulsion) werden. Die Zusammensetzung der Margarine ist der Butter sehr ähnlich, sie enthält ebenfalls 80% Fett neben etwa 18% Wasser. Durch Einsatz unterschiedlicher Fettkomponenten ist man in der Lage, das Fettsäurespektrum der Margarine recht variabel zu gestalten. Im allgemeinen wird unterschieden zwischen einfachen Haushaltsmargarinen, Diätmargarinen (z. B. mit hohem Anteil an Linolsäure oder mittelkettigen Fettsäuren), Delikateßmargarinen und Margarine für gewerbliche Zwecke, wie Backmargarine und Ziehmargarine. Aus ernährungsphysiologischer Sicht ist die Margarine der Butter mindestens gleichwertig. Ihre Haltbarkeit ist im allgemeinen größer, da sie — im Gegensatz zur Butter — mit Konservierungsmitteln versetzt werden darf.

Produktionszahlen s. Tab. 27.18.

Mayonnaisen und Remouladen

Mayonnaisen sind pastöse Emulsionen (Öl-in-Wasser) aus Pflanzenölen (40 bis 80%), Eigelb, Essig, Salz, Gewürzen und gegebenenfalls Bindemitteln. *Remouladen* sind Mayonnaisen mit zerkleinerten Kräutern.

7.8. Energiearme Fette

Praktische Bedeutung haben bisher nur energiearme (kalorienarme) Margarine- und Buttersorten (Fettgehalt etwa 40%, Wassergehalt etwa 60%) erlangt, die unter Einsatz bestimmter Emulgatoren sowie einer entsprechend abgewandelten Technologie hergestellt werden können. Theoretisch ist bei wasserfreien Fetten zwar eine partielle Substitution durch unverdauliche fettähnliche Stoffe (*Pseudofette*) möglich, z. B. Glycerolether, Glyceroldicarbonsäureester, Retro-Fette (Trifettalkoholester von Propan-1,2,3-tricarbonsäure bzw. Tetraester von Butan-1,2,3,4-tetracarbonsäure) und Saccharosefettsäureester. Gegen derartige Produkte bestehen aber ernährungsphysiologische Bedenken, außerdem ist ihre Herstellung relativ kostspielig.

8. Getreide und Getreideerzeugnisse

8.1. Allgemeines

Unter Getreide versteht man im engeren Sinne die weltweit verbreiteten Kulturpflanzen einjähriger Vegetationsdauer aus der Familie der Süßgräser (Poaceae = Gramineae) bzw. deren einsamige Schließfrüchte (Karyopsen), im weiteren Sinne auch den zu den Knöterichgewächsen (Polygonaceae) gehörenden Buchweizen.

Die Getreidekörner sind von den Spelzen lose oder fest umschlossen (Spelzen und Fruchtschale sind mehr oder weniger miteinander verwachsen), so daß beim Drusch die reifen Früchte entweder unbespelzt (bei Roggen sowie bei „Nacktformen“ von Weizen, Gerste und Hafer) oder bespelzt (bei Reis und Hirse) anfallen. Die Deckspelzen mancher Getreidearten bzw. -sorten tragen Grannen (Borsten). Bespelzte Getreide werden vor der Weiterverarbeitung meist durch Schälen entspelzt.

Das reife Getreidekorn ist bei $\leqq 14\%$ Wassergehalt gut haltbar und auf Grund seiner stofflichen Zusammensetzung sowie ausgezeichneten Verwertbarkeit in Verbindung mit dem hohen Aufkommen und mengenmäßigen Verzehr für die Ernährung von Mensch und Tier (Nahrungs- bzw. Futtergetreide) die bedeutendste Energie- und Proteinquelle. So deckt derzeit die Bevölkerung ihren Nahrungsproteinverbrauch im Weltmaßstab zu etwa 20% bis über 60% und ihren Nahrungsenergieverbrauch in Europa und Nordamerika zu etwa 30%, in Südostasien und Ostafrika zu etwa 65% über den Direktverzehr von Getreideprodukten.

Weizen ist der Sammelbegriff für die zahlreichen Vertreter der Gattung Triticum. Die heute kultivierten Hauptformem gehören drei Arten (Grundreihen) an. Nach der Chromosomenanzahl unterscheidet man die diploide Einkorn- ($2n = 14$), die tetraploide Emmer- ($2n = 28$) und die hexaploide Dinkelreihe ($2n = 42$). Zum Beispiel

Tabelle 8.1. Weltgetreideproduktion (Durchschnitt 1974—1976)[1])

Getreideart	Anteil an Weltproduktion (%)	Hauptanbaugebiete
Weizen	27,1	Europa, Nord- und Südamerika, Australien, Asien
Reis	24,3	Asien
Mais	22,8	Amerika, Afrika
Gerste	12,4	Europa
Hirse	7,1	Afrika, Asien
Hafer	3,6	Australien, Nord- und Mittelamerika, Europa
Roggen	2,0	Europa
Sonstige	0,7	—

[1]) S. a. Tab. 27.4 bis 27.10

ist der Saatweizen (*T. aestivum* = *T. vulgare*), der die größte Bedeutung hat, eine hexaploide und Hartweizen (*T. durum*), der als der beste Rohstoff für die Gewinnung von Grieß und Dunst zur Teigwarenherstellung gilt, eine tetraploide Nacktform.

Beim *Roggen* gehören alle Kulturformen zu der einzigen, diploiden Art *Secale cereale*. Sogenannte Tetraroggen sind durch Colchicinbehandlung neuerdings künstlich geschaffene tetraploide Formen, die sich u. a. durch größere Körner mit höherem Proteingehalt auszeichnen.

Triticale ist eine aus Hart- oder Saatweizen und Roggen geschaffene Gattungs-Hybride, die gewisse Vorzüge beider Kreuzungspartner in sich vereint (u. a. Bodenanspruchslosigkeit, Winterfestigkeit und größerer Lysingehalt des Roggens, Ertrag und kurzes Stroh des Weizens).

Alle kultivierten *Gersten* gehören der Art *Hordeum vulgare* an. Nach der Anzahl der Kornreihen (Fertilität der Blüten) an der Ährenspindel unterscheidet man 6-, 4- und 2-zeilige Gersten. Je nach Sorte sind die Körner begrannt oder unbegrannt, bespelzt oder nackt. Sommergersten, die wegen ihres niedrigen Proteingehaltes (möglichst $< 10\%$) bevorzugt als Braugersten (s. II; 16.3.1.) genutzt werden, sind meist 2-zeilig, Wintergersten vorwiegend 6-zeilig.

Bei *Hafer* umfaßt die hexaploide Art *Avena sativa* (Saathafer) die wichtigsten Kulturformen. Durch Schälen (Entfernen der mit der Frucht nicht fest verwachsenen Vor- und Deckspelze) erhält man den weißen bis hellgelben Haferkern mit nur dünner, behaarter Fruchtschale. Nackthafer ist ähnlich wie Nacktgerste leichter zu Nährmitteln zu verarbeiten als die ertragreicheren bespelzten Formen beider Getreide.

Unter *Mais* versteht man alle Formen der Art *Zea mays*. Sie lassen sich nach Farbe, Gestalt und Größe der Körner sowie der Beschaffenheit des Endosperms in mehrere Sortengruppen mit unterschiedlichen klimatischen Ansprüchen ordnen, u. a. in Hart-, Weich-(Stärke-), Zahn-, Spitz-, Wachsmais und den als Gemüse geschätzten Zucker-(Süß-)Mais. Mit der Hybride Opaque-2 steht heute eine (Hart-)Maisvarietät zur Verfügung, die sich gegenüber bisherigen Varietäten durch einen hohen Lysingehalt und einen höheren Tryptophangehalt auszeichnet.

Der kultivierte *Reis* gehört zur Art *Oryza sativa*; die über 10000 Varietäten werden in den drei Unterarten *indica* (Langkornreis), *japonica* (Rundkornreis) und *javanica* (Mittelkornreis) zusammengefaßt. Nach der Mehlkörperstruktur unterscheidet man weiterhin zwischen glasigem (hartem) Reis und weich-mehligem Klebreis, nach den Kulturbedingungen zwischen dem ertragreicheren Tieflandreis (Sumpf- oder Wasserreis) und dem Bergreis (Land- oder Trockenreis).

Durch Entfernen von Spelzen, Frucht- und Samenschale, von Aleuronschicht und Keimling wird im Schäl- und Polierprozeß aus der gereinigten Rohfrucht („Paddy“) über den Braunreis der handelsübliche Weißreis erhalten.

Hirse ist die Sammelbezeichnung für dürrefeste Kultur- und Wildgetreidearten mit kleinen runden bespelzten Körnern ohne Bauchfurche. Praktisch unterteilt man sie in sogenannte *Echte Hirsen* (Klein- oder Millet-Hirse), zu denen u. a. die Panicum- (z. B. *P. miliaceum* = Rispenhirse) und Setária-Arten (z. B. *S. italica* = Kolbenhirse) mit einer Tausendkornmasse von etwa 5 g zählen, und *Sorghum-Hirsen* (Sorghumarten und -varietäten), die wesentlich größere Körner (Tausendkornmasse etwa 17 bis 22 g) und Erträge liefern. Auf die in Afrika (u. a. als „Durra“) und Amerika („Milocorn“), besonders zur Stärkegewinnung vorwiegend angebaute Mohrenhirse (*Sorghum bicolor, Andropogon sorghum*) entfällt heute etwa die Hälfte der Weltproduktion an Hirse.

Die auf die Getreideart und den Verwendungszweck abgestimmte müllereitechnische Aufbereitung und Verarbeitung des Nahrungsgetreides liefert sogenannte einfache Getreideerzeugnisse (Schälmüllerei- und Mahlmüllereiprodukte). Diese finden unmittelbar oder nach Veredelung (modifizierte Stärke-, Instant-, aufgeschlossene bzw. verzuckerte Produkte) als Lebensmittel oder -rohstoffe Verwendung (z. B. in der Backwaren-, Brauerei- und Brennereiindustrie).

8.2. Anatomie und Zusammensetzung des Getreidekorns

Die einsamigen Getreidefrüchte sind prinzipiell gleichartig, aber inhomogen aufgebaut (s. Abb. 8.1). Das ist die Grundlage für die müllereitechnische, gezielte Fraktionierung des Getreidekorns in Produkte ungleicher stofflicher Zusammensetzung.

Die rohfaserreiche Schale (miteinander verwachsene Frucht- und Samenschale) umhüllt schützend das Endosperm (Mehlkörper mit Aleuronschicht) und den Keim, der mit seinem Schildchen (Scutellum) am Mehlkörper anliegt. Die Fruchtschale (Pericarp) trägt einzellige Haare (bei Weizen, Roggen, Gerste am Kornscheitel, bei Hafer überall), die sich wie die unter der Epidermis befind-

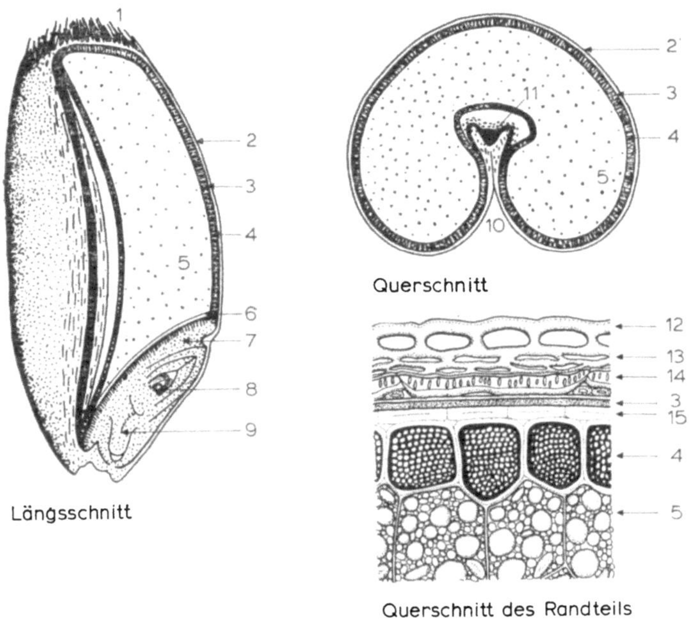

Abb. 8.1. Aufbau eines Getreidekornes (Weizen)
(G. Gassner, „*Mikroskopische Untersuchung pflanzlicher Lebensmittel*", 4. Auflage, VEB Gustav Fischer Verlag, Jena 1973)

1 = Haarschopf (Bärtchen); *2* = Fruchtwand (Fruchtschale); *3* = Samenschale (Testa) mit pigmenthaltiger Schicht; *4* = Aleuronschicht; *5* = Stärkezellen (Mehlkörper); (*4* und *5* = Endosperm); *6* = Leere Zellen; *7* = Schildchen (Scutellum) mit Aufsaugepithel; *8* = Sproßanlage (Sproßkeim); *9* = Wurzelanlage mit Würzelchen (Wurzelkeim); (*7*, *8* und *9* = Keim); *10* = Bauchfurche; *11* = Pigmentstrang; *12* = Längszellen mit Epidermis; *13* = Querzellen; *14* = Schlauchzellen; (*12*, *13* und *14* = Fruchtwand); *15* = Nucellarrest (Hyalinschicht)

lichen Querzellen oder die Stärkekörner zur mikroskopischen Bestimmung von Mahlprodukten eignen. Die innere Schicht der für die Wasseraufnahme des Korns wichtigen semipermeablen Samenschale (Testa) und mitunter auch die angrenzende Aleuronschicht (z. B. bei Roggen) sind pigmentiert (art- und sortenabhängige Kornfärbung). Die großen starkwandigen mineralstoff-, vitamin- und enzymreichen Zellen des Aleurongewebes enthalten u. a. ein spezielles Reserveprotein, fein verteilte Lipidtröpfchen sowie die Hauptmenge des besonders in den Kornrandschichten lokalisierten Phytins. Der Mehlkörper besteht aus dünnwandigen Zellen. Diese sind in der Subaleuronschicht klein und kubisch, zum Zentrum hin groß und polygonal gestaltet und überwiegend mit Stärke und Eiweiß angefüllt, deren Relation und Zusammensetzung für das jeweilige Getreide unterschiedlich ist.

Der Keim mit dem Schildchen (Träger der Blatt- und Wurzelanlage) ist relativ reich an Lipiden (besonders solche mit ungesättigten Fettsäuren), Tocopherol (besonders bei Weizen und Mais), B-Vitaminen, Eiweiß, Mineralstoffen und Enzymen, wird aber bei der Müllerei im allgemeinen mit der Kleie oder vorher separat abgetrennt (Ausnahme: Vollkornerzeugnisse) und dann für Diätkost oder -produkte verwendet oder z. T. zu Keimölpräparaten aufgearbeitet.

Tabelle 8.2. Anatomische Zusammensetzung des Getreidekorns

Getreideart	Mehlkörper (%)	Fruchtschale + Samenschale + Aleuronschicht (%)	Keim (%)
Weizen	82	15	3
Roggen	86,5	10	3,5
Gerste (ohne Spelzen)	87,5	9	3,5
Reis (ohne Spelzen)	90,5	7	2,5
Hafer (ohne Spelzen)	84	12	4
Mais	76,5	8,5	15
Sorghum	82,5	8	9,5

Tabelle 8.3. Chemische Zusammensetzung von Getreidearten

Getreideart	N-freie Extraktstoffe (% i. T.)	Rohprotein (% i. T.)	Rohfaser (% i. T.)	Rohfett (% i. T)	Asche (% i. T.)
Weizen	78	15	3	2	2
Roggen	82	10,5	3	2,5	2
Gerste	78	12	4,8	2,4	2,8
Gerste (entspelzt)	79	14,5	2,5	1,9	2,1
Reis	72	9,5	10	2,5	6,0
Reis (geschält u. poliert)	91	8	0,1	0,3	0,6
Hafer	67	13	11	5,5	3,5
Hafer (entspelzt)	74	14	2	7	3
Mais	80	11	2,7	4,8	1,5
Sorghum	75	12	6	4	3

Bezüglich der Relativanteile der Korngewebe bestehen nicht nur bei den bespelzten (bis zu 35% Abweichung im Spelzengehalt), sondern auch bei den unbespelzten Getreidefrüchten Unterschiede, die von der Art und Sorte, den Kultur- und Erntebedingungen abhängen und u. a. technologisch bedeutsam sind. Die in Tab. 8.3 angegebenen Zahlen sind daher nur Orientierungswerte; der Rohproteingehalt (beim

Tabelle 8.4. Chemische Zusammensetzung der anatomischen Teile des Weizenkorns

Inhaltsstoff	Mehlkörper	Aleuron-schicht	Frucht-schale	Samen-schale	Keim
	Masse (% i. T.)				
Stärke	80,5				
Stärke, G	100				
Rohprotein	12,5	32,0	6,0	17,5	34,0
Rohprotein, G	70	20			10
Rohfaser	0,3	6,5	27,0	1,5	2,5
Rohfaser, G	10	85			5
Rohfett	1,5	8,0	1,0	0,4	28,5
Rohfett, G	50	30			20
Asche	0,6	11,0	3,0	13,0	6,0
Asche, G	23	67			10

G = Auf das Gesamtkorn bezogene Werte in Relativ-%

Weizen 7 bis 20%!) unterliegt besonders großen Schwankungen. Außer der Quantität wird aber auch die Qualität verschiedener Stoffe und Stoffgruppen des Getreides (z. B. Weizengluten, Rohprotein) von den genannten Faktoren in erheblichem Maße beeinflußt.

8.2.1. Kohlenhydrate

Im vollreifen Korn liegen die Kohlenhydrate weitgehend (etwa 95%) in hochpolymerer Form vor. Hauptbestandteil ist die Stärke. Cellulose und -begleitstoffe (Hemicellulosen, Pentosane), Dextrine (z. B. 0,1 bis 0,2% in Weizen, 3,5% in Gerste) und andere Glycane kommen in relativ geringen Mengen vor.

Die aus Amylose und Amylopectin aufgebaute *Stärke* (s. I; 4.5.1.) findet sich praktisch nur im Mehlkörper. Die nativen Stärkekörner (mit etwa 1% Lipiden, 0,5% fest gebundenem „Haft"- Protein und 0,4% Mineralstoffen, darunter bes. organisch gebundene Phosphorsäure) sind in die Eiweißmatrix der Zelle („Zwickelprotein" des Mehlkörpers) eingebettet.

Die mikroskopisch unterscheidbare Größe, Gestalt und mikrokristalline Schichtstruktur der Stärkekörner sowie der Polymerisationsgrad und das gegenseitige Verhältnis der Amylose- und Amylopectinfraktion sind mit dem daraus resultierenden Quell- und Verkleisterungsverhalten, der Viskosität, Retrogradationsneigung usw. charakteristische Merkmale der Stärkearten und -sorten. Die Cerealienstärken weisen meist ein Amylose-Amylopectin-Verhältnis von 1:3 bis 1:4 auf; solche mit davon stark abweichender Zusammensetzung dienen speziellen Verwendungszwecken, z. B. die der amylosearmen „Wachs"getreidetypen (Wachsstärkemais mit 99% Amylopectin) als Dickungsmittel, die der High-Amylose-Sorten (bis zu 85% Amylose) für eßbare Lebensmittelüberzüge („Coatings").

Die lebensmitteltechnologisch wichtige *Quellung* und *Verkleisterung* verläuft bei den einzelnen Stärken nur prinzipiell gleich.

Von den zwischenmicellaren, amorphen Bezirken nativer Stärkekörner kann unterhalb einer für die jeweilige Stärke kritischen Temperatur (Verkleisterungstemperatur) eine bestimmte Menge Wasser ohne Strukturänderung und reversibel aufgenommen werden (Gleichgewichtsfeuchtigkeit: etwa 30% bei 293 K = 20 °C und 100% rel. Luftfeuchte). Erst oberhalb dieser Temperatur kann in einem charakteristischen Temperaturbereich (vgl. Tab. 8.5) eine stark vermehrte Wasseraufnahme erfolgen, wobei Mikrokristallinität und Doppelbrechung der Stärkekörner zunehmend aufgehoben werden (in Verkleisterung übergehende Quellung). Die Stärkekörner platzen und die Amylose geht je nach Wasserangebot mehr oder weniger vollständig in Lösung, während das Amylopectin als gequollene amorphe Masse zurückbleibt.

Tabelle 8.5. Quellungsbereich von Getreidestärken

Stärkeart	Temperatur	
	(K)	(°C)
Weizen	328–338	55–65
Roggen	325–332	52–59
Gerste	329–335	56–62
Reis	341–351	68–78
Hafer	329–335	56–62
Mais	339–348	66–75
Sorghum	342–348	69–75

Die *Verkleisterung* (Gelatinierung) der Stärke ist mit einer Erhöhung ihrer Transparenz und enzymatischen Angreifbarkeit sowie einem sprunghaften Viskositätsanstieg verbunden. Die Verkleisterungstemperatur und -geschwindigkeit (ausreichende Wasserzufuhr vorausgesetzt) und die rheologischen Eigenschaften der Verkleisterungsprodukte werden primär von der Stärkeart und -sorte bestimmt. Hinzu kommen aber weitere rohstoff- und prozeßabhängige Einflüsse. Dazu zählen einerseits Kristallinität und Beschädigungsgrad der Stärkekörner, andererseits die Erwärmungsgeschwindigkeit, mechanische Beanspruchung und verschiedene Milieufaktoren bei der Verkleisterung (u. a. pH-Wert, Salze, Zucker, hydrophobe und grenzflächenaktive Substanzen).

Läßt man Stärkesysteme möglichst ungestört verkleistern und danach abkühlen, so tritt Gelbildung ein. Der Grad der intermolekularen Vernetzung wächst mit der Standzeit; das Gel nimmt an Festigkeit zu, die gequollenen Partikel schrumpfen, werden wieder granular und enzymatisch schwer angreifbar, ohne aber die Doppelbrechung wiederzuerlangen (Retrogradation). Die Tendenz zur Retrogradation hängt offensichtlich stark von der Länge der linearen Ketten (Maximum wahrscheinlich bei $n = 10^2$ bis 10^3) und von der Temperatur ab. Die Retrogradation erfolgt nur zwischen etwa 263 und 323 K (−10 ° bis +50 °C) und verläuft in der Nähe des Gefrierpunktes von Wasser am schnellsten. Die partiell thermoreversible Retrogradation der Amylose und linearer

Amylopectinbereiche bedingt bevorzugt die mit dem Altbackenwerden verbundenen Texturänderungen.

Cellulose ist Hauptbestandteil der Zellwände und kommt in größerer Menge in den verholzten Kornaußenschichten vor. Sie und verschiedene ihrer Begleitstoffe (u. a. Hemicellulosen, Pentosane) sind als sogenannte Ballaststoffe für den Menschen unverdaulich, von Wiederkäuern werden sie aber, durch die Pansenflora zu Glucose enzymatisch abgebaut, gut verwertet (Strohpellet-Fütterung).

Die gleichfalls wasserunlöslichen *Hemicellulosen* sind vorwiegend in der Schale, die zu den Schleimstoffen zählenden wasserlöslichen *Pentosane* besonders in der Schale und Aleuronschicht lokalisiert; Weizenendosperm enthält etwa je 2 bis 3%. Sie bestehen überwiegend aus Arabinoxylanen (β-1→4-Xylopyranose-Ketten, die mitunter in C-3-, seltener in C-2-Position L-Arabinofuranose-Seitenketten tragen), mit esterartig gebundener Ferulasäure. Neben Xylose und Arabinose treten als weitere Bausteine u. a. Galactose (Arabinogalactane), Glucose und z. T. auch Hexuronsäuren und L-Rhamnose auf. Von einigen Getreidepentosanen und -hemicellulosen wird angenommen, daß sie die Struktur von (Brot-) Teigen wesentlich beeinflussen; günstig wirksam dürften vor allem hochviskose, gelbildende Pentosane sein, die das etwa 10fache ihrer Eigenmasse an Wasser binden.

Als spezieller Schleimstoff ist das nichtreduzierende unverzweigte β-Glucan Lichenin in Hafer mit etwa 65% 1 → 4- und 35% 1 → 3-Bindungen enthalten.

Getreide-Fructane, deren Zusammensetzung für die verschiedenen Getreidearten spezifisch ist, weisen charakteristische Verzweigungsstellen in den Hauptketten auf. Dies sind die C-6-Positionen beim Inulintyp (z. B. im Decafructosan Graminin 2 bis 2,6%) und die C-1-Positionen beim Phleintyp (z. B. im Weizenfructosan). Der Graminingehalt beträgt im Roggen etwa 2 bis 2,6%, im Weizen nur etwa 0,5%, soll aber in Abhängigkeit von den Kulturbedingungen und dem Reifegrad stark schwanken.

Der Gehalt an *Mono-* und *Oligosacchariden* ist im allgemeinen gering ($< 6\%$); es finden sich etwa 2% Maltose, etwa 0,6 bis 3% Saccharose (biosynthetisches Anfangsglied einer Reihe von Glucofructosanen) und 0,1 bis 0,3% Raffinose (beide bevorzugt im Keim lokalisiert), bis zu 0,5% Glucodifructose sowie Glucose, Fructose und Galactose (u. a. als Bestandteil von Glycolipiden). Erst bei gestörter Keimruhe (bei sogenanntem Auswuchsgetreide schon vor der Ernte) kommt es infolge Amylaseaktivierung zur Bildung größerer Maltosemengen aus der Stärke (Süßgeschmack).

8.2.2. *Proteine*

Auf Grund ihrer Löslichkeit lassen sich nach der klassischen Methode von OSBORNE (1907) die Getreideproteine grob in die vier Fraktionen *Albumine, Globuline, Prolamine* und *Gluteline* unterteilen, die bei den einzelnen Getreiden in sehr unterschiedlichen Anteilen vorhanden sind (Tab. 8.6). Die Löslichkeit wird nach heutiger Kenntnis allerdings von weiteren Faktoren nicht unerheblich beeinflußt, u. a. vom Mineralstoffgehalt und den äußeren Extraktionsbedingungen. Obwohl diese Proteinfraktionen charakteristische Eigenschaften (und Aminosäureprofile) aufweisen, handelt es sich um Mehr- oder Vielstoffkomplexe, wie aus der chromatographischen und/oder elektrophoretischen Subfraktionierung hervorgeht.

Tabelle 8.6. Proteine verschiedener Getreidearten (%-Anteil vom Gesamtprotein)

Getreide-art	Albumine (lösl. in Wasser)	Globuline (lösl. in wäßriger NaCl-Lösung)	Prolamine (lösl. in 70%igem Ethanol)	Gluteline (lösl. in verd. Laugen und Säuren)
Weizen	3–5	5–10	40–50	30–40
Roggen	5–10	5–10	30–50	30–50
Gerste	3–4	10–20	35–45	35–45
Reis	2–5	2– 8	1– 5	85–90
Hafer	5–10	50–60	10–15	5
Mais	2–10	10–20	50–55	30–45
Sorghum	Spuren	Spuren	60–70	30–40

Typisch für die Aminosäurezusammensetzung der Getreideproteine ist der große Anteil an Glutamin- und Asparaginsäure (etwa 30%). Da diese überwiegend als neutrale Amide vorliegen, ist der Amidstickstoffgehalt relativ hoch.

Die biologische Wertigkeit der Getreideproteine, worunter man im engeren Sinne die Mehlkörperproteine versteht, wird besonders durch die Unterbilanz an Lysin, Tryptophan und Methionin (abnehmende Reihenfolge) beeinträchtigt, wobei aber gewisse art- und sortenspezifische Unterschiede nicht ausgeschlossen sind. Maisprotein ist im allgemeinen besonders arm an Tryptophan. Beim Reiseiweiß, dessen Relativgehalte an Lysin und Methionin etwas über denen anderer Getreideeiweiße liegen, unterscheidet sich z. B. das Glutelin des Klebreises von dem der übrigen Sorten durch einen höheren Histidin- und Tyrosingehalt.

Albumine und *Globuline* (meist etwa 10 bis 20% der Mehlproteine) sind besonders im Keim- und Aleurongewebe lokalisiert, während die Prolamine und Gluteline als typische Speicherproteine des Mehlkörpers die Hauptmenge des Gesamtproteins repräsentieren. Der Keim enthält u. a. auch Nucleoproteide.

In der Aminosäurezusammensetzung bestehen zwischen den Albuminen und Globulinen des Weizens besonders im Tryptophan- (2,6 bzw. 0,7%) und Arginingehalt (16 bzw. 29%) Unterschiede.

Tabelle 8.7. Einige Charakteristika von Prolamin und Glutelin des Weizens

	Prolamin	Glutelin
Relative Molekülmasse	~ 12000–100000	> 200000 bis mehrere Millionen
Subeinheiten	nicht vernetzt	vernetzt (10-20 Polypeptide)
Relative Molekülmasse des Hauptanteils der Subeinheiten (nach Reduktion der S-S-Bindungen)	~ 35000	~ 50000
Disulfidbindungen	vorzugsweise intramolekular	intra- und intermolekular
Gehalt an Glutaminsäure	38–45%	~ 30%
Gehalt an Prolin	15–30%	~ 5%
α-Helix-Anteil	20–30%	10–15%
Dehnbarkeit	stark dehnbar	wenig dehnbar
Elastizität	unelastisch	elastisch

Gliadine und *Glutenine*, die das „Haft"- und „Zwickel"protein aufbauenden Prolamine bzw. Gluteline des Weizens, deren komplexe Zusammensetzung u. a. mit der Sorte variiert, zeigen in Aufbau und Eigenschaften charakteristische Unterschiede (Tab. 8.7), die z. B. für die Teigbildung und gute Backfähigkeit der Weizenmahlprodukte wesentlich sind.

Bei Wasserzugabe (Anteigen) bildet sich aus ihnen, die etwa 85% der Weizenmehlproteine ausmachen, das *Gluten* (Weizenkleber), dessen Menge und Qualität in hohem Maße das rheologische Teigverhalten bestimmt. Die Gluteneigenschaften ändern sich u. a. mit dem Konzentrationsverhältnis freie Sulfhydrylgruppen/Disulfidbrückenbindungen und sind z. T. gezielt technologisch zu beeinflussen. So hat die Anwendung von Reduktionsmitteln (z. B. Cystein, Natriumdisulfit) eine partielle Aufspaltung der Proteinaggregate und damit eine Verminderung der Elastizität und eine Erhöhung der Dehnbarkeit und Löslichkeit des Glutens zur Folge. Ähnliches bewirkt eine Partialproteolyse der Glutenkomponenten. Der Einsatz von Oxydationsmitteln (z. B. Kaliumiodat oder -bromat, Acetonperoxid, Lipoxydase) zeigt den umgekehrten Effekt. Gluten läßt sich durch „Auswaschen" der Stärke aus dem Teig als viskoelastische Masse (Feuchtkleber) isolieren (Prinzip der Weizenstärkegewinnung nach dem MARTIN-Verfahren).

8.2.3. Lipide

Die Lipide liegen vor allem im Getreidekeim (bei Mais bis etwa 30% Fettgehalt) und in den Kornrandschichten (bes. der Aleuronschicht) vor, während der Mehlkörper im allgemeinen nur wenig enthält (etwa 1·% bei Weizen und Roggen, wesentlich mehr bei Hafer). Unter den konstituierenden Fettsäuren, bei denen es sich fast ausschließlich um C_{16}- und C_{18}-Verbindungen handelt, dominieren die ungesättigten C_{18}-Vertreter (meist über 75%). Diese sind im wesentlichen für die geringe Haltbarkeit von Hafer- und Vollkornprodukten verantwortlich zu machen.

Außer Triglyceriden (vorwiegend im Keim- und Aleurongewebe) sind in Getreidefetten u. a. Phospholipide (besonders Lecithin, Kephalin), phosphorfreie Sphingolipide (Ceramide), Tocopherole (im Keimöl), Carotenoide (besonders Xanthophyll) zu finden. Im Unverseifbaren der Getreidefette überwiegen die Sterole mit β-Sitosterol als Hauptkomponente. Ein großer Teil der Mehlkörperlipide ist polar und mit Kohlenhydrat oder Protein verbunden (Glycolipide, Lipoproteide u. a., s. I; 3.4.). Mit einem unpolaren Lösungsmittel ist deshalb aus Getreidemahlprodukten ohne vorherigen chemischen Aufschluß nur ein Teil der Gesamtlipide (bei Weizen und Roggen etwa 50%) extrahierbar. Es ist anzunehmen, daß Saccharid- und Protein-Lipid-Komplexe an den Teigeigenschaften maßgeblich mitbeteiligt sind.

8.2.4. Mineralstoffe, Vitamine und Pigmente

Die Gesamtgehalte der Getreide an Mineralstoffen, Vitaminen und Pigmenten sind von Getreideart, -sorte und den Kulturbedingungen abhängig. Die Verteilung dieser

Substanzklassen auf die einzelnen Gewebe des Getreidekorns ist quantitativ und qualitativ unterschiedlich. In einigen Ländern ist es z. T. üblich, Mahlerzeugnisse je nach Ausmahlungsgrad mit Vitamin B_1, Vitamin B_2, Nicotinsäureamid, Eisenammoniumcitrat (oder Ferrum reductum) und/oder Calciumcarbonat anzureichern.

Mineralstoffe

Da der Mineralstoffgehalt im Mehlkörper von innen nach außen zunimmt (etwa von 0,3 auf 0,7% bei Weizen) und gegenüber dem der Kleiebestandteile (äußere Kornschichten einschließlich Keim) deutlich geringer ist, korreliert er mit dem Kornausmahlungsgrad und bildet die Grundlage für die Typisierung von Mahlprodukten aus Weizen und Roggen nach dem Aschegehalt (Typenzahl = mg Asche in 100 g Mahlprodukttrockenmasse). Zu berücksichtigen ist allerdings, daß der Ganzkornaschegehalt in Abhängigkeit von der Herkunft des Getreides erheblich schwanken kann (bei Weizen zwischen 1,4 und 2,1%). Die Spelzen weichen hinsichtlich Aschegehalt (bei Reis 22%!) und -zusammensetzung (hoher Silicatanteil, bei Reis etwa 96%) stark vom unbespelzten Korn ab.

Kalium, Phosphor, Schwefel und Magnesium machen etwa 80% der Mineralstoffe des spelzenfreien (Weizen-)Korns aus. Dabei ist der Phosphoranteil überwiegend (bei Weizen zu mehr als 70%) im Phytin, dem gemischten Kalium-Calcium(Magnesium)-Salz der Phytinsäure, gebunden, das alle Getreidearten reichlich enthalten. Die Hauptmenge des Schwefels ist Bestandteil der Mehlkörperproteine.

Vitamine

In den Getreidefrüchten kommen vor allem Thiamin, Nicotinsäure/-amid, Riboflavin, Vitamin B_6 und Vitamin E in für die Ernährung von Mensch und Tier bedeutsamen Mengen vor. Schon der Verzehr von 200 g Weizenvollkornerzeugnis deckt den Tagesbedarf eines Menschen an Nicotinsäure/-amid und Thiamin zu 80% bzw. 50%.

Hinsichtlich der Durchschnittsgehalte an einzelnen dieser essentiellen Nährstoffe gibt es bei Getreide gewisse artspezifische Unterschiede. Von praktischer Bedeutung

Tabelle 8.8. Gehalt des Weizens an ausgewählten Vitaminen und deren Verteilung im Korn

Vitamin	Menge (mg/100 g)	%-Anteil, bezogen auf den Gesamtgehalt			
		Mehlkörper	Frucht- und Samenschale	Aleuronschicht	Keim mit Scutellum
B_1	0,2–0,5	< 5	< 5	30	65[1]
B_2	0,1–0,2	35	5	40	20
Niacin	3– 7	10	< 5	85	< 5
B_6	0,5–1,5	5	10	65	20
Pantothensäure	0,8–1,4	45	10	40	5
Tocopherole	3– 6	15		30	55[2]

[1]) bes. im Scutellum
[2]) bes. im Embryo

für die menschliche Ernährung ist die ungleiche Vitaminverteilung im Getreidekorn (vgl. Tab. 8.8). Mit fallendem Ausmahlungsgrad nimmt der Vitamingehalt der Mahlprodukte z. T. sehr stark ab.

Der Thiaminbedarf des Organismus wächst mit steigendem Kohlenhydratanteil in der Nahrung. Einseitige Ernährung mit poliertem Reis, der gegenüber Braunreis um etwa 80% im Thiamingehalt reduziert ist, führte z. B. in Ostasien zur Thiaminmangelkrankheit Beri-Beri.

Ein Teil seines Nicotinsäure/-amid-Bedarfes deckt der Organismus durch Eigensynthese aus Tryptophan (60 mg L-Tryptophan $\triangleq$ 1 mg Nicotinsäure). Bei einseitiger Maiskost (tryptophanarm) ohne ausreichende Nicotinsäure/-amid-Zufuhr kann als Mangelkrankheit Pellagra auftreten.

Pigmente

Spelzen, Schalen (besonders die Samenschale), Endosperm und Keim sind, in Abhängigkeit von der Art, Sorte und Herkunft des Getreides, mehr oder weniger charakteristisch gefärbt, z. B. bei Weizen durch insgesamt etwa 2 mg/kg *Carotenoide* (vorwiegend Xanthophyll, frei und verestert) und *Flavonoide.* Mais enthält auch Kryptoxanthin, Zeaxanthin u. a.; der β-Carotengehalt ist etwas höher als bei anderem Getreide. Chlorophyllabbauprodukte und blaue bis blaugrüne Anthocyane (bes. in den Schalen von Roggen und Gerste) tragen zu graugrünen Farbtönen bei.

Die Pigmentmenge und -verteilung in den Körnern der Mahlgetreide ist heute in der DDR die Grundlage für die mühlentechnische Überwachung und Bestimmung des Ausmahlungsgrades (Mehltypisierung nach Helligkeit oder Weißgrad).

Die Carotenoidfarbstoffe werden durch Oxydantien über Epoxide als Zwischenverbindungen leicht zerstört. Das erfolgt z. B. durch Luftsauerstoff in Gegenwart von Licht oder Lipoxydase (hier gekoppelt mit der Bildung von Fettsäurehydroperoxiden). Dadurch kann es bei längerer Lagerung zur Ausbleichung von Getreideprodukten, besonders von Mehlen und Teigwaren, kommen.

8.2.5. Enzyme

Das lebende Getreidekorn verfügt über alle für seinen Stoffwechsel notwendigen Enzyme. Mit der biologischen Entwicklungsphase (Reifung, Keimruhe, Keimung) ändert sich aber der Stoffwechsel und mit ihm die Enzymaktivität und -zusammensetzung. Letztere werden auch von Art und Sorte des Getreides bestimmt, besonders aber von dessen Gesundheitszustand, der durch Infektionen (Getreidekrankheiten), ungünstige Klimafaktoren usw. schon während des Wachstums, der Reife und Ernte oder durch unsachgemäße Trocknung und Lagerung beeinträchtigt werden kann.

Die Bestimmung der Aktivität ausgewählter Enzyme wird deshalb auch zur Charakterisierung der Lagerfestigkeit und Gebrauchswerteigenschaften einzelner Getreidechargen herangezogen (Tab. 8.9) bzw. ist die Grundlage, um die Qualität durch Verschnitt mit anderen Partien oder gezielte technologische Behandlung (z. B. Konditionierung) dem gewünschten Verwendungszweck besser anzupassen. Außerdem besteht noch bei der Weiterverarbeitung von Müllereiprodukten die Möglichkeit, durch geeignete Verfahrensführung, besonders über die Variation von Temperatur und pH-Wert, bestimmte Enzyme in ihrer Aktivität zu beeinflussen, um Rohstoffmängel in gewissem Umfang auszugleichen.

Tabelle 8.9. Analytische Bedeutung der Aktivitätsbestimmung einiger ausgewählter Enzyme in Getreide(produkten)

Enzyme	Indikation	Anwendung
β-Amylase	Maltosebildung im Teig („Maltosezahl")	1,2,3
α-Amylase	Verkleisterungsvermögen von Mehl („Fallzahl")	1,2,3
Glutaminsäuredecarboxylase (GDC)	Lagerschäden von Getreide (CO_2-Bildung, WARBURG-Test)	2,3
GDC, Katalase	Qualität der Getreidetrocknung	4
Lipase	Bildung freier Fettsäuren bei der Lagerung („Fettsäuregrad")	2,3
Lipoxydase	Lipid- u. -pigmentoxydation im Teig (O_2-Verbrauch)	1,2,3
Peroxidase	Thermische Präparierung von Haferprodukten	4
Polyphenoloxydase	Teigverfärbungen („Benzcatechin"-Test)	1,3
Proteasen	Glutenabbau („löslicher Stickstoff")	1,3

1 = Getreidesorte und -herkunft
2 = Ermittlung des biologischen Zustandes (Reife, Keimruhe, Keimung)
3 = Beurteilung des Gesundheitszustandes und Verarbeitungswertes von Getreide
4 = Kontrolle der Einhaltung vorgegebener Parameter bei technologischen Prozessen

Die Mehrzahl der Getreideenzyme ist im Keim und Aleurongewebe lokalisiert. Daraus ergeben sich Konsequenzen für die technologische Verarbeitung und die Haltbarkeit von Getreide und Getreideprodukten. In hellen Mehlen ist im wesentlichen mit der Aktivität von Amylasen, Proteasen und Polyphenoloxydasen und in geringerem Maße mit der von Phosphatasen (Phytasen), Lipasen und Lipoxydasen zu rechnen. In Erzeugnissen höherer Ausmahlungsgrade (bes. in Vollkornprodukten) sind die Anzahl, vor allem aber die Konzentrationen der verschiedenen Enzyme größer.

Die technologisch bedeutendsten Getreideenzyme sind der Enzymhauptklasse Hydrolasen zuzuordnen.

Unter den *Glycosid-Hydrolasen* bilden die stärkeabbauenden Amylasen (Diastasen) mit β- und α-Amylase als Hauptvertreter die wichtigste Untergruppe, γ (Gluco)-Amylase ist nicht vorhanden. α-Amylase ist wärmeresistenter, aber säurelabiler als β-Amylase; außerdem wirken sie als „Endo"- bzw. „Exo"-Glucanhydrolase unterschiedlich.

β-Amylase (1,4-α-D-Glucan-Maltohydrolase) greift unbeschädigte Stärkekörner nur an, wenn diese verkleistert sind. Sie spaltet von den nichtreduzierenden Glucanenden her successive β-Maltose ab, bis eine 1,6-Kettenverzweigungsstelle erreicht wird; bei Amylopectin als Substrat hinterbleiben deshalb größere Mengen sogenannter Grenzdextrine (bis etwa 66 M-%).

α-Amylase (1,4-α-D-Glucan-Glucanohydrolase) kann, obwohl langsam, im Gegensatz zu β-Amylase auch native intakte Stärkekörner abbauen. Sie spaltet statistisch im

Molekülinneren befindliche Bindungen, wobei zunächst niedermolekulare Dextrine entstehen (schnelle Abnahme der Viskosität und Iodfärbung). Verzweigte Dextrine werden langsamer als unverzweigte weiterhydrolysiert. Der Endabbau zu α-Maltose (bei Amylopectin z. T. zu Isomaltose) geht nur allmählich und unvollständig vor sich.

Schon im ruhenden vollreifen Korn ist eine relativ hohe β-Amylase-Aktivität nachweisbar, obwohl ein Teil der vorhandenen Enzymmenge noch unwirksam vorliegt (Aktivierung durch Proteasen); die α-Amylase-Aktivität ist sehr gering.

Eine hohe β-Amylase-Aktivität (Maltosebildungsvermögen, bestimmt als „Maltosezahl") begünstigt eine gute Vermehrungsrate und Gärleistung der Hefe im Teig, ohne seine Viskosität zu beeinträchtigen. Hohe α-Amylaseaktivität erniedrigt dagegen die Teigviskosität und -wasserbindung merklich und verhindert demzufolge die Ausbildung eines optimalen Krumengerüstes beim Backen (Wasserstreifen, unelastische Krume bei Brot).

Trotzdem ist besonders bei der heute bevorzugten kurzen Teigführung ein gewisser α-Amylase-Gehalt erforderlich, um durch das Zusammenwirken von β- und α-Amylase die schnelle Bildung ausreichender Mengen an vergärbaren Zuckern (Maltose und Glucose) zu gewährleisten.

Da die α-Amylasebildung und -aktivität im Getreidekorn mit Keimbeginn stark ansteigen (Bestimmung z. B. mittels Iod-Stärke-Reaktion, Fallzahl, Amylogramm), ist bei sogenanntem Auswuchsgetreide (infolge zu hoher Kornfeuchte bereits auf dem Halm oder kurz nach der Ernte ausgekeimtes Getreide) je nach Auswuchsgrad die Stärke in ihrer Kornstruktur angegriffen („korrodierte" Stärke), d. h. partiell anhydrolysiert, und zeigt ein abnormes Verkleisterungsverhalten.

Hemicellulasen und *Pentosanasen* hydrolysieren bei der Keimung des Getreidekorns die Zellwandsubstanzen. Entsprechende mikrobielle Präparate können mit Vorteil zur Viskositätsregulierung bei der Bierwürzegewinnung unter Rohfruchteinsatz (Abbau des β-Glucans der Gerste) und in der Backwarenherstellung (Hartkeks-, Roggenbrot- und -waffelproduktion) eingesetzt werden.

Die *Peptidhydrolasen* (Proteasen, Peptidasen) sind funktionell in Endo- und Exopeptidasen zu unterscheiden. Strukturell gehören sie zu den Thiolproteasen und werden deshalb durch Oxydationsmittel (z. B. Kaliumbromat, Wasserstoffperoxid) gehemmt und durch Reduktionsmittel (z. B. Cystein, Glutathion) aktiviert.

Die proteolytische Aktivität ist in der Aleuronschicht und im Keim um ein Vielfaches höher als im Mehlkörper und steigt während der Keimung stark an.

Die Aktivität der Endopeptidasen führt z. B. in Weizenteigen zu einem Glutenabbau und damit zur Teigerweichung (Abnahme der Wasserbindung und Elastizität bei wachsender Dehnbarkeit). Das beeinflußt aber die Verarbeitbarkeit zu Backwaren und deren Qualität nur dann günstig, wenn von glutenstarken Hartweizenmehlen ausgegangen wird.

Durch die Wirkung von Exopeptidasen, die endständige Bindungen einer Peptidkette spalten, werden Aminosäuren freigesetzt, die bei der Backwarenherstellung für den Stoffwechsel der Hefe sowie die Bildung von Bräunungsprodukten (MAILLARD-Reaktion) und Aromastoffen von Bedeutung sind.

Infolge der Anwesenheit verschiedener Ester-Hydrolasen kommt es in Getreide (-produkten) mit zunehmender Lagerdauer zu einer Säuregraderhöhung. Hieran haben spezifische *Phosphatasen*, die aus Phytin, Phospholipiden, Nucleotiden usw. Phosphorsäure freisetzen, den größten Anteil.

Sensorisch macht sich die durch (*Phospho-*)*Lipasen* katalysierte Hydrolyse von Lipiden in Verbindung mit der Autoxydation der vorwiegend ungesättigten Fettsäuren am stärksten qualitätsabwertend bemerkbar (Ranzigkeit, z. B. bei Hafer- und Vollkornprodukten).

Von der Enzymhauptklasse *Oxydoreduktasen* seien Katalasen, Peroxidasen, Dehydrogenasen, Lipoxydasen und Phenoloxydasen, von der Enzymhauptklasse Lyasen die zu den Carboxylasen gehörende Glutaminsäuredecarboxylase (*GDC*) erwähnt (vgl. auch Tab. 8.9).

Auf der Aktivität im Keim lokalisierter *Dehydrogenasen* basiert eine Schnellbestimmung der Keimfähigkeit; mit Triphenyltetrazoliumchlorid (*TTC*) präparierte längshalbierte Körner zeigen bei vorhandener Keimpotenz Rotfärbung im Embryonalbereich.

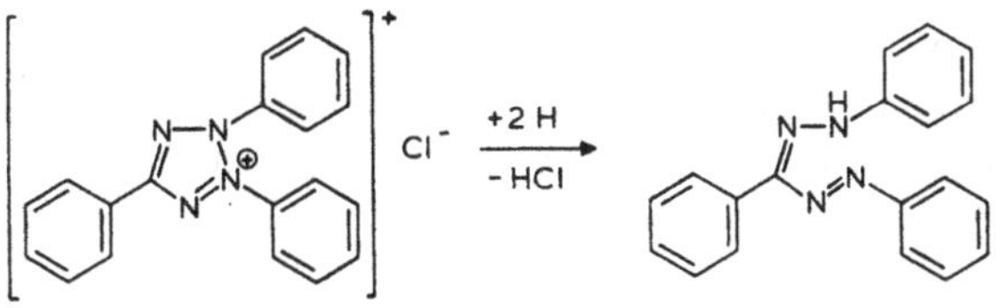

TTC (farblos) Triphenylformazan (rot)

Lipoxydasen fördern die Autoxydation der Getreidelipide und über die dabei entstehenden Hydroperoxide die Oxydation von Sulfhydrylgruppen der Glutenproteine (Einfluß auf die Teigstruktur) und die Zerstörung von Carotenoiden (das ist besonders bei der Teigwarenherstellung zu beachten).

Der für die enzymatische Bräunung in pflanzlichen Materialien u. a. für die Dunkelverfärbung von Teig beim Stehenlassen verantwortliche Komplex von (Poly-)*Phenoloxydasen* (Phenolasen) ist je nach Herkunft gegenüber phenolischen Substraten (bes. Flavonoide) in Abhängigkeit von deren Struktur unterschiedlich wirksam (s. I; 11.5.1.).

Wegen der in der Kleie gegenüber dem Mehlkörper mehrfach höheren Phenoloxydaseaktivität lassen sich die Schalenbestandteile (Stippen) bei der PEKAR-Probe besonders gut erkennen, wenn man die Mehloberfläche mit wäßriger Brenzcatechinlösung gleichmäßig befeuchtet.

8.3. Gebrauchswert

Der Gebrauchswert verschiedener Getreidearten, -sorten, -partien usw. beinhaltet ernährungsbiologische, -wirtschaftliche, verarbeitungstechnische u. a. Wertmerkmale. Er wird sowohl von endogenen, genetisch fixierten Faktoren geprägt, als auch von exogenen Faktoren bestimmt, die Auswuchs-, Ernte- und Lagerbedingungen betreffen.

Das möglichst vollreif und unbeschädigt geerntete gesunde Getreide weist eine mit apathogenen Mikroorgansimen besiedelte Kornoberfläche auf und ist nach kurzer Keimruhe zu durchschnittlich über 95% keimfähig. Erntefrisches Getreide reift während 1 bis 2monatiger Lagerung nach und erreicht hierbei unter weiterer

Entquellung der Inhaltsstoffe (das Korn „schwitzt") optimale Verarbeitungseigenschaften (z. B. für Backzwecke); langfristige Lagerung ist mit einer Abnahme von Enzymaktivität, Keimfähigkeit und Stärkegehalt verbunden.

Unsachgemäße Lagerung (Kornfeuchte > 14%, Temperatur >293 K = 20 °C) forciert die Kornatmung und den Sauerstoffverbrauch im Getreidehaufwerk und damit den Substanzverlust, aber auch die Wärme- und Wasserbildung sowie die Entwicklung von Mikroorganismen. Bei ungenügender Wärmeabfuhr (z. B. durch Belüftung) ist das die Grundlage zur weiteren Steigerung der Stoffwechselintensität von Korn und Mikroorganismen (Vermehrung und/bzw. Gärtätigkeit). Im Extremfall treten Selbsterhitzung bis über 333 K (60 °C) mit Endospermbräunung (MAILLARD-Reaktion) und Proteindenaturierung sowie mikrobieller Verderb auf (u. a. gäriger, saurer, muffiger, ranziger Geruch). Schimmelpilze entwickeln sich z. B. bei Kornfeuchten von 20% und 15% schon ab 278 K (5 °C) bzw. 293 K (20 °C); bei bestimmten Stämmen besteht die Gefahr der Mycotoxinbildung (s. I; 16.3.3.).

An weiteren gebrauchswertmindernden Risikofaktoren bei der Getreidelagerung sind u. a. größere Mengen an Schmutz, Schwarzbesatz (z.B. unreife Körner, Unkrautsamen) und beschädigten Körnern, besonders aber der Befall mit Getreideschädlingen zu nennen.

Je nach dem vorgesehenen Verwendungszweck stellen die Verarbeitungsbetriebe (z. B. Mühlen, Teigwarenfabriken, Mälzereien, Stärkefabriken) neben allgemeinen auch spezielle, meist in Standards festgelegte Forderungen an die Rohstoffqualität (s. Tab. 8.10).

Tabelle 8.10. Ausgewählte Qualitätsmerkmale von Nahrungsgetreide

1.	Beschaffenheit:	gesund, voll ausgereift, nicht verunreinigt, frei von lebenden tierischen Schädlingen
2.	Geruch bzw. Geschmack:	arteigen, d. h. nicht gärig, sauer, ranzig, dumpf, muffig, fremdartig, bitter, süß, malzartig
3.	Feuchtegehalt:	$\leqq$ 14% (bei Lagerstabilität) (auch Basisfeuchte genannt, dient zur Berechnung der Getreidemenge)
4.	Kornbesatz:	Fremdgetreide, Körner mit Auswuchs, Fraßstellen, verfärbtem Keim bzw. gebräuntem Endosperm
5.	Schwarzbesatz:	insbesondere Steine, Sand, Unkrautsamen, Spelzen, Stroh, verdorbene Getreidekörner, Mutterkorn, Flughafer
6.	Korngröße:	z. B. bewertet als Vollkornanteil oder Tausendkornmasse (TKM)
7.	Keimfähigkeit:	bes. bei Mahlgetreide und Braugerste
8.	Enzymaktivität:	Hydrolasen, bes. α- und β-Amylase
9.	Glutengehalt und -qualität:	bei Mahlweizen
10.	Glasigkeit:	besonders bei Weizen für die Gewinnung von Dunst als Teigwaren-Rohstoff
11.	Aschegehalt:	bei Weizen und Roggen zur Mehlgewinnung auf der Basis des Aschegehaltes der Mehltypen

Der *Mahlwert* eines Getreides, z. B. einer Weizensorte oder -partie, entspricht seiner Vermahlbarkeit („Mahlfähigkeit") und wird am Aufwand gemessen, der für die saubere Trennung von Keim, äußeren Kornschichten und Mehlkörper erforderlich ist, um in hoher Ausbeute aleuronfreies Mehl aus dem Endosperm („Endospermmehl") zu gewinnen. Der Mahlwert ist u. a. abhängig von:

— Wassergehalt und Feuchtigkeitsverteilung im Korn
— Besatz (gebräuntes, Bruch-, Schmacht- und Auswuchs-Korn)
— Ausgeglichenheit der Korngröße und -form
— Endospermhärte und Schalendicke
— Asche- bzw. Pigmentgehalt (je nach Typisierungsart).

Wassergehalt und Feuchtigkeitsverteilung lassen sich u. a. durch gezielte *Konditionierung* (Netzen und/oder Temperieren, kurzzeitige Wasserdampfeinwirkung) optimieren; ein trockener Mehlkern und eine etwas feuchte und dadurch nicht spröde, sondern zähe Schale begünstigen den Mahlprozeß und die Schalenabtrennung.

Wenn Getreide, z. B. Gerste, Hafer, Reis, Mais, zu Nährmitteln verarbeitet werden soll, stehen z. T. andere Qualitätsmerkmale, wie Spelzenanteil, Bruchfestigkeit beim Schälen und Polieren sowie das Kochverhalten, im Vordergrund.

8.4. Getreideerzeugnisse

8.4.1. Mahlprodukte

Das vorher vom Schmutz der Bauchfurche („Blaumehl") und zumeist auch von Keim und Bartende befreite, grobstückig geschnittene Korn liefert, dem inhomogenen Kornaufbau entsprechend, Mahlerzeugnisse, deren Helligkeit (Farbe) und Zusammensetzung (u. a. Aschegehalt) sich im Laufe der Vermahlung ändern. Im Falle sogenannter durchgemahlener Mehle korreliert die erhaltene Mehltype mit dem Ausmahlungsgrad (% Mehl/% abgetrennter Kleie). Den Zusammenhang zwischen Ausmahlungsgrad, Aschegehalt und Weißgrad (im Leukometer bestimmbare Reflexion) zeigt Abb. 8.2. Bei der modernen schrittweisen Zerkleinerung und Abtrennung des Feinanteils werden separate Passagen gewonnen („Passagenmüllerei"), deren Weiß-

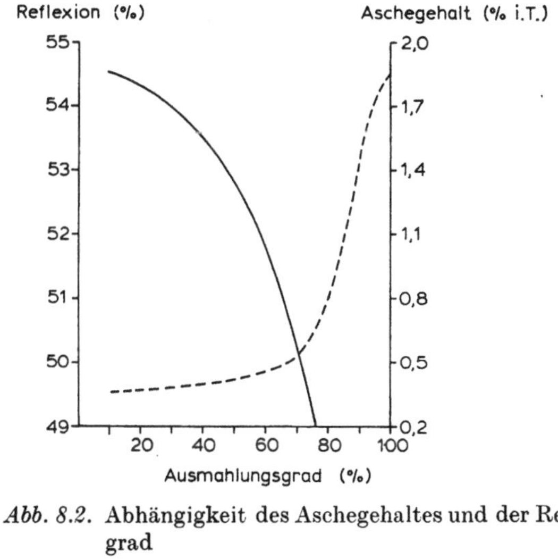

Abb. 8.2. Abhängigkeit des Aschegehaltes und der Reflexion des Weizenmehles vom Ausmahlungsgrad

grad vom „Vormehl" („Auszugsmehl") bis zum „Nachmehl" (aleuronreich) und der „Kleie" hin abnimmt. Das bietet u. a. den Vorteil, Mehle einer beliebigen Handelstype aus entsprechenden Passagen zusammenstellen zu können.

Tabelle 8.11. Beispiele für die Mehltypisierung

	Aschetypisierung (% Asche i. T.)		Helligkeitstypisierung (% Reflexion)	
	mind.	höchst.	mind.	höchst.
Weizenbrotmehl (W 630)	0,58	0,68	51	54
Roggenbrotmehl (R 1150)	1,12	1,25	31	34

Die Mahlprodukte fallen in unterschiedlicher Korngröße an; Weizen wird oft auf Grieße vermahlen, die dann z. T. separat nachzerkleinert (aufgelöst) werden. Das Hauptziel der heutigen Müllerei besteht in der Gewinnung von hellen Mehlen und Dunsten, was zwar der historischen Entwicklung der Verzehrgewohnheiten entspricht, aber ernährungsphysiologisch bedenklich erscheint. Mit abnehmendem Ausmahlungsgrad (bes. von 85 auf 75%) sinken die Gehalte an Rohprotein, Rohfaser, Rohfett, Asche und Vitaminen sowie die Enzymaktivität in unterschiedlichem Ausmaß ab, während der Stärkegehalt ansteigt. Das innere Endosperm (Mehlkörper) ist ärmer an essentiellen Aminosäuren (Lysin) als die anderen Korngewebe. Daraus gewonnenes Mehl besteht aus freien Eiweißteilchen (Zwickelprotein), freien Stärkekörnern (mit z. T. durch Haftprotein bedeckter Oberfläche), Mehlkörperzellen (von Bruchstücken mit proteinverkitteten Stärkekörnern bis zu Zellverbänden) sowie Zellwandbestandteilen. Die Korngrößenverteilung („Kornband") beeinflußt bestimmte Verarbeitungsparameter wie Fließfähigkeit, Benetzbarkeit, Quellung und enzymatische Angreifbarkeit.

Tabelle 8.12. Relative Veränderung der Mehlzusammensetzung in Abhängigkeit vom Ausmahlungsgrad des Weizens (Vollkorn = 100%)

Ausmahlungsgrad (%)	Asche (%)	Rohprotein (%)	Rohfaser (%)	Rohfett (%)	Vitamin B_1 (%)	Niacin (%)
80	50	95	10	70	68	35
70	30	93	5	60	20	17

Tabelle 8.13. Gehalt des Mehles an ausgewählten Inhaltsstoffen bei 65%iger Ausmahlung von Weizen (Vollkorn = 100%)

	%		%
Eisen	26	Tryptophan	70
Phosphor	28	Lysin	74
Calcium	51	Threonin	81
Vitamin B_6	14	Methionin	95
Niacin	17	Prolin	109
Vitamin B_1	40	Glutaminsäure	114
Vitamin B_2	40		

Tabelle 8. 14. Gehalt des Proteins von Weizen und dessen Mahlprodukten an ausgewählten Aminosäuren bei 65%iger Ausmahlung (Vollkorn = 100%)

Aminosäure	g Aminosäure/16 g N	Relativer Gehalt in		
		Mehl (%)	Kleie (%)	Keime (%)
Lysin	2,7	74	141	197
Methionin	1,7	100	88	111
Tryptophan	1,1	82	145	91
Threonin	2,8	93	103	122
Phenylalanin	4,4	109	82	78
Asparaginsäure	4,8	81	138	156
Glutaminsäure	29,3	115	55	48
Prolin	9,9	118	63	51
Arginin	4,7	79	140	147
Cystein	1,8	100	83	55

Spezialmehle unterscheiden sich von üblichen Getreidemehlen durch besondere Zusammensetzung oder spezifische Eigenschaften, die für die Weiterverarbeitung bzw. den Nährwert von Bedeutung sind: Mehle besonderer Feinheitsgrade oder Gluteneigenschaften, Fertig-Instant-Mehle, mit Mineralstoffen oder Vitaminen angereicherte oder aufgeschlossene (partiell verkleisterte bzw. verzuckerte) Mehle, nach Sonderverfahren gewonnene Mehle mit dem ernährungsphysiologischen Wert eines Vollkornmehles, aber demgegenüber verbesserter Verdaulichkeit usw.

8.4.2. *Backwaren*

8.4.2.1. *Allgemeines*

Backwaren sind verzehrfertige Erzeugnisse unterschiedlichster Zusammensetzung und Homogenität, die zumindest partiell durch Backen von Teigen und/oder Massen (Backteige, -massen) produziert werden.

Die bedeutende Variationsbreite in Rezeptur, Herstellungs-, Behandlungs- und Backweise der verschiedenen Teige und Massen sowie deren mannigfache Kombinationsmöglichkeit mit anderen Lebensmitteln, die als spezifische Zusätze, Füllungen, Beläge, Überzüge usw. vor oder nach dem Backen ein- bzw. aufgebracht werden können, erklärt die große Vielfalt der Produkte, insbesondere bei Feinbackwaren.

Die Einteilung erfolgt nach verschiedenen Merkmalen, die meist unmittelbar die Rezeptur betreffen (s. Tab. 8.15), aber auch die Haltbarkeit, Größe oder Form (z. B. Frisch- und Dauer-, Groß- und Kleingebäcke). Für Dauerbackwaren ist meist ein sehr niedriger Wassergehalt typisch.

Tabelle 8. 15. Beispiele für die Klassifizierung von Feinbackwaren nach üblichen rezepturabhängigen Merkmalen

Bezeichnung als „-gebäcke“ nach dem:		
geschmacklich hervortretenden Rohstoff	Zwischenprodukt Teig	Masse
Fett	Blätter-	Biskuit-
Creme	Hefe-	Brand-
Sahne	Mürbe-	Sand-
Obst	Plunder-	Wiener

Von sogenannter einfacher Backware (Brot und brotartige Gebäcke) unterscheidet sich Feinbackware und Konditoreiware zumindest durch einen höheren Zucker-Fett-Gesamtgehalt (minimal 10%).

Fett macht die Gebäckkrume mürbe und verfeinert deren Porung, hält die Kruste weich und geschmeidig und hemmt die Alterung (das Altbackenwerden). Als backtechnisch besonders günstig ist Ei zu beurteilen, da es sowohl lockernde (Eiklarschaum) als auch emulgierend-bindende Wirkung hat (relativ hoher Phospholipidgehalt, Bildung eines festen Eiweißgerüstes bei der Hitzedenaturierung).
Zucker fördert die biologische Teiglockerung (Gärung) und die Bräunung der Gebäcke.

Diätbackwaren lassen sich für spezielle Verbrauchergruppen, wie Diabetiker, Übergewichtige, Herz-Kreislauf-, Nieren-, Zöliakiekranke, in entsprechender Abwandlung üblicher Rezepturen mit reduziertem Energiegehalt, natriumarm, glutenfrei oder mit geänderter Kohlenhydratzusammensetzung bei vermindertem Kohlenhydrat- und begrenztem Fettgehalt erzeugen.

Die Backteige werden unter maßgeblicher Verwendung von Getreidemahlerzeugnissen und/oder Stoffgemischen funktionell ähnlichen Verhaltens hergestellt. Entscheidend für ihre in verschiedenen Geräten (z. B. Valorigraph) meßbaren rheologischen Eigenschaften und die Teigausbeute (Teig/Rohstoff-Massenverhältnis) sind die Quellstoffe (bei Roggen primär die Pentosane und Hexosane, bei Weizen das Gluten) bzw. die gebundene Wassermenge.

In das Eiweißgerüst (vorrangig Gluten bei Weizenmehl, zugesetztes (Eier-)Eiweiß bei Stärke als Rezepturgrundlage), das dem Backgut u. a. Formbeständigkeit verleiht und dessen thermische Koagulation die gelockerte Struktur fixiert, sind die anderen Stoffe (als Hauptkomponente meist Stärke bzw. Stärkegel, aber Zucker bei Baiser) eingelagert. Ist das Eiweißgerüst schwach, so besteht besonders bei schweren Teigen und Massen (fett- und zuckerreich) die Gefahr, daß es beim Backen zusammenfällt (Schliffigkeit als Gebäckfehler).

Bei technologisch richtiger Bereitung und Weiterbehandlung („Führung“) erreichen die Teige und Massen in der Phase ihres höchsten Triebes bzw. unmittelbar vor der beginnenden Eiweißkoagulierung ihr bestes Gashaltevermögen, was für die Ausbildung einer optimalen Gebäckstruktur sehr wichtig ist.

Das *Ausbacken* (Backprozeß im engeren Sinne) erfolgt für die meisten Gebäcke überwiegend mit klimatisierter Heißluft in Backöfen, aber für Fettgebäcke (Pfannkuchen u. ä.) mit heißem (Fritier-)Fett als Backmedium in sogenannten Friteusen.

8.4.2.2. Lockerung von Backteigen und -massen

Die auf der Bildung oder Einbringung von Gasen beruhende Lockerung läßt sich mit verschiedenen Mitteln und Verfahren erzielen.

Biologische Teiglockerungsmittel

Zur Lockerung von Weizenteigen nutzt man in großem Umfang die Gärtätigkeit (Kohlendioxid- und Ethanolbildung aus vergärbaren Zuckern) von *Backhefe* (Branntweinhefe), die aus gärkräftigen Brennereiheferassen der Gattung *Saccharomyces cerevisiae* kultiviert wird und frisch als Preßhefe (50 bis 75% Wassergehalt) oder schonend getrocknet als Trockenbackhefe (Dauerhefe, maximal 12% Wassergehalt) zur Anwendung kommt.

Aus Gründen des geringeren Arbeits- und Zeitaufwandes wird die direkte gegenüber der indirekten Teigführung (mit Vorteig, „Hefestück“) meistens bevorzugt. Teige aus „glutenschwachen“ Rohstoffen müssen sogar möglichst kurz und damit direkt geführt werden, um übermäßige Proteolyse und Amylolyse (Breitlaufen der Gebäcke) zu verhindern. Die einen stärkeren enzymatischen Abbau bewirkende und hefesparende indirekte Teigführung kann aber für die Verarbeitung „glutenstarker“ Teige günstiger sein (bessere Backergebnisse, bes. in geschmacklicher Hinsicht durch vermehrte enzymatische Bildung von Aroma- und Geschmacksstoffen bzw. ihrer Vorstufen).

Unter *Sauerteig* versteht man einen biologisch gesäuerten, reifenden (Vor-)Teig, den man durch Zusatz von Mehl und Wasser je nach Verfahren stufenweise weiterführen und in fortlaufender Säuerung und Reifung halten kann. Sauerteig hat auch heute noch für die Roggen- und Mischbrotherstellung besondere Bedeutung. Unter seinem die Schimmelbildung verhütenden Säureeinfluß werden nicht nur Roggeneiweiß und -schleimstoffe genügend quellfähig (hierzu könnte man chemische Präparate einsetzen), sondern auch Brote von ausgezeichnetem Aroma und Geschmack herstellbar.

Sauerteigkulturen für die Brotproduktion bestehen im wesentlichen aus heterofermentativen Lactobacillen (*L. plantarum*, *-brevis*, *-fermenti*), die vorwiegend Milchsäure und Kohlendioxid, daneben Essigsäure und weitere sensorisch wirksame Verbindungen bilden, und aus Hefen, die an das saure Milieu adaptiert sind.

Abgesehen von extremen Varianten, z. B. dem nur einstufigen Berliner Kurzsauerverfahren nach PELSHENKE, zielt die Sauerteigführung darauf ab, neben der ausreichenden Teigsäuerung (pH $\sim$ 4,3) unter Einhaltung eines sensorisch günstigen Milch-/Essigsäure-Verhältnisses auch die Hefevermehrung in den „Sauerstufen“ des Teiges zu gewährleisten. Durch Lenkung des u. a. rohstoffmäßig von der Pufferkapazität (bes. Phytingehalt) des Mehles abhängigen Säuerungsverlaufes über die Temperatur, Festigkeit und Dauer der „Sauerstufen“ und durch einen unterschiedlichen Sauerteiganteil (5 bis 50%) lassen sich Brotgeschmack und -lockerungsgrad in weiten Grenzen variieren.

Chemische Teiglockerungsmittel

Aus den chemischen Teiglockerungsmitteln wird im Backgut vor (Vortrieb) und bei der thermischen Behandlung (Haupttrieb) durch chemische Reaktionen Gas freigesetzt (meist Kohlendioxid; aus Ammoniumverbindungen auch Ammoniak).

Sie werden speziell zur Herstellung von Feinbackwaren und entsprechenden Dauerbackwaren angewendet. Im Gegensatz zu den aus Aroma- und Geschmacksgründen oft bevorzugten biologischen Lockerungsmitteln, wirken sie auch in zucker- und fettreichen Teigen bzw. den verschiedenartigsten Massen zuverlässig und ermöglichen durch das Entfallen der Reifung eine schnellere Produktion ohne Substanzverlust („Gärverlust" sonst etwa 1,5 bis 4%).

Am universellsten anwendbar sind *Backpulver*, bei denen es sich um Feststoffgemische aus einem Kohlendioxidträger (meist Natriumhydrogencarbonat) und einem sauren Bestandteil handelt, deren vorzeitige Reaktion durch indifferente Überzüge oder Gemischkomponenten (sog. Trennmittel, z. B. Stärke oder Getreidemehl) verhindert wird. Über eine geeignete Substanzauswahl und -kombination läßt sich die Kohlendioxidentwicklung, die allmählich und in Vor- und Haupttrieb unterteilt zu erfolgen hat, regulieren. Als saure Komponenten finden organische Säuren Verwendung, z. B. Weinsäure, Citronensäure, Gluconsäure-δ-lacton (höherer Vortrieb, für Instant-Brot in USA), bevorzugt aber saure Salze wie Dinatriumdiphosphat ($Na_2H_2P_2O_7$), Calciumhydrogenphosphat und Kaliumhydrogentartrat (Weinstein).

Für bestimmte Flachgebäcke werden auch *Ammoniumtriebmittel* (z. B. Ammoniumhydrogencarbonat allein oder im Gemisch mit Ammoniumcarbonat und -carbaminat als Hirschhornsalz), Natriumhydrogencarbonat (Natron) oder Kaliumcarbonat (Pottasche, für länger lagernde Honigkuchenteige) eingesetzt, wobei mit zunehmend basischer Reaktion das Breitlaufen gegenüber dem Hochtreiben („Aufgehen") der Teige begünstigt wird. Die Ammoniumverbindungen werden oberhalb 333 K (60 °C) wirksam und ergeben den höchsten Ofentrieb.

Physikalische Lockerung von Teigen und Massen

Diese erfolgt im allgemeinen so, daß die Lockerungsgase, meist *Luft* oder *Kohlendioxid* (evtl. auch Kohlensäureschnee), in die ggf. gekühlten Teige und Massen durch Einrühren, -schlagen oder -blasen (z. B. bei Knäckebrot) eingebracht werden. Einen Sonderfall stellen sogenannte Ziehteige wie Blätter- und Plunderteige (zusätzlich durch Hefe gelockert) dar, deren einzelne durch dünne Fettschichten getrennte Teiglagen durch den beim Backen entweichenden Wasserdampf voneinander abgehoben werden, so daß eine blättrige Gebäckstruktur entsteht.

8.4.2.3. Backmittel

Back(hilfs)mittel ist der Sammelbegriff für zahlreiche Stoffe und Stoffkombinationen, die — je nach Wirkungsweise und Erfordernis — einzeln oder im Gemisch zu insgesamt etwa 0,1 bis 4% den Mahlerzeugnissen bei der Teig- oder Masseherstellung zugesetzt werden, um Gebäckfehler zu vermeiden, die Gebäckqualität und -ausbeute zu verbessern bzw. diese durch Ausgleich von Unterschieden in den Rohstoffeigenschaften auf einem gleichbleibend hohen Stand zu halten.

Zu ihnen zählen u. a. Präparate zur

- *Förderung der biologischen Teiglockerung*: vergärbare Saccharide (insbesondere Stärkeverzuckerungsprodukte), Nährsalze (z. B. Ammoniumphosphat), Hefereizstoffe (z. B. ätherische Öle und Ethanol).
- *Erhöhung der Wasserbindung*: entfettetes Sojamehl, Quellmehle (verkleisterte Mehle) u. a. pflanzliche Hydrokolloidbildner, z. B. Alginate, Guar- u. Johannisbrotkernmehle, Pectine bzw. Teigsäuerungsmittel (Förderung der Eiweiß- u. Schleimstoffquellung durch pH-Regulierung, z. B. Fertigsauer).
- *Verbesserung der Krumenqualität (einschließlich Porung und Frischhaltung) bei möglicher Reduzierung des Backfetteinsatzes*: Backmittel mit emulgierender Wirkung, die z. B. Phospholipide („Lecithinbackmittel“) oder Fettsäuremonoester (und -diester) des Glycerols (oder Propan-1,2-diols) bzw. entsprechend aktive Derivate solcher Partialester enthalten.
- *Unterstützung der Bräunung und Krustenbildung*: Saccharide, Milchprodukte (meist konzentriert oder getrocknet), enzymatische Backmittel.
- *Verhütung bestimmter verderbauslösender mikrobieller Infektionen*: Calcium-, Natriumpropionat, Sorbinsäure/Sorbat-Gemische zur Bekämpfung von Schimmelpilzen (Aspergillus-, Mucor-, Penicilliumarten), Calciumacetat, angesäuertes Calcium- oder Natriumpropionat als Mittel gegen das häufig auftretende „Fadenziehen“ von ungesäuertem Weißbrot (Mischinfektion unter Hauptbeteiligung von *Bacillus subtilis*, synonym mit *Bac. mesentericus*; die Sporen überdauern den Backprozeß). Vielfach finden derartige antimikrobiell wirksame Zusätze auch in Kombinationspräparaten, sogenannten Mischbackmitteln, Anwendung (z. T. als Backcremes fett-, emulgator- und saccharidhaltig).

Fertig- oder *Trockensauer* bestehen aus Quellmehlen mit aus Sauerteigreinkultur-Maischen gewonnener Milch- und Essigsäure (sowie zugesetzter Wein- und Citronensäure). Ihre kombinierte Verwendung mit Hefe vereinfacht und verkürzt die Roggenbrotherstellung wesentlich (auf etwa 3 h), ergibt aber gegenüber der konventionellen, mehrstufigen Sauerführung Gebäcke mit einseitigem, weniger befriedigendem Aroma und Geschmack.

Unter den enzymatischen Backmitteln haben Präparate zur Aufbesserung der α-Amylase-Aktivität die größte Bedeutung, besonders bei Weizenmehlen. Je nach Herkunft unterscheiden sie sich hinsichtlich Temperaturstabilität und enzymatischer Nebeneffekte. So wirken sich die Glucoamylase- und Dextrinase-Nebenaktivität, die in α-Amylase-Präparaten aus Schimmelpilzen (*Aspergillus oryzae, -niger*) vorhanden sind, backtechnisch vorteilhaft aus, während das für die Protease-Nebenaktivität der Malzmehle und -extrakte nur bei der Verarbeitung glutenstarker Mehle zutrifft.

Wenn man an Stelle von Schimmelpilz-α-Amylasen, die im gleichen Temperaturbereich (333 bis 336 K = 60 bis 63 °C) wie Hefezellen denaturiert werden, weniger temperaturempfindliche α-Amylasen (z. B. aus Malz oder *Bac. subtilis*) einsetzt, besteht potentiell die Gefahr eines zu weitgehenden Stärkeabbaus.

8.4.2.4. Brot

Brot ist eine im allgemeinen aus Mahlprodukten des Brotgetreides (Weizen, Roggen) und Wasser mit Zusatz von Speisesalz sowie (Back- und) Lockerungsmitteln in vielen Varianten gefertigte Backware, die gegenwärtig für etwa 40% der Weltbevölkerung (etwa 60% gelten als sogenannte Breiesser) ein wichtiges Grundnahrungsmittel darstellt.

Weizen und Roggen sind die Grundlage zur Erzeugung von Laib- und Kastenbroten (Gebäck mit deutlich ausgeprägter Krume und Kruste), während für Flachbrote (und Fladengebäcke) auch andere Getreide (z. B. Gerste, Hafer, Mais), deren Teige ungenügend „Stand" aufweisen, geeignet sind.

Außerdem dienen in bestimmten Gebieten, z. B. Afrikas, Asiens, Südamerikas, Pflanzenstärkemehle von Cassava, Süßkartoffel, Yam u. a. unter Zusatz von Proteinmehlen aus entfetteter Ölsaat, Fisch usw. als (partieller) Getreidemehlersatz für die Brotbereitung.

Die Bezeichnungen für die zahlreichen Brotsorten leiten sich z. B. ab von:

- den Getreiderohstoffen: z. B. Roggen-, Misch-, Weizen(vollkorn)brot
- charakteristischen Zusätzen: z. B. Hafer-, Malz-, Eiweiß-, Milch-, Früchtebrot u. a.
- Besonderheiten der Zusammensetzung: z. B. bei Diätbroten (glutenfrei, energiereduziert usw.)
- der Teigführung: z. B. Hefe-, Mehr- und Einstufensauerbrot
- dem Ausbackprozeß: Dampfkammer-, Steinofen-, Doppelbackbrot usw.
- der (Back-)Form: Flach-, Laibbrot (angeschobenes oder freigeschobenes), Kastenbrot
- der Haltbarkeit und Konfektionierung: Frisch-, Dauer-, Folien-, Dosenbrot u. a.
- dem Ursprung der Herstellung: z. B. Bauern-, Heide-, Berliner Land-, Rheinisches Schwarzbrot
- dem Erfinder: z. B. GRAHAM-, STEINMETZ-Brot.

Nicht alle sogenannten „Brote" (z. B. Russisch- und Kuchen-Brot) zählen zu den Brotgebäcken.

Bei der Herstellung von *Laibbrot* kommt der Teig nach der Stückreife „ofenreif" zum Ausbacken. Ähnlich wie bei anderen Gebäcken steigen die Temperaturen im Gebäckinneren nur langsam auf maximal 373 K (100 °C) an, wobei oberhalb 333 K (60 °C) das vom Eiweiß abgegebene Wasser fast restlos von der Stärke aufgenommen wird (Verkleisterung und partieller Abbau). Demgegenüber ergibt sich in Abhängigkeit von Backdauer und Backraumtemperatur (493 bis 523 K = 220 bis 250 °C) ein hoher Wasserverlust (etwa 50 bis 80%) in den bis zu 473 K (200 °C) heißen Randschichten. Der Gesamtwassergehalt von Broten schwankt etwa zwischen 35% und 45%.

Bei der Entstehung der Kruste spielen Stärkedextrinierung und weitergehender Abbau unter Bildung von Röststoffen (Röstbitter) und Melanoidinen eine Rolle. Als Eiweißzersetzungsprodukt ist u. a. auch Histamin nachweisbar.

Unter den Aroma- und Geschmacksstoffen des Brotes sind weniger Acetoin und Diacetyl als vielmehr Furfurale, Pentanole, Isobutanol, Methylmercaptan, Methional, Phenylethanal, Methylbutanale, MAILLARD-Produkte, freie Aminosäuren und organische Säuren (vor allem Milch- und Essigsäure) von Bedeutung.

Knäckebrot ist ein zart- bis hartknuspriges Flachbrot aus biologisch, physikalisch oder chemisch gelockertem, gekühltem (Roggen-) Vollkornmehl- oder Feinschrotteig, der innerhalb 8 bis 10 min in einem Durchlaufofen gebacken, in rechteckige Scheiben gesägt und sofort verpackt wird (maximaler Wassergehalt 7%).

Pumpernickel wird als rindenloses Spezialbrot aus Roggenvollkorn- oder -backschrot (Keimling und Schale sind partiell entfernt) z. T. unter Zusatz von eingeweichtem, feinzerkleinertem Restbrot (Pumpernickel-Schnittabfall zur Verbesserung von Saftigkeit, Aroma und Färbung) nach einem besonderen (Dampfkammer-) Backverfahren bei reichlicher Dampfzufuhr, langer Backzeit (mindestens 16 h) und relativ niedriger Temperatur (etwa 363 bis 443 K = 90 bis 170 °C, programmiert) erbacken (gesotten). Dabei wird ein Teil der Stärke zu Dextrinen und Maltose abgebaut, und die Krume färbt sich vor allem infolge Melanoidinbildung schwarz-braun; Vitamin B_1 wird gänzlich zerstört. Der Zusatz von Hefe und/oder Sauerteig beeinflußt den insgesamt sehr würzigen Geschmack (neben süßer Note mehr oder weniger säuerlich). Pumpernickel ist relativ schimmelanfällig und wird deshalb teilweise mit Calciumpropionat (0,4%) konserviert bzw. nach dem Verpacken sterilisiert.

Brotfehler

Brotfehler sind Qualitätsmängel, die durch unzureichende Mehlbeschaffenheit, unsachgemäße Teigbereitung, -bearbeitung und -reifung, falsche Führung des Backprozesses oder ungünstige Lagerungsbedingungen entstehen können (Brot mit Wasserstreifen oder -kernen, unelastisch-klebriger Krume, kleinem Volumen, rissiger Krume, abgebackener, d. h. von der Krume partiell abgelöster Kruste, mikrobieller Infektion usw.).

Brotlagerung

Brote erleiden nach der Fertigstellung in Abhängigkeit von den Lagerungsbedingungen und je nach ihrer Zusammensetzung, dem Backregime, der Größe und Form einen weiteren Wasserverlust und unterliegen bei bestimmten Bedingungen (266 bis 323 K = −7 bis 60 °C) mehr oder weniger der Alterung („*Altbackenwerden*"). Im wesentlichen ist dafür eine Entquellung (Synärese) des Stärkegels unter teilweiser Rekristallisation (Retrogradation) der Stärkebestandteile verantwortlich zu machen. Über den Mechanismus, die Rolle des Proteinanteils sowie die Hemmung dieses Prozesses durch bestimmte Zusatzstoffe wie Glyceridfett und Emulgatoren besteht noch keine endgültige Klarheit.

Der altbackene Zustand läßt sich durch Erhitzen der Produkte in gewissem Umfang und zeitlich begrenzt rückgängig machen. Das Altern frischer Backwaren kann durch Schnellgefrieren mit anschließender Tiefgefrierlagerung verhindert werden.

Ein mikrobieller Brotverderb bei der Lagerung, wie das Schimmeln (Aspergillus-, Mucor-, Penicilliumarten) mit der Gefahr der Entstehung von Mycotoxinen (vgl. I; 16.3.3.1.) und das Fadenziehen ungesäuerter Brote, ist auf eine nachträgliche Infektion des Brotes oder auf das Auskeimen schon vorher eingeschleppter, hitzeresistenter Sporen (z. B. von *Bac. subtilis*) nach dem Backen zurückzuführen. Sie lassen sich durch Einsatz konservierender Backmittel oder durch Sterilisieren der z. B. in Aluminium-, Polypropylen- oder lackierten Zellglasfolien verpackten Brote vorbeugend bekämpfen.

8.4.3. Nährmittel

Als Nährmittel werden koch-, tisch- oder verzehrfertige Getreide-, Stärke- und Hülsenfruchterzeugnisse bezeichnet, die als wasserarme Produkte einen hohen Energiegehalt besitzen.

Nach dem Bestimmungszweck kann man *Säuglings-*, *Kinder-* (z. B. Instant-Mehrkornnahrung), *Frühstücksnährmittel* u. a. unterscheiden.

Zu den *kochfertigen Nährmitteln* gehören direkt oder nach einem Parboiling-Prozeß schälmüllereitechnisch bearbeitete Getreide und Hülsenfrüchte in ganzer (Speisereis, Grobgraupen, geschälte Erbsen), partiell zerkleinerter (Grütze, Perlgraupen) und/ oder gewalzter Form (Rohflocken), Mehle von Schälgetreide („Nicht-Brotgetreide") und Hülsenfrüchten sowie Grieße (auch vom Brotgetreide).

Als weitere Untergruppen sind kochfertige Pudding-, Süßspeise-, Saucenpulver, Trockenschleime (z. B. aus Hafer, Reis) und Trockensuppen zu erwähnen.

Bei *Schnellkochnährmitteln* (Schnellkoch-Reis, Tempolinsen u. a.) ist die Garzeit infolge hydrothermischer Vorbehandlung verkürzt.

Demgegenüber bedürfen die kalt oder warm schnell quellfähigen, *tischfertigen Instant-Nährmittel* keiner weiteren thermischen Zubereitung.

Als tischfertig können auch Getreideroh-, -knusperflocken und Dosenreis, als verzehrfertig Imbißerzeugnisse (Snacks) wie extrudierte Flips und Chips gelten; gepuffte Produkte (z. B. Puffreis, -mais) sind beiden Gruppen zuzurechnen.

Teigwaren werden ohne biologische oder sonstige Lockerung aus stärkereichen, proteinhaltigen, festen „Pflanzenmehl"-Teigen in kochfertiger Form hergestellt. Mit Ausnahme der sogenannten *Frischteigwaren* sind sie durch Trocknen haltbar gemacht. Als Grundlage für die Herstellung dienen vorrangig Weizen(Durumweizen, meist im Gemisch mit anderen glasigen Weizensorten), daneben, regional unterschiedlich bzw. ersatzweise, auch anderes Getreide, Leguminosen, Maniok u. a., wobei dann mitunter Quellmittel (z. B. Johannisbrotkernmehl) oder quellungshemmende Salze zuzumischen sind. *Glutenfreie* (*Diät-*) *Teigwaren* („Stärketeigwaren") lassen sich z. B. auf der Basis von Kartoffel- und Maisstärke unter Mitverwendung von Sojamehl erzeugen.

Helle stippenfreie Grieße und/oder Dunste („*Grieß-Teigwaren*") aus proteinreichen Hartweizen mit mittlerer Kleberqualität und hohem Gelbpigmentgehalt (Carotenoide) lassen sich zu hochwertigen Teigwaren am besten verarbeiten. Ein hoher Proteingehalt der Rohstoffe begünstigt die Teigbildung, die Teigresistenz gegenüber den mechanischen Beanspruchungen (bes. beim Pressen oder Auswalzen, Trocknen und Verpakken) und die Kocheigenschaften (geringere Abkochverluste). Die Teigwaren enthalten meistens 10 bis 12% Wasser, 10 bis 15% Eiweiß, 1 bis 3,5% Lipide, 70 bis 75% Kohlenhydrate und 0,7 bis 1,1% Mineralstoffe.

Normalerweise werden Weizenerzeugnisse mit einem Ausmahlungsgrad von maximal 70% zu Teigwaren verarbeitet; nur ausnahmeweise liegt er höher wie für „*Graumehl-*" (meist zu 80 bis 85% ausgemahlene Mehl-Grieß-Gemische) und „*Vollkorn-Teigwaren*".

Bei der Teigbereitung (303 bis 333 K = 30 bis 60 °C, abgekochtes Wasser) erfolgen im allgemeinen Zusätze zur Erhöhung der Qualität, Verbesserung des Aussehens oder zur Würzung (in Abgrenzung von sogenannten „*Wasser-Teigwaren*" z. T. namengebende Zusätze von Ei, Milch(pulver), Gluten, Soja oder anderen Proteinpräparaten bei eiweißangereicherten Teigwaren und von „Lecithin“ (Phosphatiden), anderen Emulgatoren und ggf. von Gemüse, Kräutern usw.).

Der Glanz von Teigwaren bzw. ihre Transparenz nimmt mit dem Anteil an verkleisterter Stärke im Fertigprodukt zu.

Die Formung erfolgt durch Dünnwalzen und Schneiden oder Ausstanzen (figürliche oder Bologneser Teigwaren) plastischer Teige, heute jedoch fast ausschließlich durch (Vakuum-) Formpressen einer Teigkrümelmasse, die erst in der Presse auf dem Wege zum temperierbaren Pressenkopf zu einem plastisch-homogenen Teig verknetet wird. Je nach Gestaltung der meist mit Tefloneinsätzen versehenen Durchlaßöffnungen der Preßmatritze (für Hohlwaren mit Verdrängern, die für Makkaroni zentrisch, für Hörnchen azentrisch angeordnet sind) ergeben sich verschieden vorgeformte Teigstränge, die — mittels Gebläse oberflächlich abgetrocknet — Wickellegemaschinen (Fadennudeln), Stanz- oder Schneidevorrichtungen passieren. Preßteigwaren besitzen gegenüber Walzenteigwaren ein wesentlich dichteres Gefüge.

Die Trocknung als der problemreichste Produktionsschritt, besonders bei Makkaroni, muß zur Gewährleistung ausreichender Quellfähigkeit und Formbeständigkeit der Produkte von innen nach außen und schonend, d. h. bei nicht zu hoher Temperatur (etwa 318 bis 333 K = 45 bis 60 °C), klimatisiert und schrittweise, aber zügig innerhalb von 6 bis 10 h für kurze Teigwaren und von 24 bis 30 h für Makkaroni vorgenommen werden (Vortrocknung von etwa 30% auf 24 bis 20% und nach einer Schwitzperiode schließlich Endtrocknung auf 10 bis 12% Wassergehalt), um einerseits Rißbildung und andererseits Säuerung, Mürbung und Schimmelbildung (Muffigkeit) zu verhindern. Eine weißlich-rauhe Oberfläche ergibt sich meist infolge zu trockener oder zäher Teige bzw. durch Überhitzung des Gutes beim Auspreßvorgang.

Teigwaren guter Qualität (Kochprobe) sind im Gegensatz zu minderwertiger Ware weder schleimig-weich, teigig-pappig oder klebrig, sondern locker-elastisch und kernig im Biß.

An nachteiligen Lagerveränderungen sind Rißbildung als Auswirkung von Restspannungen (besonders bei Schwankungen des Lagerklimas), Transparenzverlust (partielle Retrogradation der Stärke), Ausbleichen, Ranzidität (besonders bei hoher Lipaseaktivität und unsachgemäßer Lagerung) zu erwähnen.

Die analytische Ermittlung des Ei(gelb)gehaltes von Eierteigwaren läßt sich angenähert über den Gesamtlipidgehalt, am genauesten über den Cholesterolgehalt (Sterolgehalt) durchführen. Zur Beurteilung eines Phosphatidzusatzes („Lecithin-Teigwaren“) ist das Verhältnis Phosphatid-Phosphorsäure („Lecithinphosphorsäure“) zu Sterolgehalt heranzuziehen. Zu beachten ist dabei, daß durch die im Weizen vorhandene Phospholipase D das Lecitin zu Cholin und der entsprechenden Phosphatidsäure gespalten werden kann (bei feuchter Lagerung, bes. im Gebiet der Kapillarkondensation).

9. Hülsenfrüchte

9.1. Allgemeines

Unter Hülsenfrüchten versteht man die reifen, getrockneten Samen der Schmetterlingsblüter (Papilionaceen), die auch als Leguminosen bezeichnet werden und sich durch einen hohen Eiweißgehalt auszeichnen.

Für die menschliche Ernährung werden vor allem *Bohnen, Erbsen, Linsen* sowie *Erdnüsse* und *Sojabohnen* kultiviert, wobei die beiden letztgenannten zusätzlich einen hohen Lipidgehalt besitzen. Bohnen und Erbsen finden in unreifem Zustand als Gemüse Verwendung. Hülsenfrüchte wie Süßlupine, Luzerne, Seradella, Puffbohne (Ackerbohne), Peluschke (Ackererbse) u. a., aber auch die Sojabohne sowie die bei der Fettgewinnung von Soja- und Erdnußöl anfallenden Preß- bzw. Extraktionsrückstände sind ein wertvolles Futtermittel.

Tabelle 9.1. Ernteerträge (1978) an Sojabohnen und Erdnüssen (1000 t)[1]

Sojabohnen		Erdnüsse	
Welt	80410	Welt	18744
USA	50899	Indien	6387
China[2]	12841	China	2710
Brasilien	9535	USA	1809
Argentinien	2500	Senegal	1021
UdSSR	634	Sudan	811

[1] Statistisches Jahrbuch für die BRD 1980
[2] einschließlich Taiwan

Wenngleich auch in den Industrieländern allgemein ein Rückgang im Verzehr von Leguminosen zu verzeichnen ist (jährlicher Verbrauch in Mitteleuropa etwa 1 kg pro Kopf) hat der Mangel an Eiweiß in weiten Teilen der Welt gerade in den letzten Jahren das Interesse wieder auf die Hülsenfrüchte gelenkt, da hierbei die Hektarerträge an Eiweiß am höchsten sind. In Mitteleuropa rechnet man bei Leguminosen mit 4 bis 6 dt/ha und bei Getreide mit 2 bis 4 dt/ha an Rohprotein, wobei aber die Leguminosen etwa die doppelte Menge an Saatgut benötigen, unkrautanfälliger als Getreide sind und die Ernte aufwendiger ist.

Für die Agrarwirtschaft ist beim Anbau von Leguminosen von besonderer Bedeutung, daß sie luftstickstoffbindende Wurzelknöllchen haben (Gründüngung!). So kann z. B. 1 ha Lupinen während einer Vegetationsperiode über 200 kg Stickstoff assimilieren.

Das Eiweiß der Leguminosen ist durch den Mangel an S-haltigen Aminosäuren (Methioningehalt 0,5 bis 2% vom Gesamteiweiß) weniger wertvoll, wird in Hülsenfruchtmehlen aber zu etwa 80% ausgenutzt und kann leicht durch Zugabe von anderem Eiweiß (z. B. Milchpulver) biologisch aufgewertet werden.

Die rohen Samen sind nahezu unverdaulich, erst durch industrie- oder küchenmäßige Aufarbeitung bzw. Behandlung werden sie verdaubar gemacht. Trotzdem bleiben ungeschälte ganze Hülsenfrüchte auf Grund ihres hohen Rohfasergehaltes in den Hüllen schwer verdaulich und schlecht ausnutzbar. Hülsenfruchtmehle selbst sind nicht backfähig, können aber, Cerealienmehl zugesetzt, dessen Backfähigkeit verbessern.

9.2. Zusammensetzung

Charakteristisch für Hülsenfrüchte ist ihr hoher Eiweißgehalt (20 bis 45%) und der Anteil an Phospholipiden (0,1 bis 0,8%). Ebenfalls relativ groß sind die Mengen an Rohfaser und Mineralstoffen, wobei die Hauptkomponenten in der Asche Kalium und Phosphor sind.

Tabelle 9.2. Zusammensetzung von Leguminosen (Angabe in %)

	Bohne	Erbse	Linse	Erdnuß	Sojabohne	Lupine
Wasser	10–12	8–12	10–12	4–8	5–10	10–12
Mineralstoffe	3–4	2,5–3	3–3,5	1,5–3	3,5–6	3–5
Fett	1–2	1–2	1–2	45–50	15–20	5–10
Rohfaser	3–4	1–2	2,5–4	2–4	2,5–6	10–15
Eiweiß	20–25	20–25	20–25	25–35	30–45	30–40
Kohlenhydrate	50–60	50–60	50–60	8–15	15–25	25–35

Kohlenhydrate

Der Hauptanteil der Kohlenhydrate entfällt bei den fettarmen Hülsenfrüchten auf Stärke, während die fettreichen Erdnüsse und Sojabohnen nur geringe Mengen davon (bis etwa maximal 5%) enthalten. Dafür enthalten sie aber größere Mengen (bis 6%) an Saccharose, deren Menge bei Erbsen, Bohnen und Linsen nur zwischen 1,5 und 3% liegt. Außerdem sind in den Leguminosen Pentosane und Pectine vorhanden, von denen die letztgenannten für die langen Kochzeiten (Reaktion der Pectine mit Calcium- bzw. Magnesiumionen) mit verantwortlich gemacht werden.

Die vor allem in Asien angebaute Mondbohne *(Phaseolus lunatus)*, auch als Birma-, Lima-, Paigya- oder Rangoonbohne bezeichnet, enthält nicht unerhebliche Mengen des giftigen Glycosids Phaseolunatin, das enzymatisch (Emulsin) in Blausäure (60 bis 70 mg/kg), Aceton und Glucose gespalten wird. Beim Garen in geschlossenen Gefäßen kann die Blausäure nicht entweichen und somit Anlaß zu Vergiftungen geben.

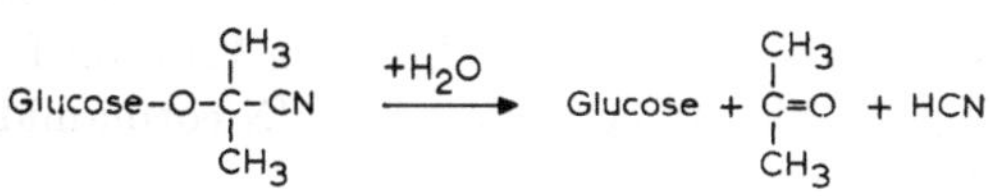

Stickstoffhaltige Substanzen

Das *Eiweiß* der Hülsenfrüchte besteht überwiegend (bis 85%) aus Globulinen, wie Glycinin (Soja), Phaseolin (Bohne und Soja), Vicillin (Erbse), Legumin (Erbse und Linse), Arachin und Conarachin (Erdnuß) sowie Conglutin (Lupine), von denen das Sojaeiweiß den höchsten biologischen Wert besitzt.

Leguminosen enthalten aber auch different wirkende Eiweißstoffe, wie Hämagglutinine und Proteaseinhibitoren, die aber durch Hitzeeinwirkung nahezu restlos inaktiviert werden. Unverträglichkeitserscheinungen (Nausea, Diarrhoe und Emesis) bei nicht hitzebehandelten Leguminosen können auf die vorgenannten Stoffe zurückzuführen sein.

Die *Hämagglutinine* scheinen überwiegend die Struktur von Glycoproteiden zu haben. Das aus Bohnen (Phaseulus vulgaris) isolierte Phaseolotoxin A enthält Glucose, Mannose, Galactose, Fucose und Xylose als Kohlenhydratkomponenten und hat eine relative Molekülmasse von 12600. Die LD_{50} für die Maus wurde mit 50 mg/kg ermittelt.

Die *Proteaseinhibitoren* („Anti-Enzyme") sind Proteine (relative Molekülmasse meist 6000 bis 25000), die mit den Enzymen inaktive Komplexe bilden. Die besonders in Sojabohnen und Bohnen enthaltenen verschiedenen Trypsininhibitoren werden am besten durch feuchtes Erhitzen (Toastung) inaktiviert.

In Erdnüssen, Sojabohnen und Lupinen finden sich unterschiedliche Mengen der bitter schmeckenden *Saponine*, die durch Extraktion, Auslaugen, Dämpfen usw. zumindest partiell entfernt werden können.

Von den Lupinen haben nur die Süßlupinen (bitterstoff- und alkaloidarme Varietäten insbesondere der weißen und gelben Lupinen) als Futtermittel Bedeutung erlangt. In der menschlichen Ernährung werden sie kaum verwendet, da der Restalkaloidgehalt zu hoch ist. Typische Lupinenalkaloide sind Lupinin, Lupanin, Spartein, Hydroxylupanin und Angustifolin (insgesamt etwa 0,15%).

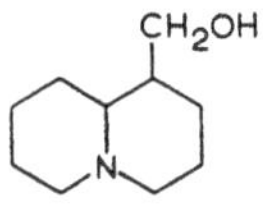

Lupinin

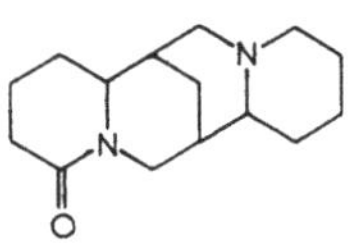

Lupanin

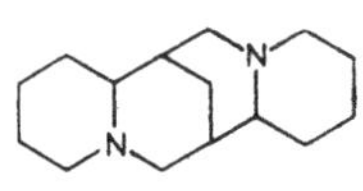

Spartein

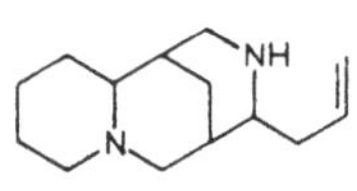

Angustifolin

Lipide

Während Bohne, Erbse und Linse nur sehr geringe Mengen Lipide (1 bis 2%) enthalten, kommen in Sojabohnen und Erdnüssen so große Mengen vor, daß sich eine technische Gewinnung als Speiseöl lohnt (s. II; 7.4.3.). Da die Fettsäuren der Leguminosenfette relativ stark ungesättigt sind (Iodzahl bis 160), muß bei unsachgemäßer Lagerung von zerkleinerten Hülsenfrüchten (insbesondere bei nicht entfetteten Produkten) mit autoxydativem Verderb gerechnet werden.

Vitamine und Enzyme

An Vitaminen findet man in 1 kg Hülsenfrüchten etwa 1 bis 5 mg Carotene, 10 bis 50 mg Vitamin E (bei Soja etwa 150), 5 bis 10 mg Vitamin B_1, 1,5 bis 3 mg Vitamin B_2 (bei Soja bis 12 mg), 1 bis 3 mg Vitamin B_6, 20 bis 50 mg Nicotinsäure/Nicotinamid (bei Erdnuß bis 200 mg) und 15 bis 50 mg Vitamin C.

Der Enzymgehalt der Leguminosen ist mit dem des Getreides vergleichbar. Charakteristisch für Leguminosen ist aber das Vorkommen größerer Mengen an Urease (insbesondere bei Sojabohnen).

Die Bestimmung der Ureaseaktivität wird bei Sojabohnen zum Nachweis einer stattgefundenen Erhitzung (Inaktivierung von Proteaseinhibitoren usw.) herangezogen.

9.3. Lagerung

Gesunde, unverletzte und ordnungsgemäß getrocknete Hülsenfrüchte sind bei Temperaturen von 278 bis 283 K (5 bis 10 °C) gut lagerfähig (1 Jahr und länger). Feuchte Hülsenfrüchte müssen schonend bei möglichst niedrigen Temperaturen (etwa 303 K = 30 °C) getrocknet werden, da anderenfalls die Gefahr besteht, daß die Samenschale reißt.

An tierischen Schädlingen kommen die verschiedenen Samenkäfer in Betracht sowie pilzliche Schädlinge, von denen insbesondere auf den toxinbildenden Schimmelpilz *Aspergillus flavus* (s. I; 16.3.3.) zu achten ist, der häufig auf Erdnüssen angetroffen wird.

9.4. Hülsenfruchterzeugnisse

Typische Produkte aus Erbsen sind *geschälte Erbsen*, die durch Entfernung der Samenschale eine wesentlich verkürzte Kochzeit haben, *halbierte Erbsen* und *Erbsmehl*, das aus gekochten und anschließend zermahlenen Erbsen besteht. Weiterhin werden aus gemahlenen, aufgeschlossenen Hülsenfrüchten unter Zusatz von Gewürzen, Fleisch, Fett usw. eine Vielzahl von Dauererzeugnissen, wie *Erbswurst, kochfertige Suppen* sowie *Saucen, Suppenwürfel* usw., hergestellt.

Ganze Leguminosen werden nach Röstung in geringem Umfang auch als Kaffeezusatz bzw. -ersatz verwendet.

Sojabohnen, die nur selten direkt verzehrt werden, kommen vielfältig als *Sojamehl* (nach Entbittern und Dämpfen) mit unterschiedlichem Fettgehalt bei der Herstellung von speziellen Back- und Teigwaren (s. II; 8.4.3.), als partieller Fleischersatz bei Wurstwaren u. ä., bei der Herstellung von Suppen, Saucen usw. zum Einsatz. Die bei der Sojaölgewinnung anfallenden Preßrückstände werden auch als Ausgangsmaterial zur Gewinnung von Würzen herangezogen. Im asiatischen Raum werden seit Jahrtausenden aus Sojabohnen Produkte, wie *Sojamilch* (als Ersatz für Kuhmilch), *Sojaquark* (Tofu), *Sojakäse* (Natto), *Sojasauce* (Shoju), hergestellt.

Aus Erdnüssen können — ähnlich wie bei Soja — fettarme Mehle (Fettgehalt etwa 10%) hergestellt werden. Typische Produkte sind *geröstete Erdnüsse*, die heute überwiegend gesalzen und in evakuierten Dosen im Handel angeboten werden, sowie *Erdnußbutter*, die durch Feinstzermahlung meist unter Zusatz von gehärtetem Erdnußöl und Emulgatoren sowie evtl. anderen Stoffen (Trockenmilch, Zucker, Honig usw.) als delikater Brotaufstrich hergestellt wird.

10. Gemüse und Pilze

10.1. Gemüse und Gemüseerzeugnisse

10.1.1. Allgemeines

Unter dem Begriff Gemüse werden hier alle genießbaren Pflanzen bzw. Pflanzenteile verstanden, die nicht zu Obst, Getreide, Pilzen oder Gewürzen zählen und im rohen oder zubereiteten Zustand direkt vom Menschen verzehrt werden. Produkte, die sowohl als Gemüse wie auch als Gewürz verwendet werden können, gelten dann als Gemüse, wenn sie separat genossen werden oder in einer verzehrfähigen Mahlzeit eindeutig als gesonderter Bestandteil hervortreten.

Die Gemüse werden in folgende Hauptgruppen unterteilt: *Blattgemüse* (Chicorée, Weiß-, Rot-, Grün- und Wirsingkohl, Salat, Spinat usw.), *Blütengemüse* (Artischocken und Blumenkohl), *Frucht-* und *Samengemüse* (Bohnen, Erbsen, Gurken, Kürbis, Melonen, Tomaten, Paprika usw.), *Stengel-* und *Sproßgemüse* (Kohlrabi, Rhabarber, Spargel usw.), *Wurzelgemüse* (Kartoffeln, Rettiche, Rüben, Schwarzwurzeln, Sellerie, Topinambur usw.), *Zwiebelgemüse* (Knoblauch, Porree, Zwiebeln usw.). Von untergeordneter Bedeutung ist *Wildgemüse* (Brennessel, Sauerampfer usw.).

Charakteristisch für Frischgemüse ist ihr hoher Wassergehalt (meist 85 bis 95%), während Lipide (überwiegend $< 0{,}5\%$), Eiweiß (1 bis 7%) und verdauliche Kohlenhydrate (2 bis 7%) nur in geringen Mengen vorkommen. Sie zählen damit ebenso wie das Obst zu den energiearmen Lebensmitteln. Während 100 g Obst im Durchschnitt einen Energiegehalt von 200 kJ ($\sim$ 50 kcal) hat, sind es bei Gemüse nur 100 kJ ($\sim$ 25 kcal). Eine Ausnahme machen lediglich einige Wurzelgemüse, die neben 2% Stickstoffsubstanz nicht unerhebliche Mengen an verdaulichen Kohlenhydraten enthalten, wie z. B. Kartoffeln (etwa 18% Stärke), Topinambur (etwa 16% Inulin) und Schwarzwurzel (etwa 16% Zucker und Inulin) sowie grüne Erbsen (etwa 7% Stickstoffsubstanz und etwa 14% verdauliche Kohlenhydrate). Diese Gemüse weisen somit einen Energiegehalt von etwa 300 kJ ($\sim$ 75 kcal) auf.

Da die einzelnen Gemüse aus sehr verschiedenen Pflanzenfamilien stammen (z. B. Compositen, Cruciferen, Leguminosen, Liliaceen, Solanaceen), können sie dementsprechend auch nach Art und Menge unterschiedliche und für bestimmte Pflanzenarten typische Inhaltsstoffe enthalten, die teilweise für den spezifischen sensorischen Eindruck von rohem bzw. gekochtem Gemüse mitverantwortlich sind.

Ernährungsphysiologisch bedeutsam bei Gemüsen ist — abgesehen von den Aroma- und Geschmacksstoffen sowie den bei einigen Arten vorkommenden antibiotisch wirksamen Substanzen — der Vitamingehalt (insbesondere Provitamin A, Vitamin C, Vitamine der B-Gruppe), der Gehalt an Mineralstoffen (1 bis 2%) sowie das Vorkommen größerer Mengen an Ballaststoffen (0,2 bis 2,5%), die für die Anregung der Darmperistaltik wichtig sind. Außerdem enthalten Gemüse geringe Mengen organische Säuren (0,1 bis 0,6%), Farbstoffe, Pflanzenphenole und Enzyme.

Als wünschenswerte Tagesaufnahme für den Erwachsenen gelten (ohne Berücksichtigung der Kartoffeln) etwa 250 g Gemüse (berechnet als Frischgemüse).

10.1.2. Zusammensetzung

Kohlenhydrate

Die Kohlenhydrate sind bei Gemüse Hauptbestandteil der Trockensubstanz. Bei den verdaulichen Kohlenhydraten übertrifft im Gegensatz zum Obst der Gehalt an Stärke weitaus häufiger den an löslichen Zuckern. Besonders stärkereich sind die Kartoffeln (15 bis 20%). Bei Compositen (z. B. Artischocken, Schwarzwurzeln und Topinambur) tritt anstelle der Stärke das aus Fructose aufgebaute Polysaccharid Inulin. An Zuckern kommen hauptsächlich Glucose, Fructose und Saccharose vor; andere Zucker finden sich nur in Spuren. Außerdem sind Pectine (meist 0,1 bis 1%) sowie Cellulose und Hemicellulosen (0,5 bis 3%), die analytisch als Rohfaser erfaßt werden, als typische Zellwandbestandteile vorhanden. Während der Reifung werden die wasserlöslichen Protopectine enzymatisch partiell zu mehr oder weniger wasserlöslichen Pectinen abgebaut, was u. a. zum Weichwerden führt.

Die in der Pflanze auf dem Weg über die Photosynthese aus CO_2 und H_2O primär gebildeten Kohlenhydrate vom Typ eines Monosaccharids ($C_6H_{12}O_6$) werden von ihr zum Aufbau anderer organischer Substanzen und zur Energiegewinnung (Atmung) genutzt. Ein Teil der synthetisierten Kohlenhydrate wird aber auch im Verlauf des Wachstums und der Reife als Reservestoff in bestimmten Organen gespeichert, wobei diese Speicherung bei Gemüse sowohl in Form von Polysacchariden (z. B. Stärke oder Inulin) als auch in Form von Saccharose (z. B. bei bestimmten Rübenarten) oder anderer Zucker erfolgen kann. Während der Reifung ändert sich mehr oder weniger stark — ähnlich wie bei Obst — das Verhältnis der Kohlenhydrate zueinander. Bei Fruchtgemüse nimmt während der Reifung der Gehalt an Stärke ab und der an Zucker zu, während es bei Samengemüse (z. B. Erbsen und Zuckermais) umgekehrt ist.

Stickstoffhaltige Substanzen

Bei den stickstoffhaltigen Substanzen entfallen 40 bis 80% auf Proteine (vorwiegend Globuline, relativ wenig Albumine), der restliche Teil auf Aminosäuren (darunter auch nichtproteinogene Säuren) und Amide sowie kleine Mengen anderer stickstoffhaltiger Substanzen, wie z. B. Histamin, Tryptamin und Serotonin.

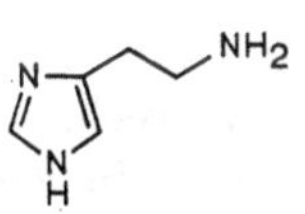

Histamin

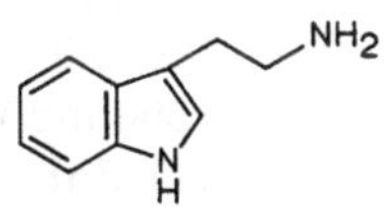

Tryptamin

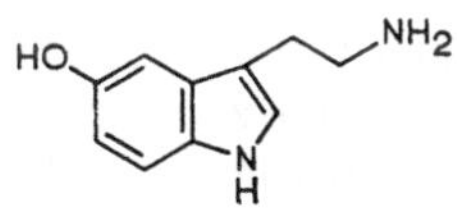

Serotonin

Während die wasserunlöslichen Globuline beim Kochen weitgehend im Gemüse verbleiben, gehen — neben anderen Stoffen — die wasserlöslichen Albumine in das Kochwasser (Kochschaum) über.

Lipide

Der Lipidgehalt in Gemüse ist sehr niedrig und ernährungsphysiologisch ohne Bedeutung. Unerwünschte Lipidumsetzungen (z. B. Autoxydation) können sich aber unter Umständen sensorisch negativ bemerkbar machen. Verschiedene ungesättigte Fettsäuren (Linol- und Linolensäure) gelten als Vorläufer von bestimmten Aromastoffen wie Carbonylverbindungen und Alkohole. Größere Fettmengen finden sich in den Samen, von denen aber nur die des Kürbis (20 bis 35% Fett) zur Speiseölgewinnung in einigen Ländern herangezogen werden.

Mineralstoffe

Gemüse ist ein wichtiger Mineralstofflieferant (insbesondere Kalium, Calcium, Magnesium und Phosphor) in der Ernährung und ergibt im Stoffwechsel — ebenso wie Milch und Obst — einen Basenüberschuß.

Wasserlösliche Mineralstoffe gehen bei der Zubereitung in das Kochwasser über, das gleiche gilt für wasserlösliche Vitamine, Kohlenhydrate und stickstoffhaltige Verbindungen. Das Kochwasser sollte daher nach Möglichkeit im Haushalt weiter verwendet werden. Vorteilhafter als Zubereitungsart ist daher das Dämpfen, da hierbei die wasserlöslichen Inhaltsstoffe weitgehend im Gemüse verbleiben.

Eine übermäßige Stickstoffdüngung ($>$ 80 kg N/ha) führt bei einigen Gemüsearten (insbesondere Spinat, Karotten, Rettiche, Kohl usw.) zu einer starken Nitratanreicherung. In Spinat werden Werte von 250 bis 2500 mg/kg (Frischware) gefunden.

Wenn auch Nitrat praktisch untoxisch ist, so muß doch berücksichtigt werden, daß es im Verdauungstrakt bakteriell zum Nitrit reduziert wird; auch bei der Lagerung muß mit einer partiellen Reduktion zu Nitrit gerechnet werden. Bei zubereitetem Spinat, der aufbewahrt wird, steigt infolge bakterieller Nitratreduktion der Nitritgehalt stark an. Säuglinge sind besonders gefährdet, da bei ihnen häufig An- bzw. Subacidität vorliegt und die Reduktion von Nitrat schon im Magen und Duodenum beginnt und somit die Nitritresorption ausgeprägter als bei Erwachsenen ist. Nitrit verursacht eine Umwandlung des Oxyhämoglobins zu Methämoglobin (Methämoglobinämie) und gefährdet somit die Sauerstoffversorgung des Organismus. Weiterhin besteht die Gefahr, daß sich aus Nitrit und sekundären Aminen cancerogene Nitrosamine (s. I; 16.3.4.) bilden.

Vitamine

Der Vitamingehalt der Gemüse schwankt nicht nur innerhalb der verschiedenen Hauptgruppen beträchtlich, sondern auch bei den einzelnen Arten, wobei Klima, Vegetationsbedingungen und Erntezeitpunkt eine Rolle spielen. In 1 kg Frischware ist mit dem Vorkommen von 0,3 bis 60 mg Provitamin A, 0,3 bis 1,5 mg Vitamin B_1, 0,3 bis 5 mg Vitamin B_2, 1 bis 20 mg Niacin und 50 bis 1500 mg Vitamin C zu rechnen. Bei der Lagerung, Verarbeitung und küchentechnischen Zubereitung treten in Abhängigkeit von der Sauerstoff-, Licht- und Hitzeempfindlichkeit sowie der Wasserlöslichkeit der Vitamine teilweise erhebliche Verluste (in ungünstigen Fällen bis 100% !) auf.

Organische Säuren

Der Gehalt an freien (titrierbaren) organischen Säuren ist in den meisten Gemüsen im Gegensatz zum Obst recht gering (0,1 bis 0,5%), der pH-Wert liegt dementsprechend bei 5,5 bis 6,5. Relativ säurereich sind Rhabarber (1,2%), Tomaten (0,4%) und Sauerampfer. Dominierende Säuren sind Äpfel- und Citronensäure, daneben kommen in geringen Mengen u. a. auch weitere Säuren des Citronensäurecyclus vor. Oxalsäure findet sich in nennenswerten Mengen in Spinat (0,6%), Mangold (0,5%), Rhabarber (0,4%) und Sauerampfer (0,4%), wobei aber zu berücksichtigen ist, daß die Oxalsäure nur zu etwa 50% frei vorliegt, der Rest ist gebunden (meist als Calciumoxalat, seltener als Magnesiumoxalat). Bei einer ausgewogenen Nahrung mit ausreichender Calciumzufuhr sind daher Kalkmangelzustände durch den Genuß der vorgenannten Gemüse nicht zu befürchten.

Weiterhin sind in Gemüse geringe Mengen (meist unter 0,1%) an Phenolcarbonsäuren vorhanden, die zu unerwünschten Verfärbungen, Niederschlagsbildung usw. Anlaß geben können (s. I; 11.5.2.).

Farbstoffe und phenolische Verbindungen

Die Farbe der frischen Gemüse wird in erster Linie durch die Anwesenheit von Chlorophyll (in grünen Gemüsen 50 bis 100 mg/kg), Carotenoiden (z. B. in Tomaten, Grünkohl und Spinat etwa 50 mg/kg, in Möhren etwa 75 mg/kg und in rotem Paprika etwa 250 mg/kg) und Flavonoiden (insbesondere Anthocyanine und Flavonole) bestimmt. Der Farbstoff der roten Rübe (rote Bete) hingegen ist ein Betanin.

Da Carotenoide licht- sowie sauerstoffempfindlich sind und auch in einer mit der Fettoxydation gekoppelten Reaktion durch Lipoxydasen oxydiert werden können (Ausbleichen), muß mit gewissen Carotenoidverlusten bei der Lagerung und Verarbeitung (5 bis 35%) gerechnet werden. Die Chlorophylle — in der Pflanze offenbar infolge ihrer Bindung an Lipoproteide vor Säureangriff geschützt — werden beim Sterilisieren (schwach saures Milieu) von Gemüse unter Austausch des zentralen Mg-Atoms durch Wasserstoff in die entsprechenden Phäophytine umgewandelt, die olivgrün sind. Von dieser Farbänderung sind besonders Bohnen und Erbsen betroffen. Bei Vorliegen größerer Mengen an Eisen- und Zinnionen (aus Dosenmaterial) können auch diese nachträglich das Magnesium im Chlorophyll ersetzen, wobei dann braune bis graue Farbtöne auftreten. Durch den Zusatz geringer Mengen an Calciumsalzen (sie dienen gleichzeitig einer Gewebeverfestigung) kann das jedoch weitgehend verhindert werden. Das früher in einigen Ländern erlaubte „Grünen“ von Gemüse (Zusatz von Kupfersalzen, wobei sich im Austausch gegen Mg^{2+} der stabile grüne Kupfer-Chlorophyllkomplex bildet), führt zu einer Zerstörung von Vitamin C und ist deshalb abzulehnen.

An Pflanzenphenolen finden sich in den einzelnen Gemüsearten recht unterschiedliche Mengen an Phenolcarbonsäuren und Flavonoiden.

Phenolcarbonsäuren (Hydroxybenzoesäuren und Hydroxyzimtsäuren) sowie deren Derivate sind in geringen Mengen (meist unter 0,1%) nahezu in allen Gemüsearten nachgewiesen worden.

Von den Flavonoiden treten überwiegend die Anthocyanine (besonders in Auberginen, Rotkohl, Radieschen und rotschaligen Zwiebeln) und weitverbreitet die Flavonole auf. Catechine (Polyhydroxy-flavan-3-ole) scheinen nur in Rhabarber vorzukommen, Proanthocyanidine (Di- und Oligomere von Polyhydroxyflavan-3-olen) nur in den Samenschalen von Bohnen sowie bunt blühenden Erbsenarten.

Enzymatische Bräunungsreaktionen unter dem Einfluß von Polyphenoloxydasen spielen sich augenfällig insbesondere bei den hellfleischigen Wurzelgemüsen Kartoffeln, Schwarzwurzeln und Sellerie ab, ebenso die durch Metallionen bedingten Verfärbungen (s. I; 11.5.1.). Polyphenoloxydasen kommen nicht in allen Gemüsearten vor.

Aroma- und Geschmacksstoffe

Bei den in Gemüse nachgewiesenen Aromastoffen ist formal zu unterscheiden zwischen denen, die bereits originär vorhanden sind (primäre Aromastoffe) und solchen, die erst bei der Zerstörung der Gewebe bzw. beim Erhitzen (sekundäre Aromastoffe) gebildet werden (s. I; 15.2.2.).

Charakteristischer Bestandteil von bestimmten Wurzelgemüsen (z. B. Meerrettich, Radieschen und Rettich), Alliumarten (z. B. Knoblauch, Porree und Zwiebeln) und Kohl sind S-haltige Verbindungen, wie Isothiocyanate, Alkylsulfide, Schwefelwasserstoff, Carbonylsulfid (Kohlenmonoxisulfid) und Schwefelkohlenstoff, die in der Regel aus Thioglycosiden und S-Alkyl- bzw. S-Alkenyl-cystein-sulfoxiden gebildet werden (s. I; 10.2.5.). In Spargel sind neben über 100 anderen Aromastoffen geringe Mengen (etwa 5 mg/kg) 1,2-Dithiolan-4-carbonsäure und deren Ester, in Sellerie bestimmte Phthalide und in Gemüsepaprika 2-Methoxy-3-isobutyl-pyrazin nachgewiesen worden, die jeweils aromabestimmend für die genannten Gemüse sind.

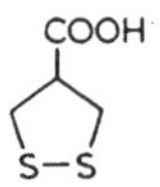

1,2-Dithiolan-4-carbonsäure

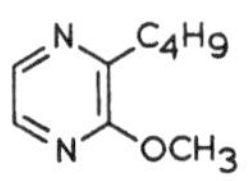

2-Methoxy-3-isobutyl-pyrazin

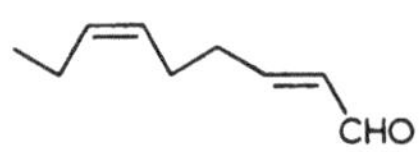

Nona-(E)-2-(Z)-6-dienal

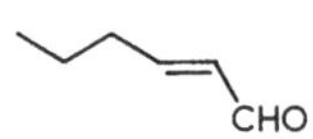

Hex-(E)-2-enal

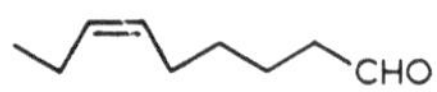

Non-(Z)-6-enal

Bei anderen Gemüsen sind Aldehyde, wie Non-(E)-2-, (Z)-6-dienal und Hex-(E)-2-enal (z. B. bei Gurken) oder Non-(Z)-6-enal (z. B. bei Melonen), entscheidend am Aroma beteiligt.

Die in zahlreichen Gemüsen in relativ großen Mengen auftretenden Carbonylverbindungen und Alkohole sind wahrscheinlich z. T. durch enzymatischen Abbau von ungesättigten Fettsäuren entstanden, wobei durch die Lipoxydase Carbonylverbindungen gebildet werden, die sekundär durch Alkoholdehydrogenase zu den entsprechenden Alkoholen umgesetzt werden.

Bei einigen Gemüsen tritt ein deutlich süßer Geschmack in Erscheinung, der auf dem Vorhandensein größerer Mengen niedermolekularer Zucker beruht. So enthalten z. B. Möhren und Erbsen etwa 6%, Melonen etwa 7% und Schwarzwurzeln etwa 10% Mono- und Disaccharide.

Der saure Geschmack bei Gemüsen, wie Rhabarber, Tomaten und Sauerampfer, ist durch die dort in größerer Menge vorhandenen organischen Säuren bedingt.

Einige Gemüse enthalten geringe Mengen an Bitterstoffen so z. B. Artischocken das Cynaropicrin, Chicorée das Cichoriin und Zichorienwurzel das Lactucin sowie das Lactucopicrin.

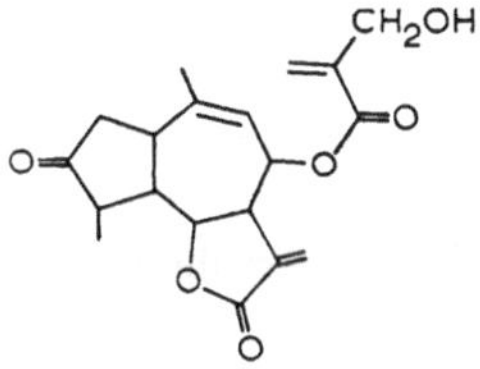

Cynaropicrin

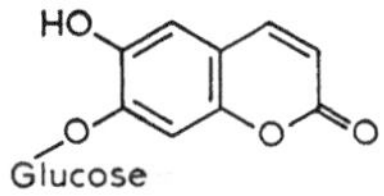

Cichoriin

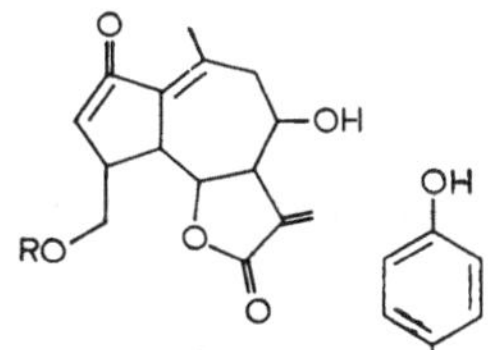

Lactucin R: H

Lactucopicrin R: —C(=O)—

In anderen Gemüsen, wie Gurken, Melonen und Kürbissen, treten unerwünscht mitunter die bitteren Cucurbitacine (A-L) auf. Der bittere Geschmack bei Spargel (am Stielende) soll auf bestimmte Forostanolsaponine zurückzuführen sein.

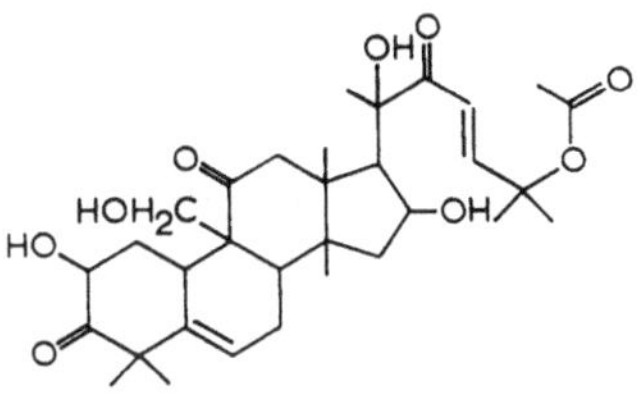

Cucurbitacin A

Bittergeschmack bei Gemüsen kann aber auch durch Pflanzenkrankheiten sowie durch unerwünschte mikrobielle Umsetzungen ausgelöst werden (z. B. bei der Herstellung von Sauerkraut).

Enzyme

Die im Gemüse vorkommenden Enzyme wirken sich — abgesehen von den an der Aromabildung beteiligten — überwiegend negativ bei der Lagerung und Verarbeitung aus. Texturveränderungen, z. B. bei Gurken und Tomaten, gehen insbesondere auf pectinabbauende Enzyme zurück. Oxydative Veränderungen, ausgelöst durch Polyphenoloxydasen, Peroxidasen, Lipoxydasen, Katalase, Ascorbinsäureoxydase usw., führen zu unerwünschten Verfärbungen, Bildung von off-Flavour, Zerstörung von Vitaminen usw. Der Enzyminaktivierung — industriemäßig meist im Rahmen des Blanchierprozesses erreicht — kommt daher eine große praktische Bedeutung zu.

10.1.3. Gemüseschädlinge und -krankheiten

Ähnlich wie Obst kann Gemüse von Raupen, Schnecken Käfern usw. befallen werden. Im Gegensatz zum Obst findet man an Mikroorganismen überwiegend Bakterien neben

Pilzen, kaum aber Hefen. Das beruht darauf, daß Bakterien und Pilze für ihr Wachstum ein annähernd neutrales Milieu bevorzugen, Hefen hingegen ein saures. Auf Grund der Tatsache, daß Gemüse im Gegensatz zu den meisten Obstarten in unmittelbarer Bodennähe wächst, sind durch das Erdreich (besonders bei Wurzelgemüse) mikrobielle Kontaminationen (u. a. Sporen von Bakterien der Gattungen Bacillus und Clostridium) möglich. Bei Kontakt mit Fäkalien oder Berieselung mit ungereinigten Stadtabwässern können sogar pathogene Keime auftreten.

Von den phytopathogenen Bakterien spielen die Spezies der Gattung Xanthomonas und Erwinia die größte Rolle, da sie die weitverbreitete Naßfäule (Weichfäule) auslösen. Die durch die verschiedensten Pilze hervorgerufenen Fäulniserscheinungen sind u. a. Brennfleckenkrankeit (besonders bei Erbsen und Bohnen), Weißfäule (Sklerotina-Fäule), Grau-, Braun- und Schwarzfäule. Auch Virusinfektionen (z. B. Gelbstreifigkeit von Zwiebeln) kommen vor. Besonders gefährdet gegenüber einem mikrobiellen Befall sind mechanisch verletzte Gemüse (bedingt u. a. durch vollmechanisierte Erntetechnologien, unsachgemäßen Transport und Lagerung).

10.1.4. Gemüselagerung

Abgesehen von bestimmten Kohlarten und Wurzelgemüsen sind die frisch geernteten Gemüse zumeist nur wenige Tage haltbar. Das gilt besonders für Blattgemüse, wie Salat und Spinat, aber auch für andere Gemüse, wie z. B. Bohnen, Erbsen, Gurken, Tomaten, Spargel und Blumenkohl. Um Frischgemüse über einen längeren Zeitraum aufbewahren zu können, wird — ähnlich wie bei Obst (s. II; 11.5.) — eine Kühllagerung meist bei Temperaturen von 272 bis 277 K (−1 bis +4 °C) und einer relativen Luftfeuchte von 85 bis 95% bei ständiger Umwälzung der Luft und „Luftwäsche" oder öfterer Frischluftzufuhr durchgeführt. Die Gewichtsverluste bei einer Kühllagerung unter diesen Bedingungen über einen Zeitraum von 4 Wochen betragen größenordnungsmäßig etwa 5%.

Trotz der Kühllagerung findet ein allmählicher Qualitätsabfall statt, der zumeist schon äußerlich (Verwelken, Einschrumpfen usw.) zu erkennen ist. Es kommt zu Gewichtsverlusten, die durch Respiration (Atmung) und Transpiration (Abgabe von Wasser) bedingt sind. Weiterhin treten Verluste an Vitaminen, Farb- und Aromastoffen einschließlich der Bildung von off-Flavour ein. Diese Prozesse laufen in Abhängigkeit von Art und Reifegrad der Gemüse sowie den Milieubedingungen (Temperatur, Luftfeuchte, Sauerstoffgehalt der Luft, mikrobieller Kontaminationsgrad usw.) bei den einzelnen Gemüsen unterschiedlich schnell ab.

Substrate für die Atmung bei der Gemüselagerung sind in erster Linie die Kohlenhydrate, die unter Sauerstoffeinfluß bei diesem Prozeß letztendlich wieder zu CO_2 und H_2O abgebaut werden. Vereinfacht ergibt sich als Reaktionsgleichung:

$$C_6H_{12}O_6 + 6\ O_2 \rightarrow 6\ CO_2 + 6\ H_2O + 2820\ \text{kJ}\ (675\ \text{kcal})$$

Der Atmungsprozeß ist also verbunden mit einem Verlust an Trockensubstanz, einer Änderung der Zusammensetzung der umgebenden Luft (Sauerstoffverbrauch und Kohlendioxidbildung) sowie der Bildung von Wasser und der Abgabe von Wärme. Die Atmung nimmt nach der Ernte in der Regel sprunghaft erheblich ab und verlangsamt sich dann allmählich weiter. Die Intensität des Atmungsprozesses ist bei gelagerten Gemüsen nicht nur vom Reifegrad, sondern auch von zahlreichen äußeren Faktoren (Lagertemperatur, Sauerstoffgehalt der Luft usw.) abhängig. Generell sinkt mit fallender Temperatur der Stoffwechsel. Mit sinkender Temperatur nimmt aber die Aktivität bestimmter Enzyme (z. B. stärkeabbauende Enzyme) nicht im gleichen Umfang wie die der Atmung ab, so daß sich Zucker im Gewebe anreichern können. Kartoffeln werden daher am besten bei 276 bis 277 K (+3 bis +4 °C) gelagert (Minimum der Atmungsaktivität), da es bei niedrigeren Temperaturen zur Anhäufung von Zuckern (Süßgeschmack bei gefrorenen Kartoffeln) und bei höheren Temperaturen leicht zum Keimen kommt. Allgemein ist aber bei Kartoffeln eine Keimruhe bis zum Jahreswechsel festzustellen.

Die Aufbewahrung von Gemüse in einer modifizierten Atmosphäre (z. B. partieller Ersatz des Sauerstoffes in der Luft durch CO_2) bewirkt eine erhebliche Abschwächung der Atmung und anderer unerwünschter Stoffwechselprozesse; außerdem werden die Sporenkeimung und das Wachstum von Mikroorganismen gehemmt.

10.1.5. Gemüsedauerwaren

Gemüse werden nach dem Eindosen überwiegend durch Erhitzen (Sterilkonserven, auch als Naßkonserven bezeichnet) und Gefrieren (Gefriergemüse, auch als Gefrierkonserven bezeichnet), daneben aber auch durch Trocknung (Trockengemüse, auch als Trockenkonserven bezeichnet) sowie durch Einsäuern und Einsalzen (Rohkonserven) haltbar gemacht.

10.1.5.1. Sterilkonserven

Das möglichst frisch geerntete Gemüse wird zunächst sortiert (z. B. nach Qualität und Größe), dann gewaschen (Schmutzentfernung und Keimreduktion), geputzt (Entfernung nicht zum Verzehr geeigneter Teile), evtl. zerkleinert sowie blanchiert. Das Blanchieren, eine kurzzeitige (1 bis 8 min) Behandlung mit heißem Wasser oder Wasserdampf (353 bis 373 K = 80 bis 100 °C), bewirkt eine Keimreduktion, Enzyminhibierung, Gewebserweichung sowie partielle Entfernung unerwünschter Aroma- und Geschmacksstoffe (z. B. bei Kohl). Beim Blanchierprozeß treten gewisse Auslaugverluste an wasserlöslichen Vitaminen, Kohlenhydraten, Mineralstoffen usw. ein, die mit zunehmendem Zerkleinerungsgrad der Gemüse und der Einwirkdauer ansteigen. Beim Dampfblanchieren sind die Verluste wesentlich geringer. Das nach dem Blanchieren in Dosen oder Gläser eingefüllte Gut wird mit einer Aufgußflüssigkeit aufgefüllt, meist eine 1 bis 2%ige Kochsalzlösung, die evtl. zusätzlich geringe Mengen Citronensäure (zur Bindung von Metallionen sowie zur Verhinderung von Verfärbungen), Calciumsalze (zur Gewebsverfestigung) und Natriumglutamat (zur Geschmacksabrundung) enthält. Das anschließende Sterilisieren erfolgt mit etwa 0,1 bis 0,2 MPa

(1 bis 2 atü) im Autoklaven bei Temperaturen von 383 bis 391 K (110 bis 118 °C) oder in neuerer Zeit häufig durch Hoch-Kurzzeit-Sterilisation (*HTST* = High-Temperature-Short-Time), wobei das Gut nur für wenige Sekunden auf 400 K (~ 130 °C) erhitzt wird. Während des Sterilisationsprozesses gehen am Füllgut etwa die gleichen Veränderungen vor sich, die auch bei der normalen küchentechnischen Zubereitung von Frischgemüse eintreten, wie Weichwerden und Lockerung des Zellgefüges, Herauslösen wasserlöslicher Stoffe, Reduktion des Vitamingehaltes, Abbau aber auch Neubildung von Aromastoffen, Farbveränderungen, Abtöten von Mikroorganismen usw.

Bei metallischem Dosenmaterial kann es zusätzlich zu Wechselwirkungen zwischen dem Füllgut und der Dose kommen. Migration von Eisen- und Zinnionen, die mit bestimmten Inhaltsstoffen (z. B. phenolischen Substanzen) reagieren, bedingen mehr oder minder intensive Verfärbungen oder Niederschläge sowie u. U. auch einen Metallgeschmack. Schwefelhaltige Verbindungen rufen mitunter Marmorierungen des Dosenmaterials hervor. Bei sehr säurereichen Produkten (z. B. Rhabarber und Spinat) kann es bei nicht ordnungsgemäßer Innenlackierung der Dosen durch Angriff der H-Ionen auf das Metall zur Wasserstoffbildung und damit zu Bombagen (Hervorwölbung von Deckel und/oder Boden) kommen. Bombagen können aber auch durch mikrobiell ausgelöste Verderbsprozesse, die mit Gasbildung (insbesondere Wasserstoff, Schwefelwasserstoff, Kohlendioxid und Stickoxiden) verbunden sind, hervorgerufen werden. Ursache hierfür sind zumeist Untersterilisation (Keime u. ä. überleben im Doseninneren) oder Sekundärinfektion von außen durch undichte Stellen in der Dose.

10.1.5.2. Gefriergemüse

Aus ernährungsphysiologischer Sicht ist das Gefrieren zweifellos die schonendste Art zur Herstellung von Gemüsedauerwaren, da man hierbei das Gut — abgesehen vom Blanchierprozeß — keiner weiteren Erhitzung mit ihren nachteiligen Folgen unterwirft und nach Einfrieren bei etwa 238 K (−35 °C) bei so niedrigen Temperaturen (255 K = −18 °C) lagert, daß qualitätsmindernde enzymatische und andere Reaktionen weitgehend ausgeschlossen sind. Aber auch bei dieser Temperatur sind Enzyme wie Lipasen, Lipoxydasen, Katalase und Peroxidase noch aktiv und können somit Aroma, Geschmack und Farbe sowie den ernährungsphysiologischen Wert des eingefrorenen Gemüses negativ verändern, wenn sie nicht vor dem Einfrieren durch einen Erhitzungsprozeß (Blanchieren) zerstört worden sind.

Zum Gefrieren eignen sich alle Gemüse, die im gekochten bzw. gedünsteten Zustand verzehrt werden; weniger geeignet sind Gemüse, die roh gegessen werden(z. B. Salat, Radieschen, Tomaten und ganze Gurken).

Der Keimgehalt der Fertigprodukte ist weitgehend von der hygienischen Beschaffenheit der Rohware, der Vorbehandlung und Verarbeitung abhängig. Grundsätzlich ist zu beachten, daß Gefrierkonserven infolge des Fehlens einer langzeitigen Hitzebehandlung keimreicher sind als Sterilkonserven, da nur ein Teil der Mikroorganismen abgetötet wird und die verbleibenden bei der Lagertemperatur nur gehemmt sind.

Bei Temperaturerhöhung tritt rasch Vermehrung und damit Verderb der Produkte ein. Gefriergemüse muß deshalb ständig im tiefgefrorenen Zustand (Einhaltung der Kühlkette) gehalten und vor dem Verzehr möglichst schnell aufgetaut werden.

Tiefgefrorene Lebensmittel kommen nur im verpackten Zustand (z. B. kunststoffbeschichteter Karton, Polyethylenbeutel usw.) in den Handel. Das Verpackungsmaterial muß möglichst undurchlässig gegenüber Luft und Wasserdampf sein und eine mikrobielle Infektion von außen weitgehend ausschließen. Die Lagerdauer von tiefgefrorenem Gemüse beträgt im Durchschnitt etwa 10 Monate.

Tischfertige Gefriergemüse werden unter Verwendung von einer oder mehreren Gemüsearten bzw. Hülsenfrüchten, Gewürzen, mit oder ohne Fleisch, Kartoffeln u. a. m. hergestellt und sind ebenso wie gefrostete Klöße und Pommes frites so vorbereitet, daß sie nach dem Auftauen und Erwärmen sofort verzehrt werden können.

10.1.5.3. Trockengemüse

Bei der Herstellung von Trockengemüse wird der natürliche Wassergehalt der Rohware, die zumeist zerkleinert sowie blanchiert wird, durch Verdunstungstrocknung (Zufuhr erwärmter (323 bis 353 K = 50 bis 80 °C) und getrockneter Luft), seltener durch Verdampfungstrocknung (Erwärmung des Gutes auf Siedetemperatur des Wassers) unter den für das Wachstum von Mikroorganismen kritischen Wassergehalt (evtl. unter Nachtrocknen im Schranktrockner) von etwa 10% gebracht. Teilweise führt man zur Farberhaltung bzw. Vermeidung von Verfärbungen und Verlusten an bestimmten Vitaminen (z. B. Vitamin C), gegen Schädlingsbefall usw. eine SO_2-Behandlung durch, die aber u. a. Vitamin B_1-Verluste nach sich zieht.

Durch den Trocknungsprozeß gehen flüchtige Aroma- und Geschmacksstoffe (aber nicht unbedingt ihre Precursors!) weitgehend verloren, auch oxydative Veränderungen des Fettes und anderer Inhaltsstoffe sowie MAILLARD-Reaktionen können sich sensorisch negativ bemerkbar machen. Außerdem treten Vitamin- und Farbstoffverluste ein. Um weitere unerwünschte Veränderungen bei der Lagerung zu vermeiden, muß Trockengemüse möglichst kühl und bei niedriger Luftfeuchte (etwa 70%) oder noch besser in einer Inertgasatmosphäre (z. B. in Blechdosen mit Stickstoff begast) aufbewahrt werden.

Trockengemüse wird lose oder nach Pressen (Brikettierung) meist in Kunststoffbeuteln u. ä. verpackt und überwiegend in der Industrie zur Herstellung von Trockensuppen usw. verwendet. Trockenprodukte von Kartoffeln wie Kartoffelkloßmehl, Kartoffelflocken und Kartoffelbreipulver (Granulat) werden allerdings ebenso wie Kartoffelchips (Kartoffelscheiben in heißem Fett gebacken, Restfeuchte etwa 3%, Fettgehalt etwa 5%) zunehmend im Haushalt und in der Gastronomie verwendet. Unerwünschte Veränderungen bei der Herstellung bzw. Lagerung solcher Produkte, wie MAILLARD-Reaktionen, Oxydationen und Verfärbungen, können durch Auswahl geeigneter Rohware, schonende Herstellung, Zusatz von SO_2, Antioxydantien und Komplexbildnern, niedrigen Wassergehalt sowie tiefe Lagertemperaturen und sachgemäße Verpackung weitgehend verhindert werden.

Ein Spezialfall ist die Trocknung von Gemüse auf einen Wassergehalt von etwa 35% (s. Intermediate Moisture Foods; I; 5.3.). Das Produkt wird in Dosen verpackt, eingefroren oder sterilisiert.

Generell ist Trockengemüse auf Grund seines reduzierten Gehaltes an Vitaminen sowie an Aroma- und Geschmacksstoffen frischem Gemüse immer qualitativ unterlegen, wenngleich man heute durch nachträglichen Zusatz von bestimmten Enzymen aus den entsprechenden Vorläufern sekundär wieder Aroma- und Geschmacksstoffe bilden kann.

Die Gefrier- bzw. Vakuumgefriertrocknung (Lyophilisierung, freeze drying), bei der nach einem Gefrierprozeß das ausgefrorene Wasser im Vakuum vom festen Zustand direkt in den gasförmigen übergeführt wird (Sublimation), liefert Erzeugnisse, die sich leicht sowie nahezu vollständig rekonstituieren lassen und von ausgezeichneter Qualität (weitgehende Erhaltung von Aroma, Geschmack, Farbe, Nährstoffen) sind. Aus ökonomischen Gründen (billige Rohware, aber hoher Aufwand für apparative Einrichtungen und Energie) wird dieses Verfahren aber derzeit bei Gemüse nur vereinzelt eingesetzt.

10.1.5.4. Eingesäuertes Gemüse

Das Haltbarmachen von Gemüse durch Säuerung ist eine der ältesten Konservierungsmethoden. Sie ist auf zwei verschiedenen Wegen möglich; Durch natürliche Säuerung (Milchsäuregärung), wie z. B. bei der Herstellung von Sauerkraut und sauren Gurken (Gärungsgemüse), oder durch direkten Zusatz einer organischen Säure (zumeist Essigsäure) zu Gemüse (Essiggurken, Essigzwiebeln usw.).

Sauerkraut

Bei der Herstellung von Sauerkraut wird der in Streifen geschnittene Weißkohl, der etwa 4% vergärbare Kohlenhydrate enthält, unter Zusatz von 1 bis 3% Kochsalz (evtl. zusätzlich Gewürze) einer spontanen heterofermentativen Gärung (3 bis 6 Wochen) überlassen, wobei als mengenmäßige Hauptprodukte 1,5 bis 2% Milch- und Essigsäure (Verhältnis etwa 5:1), Ethanol (0,3 bis 0,8%) und Kohlendioxid entstehen. Daneben bilden sich geringe Mengen anderer niedermolekularer Säuren und Alkohole sowie deren Ester. Der pH-Wert liegt bei 3,5. Produkte mit einem pH über 3,8 und Milchsäuregehalten unter 1,5% sind nicht lagerfähig. Sauerkraut enthält relativ viel Vitamin C (meist 200 bis 300 mg/kg), da die Verluste bei der Herstellung und Lagerung auf Grund des reduktiven Milieus recht gering sind. Der Gehalt an anderen Vitaminen ist ernährungsphysiologisch ohne wesentliche Bedeutung.

Fehlprodukte bei der Sauerkrautherstellung sind Verfärbung und Bitterwerden (überwiegend mikrobiell ausgelöst), ungenügende Milchsäurebildung, Buttersäurebildung, mikrobielle Eiweißzersetzung (Auftreten von Schwefelwasserstoff, Ammoniak, Indol usw.), Schleimbildung durch Kahmhefen und Bakterien sowie Weichwerden (Pectinabbau). Durch die Verarbeitung einwandfreier Rohware und sachgemäße Gärführung können solche Fehler vermieden werden.

Weinsauerkraut (*Weinkraut*) ist Sauerkraut, dem zur Geschmacksverfeinerung während oder nach der Gärung Wein zugesetzt wurde.

Saure Gurken

Saure Gurken werden ähnlich wie Sauerkraut durch Milchsäuregärung hergestellt, wobei auch weitgehend die gleichen Aroma- und Geschmacksstoffe entstehen. Da Gurken im Gegensatz zu Kohl relativ wenig vergärfähige Kohlenhydrate (1 bis 2%) enthalten, wird teilweise z. B. Glucose (etwa 1%) vor der Vergärung zugefügt. Kochsalz wird in Mengen von 4 bis 7% zugesetzt, wodurch ein schnellerer Saftaustritt und damit schnellere Vergärung der Kohlenhydrate zu Milchsäure möglich wird. Nach industriell durchgeführtem partiellen Auslaugen des Salzes werden die Gurken (saure Gurken) direkt verzehrt oder zu Essig-, Gewürz- und süßen Gurken weiterverarbeitet. Das bei sauren Gurken mitunter beobachtete Weichwerden ist auf einen enzymatisch bedingten cellulolytischen und pectinolytischen Abbau des Zellgewebes zurückzuführen. Die entsprechenden Enzyme kommen in Mikroorganismen und in der Gurke selbst (besonders in ausgereiften Gurken, die daher weniger zum Einlegen geeignet sind) vor. Unreife Gurken enthalten einen Pectinaseinhibitor, der aber bei der Lagerung schnell an Wirkung verliert. Das Hohlwerden bei Gurken ist primär durch gasbildende Mikroorganismen bedingt.

Essiggemüse

Für die Herstellung von Essiggemüse werden grüne Bohnen, Kürbis, Tomaten, Spargel, Zwiebeln usw. einzeln oder gemischt (Mixed Pickles) unter Zusatz von Essig (2,5%) sowie Kochsalz und verschiedenen Gewürzen in Gläser abgefüllt und zumeist pasteurisiert.

Bei allen Sauergemüsen ist zu beachten, daß sowohl Milch- als auch Essigsäure durch zahlreiche Schimmelpilze und Hefen abgebaut werden. Fertigerzeugnisse müssen deshalb kühl und in verschlossenen Behältnissen aufbewahrt werden; handelsübliche Kleinpackungen sind zumeist pasteurisiert oder sterilisiert.

10.1.5.5. Salzgemüse

Bei der Herstellung von Salzgemüse wird die Rohware (meist nach einem Blanchierprozeß) durch Zugabe von Salz (20%) — ohne gleichzeitige Gärung — haltbar gemacht. Solche Produkte dienen überwiegend als Halbfabrikat für die Herstellung von Misch- und Essiggemüse. Zu beachten ist, daß halophile Mikroorganismen auch bei diesen Salzkonzentrationen noch lebensfähig sind. Deshalb sollen Salzgemüse kühl (274 bis 277 K = 1 bis 4 °C) und bei einer relativen Luftfeuchte von 75 bis 85% aufbewahrt werden.

10.1.5.6. Gemüsesäfte, -mark und -pulver

Gemüsesäfte werden durch Abpressen von Frischgemüse gewonnen und durch Hitzesterilisierung haltbar gemacht. Da das Zellgewebe gegenüber dem der meisten Obstarten wesentlich fester ist, wird heute zumeist ein Aufschluß mit Enzympräparaten durchgeführt. Wenn man von dem relativ sauren Rhabarber-, Sauerkraut- und Tomatensaft absieht, haben — im Gegensatz zu Obstsäften — die Gemüsesäfte nur einen pH-Wert von 5 bis 6. Damit sind sie mikrobiell leicht anfällig und müssen bei höheren Temperaturen (393 K = 120 °C) sterilisiert werden. Durch Zusatz von Fruchtsäften bzw. Einleiten einer Milchsäuregärung (Gemüsemoste) werden nach der Pasteurisierung haltbarere Erzeugnisse mit niederem pH-Wert gewonnen. Bekanntestes Produkt ist der Tomatensaft, von untergeordneter Bedeutung sind die Säfte von Möhren, Rhabarber, Sauerkraut, Sellerie und Rote Bete.

An *Gemüsemarkerzeugnissen* haben größere Bedeutung nur Tomaten- und Paprikamark erlangt. Sie werden aus passierten (kernfrei) und eingeengten reifen Tomaten bzw. Gemüsepaprika hergestellt.

Zur Herstellung von *Gemüsepulver* (z. B. Paprika- oder Tomatenpulver) eignen sich Sprüh-, Kaltluft- und Gefriertrocknung.

Für die Gewinnung von *Gemüsemaceraten* (analoges gilt für Obstmacerate) werden Enzympräparate (Maceraseppräparate), die hauptsächlich aus Endo-Polygalacturonasen und Endo-Pectinlyasen bestehen, eingesetzt. Ihre Wirkung beruht auf einem partiellen Abbau der pflanzlichen Mittellamellen, die im wesentlichen aus Pectinen bestehen. Maceraseppräparate sollen frei von cellulolytischen Enzymen sein, um eine Zell-Lyse zu vermeiden.

Der Vorteil der enzymatischen Maceration ist, daß eine schonende und nahezu rückstandslose Verarbeitung von Gemüse und Obst zu flüssigen Produkten (Monozellsuspensionen) möglich ist.

10.1.6. Kartoffeln

Kartoffeln (Urheimat Südamerika, erst ab Mitte des 16. Jahrhunderts in Europa angebaut) sind seit etwa 100 Jahren in Europa Hauptnahrungsmittel (s. Tab. 27.1 bis 27.3 und 27.11). In der DDR liegt der tägliche Pro-Kopf-Verbrauch bei etwa 0,3 kg. Abgesehen von den verschiedenen Sorten unterscheidet man zwischen Frühkartoffeln (Vegetationsdauer etwa 75 Tage) und Spätkartoffeln (Vegetationsdauer etwa 150 Tage). In der DDR werden etwa 20% der Kartoffelernte direkt als Lebensmittel verzehrt, 20% werden industriell weiterverarbeitet und 60% als Futtermittel eingesetzt.

Im Durchschnitt enthält die Kartoffel 75% Wasser, 20% Kohlenhydrate (etwa 18% Stärke, 1% Rohfaser, 0,4% Pectine, 0,2% Saccharose, 0,1% Glucose, 0,1% Fructose), 2% Stickstoffsubstanz, 1% Mineralstoffe (0,5% Kalium!) und 0,15% Lipide.

Der Stärkegehalt der Kartoffel (etwa 80% Amylopectin und 20% Amylose) schwankt in Mitteleuropa zwischen 15 und 20%. Die Stickstoffsubstanz besteht zu etwa 50%

aus Eiweiß (biologischer Wert 65), wovon das lösliche Globulin (Tuberin) die Hauptmenge (30 bis 50%) ausmacht. Daneben finden sich schwerlösliches Globulin sowie Albumin (Tuberinin), geringe Anteile Glutelin, Prolamin sowie Aminosäuren (Glutamin und Asparaginsäure sowie deren Amide). Außerdem sind geringe Mengen (meist zwischen 35 und 200 mg/kg, unter Umständen bei unreifen und belichteten Kartoffeln auch mehr) des giftigen Solanin (s. I;12.6.) vorhanden. Solaningehalte bis 200 mg/kg gelten jedoch als unbedenklich.

Wenngleich auch der Lipidgehalt recht niedrig ist, kann er doch bei der industriemäßigen Weiterverarbeitung der Kartoffel zu Kartoffelbreipulver, -kloßmehl, -speiseflocken, -walzmehl usw. zu unerwünschten Geschmacksveränderungen (Ranzidität) Anlaß geben.

Bei den Vitaminen ist besonders die Ascorbinsäure (100 bis 300 mg/kg) zu erwähnen. Die Kartoffel ist im Winter und Frühjahr eine der wichtigsten Vitaminquellen für den Menschen. Die Vitamine und Mineralstoffe sind bei der Kartoffel unter der Schale angereichert.

Ernteerträge an Kartoffeln s. Tab. 27.11.

10.2. Speisepilze

10.2.1. Allgemeines

Unter Speisepilzen versteht man die genießbaren Fruchtkörper höherer Pilze. Pilze haben keine Plastiden (daher chlorophyllfrei!) und sind heterotroph, d. h. neben der Zufuhr anorganischer Stoffe sind sie auch auf die Aufnahme organischer Verbindungen (Kohlenstoffquelle) angewiesen. Bei den Pilzen unterscheidet man heterotroph-parasitische (nehmen organische Substanz aus lebenden Zellen oder Organismen auf) und heterotroph-saprophytische (beziehen aus toten Substraten ihre organische Nahrung). Die meisten wildwachsenden Speisepilze leben in Symbiose mit den Wurzeln von Laub- und Nadelhölzern sowie anderen Pflanzen und bilden nur in Verbindung mit deren Wurzeln Fruchtkörper aus. (Aus diesem Grunde kann man z. B. den Steinpilz im Gegensatz zu dem saprophytischen Champignon nicht einfach in Kultur nehmen.)

Bisher hat in Europa nur die Kultivierung von Champignons wesentliche wirtschaftliche Bedeutung erlangt. Sie erfolgt vorwiegend auf kompostiertem Pferdedung, der aber auch durch speziell aufbereitetes Stroh, Heu, Sägemehl usw. ersetzt werden kann. In asiatischen Ländern wie in Japan und China hingegen wird — abgesehen von der Champignonzucht — seit Jahrhunderten auch der Shiitake-Pilz erfolgreich auf Holz gezüchtet und ist in Form von Pilzpulver ein wichtiges Exportprodukt. Die in steigendem Umfang durch Submerszüchtung (Kultur in Nährflüssigkeit) von Pilzmycel (z. B. Champignon- und Morchelmycel) insbesondere zum Würzen von Suppen, Saucen usw. gewonnenen Pilzpulver sind meist recht aromaarm, was vermutlich darauf beruht, daß die Aromabildung mit der Sporenentwicklung, die bei der Submerszüchtung unterdrückt wird, in unmittelbarem Zusammenhang steht.

Die eßbaren Pilze werden botanisch in die zur Klasse der *Ständerpilze* (Basidiomycetes) und die zur Klasse der *Schlauchpilze* (Ascomycetes) zählenden Ordnungen unterteilt.

Zu den Ständerpilzen gehören folgende Ordnungen:

— *Blätterpilze* (Agaricales), wie z. B. Halimasch, Parasolpilz, Perlpilz, echter Reizker, Stockschwämmchen und Wiesenchampignon.
— *Röhrenpilze* (Boletales), wie z. B. Birkenpilz, Butterpilz, Marone, Rotkappe und Steinpilz.
— *Nichtblätterpilze* (Aphyllophorales), wie z. B. Habichtspilz, krause Klucke, Pfifferling und Stoppelschwamm.
— *Bauchpilze* (Gastromycetales), wie z. B. Riesenbovist und Flaschenstäubling.

Zu den Schlauchpilzen gehören folgende Ordnungen:

— *Gedeckelte Scheibenpilze* (Pezizales), wie z. B. Speisemorchel und -lorchel.
— *Trüffeln* (Tuberales), deren Fruchtkörper zumeist unterirdisch leben und zum Ernten erst ausgegraben werden müssen.

Frische Pilze enthalten neben 85 bis 90% Wasser meist 2 bis 6% Stickstoffsubstanz, 3 bis 7% Kohlenhydrate, 0,5 bis 1% Lipide, 0,5 bis 1,5% Mineralsstoffe und 1 bis 1,5% Rohfaser. Sie entsprechen damit in ihrer Zusammensetzung etwa dem Gemüse, sind aber auf Grund ihres teilweise recht hohen Chitingehaltes (bis 0,7%) zumeist schwerer verdaulich. Ernährungsphysiologisch bedeutsam ist der verhältnismäßig hohe Anteil an Provitamin D, der bis 80 µg/kg betragen kann (Kuhmilch enthält vergleichsweise 1 µg/kg). Ihre Beliebtheit verdanken die Pilze aber ihrem pikanten, würzigen Geschmack.

10.2.2. Zusammensetzung

Die *Kohlenhydrate* der Pilze enthalten im Gegensatz zum Gemüse keine Stärke. Der Hauptanteil (60 bis 90%) entfällt auf Monosaccharide, wobei Glucose überwiegt, aber auch Mannose, Galactose, Ribose, Xylose, Trehalose und zahlreiche andere Zucker sind nachgewiesen worden. Als Strukturpolysaccharid tritt bei Pilzen das N-haltige Chitin neben Cellulose und Hemicellulosen auf; autotrophe Pflanzen verwenden dafür hauptsächlich Cellulose, da sie durch die Photosynthese über N-freie Kohlenstoffverbindungen im Überschuß verfügen.

Die *Stickstoffsubstanz* besteht nur zu etwa 60% aus Eiweiß, der Rest aus Aminosäuren, Aminen, Amiden, Chitin und anderen stickstoffhaltigen Verbindungen. Das Eiweiß wird auf Grund der Aminosäurezusammensetzung als biologisch nicht besonders hochwertig eingestuft, mit Ausnahmen wie z. B. das Eiweiß vom Steinpilz. Einige Pilze enthalten relativ viel Harnstoff.

Im *Lipidanteil* (10 bis 15% i. T.) finden sich viele freie Fettsäuren (etwa 15 bis 45%) und größere Mengen an Ergosterol. Hauptkomponente der Fettsäuren ist Linolsäure (30 bis 65%).

Vitamine sind in den einzelnen Pilzarten recht unterschiedlich nach Art und Menge anzutreffen. In 1 kg Frischware ist mit 0,1 bis 1 mg Vitamin B_1, etwa 3 mg Vitamin B_2, 6 mg Niacin und 50 mg Vitamin C neben viel Provitamin D zu rechnen.

Von den *Enzymen* sind besonders die Oxydasen zu erwähnen, da sie für die unerwünschten Verfärbungen bei der Lagerung, Verarbeitung und Zubereitung mit verantwortlich sind, außerdem tritt stets Urease auf.

Bei den *Farbstoffen* handelt es sich überwiegend um Chinonfarbstoffe (z. B. Boletol und Muscarufin), aber auch andere, wie z. B. Caroten, Canthaxanthin, Cinnabarin und Lactarazulen, kommen vor.

In einigen höheren Pilzen hat man – ähnlich wie bei niederen Pilzen – Stoffe mit *antibiotischer Wirkung* gefunden, wie z. B. Clitocybin, Illudin S, Lactarioviolin, Marasin und Nebularin.

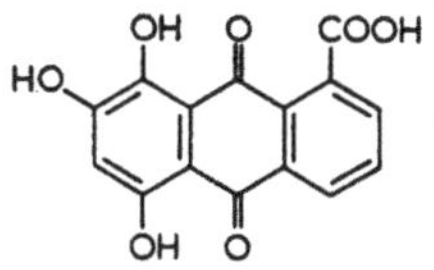
Boletol

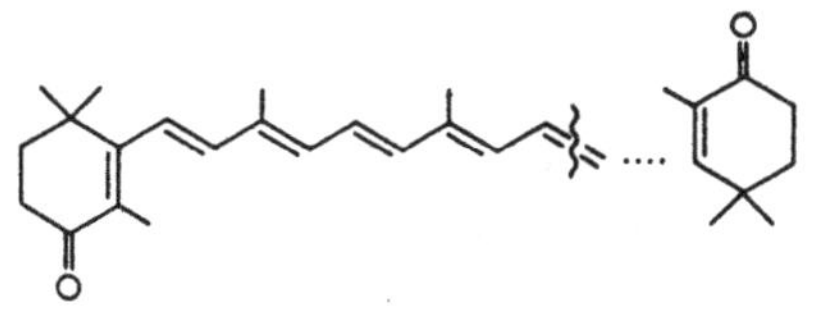
Canthaxanthin

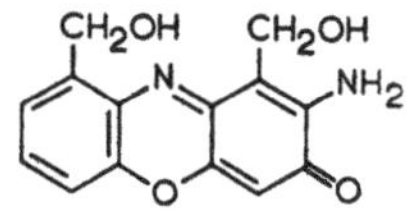
Cinnabarin

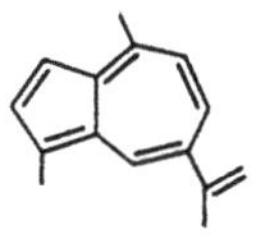
Lactarazulen

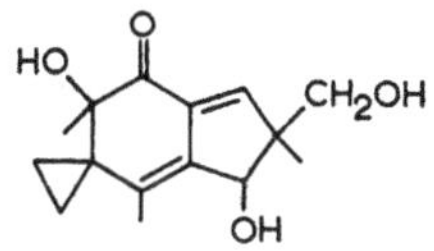
Illudin S

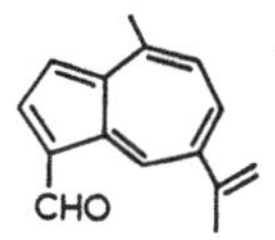
Lactarioviolin

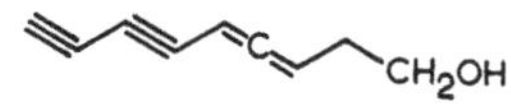
Marasin

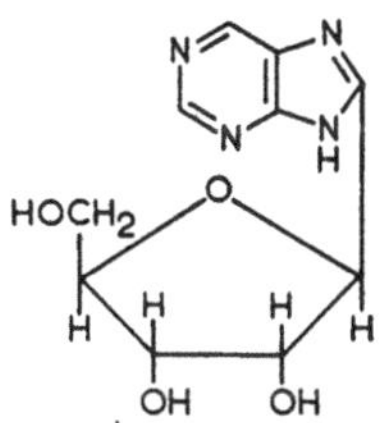
Nebularin

Einige Pilze enthalten Substanzen, die zu *Vergiftungen* mit tödlichem Ausgang führen können. Die meisten Vergiftungen (80 bis 90%) kommen durch *Knollenblätterpilze* vor. Im grünen und gelben, in jüngster Zeit auch im weißen Knollenblätterpilz sind einige hochtoxische bicyclische Polypeptide nachgewiesen worden. Sie werden unterteilt in die Phallotoxine (z. B. Phalloin, Phalloidin und Phallacidin), die das endoplasmatische Reticulum der Leberzellen angreifen und die etwa 10mal giftigeren Amatoxine (z. B. Amanitine und Amanin), die die Zellkerne besonders von Leberzellen schädigen. Die Phallatoxine sind Heptapeptide und die Amatoxine Octapeptide.

Im *Fliegen-* und *Pantherpilz* sind u. a. die Giftstoffe Muscarin, Muscimol und Ibotensäure enthalten, von denen die beiden letzten psychotrope Wirkung haben.

Auch der ziegelrote *Rostpilz* (Muscaringehalt 200 bis 300mal höher als im Fliegenpilz) und der *Satanspilz* zählen zu den bekannten Giftpilzen. Ibotensäure (im Fliegenpilz etwa 0,05%) ist eine sehr labile Substanz und geht durch Decarboxylierung leicht in das 5 bis 10mal stärker wirksame Muscimol über. Muscimol und Ibotensäure töten auch Fliegen, daher der Name Fliegenpilz. Muscarin (im Fliegenpilz etwa 0,00025%) dürfte an der Wirkung des Fliegenpilzgiftes auf den Menschen nur unbedeutend beteiligt sein.

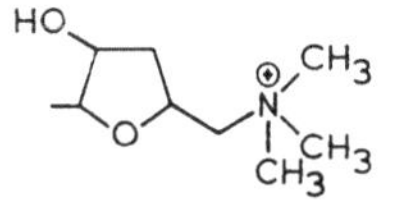
Muscarin

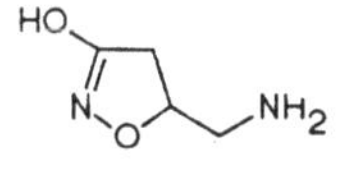
Muscimol

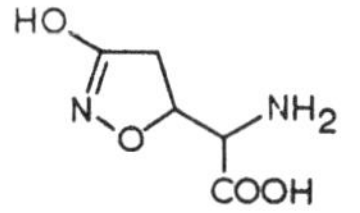
Ibotensäure

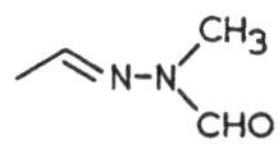
Gyromitrin

In der *Frühjahrslorchel* (*Speiselorchel*) findet sich ein Giftstoff, der früher als Helvellasäure bezeichnet wurde, von dem aber heute bekannt ist, daß er mit dem N-Methyl-N-formylhydrazon des Ethanols (Gyromitrin) identisch ist. Diese Verbindung ist wasserlöslich und zersetzt sich beim Trocknen, so daß beim Verzehr von getrockneten bzw. gekochten Lorcheln, wenn das Kochwasser weggegossen wird, die Vergiftungsgefahr erheblich reduziert ist. Der frische Pilz enthält 0,12 bis 0,15% Gyromitrin, die letale Dosis für den Menschen wird mit 1,5 bis 4 g angenommen.

Bei den *mexikanischen Rauschpilzen* handelt es sich um Arten der Gattung Psilocybe, Concybe und Stropharia, die als Wirkstoffe u. a. Psilocybin und Psilocin enthalten, die auch konstitutionell mit der Lysergsäure eine gewisse Ähnlichkeit haben.

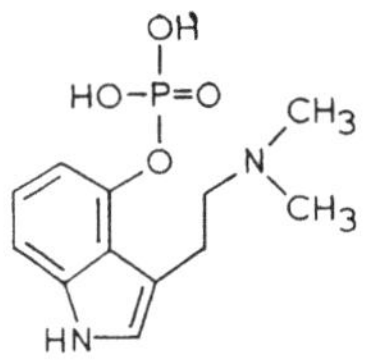
Psilocybin

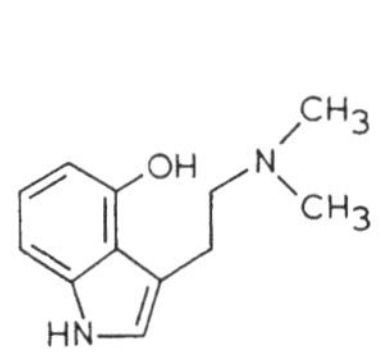
Psilocin

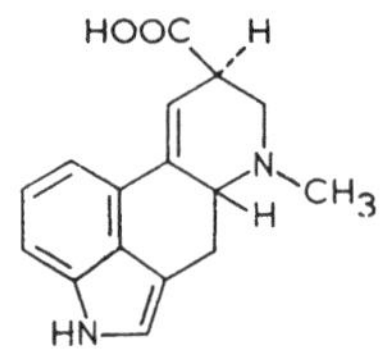
D-Lysergsäure

10.2.3. *Pilzdauerwaren*

Infolge ihres hohen Wassergehaltes und ihrer empfindlichen Textur verderben Pilze sehr schnell und sind selbst bei Kühllagerung maximal nur 1 Woche haltbar.

Die Haltbarmachung von Pilzen erfolgt in erster Linie durch Sterilkonservierung, Trocknung (einschließlich Gefriertrocknung) und Gefrieren. Teilweise wird auch eine Verarbeitung zu Pilzkonzentraten, -extrakten, -saft und -pulver sowie eingesalzenen Pilzen vorgenommen.

11. Obst und Obsterzeugnisse

11.1. Allgemeines

Als Obst werden eine Reihe eßbarer, zumeist saftig-fleischiger Früchte, mehrjähriger Pflanzen bezeichnet. Dabei ist das Wort Frucht nicht im botanischen Sinne zu verstehen, sondern es umfaßt z. B. auch Scheinfrüchte, Fruchtstände und Samenkerne.

Neben dem Gemüse spielt das Obst in der Ernährung des Menschen, vor allem als Träger von Vitaminen, Mineral- und Ballaststoffen sowie den Stoffwechsel anregenden Geschmacks- und Aromastoffen, eine wichtige Rolle. Da der Wassergehalt im allgemeinen 80 bis 90% (Ausnahme Schalenobst) beträgt, zählt Obst zu den energiearmen Lebensmitteln. Im Gegensatz zum Gemüse können alle Obstarten (außer Quitten) roh genossen werden.

Die zahlreichen Obstarten werden in sechs Hauptgruppen unterteilt:

- Beerenobst
- Kernobst
- Schalenobst
- Steinobst
- Südfrüchte
- Wildfrüchte

Beerenobst umfaßt echte Beeren (vielsamige und einsamige) und Scheinfrüchte. Hauptsächliche Vertreter sind die Johannis-, Stachel- und Weinbeeren (vielsamige Beeren), die Brom- und Himbeeren (Sammelfrüchte) und die Erdbeeren (Sammelnußfrüchte mit fleischig verdickter Blütenachse).

Kernobst ist die vom Kelch gekrönte Scheinfrucht verschiedener Rosaceen. Die dickfleischige Blütenachse ist hier mit dem Kerngehäuse (Sammelbalgfrucht) verwachsen. Hauptvertreter sind Äpfel, Birnen, Quitten und Mispeln.

Schalenobst besitzt einen in einer festen Schale liegenden genießbaren Samenkern. Hierzu zählen Cashew-, Cocos-, Erd-, Hasel-, Hickory-, Para- und Walnüsse sowie Edelkastanien, Mandeln, Pignolen (Pinienkerne) und Pistazien.

Steinobst sind die echten Steinfrüchte einiger baumartiger Vertreter der Prunoideae, einer Untergruppe der Rosaceen. Der den Samen umschließende Steinkern (innere Schicht der Fruchtwand) besitzt eine fleischige Hülle. Zu dieser Gruppe gehören Aprikosen, Kirschen, Pflaumen, und Pfirsiche.

Zu den *Südfrüchten* zählen die sogenannten Citrusfrüchte, wie z. B. Citronen, Grapefruits, Mandarinen, Orangen, Pampelmusen, Pomeranzen usw. Charakteristisch für diese Gruppe ist die dicke, ätherische Öle enthaltende Außenschale (Flavedo), die weiße und häutige Innenschale (Albedo) sowie das Fruchtfleisch (Endocarp) mit einer wechselnden Zahl von Samenkernen. Weitere Vertreter der Südfrüchte sind

Ananas, Avocadobirnen, Bananen, Datteln, Feigen, Granatäpfel, Johannisbrot, Mangofrüchte u. a.

Wildfrüchte ist die Sammelbezeichnung der in Mitteleuropa wildwachsenden Kern-, Stein- und Beerenobstarten, von denen auch einige kultiviert werden. Hierzu gehören Heidel-, Preisel-, Moos- und Sanddornbeeren. Daneben sind von gewisser Bedeutung: Hagebutten sowie die Beeren der süßen Eberesche, des Traubenholunders, der Mispeln und Schlehen.

11.2. Zusammensetzung

Die Zusammensetzung des Obstes schwankt nicht nur innerhalb der verschiedenen Hauptgruppen beträchtlich, sondern auch innerhalb der einzelnen Arten. Im allge-

Tabelle 11.1. Zusammensetzung des eßbaren Anteils von Früchten

	Wasser (%)	Gesamtzucker (%)	Stickstoffverbindungen (%)	Asche (%)	Gesamtsäure, ber. als Citronensäure (%)
Kernobst:					
Äpfel	78–93	3–15	0,2–0,4	0,2–0,5	0,6–1,4
Birnen	78–88	6–14	0,4–0,7	0,2–0,4	0,3–0,8
Quitten	82–85	6–10	0,3–0,6	0,3–0,6	1,0–1,2
Steinobst:					
Kirschen, süß	78–86	10–17	0,5–1,2	0,3–0,6	0,9–1,7
Kirschen, sauer	78–88	7–15	0,8–1,1	0,3–0,6	2,5–3,3
Pflaumen	76–92	3–15	0,5–1,0	0,3–0,7	1,4–3,4
Aprikosen	78–93	3–16	0,8–1,1	0,4–1,0	1,9–2,5
Pfirsiche	80–89	6–16	0,5–1,0	0,3–0,6	0,6–1,6
Beerenobst:					
Erdbeeren	79–93	3–10	0,6–1,0	0,2–0,8	0,7–1,2
Johannisbeeren, rot	79–88	2–10	1,0–1,4	0,4–0,8	1,9–2,7
Johannisbeeren, schwarz	75–86	2–14	0,7–1,3	0,5–0,9	2,8–3,6
Himbeeren	75–91	2–13	1,0–1,4	0,3–0,6	1,5–2,2
Stachelbeeren	85–92	2–10	0,5–1,0	0,3–0,6	1,7–2,9
Weintrauben	76–88	9–20	0,5–1,3	0,3–0,7	1,2–1,9
Südfrüchte:					
Citronen	89–91	1– 9	0,3–1,0	0,5–0,6	3,5–7,2
Orangen	84–87	4–12	0,5–1,5	0,4–0,6	0,8–1,6
Mandarinen	86–87	7–11	0,5–0,8	0,4–0,7	0,3–2,0
Grapefruits	86–91	3–12	0,5–0,8	0,3–0,4	0,8–2,7
Ananas	75–89	8–18	0,4–0,5	0,2–0,5	0,6–0,7
Bananen	69–79	11–22	0,8–2,2	0,7–1,2	0,6–1,6
Datteln	78–85	14–20	0,5–0,8	0,4–0,7	—
Wildfrüchte:					
Heidelbeeren	79–90	2–15	0,4–1,1	0,1–0,7	1,6–1,8
Preiselbeeren	83–89	~ 9	0,1–0,4	0,2–0,3	3,4–3,6
Sanddornbeeren	82–85	~ 3,5	1,2–2,0	0,3–0,5	2,4–4,5

meinen sind auch die einzelnen Stoffgruppen im Obst ungleichmäßig im Fruchtgewebe verteilt. Die Bildung der für das Obst charakteristischen, wertbestimmenden Inhaltsstoffe bzw. Stoffgruppen wird durch eine Reihe äußerer Faktoren (Klima, Bodenbeschaffenheit, Erntetermin) bestimmt. Der Einfluß des Klimas z. B. macht sich bei allen Früchten (außer bei Citronen) durch Erhöhung des Zucker-Säure-Verhältnisses mit zunehmender Sonnenwärme bemerkbar. Auch quantitative Verschiebungen der verschiedenen Zucker, wie z. B. das Glucose-Fructose-Verhältnis oder die Veränderungen im Verhältnis Äpfel- zu Citronensäure sind von Temperatur bzw. Sonneneinstrahlung abhängig.
Hauptinhaltsstoffe sind neben dem Wasser die Kohlenhydrate (meist 5 bis 20%); im Schalenobst ist der Gehalt an Eiweiß (etwa 10 bis 25%) und Fett (bis 65%) beträchtlich. Obst enthält außerdem organische Säuren (meist ~ 1%), Mineralstoffe (0,5 bis 1%) sowie geringe Mengen an Pigmenten, Aroma- und Geschmacksstoffen, Pflanzenphenolen, Vitaminen und Enzymen.

Kohlenhydrate

Die Kohlenhydrate machen bei allen Obstarten – mit Ausnahme des Schalenobstes – den überwiegenden Teil der Trockensubstanz aus, wobei Glucose, Fructose und Saccharose überwiegen. Der Gehalt an diesen Zuckern ist in Abhängigkeit von Obstart und Reifezustand recht unterschiedlich. Das Glucose-Fructose-Verhältnis liegt im allgemeinen bei 1:1. Während in einigen Obstarten Saccharose völlig fehlt bzw. mengenmäßig stark zurücktritt, sind in Äpfeln und im Steinobst 1 bis 6%, in Datteln 8 bis 12% und in Ananas 12 bis 15% Saccharose vorhanden.

Daneben kommen in einigen Obstarten weitere Saccharide in geringen Konzentrationen vor (z. B. Galactose in Birnen, Erdbeeren und Cocosmilch; Mannose in Äpfeln und Orangen; Arabinose in Äpfeln und Weintrauben; Xylose in allen Kernobst- und zahlreichen Steinobstarten, aber auch in Erdbeeren).

In Aprikosen und Bananen konnte neben Saccharose Maltose nachgewiesen werden. Trisaccharide (z. B. Raffinose) sowie Tetrasaccharide (z. B. Stachyose) finden sich in Mandeln und Nüssen.

Die Polysaccharide des Obstes bestehen im wesentlichen aus Stärke, Cellulose, Hemicellulosen, Pentosanen und Pectinen. Stärke kommt in unreifen Früchten in relativ großen Mengen vor, wird aber während der Reife nahezu vollständig abgebaut, während gleichzeitig der Gehalt an Zuckern ansteigt. Dennoch entstehen die Zucker, wie Glucose, Fructose und Saccharose, in der Frucht nur zum Teil aus Stärke. Überwiegend werden sie aus den wachsenden Organen der Pflanze direkt in die Früchte geleitet. In verschiedenen Schalenobstarten (Para-, Cashewnüsse) übersteigt der Stärkegehalt dagegen den Zuckergehalt. In reifen Bananen können bis zu 6% Stärke vorhanden sein.

Cellulose, Hemicellulosen und Pentosane sind Bestandteil der Zellwand von Fruchtmark, Steinen, Kernen und Schalen. Im Fruchtfleisch von Steinobst finden sich davon nur geringe Mengen (0,3 bis 1%), während in Kernobst, wie Äpfel und Birnen, etwas größere Mengen (1 bis 4%) vorliegen. Die meist mit den Kernen verzehrten Beerenfrüchte enthalten sogar bis zu 10%.

Technologisch bedeutsam sind die Pectine, die als Begleiter der Cellulose in Früchten vorkommen. Sie finden sich besonders reichlich in Kernobst (2 bis 5%), Beerenobst (0,6 bis 1,4%) und in Citrusfrüchten. Das in der Obstverwertung benötigte Pectin wird in der Hauptsache aus Preßrückständen (Trester) der Apfel- und Citrussaft-Herstellung gewonnen, da die Schalen 20 bis 35% Pectin enthalten können.

Glucitol (Sorbit), der bekannteste Zuckeralkohol in Obstarten, kommt in Kern- und Steinobst vor (0,5 bis 6%), während er praktisch in Beerenobstarten, Citrusfrüchten, Bananen und Ananas fehlt. Die Glucitolbestimmung eignet sich dazu, einen unzulässigen Verschnitt von Traubenwein mit Kernobstwein zu erkennen. In Verbindung mit einer zusätzlichen mikroskopischen Prüfung lassen sich so auch Apfelprodukte bzw. andere Kern- und Steinobstarten in Konfitüren und Marmeladen aus Beerenfrüchten nachweisen.

Stickstoffhaltige Verbindungen

Organische, stickstoffhaltige Verbindungen, wie Aminosäuren, Peptide und Proteine, kommen zu 0,2 bis 1% in frischen Früchten vor. Eine Sonderstellung nimmt das Schalenobst ein, das erhebliche Mengen (10 bis 25%) an Eiweiß (vor allem Globuline) enthält.

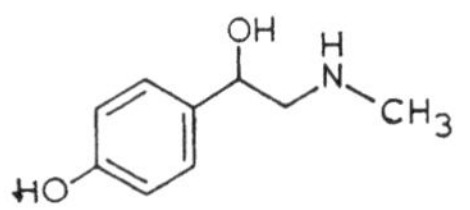

Sympatol

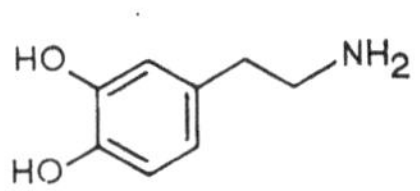

Dopamin

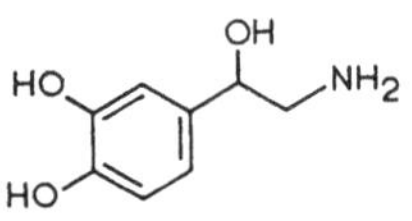

Norepinephrin

Serotonin (5-Hydroxytryptamin) kommt in reifen Bananen, Ananas und Walnußkernen vor, daneben das Sympatol (1-(4-Hydroxyphenyl)-N-methyl-aminoethanol), ein bekanntes Kreislaufmittel. In Orangen wurde das Dopamin (1-(3,4-Dihydroxyphenyl)-ethylamin) und in Bananen das Norepinephrin (1-(3,4-Dihydroxyphenyl)-aminoethanol) nachgewiesen. In Äpfeln kommen auch iso-Amylamin (2-Aminopentan) und Hexylamin (Aminohexan) vor.

Lipide

Kern-, Stein- und Beerenobst enthalten meistens nur geringe Mengen (0,1 bis 0,6%) Lipide. Dagegen findet man in den Samen sowie dem Fruchtfleisch einiger Früchte (Olive, Avocadobirne) größere Fettmengen (bis 65%). Das Fett der Schalenfrüchte besteht im wesentlichen aus ungesättigten mit Glycerol veresterten Fettsäuren (Öl-, Linol-, Linolensäure), im Cocosfett hingegen sind relativ große Mengen an kurz- und mittelkettigen Fettsäuren vorhanden (s. II; 7.4.2.). Die Schalen der Früchte haben meist einen wachsartigen Überzug, der überwiegend aus Wachsen, höheren Alkoholen und Fettsäuren sowie Kohlenwasserstoffen besteht.

Organische Säuren

Der Gehalt an freien (titrierbaren) Säuren neben Zuckern bedingt im Obst sowie in den daraus hergestellten Dauerwaren und Erzeugnissen im wesentlichen den spezifischen, ansprechenden Geschmack und beeinflußt mehr oder weniger stark das Aroma. Die wichtigsten Säuren, die in den einzelnen Obstarten in unterschiedlicher Konzentration vorliegen, sind Äpfel-, Citronen-, Wein- und Isocitronensäure. Die Äpfelsäure herrscht in einigen Kernobst- und Steinobstarten, wie in sauren Äpfeln, Aprikosen, Kirschen, Pfirsichen und Pflaumen, vor, während im Beerenobst vor allem die Citronensäure vertreten ist. In süßen Apfelsorten, Pflaumen und Pfirsichen sind daneben größere Mengen an Chinasäure vorhanden (bis zu 40% der Gesamtsäuren). In Citrusfrüchten kommt vor allem Citronensäure vor; in Weintrauben ist die Weinsäure mit 50 bis 65% neben Äpfelsäure (25 bis 30%) vertreten. Reife Preiselbeeren, Moos- und Heidelbeeren enthalten Benzoesäure (0,1 bis 0,2%), meist gebunden als Vacciniin (Glucose-6-benzoat).

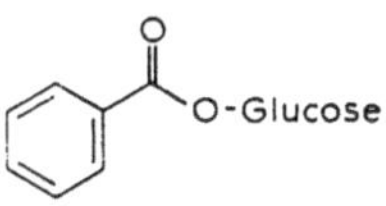

Vacciniin

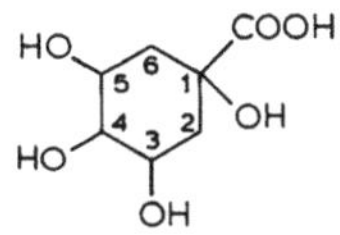

Chinasäure

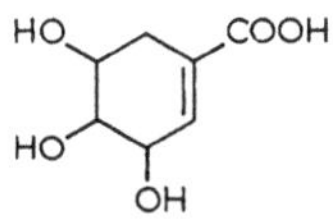

Shikimisäure

In geringer Konzentration sind in fast allen Obstarten u. a. noch Ameisen- und Essigsäure (Äpfel, Birnen, Sauerkirschen, Beerenobst und Citrusfrüchte), Propion-, Butter- und Valeriansäure (Ananas), Salicylsäure (Stein- und Beerenobst), Galacturon-, Schleim-, Bernstein- und Shikimisäure (in einigen Kern- und Steinobstarten) enthalten.

Manche Obstsorten, z. B. Äpfel, enthalten Säuren in depsidartiger Bindung (z. B. Chinasäure in Chlorogensäure oder p-Cumaroylchinasäure).

Mineralstoffe

Trotz des relativ geringen Mineralstoffgehaltes (etwa 0,5 bis 1%) von frischen Obstsorten kommt ihm eine nicht unwesentliche ernährungsphysiologische Bedeutung zu. Als Hauptvertreter sind im Obst Kalium neben Calcium, Phosphor und Magnesium vorhanden, während Fluor, Iod, Cobalt, Kupfer, Mangan und Zink nur in Spuren anzutreffen sind (s. I; 6.).

Da der Mineralstoffgehalt und seine Zusammensetzung für bestimmte Obstarten meist nur geringen Schwankungen unterliegt, besitzt die Bestimmung des Gesamtmineralstoffgehaltes (Asche) eine analytische Bedeutung (Hinweis auf verwendete Obstmenge), ebenso die Bestimmung der Alkalität der Asche und das Verhältnis typischer mineralischer Bestandteile zueinander, da sie für die einzelnen Obstarten charakteristische Werte aufweisen.

Vitamine

Obst ist in der menschlichen Ernährung neben Gemüse die wichtigste Quelle für Vitamin C. Besonders vitamin-C-reich sind Hagebutten (2,5 bis 25 g/kg), Sanddorn (1 bis 12 g/kg), schwarze Johannisbeeren (0,6 bis 2 g/kg), Erdbeeren (0,5 bis 0,7 g/kg) und Citrusfrüchte (0,3 bis 0,7 g/kg). Relativ arm an Vitamin C (unter 0,1 g/kg) sind

Birnen, Kirschen, Pflaumen, Pfirsiche, Weintrauben sowie die meisten Apfelsorten. In fast allen Früchten ist der Vitamin-C-Gehalt vom Reifegrad (höchster Gehalt kurz vor der Reife), von der Sorte, von der Höhenlage (in höheren Lagen größerer Vitamin-C-Gehalt) und weiteren Faktoren abhängig. Die Schale enthält im allgemeinen größere Mengen an Vitamin C als das Fruchtfleisch. B-Vitamine sind im Obst nur in Spuren vorhanden.

Von den fettlöslichen Vitaminen kommt das Vitamin A in Form des Provitamins (β-Caroten) in geringen Mengen vor (bis 10 mg/kg). Vitamin E tritt nur in Schalenobst in nennenswerten Mengen (50 bis 250 mg/kg) auf.

Aromastoffe

Das ansprechende, den Genußwert erhöhende Aroma des Obstes wird durch eine Vielzahl von Verbindungen — insbesondere ätherische Öle — hervorgerufen. Durch den Einsatz der Gaschromatographie und Massenspektrometrie ist es in den letzten Jahren gelungen, einen Großteil dieser Verbindungen zu identifizieren und zu bestimmen.

Für das artspezifische Aroma des Obstes sind vorwiegend Ester, aber auch höhere Alkohole, Ketone, Alkanale, Kohlenwasserstoffe, Schwefelverbindungen und bestimmte organische Säuren verantwortlich.

Das Citrusaroma wird z. B. vor allem von Aldehyden und Estern hervorgerufen. Hauptaromaträger der Citronen ist Citral, der Orangen und Grapefruits Octanal und Decanal.

In den Samen der Rosaceen (bes. in denen des Steinobstes) kommen Cyanwasserstoff enthaltende Glycoside (Amygdalin sowie Mandelsäurenitril-D-Glycoside) vor, aus denen enzymatisch Blausäure abgespalten werden kann.

Einige Obstarten, z. B. Aprikosen, Erdbeeren, Weintrauben, Orangen, können — meist im beschädigten oder verarbeiteten Zustand — Schwefelwasserstoff, aber auch Methylmercaptan und Spuren von Dimethyldisulfid abgeben.

Ätherische Öle unterliegen vor allem während der Reifung und Lagerung Veränderungen. Neben autoxydativen Veränderungen der Terpene (Einfluß von Licht und Luft) können auch Geschmacksverschlechterungen z. B. bei Citronenöl dadurch eintreten, daß γ-Terpinen in p-Cymen übergeht.

Farbstoffe und phenolische Verbindungen

Die Farbe der verschiedenen Obstarten wird in erster Linie durch die Carotenoide und Chlorophylle sowie bestimmte Pflanzenphenole bedingt.

Im Obst kommen außer einfachen Phenolcarbonsäuren u. a. Catechine, Flavone, Flavonole, Flavanone, Anthocyanidine, Anthocyanine, Hydroxyzimtsäuren und Hydroxycumarine vor.

Der Gehalt an mehrwertigen Phenolen schwankt in den einzelnen Obstarten und -sorten erheblich. Er beträgt in Kern- und Steinobst 0,1 bis 1% (bezogen auf Frischsubstanz). In jungen Apfelfrüchten z. B. kann die Konzentration an diesen Stoffen, besonders an Chlorogensäure, bis zu 8% der Trockensubstanz ausmachen. Während der Entwicklung der Früchte geht der Gehalt an mehrwertigen Phenolen z. T. auf ein Viertel bis auf ein Drittel zurück.

Von Bedeutung ist, daß bestimmte phenolische Verbindungen Substrate für spezifische Oxydationsenzyme darstellen und somit zu unerwünschten Verfärbungen bei der Obstverarbeitung führen können. Eine hohe Konzentration an Catechinen und vor allem der aus ihnen gebildeten Gerbstoffe beeinflußt den Geschmack des Obstes. Deshalb schmecken Mostäpfel und -birnen wegen ihres erhöhten Gehaltes an diesen Stoffen oft sehr herb. Die Leucoanthocyanine können in Lebensmitteln durch Bildung von Anthocyanidinen und deren Kondensationsprodukten zu Rotfärbungen führen (z. B. bei Birnen, Apfelmus). Sie sind auch oft an Trübungen und Bodensätzen von Obstsäften und -weinen beteiligt.

Die Anthocyanine, meist in den oberen Zellschichten lokalisiert, sind neben den Carotenoiden für die Farbe des Obstes (blau, rot) verantwortlich.

Flavanonglycoside werden hauptsächlich in Citrusfrüchten gefunden, so z. B. Hesperitin und das chemisch ähnliche, ebenfalls bitter schmeckende Naringin (s. I; 11.4.3.), das enzymatisch (Naringinase) zum nicht bitteren Naringinin hydrolysiert werden kann.

Enzyme

Frisches Obst enthält alle zum Ablauf und zur Steuerung seines Stoffwechsels erforderlichen Enzymsysteme. Die Enzyme spielen aber nicht nur bei der Reifung, sondern auch bei der Obstlagerung und -verarbeitung eine entscheidende Rolle, indem sie bestimmte Inhaltsstoffe ab- bzw. umbauen. Diese Vorgänge sind z. T. erwünscht (Reifung bzw. Nachreifung, Aromabildung), teilweise aber auch unerwünscht (enzymatische Bräunung, Teigigwerden, Minderung der Gelierfähigkeit u. a. m.).

Im Obst sind vor allem Hydrolasen (z. B. Carbohydrasen, Glycosidasen, Proteinasen, Peptidasen, Phosphorylasen und Lipasen) von Bedeutung.

Wesentlich hierbei sind die für den Abbau der Kohlenhydrate verantwortlichen Enzyme. So wird die Stärke während der Reifung enzymatisch abgebaut. Der partielle Abbau der Cellulose und Hemicellulosen durch entsprechende Cellulasen ist bei der Obstreifung (Abnahme der Festigkeit) ebenfalls von Bedeutung. Wichtig sind in diesem Zusammenhang auch die Pectin abbauenden Enzyme, Pectinmethylesterase (Pectase) und Pectinglycosidasen.

Unter dem Einfluß der Chlorophyllase setzt die Gelbfärbung mancher Früchte ein. Die Oxydo-Reduktasen (Phenoloxydase, Peroxidase, Katalase) wirken insbesondere dann, wenn die Zellen verletzt werden (Dunkel- bzw. Braunfärbung des Obstes).

Neben den arteigenen Enzymen kommen sekundär auch Fremdenzyme mikrobieller Herkunft zur Wirkung, z. B. bei der erwünschten Edelfäule von Weintrauben.

11.3. Biochemische Veränderungen im Obst

Während der Wachstums- und Reifephasen ist die Entwicklung des Obstes von der Photosynthese sowie der Aufnahme von Wasser und Mineralstoffen durch die Pflanze abhängig. Sobald das Obst jedoch bei der Ernte von der Pflanze getrennt wird, ist es ein selbständiges System, und Atmungsprozesse spielen eine wichtigere Rolle.

Bei zahlreichen Früchten (Äpfel, Birnen, Bananen u. a.) findet nach der Ernte ein plötzlicher Anstieg der Atmungsaktivität (klimakterische Atmungssteigerung) statt; danach setzt in der postklimakterischen Phase (Senescenz) ein Respirationsabfall ein. Im Gegensatz dazu gibt es eine Reihe von Obstarten (Ananas, Citronen, Erdbeeren u. a.) bei denen die Atmungsaktivität stetig abnimmt (nichtklimakterische Früchte). Während man nichtklimakterische Früchte im allgemeinen an der Pflanze ausreifen läßt, werden klimakterische Früchte vorzeitig (pflückreif) geerntet. Die Lagerung bis zur Reife erfolgt möglichst unter kontrollierten Bedingungen, um den Reifungsvorgang zu steuern und Verluste weitgehend auszuschalten.

Ethen, daß von Früchten abgesondert wird, stimuliert die Reifung. Bereits geringe Mengen reichen aus, um den Reifungsprozeß auszulösen und den Beginn des Klimakteriums zu beschleunigen. Über die Entstehung von Ethen im Gewebe existieren unterschiedliche Auffassungen. So wird eine Bildung aus Glucose, Linolensäure oder auch aus Methionin diskutiert.

Farbveränderungen

Ursache für das Verschwinden der grünen Farbe beim Reifen des Obstes ist der Chlorophyllabbau (s. I; 9.2.3.), wodurch zunächst die Carotenoide sichtbar werden (Gelbfärbung). Die oft auftretenden Rotfärbungen sind auf die Bildung von Anthocyaninen zurückzuführen. Diese Farbveränderungen treten im Reifungsprozeß unmittelbar nach dem Atmungsanstieg ein und gehen gleichzeitig mit Texturveränderungen einher.

Die Carotenoide, die gegen Licht und Sauerstoff instabil sind, werden bei der Reifung ebenfalls abgebaut. Die Menge an Xanthophyllen nimmt zunächst zu und verschwindet dann während des endgültigen Ausbleichens des Obstes ebenfalls.

Anthocyanine sind vor allem gegen Hitze und pH-Wertänderung empfindlich. So können sie z. B. durch Erhitzen bei der Obstkonservenherstellung aus den Zellen in den sie umgebenden Sirup diffundieren. Bei längerer Lagerung anthocyanhaltiger Früchte tritt eine Braunverfärbung ein. Dabei wird das Anthocyan durch Polyphenoloxydase zum entsprechenden Chinon oxydiert, aus dem sich dann gelbe oder braune Polymere bilden können.

Texturveränderungen

Charakteristisch für den Reifungsprozeß ist das Weichwerden des Obstes. Dabei werden vor allem die Zellwände, die u. a. Pectine enthalten, verändert. Das in den Zellen vorhandene sogenannte Protopectin (unlösliches Calciumpectat) wird während der Reifung in lösliche Verbindungen übergeführt. Erst in der Stufe der Überreife tritt ein weiterer Abbau der Pectine bis zur Galacturonsäure ein (Mehligwerden des Obstes). Es wird angenommen, daß die Enzyme Pectinmethylesterase, Polygalacturonase und Protopectinase an diesem Prozeß beteiligt sind. Dabei werden zunächst die Methoxygruppen des Pectins hydrolytisch von der Kette abgespalten; anschließend wird die Kette selbst aufgespalten.

Flavourbildung

Bei der Reifung nimmt der Säuregehalt ab und der Zuckergehalt zu, gleichzeitig bilden sich vorwiegend enzymatisch eine Reihe flüchtiger Substanzen, die gemeinsam den typischen Fruchtflavour hervorrufen.

Von Bedeutung in diesem Zusammenhang sind auch die Tannine. Nichthydrolysierbare Tannine sind u. a. für den adstringierenden Geschmack bei verschiedenen unreifen Früchten verantwortlich. Der Verlust dieser adstringierenden Eigenschaften während des Reifungsvorganges beruht vermutlich auf einer Umwandlung löslicher Tannine in eine unlösliche Form.

Veränderungen weiterer Inhaltsstoffe

Stärke, die sich in den Depotzellen und Speicherorganen der Früchte gebildet hat, kann nach der Ernte in Zucker — Saccharose, Glucose, Fructose — umgewandelt werden. Der Abbau wird vermutlich in der 1. Stufe durch Phosphorylase gesteuert, wobei Glucose-1-phosphat gebildet wird. Der Abbauweg verläuft weiter über Glucose-6-phosphat, Fructose-6-phosphat zum Saccharosephosphat, das durch Invertase in Glucose und Fructose gespalten wird. Auf einem anderen Abbauweg kann die Stärke durch Amylase in Maltose und weiter durch Maltase in Glucose zerlegt werden.

Der Gesamtsäuregehalt von Früchten verringert sich bei der Reifung und Lagerung. Im Gegensatz zu Kernobst bleiben citronensäurereiche Früchte (Citrusfrüchte) auch nach der Reife stark säurehaltig. Ascorbinsäure, die im Obst aus Glucose gebildet werden kann, nimmt bei der Lagerung sehr schnell ab.

11.4. Obstschädlinge und Obstkrankheiten

Zu den tierischen Obstschädlingen gehören die Larven und Raupen von Schmetterlingen sowie Fliegen, Käfer, Blattläuse usw.

Während gesundes Obst im Inneren steril ist, befinden sich auf der Oberfläche in Abhängigkeit von Pflanzenart, Standort, Klima usw. immer verschiedene Mikroorganismen. Bei Beschädigung der schützenden Oberfläche (Stoß, Hagel, Insekteneinstich usw.) können Mikroorganismen (bevorzugt Hefen und Schimmelpilze, seltener Bakterien) leicht in die Frucht eindringen und dort Verderbsprozesse, insbesondere Fäulnis, auslösen.

Einige Fäulniserreger kommen bei bestimmten Früchten gehäuft vor. Beim Kernobst treten vor allem Braun-, Kernhaus-, Bitter- und Grünfäule, Lagerschorf und

Phytophthora-Fruchtfäule auf. Daneben können Schalenbräune und Stippigkeit beobachtet werden. Birnen sind auf Grund ihres erhöhten Zuckergehaltes anfälliger als Äpfel.

Beerenobst ist gegen pilzliche Fäulniserreger besonders anfällig. Bei Erdbeeren tritt häufig der Grauschimmel (*Botrytis cinerea*) und die Rhizopus-Naßfäule auf. Alternaria-Arten können Bräunungen und Schrumpfungen bei Heidelbeeren hervorrufen. Cladosporium-Arten werden außer auf Himbeeren auch auf Weintrauben angetroffen. Daneben kommen auf Beerenobst auch Hefen vor, die zur Gärung von Obst und damit zum Verderb führen. Steinobst wird von Braun- und Grünfäule, aber auch von Pilzen der Gattung Alternaria, Rhizopus u. a. befallen.

Schäden an Südfrüchten treten vor allem durch Penicillium-Arten wie *P. italicum* (Naßfäule) und *P. digitatum* (Grünfäule) auf.

11.5. Obstlagerung

Während der Lagerung schreiten die bei der Obstreifung ablaufenden Reaktionen weiter voran. Die Lagerung kann daher als eine gesteuerte Nachreifung betrachtet werden. Ziel der Lagerung ist, Obstqualität zu erhalten und unerwünschte qualitätsmindernde Prozesse (Austrocknung, Verfärbungen, übersteigerte Atmung, Mikrobenbefall usw.) zu verhindern. Vorgänge der letztgenannten Art werden zurückgedrängt, wenn man das Obst kühl (*Kaltlagerung*) oder kühl und in kontrollierter Atmosphäre (*Gaskaltlagerung*) mit niedriger Sauerstoff- und hoher Kohlendioxidkonzentration aufbewahrt. Die Atmosphäre in den Lagerräumen muß jedoch eine bestimmte Sauerstoffkonzentration aufweisen, da sonst durch anaerobe Atmung bedingte Abbau- und Entfärbungsreaktionen u. a. m. ablaufen können. So gibt es für jede Obstart eine kritische Konzentration an Sauerstoff, bei der eine optimale Lagerung erreicht werden kann. Im allgemeinen ersetzt man 5 bis 10% des Sauerstoffs der Luft durch Kohlendioxid. Auf diese Weise wird die Atmungsgeschwindigkeit des Obstes herabgesetzt.

Die Aufbewahrung des Obstes erfolgt meist bei Temperaturen zwischen 271 K (−2 °C) und 277 K (4 °C) (Kaltlagerung) und einer relativen Luftfeuchtigkeit von 85 bis 90%. Eine zu geringe Luftfeuchtigkeit führt zum Runzligwerden, eine zu hohe Feuchtigkeit leicht zu Schimmelbefall des Obstes.

Wichtig für eine optimale Lagerung ist außerdem, daß die Luft in den Lagerräumen ausreichend umgewälzt wird. Dadurch wird eine Ansammlung die Reifung fördernder Stoffwechselprodukte (z. B. Ethen) sowie das Auftreten größerer Temperaturschwankungen vermieden.

Citrusfrüchte reagieren empfindlich auf Kaltlagerung (Braunfleckenkrankheit, Bitterwerden). Die Gaskaltlagerung hat sich vor allem für Beerenobst bewährt.

Zur kurzfristigen Lagerung wird Obst auch in Kunststoffbeuteln aufbewahrt oder es werden Obstkisten mit Polyethylenfolie oder gewachstem Papier bedeckt. Dabei wirkt sich das Atmungs-Kohlendioxid haltbarkeitsverlängernd aus. Bei längerer Lagerung in dieser Form besteht jedoch die Gefahr der Verschimmelung.

Neben der Kaltlagerung wird Obst häufig zur *Verlängerung der Haltbarkeit mit chemischen Mitteln* behandelt. Zur Bekämpfung von Mikroorganismen hat sich die

Begasung mit Methylbromid, Ammoniak, Chlormethan oder Trichlorethan durchgesetzt. Auch Ozon hat eine gewisse, die Wachstumsgeschwindigkeit der Schimmelpilze hemmende Wirkung. Sein Einsatz ist jedoch umstritten, da teilweise Schädigungen des Obstes eintreten. Zur Bekämpfung des Blau- und Grünschimmels bei den Citrusfrüchten dienen vor allem Diphenyl und o-Phenylphenol (meist als Natriumverbindung). Der Einsatz erfolgt z. T. auch indirekt durch Imprägnierung des Einwickelpapiers.

Zur Vermeidung von Gewichtsverlusten werden bei Citrusfrüchten und Äpfeln häufig auch Oberflächenbehandlungen durchgeführt. Dabei werden Harze oder Wachse (z. B. Carnaubawachs, Zuckerrohrwachs, Paraffin, Schellack, Polyoxyethylen) auf die Oberfläche aufgespritzt oder durch Tauchen in eine stark verdünnte Emulsion aufgebracht.

Eine Verlängerung der Lagerfähigkeit kann auch durch Behandlung mit *ionisierenden* oder *γ-Strahlen* erreicht werden. Nachteil dieser Verfahren ist, daß z. T. unerwünschte Veränderungen der Inhaltsstoffe (Aroma-, Farbstoffe u. a.) auftreten.

Die Analytik von frischem oder gelagertem Obst beschränkt sich vor allem auf den Nachweis von Schädlingsbekämpfungsmitteln und zur Haltbarkeitsverlängerung eingesetzter Stoffe (Diphenyl, Wachse u. ä.).

11.6. Obstdauerwaren

Da frisches Obst einerseits meist nur eine begrenzte Lagerfähigkeit besitzt und anderseits die Notwendigkeit besteht, das periodisch anfallende Obst auf einen längeren Zeitraum zu verteilen, überführt man es in eine haltbare Form bzw. stellt daraus Lebensmittel eigener Prägung (Obsterzeugnisse) her. Bei den Obstdauerwaren wird die Haltbarkeitsverlängerung durch Erhitzen (Sterilisieren), Gefrieren oder Wasserentzug (Trocknen), seltener durch Einlegen in Säure oder biologische Säuerung (Milchsäuregärung) erzielt. Das Obst wird dabei meist einer Vorbehandlung unterworfen wie Sortieren, Waschen, Entrappen, Entstielen, Entkernen, Schälen, Zerkleinern, Blanchieren. Das Blanchieren (Dampf- oder Heißwasserbehandlung) wird vor allem für weiche, helles Fruchtfleisch enthaltende Früchte (Pfirsiche, Birnen u. a.) eingesetzt, um enzymatisch bedingte Verfärbungen bei der Verarbeitung zu vermeiden. Die gleiche Wirkung kann durch Einlegen des Obstes in Citronensäure- oder Kochsalzlösungen, aber auch durch Zugabe von Zucker und/oder Ascorbinsäure (bis etwa 0,1%), erreicht werden.

Eine Verfestigung von sehr weichen Früchten, z. B. Erdbeeren, wird u. a. durch Zugabe von niederveresterten Pectinen möglich.

11.6.1. Gefrierobst

Zum Gefrieren sollte nur einwandfreies, gesundes und reifes Obst Verwendung finden. Das Einfrieren des meist verpackten Gutes erfolgt entweder in kalter, bewegter Luft

(Gefriertunnel) oder im Plattengefrierapparat (Kontaktverfahren). Die Einfriertemperatur liegt bei 238 K (−35 °C) bis 233 K (−40 °C).

Zur besseren Erhaltung des Aromas und der Farbe werden die Früchte oft mit Stärkezucker, seltener mit Zuckerlösungen, behandelt. Dabei schützt der Zucker vor dem Austrocknen, verhindert eine Braunverfärbung und erhält Konsistenz und Aroma der Früchte. Auch eine kombinierte Zugabe von Zucker und Ascorbinsäure wirkt sich bei der Gefrierlagerung positiv aus.

Das Obst ist bei Lagertemperaturen von 255 K (−18 °C) bis 253 K (−20 °C) etwa 12 Monate haltbar. Grundsätzlich sollte eine Temperatur von 258 K (−15 °C) nicht überschritten werden. Zur Erhaltung des Aromas und anderer wertvoller Inhaltsstoffe (z. B. Vitamin C) erweist es sich als günstig, das Obst möglichst gleichmäßig und langsam aufzutauen. Eine Zugabe von Zucker vor dem Auftauen schützt dabei vor Aromaverlusten.

An das Verpackungsmaterial, das zur Gefrierlagerung eingesetzt wird, werden bestimmte Anforderungen gestellt. Es soll flüssigkeitsundurchlässig, säurefest, aroma- und luftdicht sein. In der Praxis haben sich Folien aus Zellglas/Polyethylen, kaschierte und lackierte Folien aus Papier sowie aus Kunststoffen bewährt.

11.6.2. Obststerilkonserven

Zur Herstellung von Obststerilkonserven werden die Früchte ohne (*Dünstfrüchte*) oder mit Zuckerzusatz durch Hitzesterilisation haltbar gemacht. Anstelle des Blanchierens setzt sich auch bei der Obstkonservenherstellung in zunehmendem Maße die Behandlung der Früchte mit verdünnter Citronensäure- und/oder Ascorbinsäurelösung zur Verhinderung der enzymatischen Bräunung durch.

Anschließend werden die Früchte in verzinnte und/oder vernierte (Innenauskleidung mit einem Speziallack) Dosen oder in Gläser gefüllt und meist mit einer Zuckerlösung übergossen. Die Dosen werden dann häufig exhaustiert (Entfernung der Luft bzw. des gelösten Sauerstoffes durch Dampfinjektion, mechanisches Abpumpen der Luft o. ä.). Schließlich werden die Dosen und Gläser nach dem Verschließen bei etwa 373 K (100 °C) sterilisiert.

Von Bedeutung für die Qualität der Konserven, besonders für den Sterilisiereffekt, ist der Kopfraum bei nicht exhaustierten Dosen. Ein zu geringer Kopfraum kann zur Deckelwölbung (Scheinbombage), ein zu großer Kopfraum zu Untersterilisierung und evtl. zu oxydativen Veränderungen des Füllgutes, bedingt durch erhöhten Anteil an Luftsauerstoff, führen.

Bei der Obstkonservenherstellung treten an den Früchten mehr oder weniger große Veränderung auf, die u. a. Farbe, Konsistenz, Aroma- und Vitamingehalt betreffen. Die in den Früchten vorkommenden Anthocyane werden z. T. durch Hitzebehandlung zerstört, wobei zunächst eine Hydrolyse stattfindet. Die dabei entstehenden Anthocyanidine wandeln sich bei einem pH-Wert > 4 leicht in farblose Verbindungen um. Die ebenfalls in den Früchten vorkommenden Carotenoide sind zwar stabiler, werden aber durch Hitze partiell zerstört. Daneben können Farbveränderungen durch enzymatische und nichtenzymatische Bräunung, aber auch durch Wechselwirkung der Früchte mit dem Dosenmaterial, eintreten.

11.6.3. Trockenobst und Früchte in Dickzucker

Die Herstellung von Trockenobst erfolgt entweder durch Trocknen an der Sonne (Datteln, Feigen, Korinthen, Rosinen, Aprikosen, Birnen) oder durch künstliche Wärmezufuhr (Äpfel, Pflaumen). Vor der Trocknung wird das Obst blanchiert und/oder mit Schwefeldioxid behandelt. Dadurch soll eine enzymatische Bräunung vor der Trocknung verhindert, die Durchlässigkeit der Schalen (Pflaumen) erhöht und das getrocknete Gut vor Schädlingsbefall geschützt werden.

Der Wassergehalt der Trockenfrüchte liegt bei 15 bis 25%. Sollen die Früchte (z. B. Rosinen, Pflaumen) alsbald verzehrt werden, so hat sich ein höherer Wassergehalt (30 bis 33%) als günstig erwiesen. Diese Früchte müssen jedoch zusätzlich gegen Mikrobenbefall, z. B. durch 2%ige Kaliumsorbatlösung, haltbar gemacht werden.

In den USA werden in neuerer Zeit Früchte auf einen Wassergehalt von 3 bis 5% getrocknet (dehydrated fruits), wodurch eine bessere Lagerfähigkeit gewährleistet wird. Für sehr hochwertiges Obst wird z. T. auch die Gefriertrocknung (Sublimationstrocknung) eingesetzt. Auf diese Weise konservierte Früchte sind von ausgezeichneter Qualität und nehmen relativ leicht wieder Wasser auf. Sie sind gasdicht zu verpacken und sorgfältig zu lagern.

Unerwünschte Veränderungen im Trockenobst sind vor allem enzymatische und nichtenzymatische Bräunungsreaktionen, Geschmacksabfall, Vitamin-C-Verlust und Mikrobenbefall.

Dickzuckerfrüchte sind mit konzentrierten Zuckerlösungen behandelte Früchte, wobei der Zuckergehalt so hoch ist, daß ein Verderben verhindert wird. Citronat, Orangeat u. a. zählen zu den sogenannten Belegfrüchten, die auch kandiert, glasiert, kristallisiert in der Süßwaren- und Backwarenindustrie Verwendung finden.

Weitere Formen der Konservierung sind z. B. das Einlegen in Rum (Rumtopf, Rumfrüchte) oder in Essig (Essigfrüchte, wie z. B. Pflaumen, Birnen).

11.7. Obsterzeugnisse

11.7.1. Halberzeugnisse, Konfitüren, Marmeladen, Gelees, Muse und Konzentrate

Als Obsterzeugnisse werden Halb- und Fertigerzeugnisse aus verschiedenen Obstarten und Obstqualitäten bezeichnet.

Zu den *Halberzeugnissen* zählen Obstpulpe und Obstmark. Während Obstpulpe stückige z. T. noch unzerteilte Früchte enthält, besteht Obstmark aus fein zerkleinertem Obst. Diese Produkte werden meist durch Zusatz von schwefliger Säure, Kaliumhydrogensulfit u. ä. haltbar gemacht und sind somit nicht zum unmittelbaren Verzehr geeignet.

Konfitüren (Jams) und *Marmeladen* werden durch Einkochen von ganzen, grob zerkleinerten bzw. passierten Früchten, die frisch sind oder durch geeignete Konservierung, z. B. Tiefgefrieren, in frischem Zustand erhalten worden sind, oder aus Halberzeugnissen (Obstpulpe oder -mark) unter Zusatz von Saccharose hergestellt. Konfitüren müssen im Gegensatz zu Marmeladen im fertigen Erzeugnis deutlich Obststücke erkennen lassen.

Der Einsatz von Halbfabrikaten neben Frischobst und Feinfrosterzeugnissen ermöglicht eine Verarbeitung des Obstes während des ganzen Jahres. Nachteilig wirkt sich bei Halbfabrikaten allerdings eine durch Pectinabbau bedingte Abnahme der Gelierfähigkeit aus, die durch Zusatz geeigneter Präparate bei der Marmeladen- und Konfitürenherstellung ausgeglichen werden muß.

Zur Herstellung von Konfitüren und Marmeladen kocht man im allgemeinen Obst bzw. entsprechende Halbfabrikate unter Zuckerzusatz und dampft unter ständigem Rühren ein (Verkochen von Wasser und evtl. vorhandenem Schwefeldioxid) bis der erforderliche Extraktgehalt erreicht ist (refraktometrische Ermittlung). Kurz vor diesem Zeitpunkt gibt man entsprechende Geliermittel (z. B. Pectinpräparate), Säure (Milch-, Wein- oder Citronensäure), Farbstoffe sowie meist Stärkesirup (maximal 12%) zu, um die Süße zu vermindern, die Konsistenz zu verbessern und das Auskristallisieren von Zucker zu verhindern. Das Einsatzverhältnis Früchte zu Zucker ist für die einzelnen Erzeugnisse gesetzlich fixiert und liegt etwa bei 1:1.

Seit einigen Jahren werden auch „*ungekochte*“ *Konfitüren und Marmeladen* (durch Pasteurisierung bei maximal 358 K (85 °C) hergestellt. Vorteil hierbei ist, daß vor allem wertvolle Inhaltsstoffe (Vitamine, Farb-, Aroma- und Geschmacksstoffe) besser erhalten bleiben.

Marmeladen und Konfitüren enthalten etwa 25 bis 45% Wasser, 45 bis 65% Zucker und vom Obst her noch 5 bis 10% Extraktstoffe sowie 0,5 bis 1,5% Säure.

Die analytische Untersuchung erstreckt sich vor allem auf eine Bestimmung des Extrakt- bzw. Wassergehaltes sowie den evtl. Nachweis von unerlaubten Konservierungs- und Dickungsmitteln.

Obstgelees sind gelierte Zubereitungen, die man durch Einkochen von geklärten Obstsäften bzw. wäßrigen Auszügen von Früchten und Pulpen unter Zuckerzusatz erhält. Zur Erhöhung der Saftausbeute werden die Früchte vor dem Abpressen meist gekocht. Eine zu lange Kochzeit soll vermieden werden, da dadurch die Gelierfähigkeit leidet und Aromaverluste eintreten.

Mus, meist Pflaumenmus, wird aus frischen bzw. getrockneten und zerkleinerten Pflaumen mit oder ohne Zusatz von Zucker und Gewürzen durch Einkochen hergestellt.

Obstkraut (Apfelkraut) ist ein besonders im Rheinland beliebter Brotaufstrich. Zur Herstellung wird das meist säurearme Obst gedämpft oder weichgekocht, der Saft abgepreßt, filtriert und unter Rühren sowie evtl. Zuckerzusatz bis zur zähflüssigen Konsistenz und einem Wassergehalt von maximal 35% eingedickt.

11.7.2. Obstrohsäfte, Obstsirupe, Obstsüßmoste und ähnliche Erzeugnisse

Obstrohsäfte (Fruchtmuttersäfte) sind im Gegensatz zu den Süßmosten überwiegend als Halbfabrikate für die Weiterverarbeitung zu Gelees, Obstsirupen u. ä. anzusehen.

Sie werden durch Pressen aus frischem Obst einer Obstart (evtl. unter Zusatz pectinolytischer und cellulolytischer Enzyme zur Erhöhung der Saftausbeute) und nachfolgender Filtration (ggf. unter Zusatz von pectinspaltenden „Fermentationsenzymen" zur Verminderung der Viskosität der Säfte) gewonnen. Durch Pasteurisierung (Entkeimungsfiltration, Kohlensäuredrucklagerung u. a.) oder durch chemische Konservierung werden sie haltbar gemacht.

Obstnektare werden als Ganzfruchtzubereitungen durch Vorzerkleinern frischen Obstes, Erhitzen der Maische, Passieren, Homogenisieren mit Zusatzstoffen (u. a. Zucker) und anschließender Kurzzeit-Pasteurisierung mit nachfolgender rascher Abkühlung hergestellt.

Obstsirupe sind dickflüssige Zubereitungen, die durch (Vakuum-)Kochung des Obstsaftes oder im Kaltlöseverfahren mit Zucker hergestellt werden. Sie enthalten maximal 65% Zucker. Durch Verdünnen mit Wasser werden sie trinkfertig.

Obstsüßmoste sind zum unmittelbaren Genuß bestimmte, praktisch alkoholfreie Getränke (Alkoholgehalt maximal 5 g/*l*). Sie werden aus frischem Obst oder entsprechenden Fruchtsäften unter Zusatz von Zucker und ggf. Wasser (außer Kernobst- und Traubensäften) hergestellt, nach bestimmten Verfahren behandelt (geklärt) und durch Pasteurisierung (z. B. Warmentkeimung, Entkeimungsfiltration) haltbar gemacht.

Fruchtsaftkonzentrate werden aus frischen, unvergorenen Fruchtsäften oder aus Fruchtmuttersäften gewonnen. Es werden vor allem Konzentrate aus Apfel-, Birnen-, Trauben- und Beerensäften und auch aus Citrussäften hergestellt.

Vor der Konzentrierung werden die Säfte geklärt und pasteurisiert. Die Konzentrierung wird entweder in Vakuum-Verdampferanlagen oder durch Einengen und Ausfrieren mit anschließender Trennung von Konzentrat und Eis vorgenommen. Die Konzentrierung erfolgt z. T. unter Aromarückgewinnung, die eintretenden Aromaverluste werden durch nachträglichen Zusatz von Aromakonzentraten oder Frischsaft ausgeglichen.

Fruchtpulver ist ein durch Konzentrierung bzw. Trocknung (Zerstäubungs-, Schaumschicht-, Gefriertrocknung) von Fruchtsäften, Fruchtpulpen oder ganzen Früchten hergestelltes Produkt. Der günstigste Wassergehalt liegt bei 1 bis 3%. Es wird vor allem in Backwaren, Eiscremes u. ä. eingesetzt.

12. Honig und Kunsthonig

12.1. Allgemeines

Honig ist der süße Stoff, den Honigbienen erzeugen, indem sie Nektar oder andere süße Säfte lebender Pflanzenteile aufnehmen, durch körpereigene Stoffe bereichern, in ihrem Körper verändern, in Waben aufspeichern und dort reifen lassen. Von Bienen aus anderen Quellen verarbeiteter Zucker (z. B. *Zuckerfütterungshonig*) gilt nicht als Honig.

Kunsthonig ist ein aus mehr oder minder stark invertierter Saccharose mit oder ohne Verwendung von Stärkezucker oder Stärkesirup hergestelltes, meist aromatisiertes und gefärbtes Produkt, das in seinen sensorischen Merkmalen dem Honig ähnelt und stets 5-Hydroxymethylfurfural enthält.

Auf Grund des hohen Anteils an leicht verdaulichen Kohlenhydraten (etwa 80%) zählen Honig und Kunsthonig zu den energiereichen Lebensmitteln. 100 g liefern jeweils etwa 1380 kJ (330 kcal).

Beide Erzeugnisse dienen direkt als Aufstrich und Süßungsmittel. Honig wird aber auch als Zusatz zu Kindernahrungsmitteln, zu Backzwecken (Honigkuchen), in der Süßwarenindustrie (Honigbonbons), zum Saucieren von Tabak, für die Herstellung von Honiglikör (Bärenfang) oder Honigwein (Met) verwendet. In der Pharmazie und Kosmetik wird Honig mitunter noch für die Herstellung von Fenchelhonig, Wundsalben, Cremes, Seifen usw. eingesetzt.

12.2. Honig

12.2.1. Einteilung und Bildung

Je nach pflanzlicher Herkunft unterscheidet man zwischen *Blütenhonigen* (Akazien-, Buchweizen-, Klee-, Linden-, Rapshonig usw.) und *Blatthonigen* (*Honigtauhonigen*), wie z. B. Fichten- und Tannenhonigen. Außerdem wird zwischen *deutschem* und *Importhonig* sowie zwischen *Speisehonig* (zum unmittelbaren Verzehr bestimmt) und *Backhonig* (meist nicht mehr vollwertiger, z. B. angegorener oder überhitzter Honig) unterschieden.

Nach der Gewinnungsart, die gleichzeitig die Qualität mitbestimmt, werden die Honige unterteilt in:

- *Scheiben-* oder *Wabenhonig*, der sich noch in verdeckelten und nicht bebrüteten Waben befindet.
- *Schleuderhonig*, der aus brutfreien Waben (evtl. unter gelindem Erwärmen auf maximal **313** K = 40 °C) abgeschleudert werden kann.
- *Preßhonig*, der durch Abpressen (ohne Erwärmen) brutfreier Waben gewonnen wird.
- *Seimhonig*, der aus brutfreien Waben durch gelindes Erwärmen und Abpressen erhalten wird.

Das durch Ausschmelzen der vom Honig befreiten Zellenwaben gewonnene hellgelbe bis braune Bienenwachs wird u. a. zur Herstellung von Zierkerzen genommen.

Der von der Biene mit dem Rüssel in die sogenannte Honigblase (Fassungsvermögen $\sim$ 50 μl) aufgesogene Nektar der Blüten bzw. von den Blättern aufgesogene Honigtau ist eine meist 20 bis 60%ige Lösung, die überwiegend Saccharose neben geringen Mengen anderer Zucker sowie artspezifischer Bestandteile der entsprechenden Tracht (Aromastoffe!) enthält.

Der Umsatz des Nektars bzw. des Honigtaus beginnt bereits beim Rückflug der Biene zum Bienenstock durch Zugabe von Kopfdrüsensekret, in dem u. a. Enzyme wie Invertase, Amylase und Glucoseoxydase vorhanden sind.

Bei der Umwandlung der in die Waben eingebrachten Tracht steht die enzymatische Spaltung der Saccharose in Fructose und Glucose im Vordergrund; gleichzeitig bilden sich aber auch Maltose und andere Di- sowie Oligosaccharide, deren Gesamtmenge bis zu 10% ausmachen kann. Durch Einwirkung der Glucoseoxydase auf Glucose entsteht neben Wasserstoffperoxid Gluconsäure, die etwa die Hälfte des Säuregrades von Honig bedingt.

Neben den direkt mit dem Nektar bzw. Honigtau eingebrachten Aromastoffen bilden sich während der Reifung weitere, wobei die im Honig vorhandenen freien Aminosäuren wesentliche Vorläufer hierfür sind. Der Wassergehalt des Honigs nimmt im Stock (Temperatur 306 K = 33 °C) laufend ab, bis ein Wert von 16 bis 20% erreicht ist. Dann verdeckeln die Bienen die Waben, der Honig ist „reif".

Für 1 kg Honig sind etwa 3 kg Nektar erforderlich.

12.2.2. Zusammensetzung, Eigenschaften und Veränderungen

Hauptbestandteil des Honigs ist der *Invertzucker* ($\sim$ 70%), in dem die Fructose geringfügig überwiegt (35 bis 40% Fructose, 30 bis 35% Glucose). *Reduzierende Disaccharide* (Maltose, Isomaltose, Maltulose, Turanose usw.) kommen im allgemeinen in Mengen von 3 bis 10% vor. Der Saccharoseanteil liegt meist unter 5%, kann aber auch bei bestimmten Honigarten Werte von 10% erreichen. Tri-, Tetra- und höhere Saccharide sind nur in Spuren vorhanden.

Stickstoffhaltige Verbindungen machen im allgemeinen 0,3 bis 0,4% (bei Blatthonigen bis 2,5%), die *Mineralstoffe* 0,05 bis 0,3% (bei Blatthonigen bis 1%) aus. Die wichtigsten *Enzyme* des Honigs sind Amylasen (Diastasen), Invertase und Glucoseoxydase. Die Bestimmung der Aktivität von Invertase bzw. Amylasen wird zum Nachweis des unerlaubten Erhitzens von Honig herangezogen. Die geringfügige bakteriostatische

Wirkung von Honig ist vermutlich auf die Wasserstoffperoxidbildung durch Glucoseoxydase sowie die Anwesenheit von Phytonciden zurückzuführen.

Die saure Reaktion (pH 3,5 bis 4,5) wird durch organische Säuren (Ameisen-, Äpfel-, Bernstein-, Citronen-, Essig-, Glucon-, Weinsäure usw.) hervorgerufen. Vitamine sind in ernährungsphysiologisch unbedeutenden Mengen vorhanden (0,03 mg/kg Vitamin B_1, 0,5 mg/kg Vitamin B_2, 25 mg/kg Vitamin C, 1,5 mg/kg Nicotinamid). An Aromastoffen sind bisher über 125 Einzelkomponenten (vorwiegend Ester, Alkohole und Aldehyde) nachgewiesen worden.

Die Farbe des Honigs kann von weiß über gelb bis tief braun variieren. Geschmack und Geruch sind je nach Sorte und Gewinnungsart angenehm süß und aromatisch. Die meist sehr dunklen Waldhonige (Fichten- und Tannenhonig) haben häufig einen harzigen bzw. terpentinartigen Geruch und Geschmack. Die Konsistenz frischer Honige ist dünn- bis zähflüssig (Dichte $\sim$ 1,4). Erst bei der Lagerung tritt in mehr oder minder starkem Umfang Kristallisation ein. Glucose kristallisiert am leichtesten und sinkt dabei zu Boden (Entmischung). Waldhonige erstarren nur sehr schwer. Zur Herkunftsbstimmung von Honigen werden die sensorischen Merkmale sowie die mikroskopische Beurteilung der im Sediment vorhandenen Pollenkörner herangezogen.

Der Wassergehalt der Honige liegt meist zwischen 16 und 20%. Er darf in der DDR bei unverschnittenem Heidehonig 24% und bei anderen Honigen 22% nicht übersteigen.

Infolge seines hohen Zucker- und niedrigen Wasseranteils ist Honig relativ gut haltbar. Er wird lediglich von osmotoleranten Hefen, wie z. B. *Saccharomyces rouxii* und *S. bisporus var. mellis*, befallen, die die sogenannte Schaumgärung (alkoholische Gärung unter Kohlendioxidbildung) verursachen. Der kritische Wassergehalt des Honigs liegt bei 18 bis 22%. Honig ist hygroskopisch, so daß bei dessen Lagerung an seiner Oberfläche eine Wasseraufnahme stattfindet; zusätzlich erhöht sich durch Auskristallisation von Glucose die Wasseraktivität des flüssigen Anteils. Damit wird die Entwicklung von Mikroorganismen begünstigt. Bei längerer Lagerung sowie in der Wärme dunkelt Honig nach und die Enzymaktivität nimmt ab.

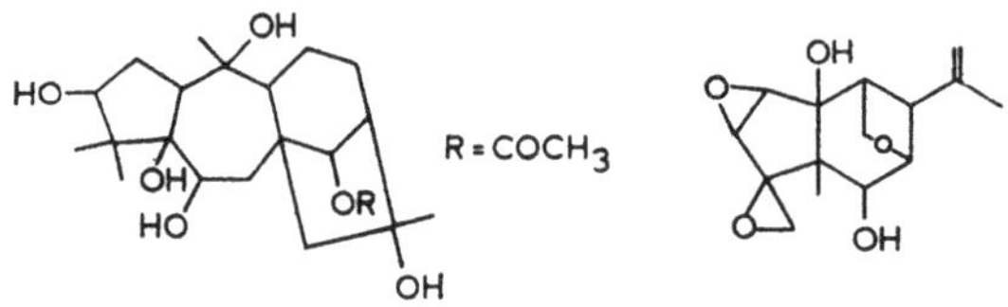

Grayanotoxin Tutin

Honig kann u. U. auch toxische Stoffe enthalten, wie z. B. der pontische Honig, der das atropinartig wirkende Andromedotoxin Grayanotoxin 1 enthält, das im Nektar von Blüten der *Acalea pontica* und des *Rhododendron ponticum* (Alpenrose) vorkommt. Entsprechende Vergiftungen sind aus der Türkei bekannt. Wenngleich auch Alpenrosen in unseren Breiten in Parks und Gärten angebaut werden, besteht kaum die Gefahr einer Vergiftung, da bei uns der Nektar solcher Pflanzen stark mit dem anderer verdünnt wird. Aus Neuseeland sind Vergiftungen durch solche Honige bekannt geworden, die den Nektar von der Tutapflanze (*Coriaria arborea*) enthalten. Die Giftwirkung ist auf Tutin und Melliotoxin (Hydroxytutin) zurückzuführen. 1 mg Tutin bewirkt bereits Übelkeit und Erbrechen.

12.3. Kunsthonig

Kunsthonig wird meist säurehydrolytisch (vorzugsweise Salz- oder Schwefelsäure, aber auch Citronen-, Kohlen-, Milch-, Phosphor- oder Weinsäure) seltener enzymatisch (Invertase) aus Saccharoselösungen (~ 75%ig) gewonnen. Die eingesetzte Säure wird anschließend mit Natriumcarbonat, -hydrogencarbonat, Calciumcarbonat o. ä. neutralisiert. Das Endprodukt darf nicht mehr als 30% Saccharose und 22% Wasser enthalten, ein Zusatz von Stärkezucker oder -sirup ist bis zu 20% erlaubt. Kunsthonig muß 5-Hydroxymethylfurfural (5-HMF), das durch innermolekulare Wasserabspaltung (3 Mol) in stark saurer Lösung leicht aus Fructose entsteht, in nachweisbarer Menge enthalten (Reaktion nach Fiehe: Umsatz des 5-HMF mit Resorcin zu einem roten Xanthenfarbstoff).

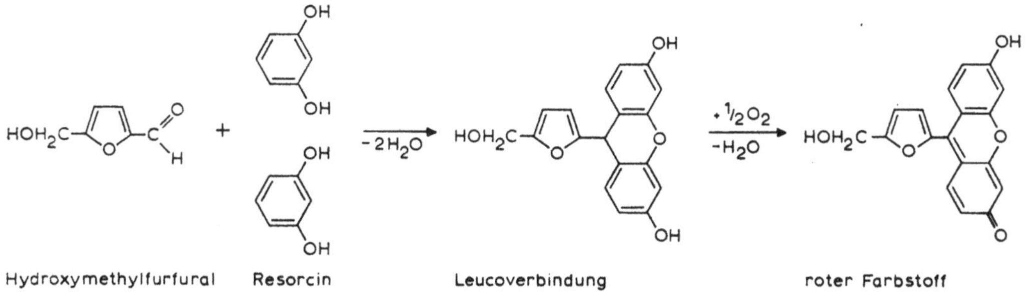

Ist das nicht der Fall, so muß dem Endprodukt 5-HMF bzw. anderer Kunsthonig, der eindeutig 5-HMF enthält, in solchen Mengen zugesetzt werden, daß die Reaktion nach Fiehe positiv ausfällt. 5-HMF gilt als Indikator für Kunsthonig, da Bienenhonig diese Substanz nicht enthält; lediglich in sehr alten oder erhitzten Honigen ist manchmal 5-HMF nachweisbar. Kunsthonig enthält etwa 0,1% 5-HMF.

13. Zucker und Zuckerwaren

13.1. Zucker

13.1.1. *Allgemeines*

Generell bezeichnet man alle süß schmeckenden wasserlöslichen Kohlenhydrate als Zucker, während sich Zucker als Handelsbegriff nur auf das Disaccharid Saccharose bezieht.

Saccharose — überwiegend aus Zuckerrohr (Rohrzucker) oder Zuckerrüben (Rübenzucker) gewonnen — dient dem Menschen primär als Süßungsmittel und ist in der Nahrung nach der Stärke der wichtigste Kohlenhydratlieferant. Neben Saccharose sind in Lebensmitteln vor allem noch *Invertzucker, Isomerose, Glucose* (Dextrose, Traubenzucker), *Maltose* (Malzzucker), *Lactose* (Milchzucker) und *Teilhydrolysate der Stärke* von Bedeutung.

Dabei hat in den meisten Ländern mit hohem Lebensstandard der Verzehr an leicht resorbierbaren Zuckern, insbesondere Saccharose als Bestandteil von Süß- und Feinbackwaren, Getränken usw., absolut und relativ zu Ungunsten des Konsums der wesentlich langsamer verdaulichen polymeren Kohlenhydrate bis heute so stark zugenommen (und ist noch im Steigen begriffen!), daß sich hieraus für große Bevölkerungsgruppen z. T. schon ernsthafte gesundheitliche Konsequenzen ergeben haben.

Zucker haben in Lebensmitteln u. a. für die Feucht- und Weichhaltung (Gebäck und Süßwaren), Haltbarmachung durch osmotischen Wasserentzug (Obst), Texturbeeinflussung (z. B. Fruchtfleischverfestigung infolge Komplexbildung mit Zellwandpolysacchariden), Braunfärbung, Aroma- sowie Geschmacksstoffbildung und -entwicklung (Bräunungsreaktionen, s. I; 4.6.4.) Bedeutung.

13.1.2. *Rohr- und Rübenzucker (Saccharose)*

Reine Saccharose ist farb- und geruchlos, gut löslich in Wasser und schmeckt in wäßriger Lösung schon ab Konzentrationen von 2% rein süß. Ein zu hoher Verbrauch kann u. a. erheblich zur individuellen Überernährung beitragen; außerdem gehört Saccharose zu den Zuckern, die Cariesbildung am stärksten fördern. Trotzdem ist und bleibt Saccharose eine wesentliche stoffliche Grundlage bzw. ein wichtiger Bestandteil zahlreicher Lebensmittel und ist infolge seiner verschiedenen wertvollen funktionellen Eigenschaften nur in begrenztem Umfang gegen andere Substanzen austauschbar.

Tabelle 13.1. Rohstoffquellen zur Gewinnung von Saccharose(-sirup)

	Pflanzenname	Saccharosegehalt[1]) (%)
Zuckerrohr	*Saccharum officinarum* L. (Hybrid aus mehreren Arten)	12—17 (Stengel)
Zuckerrübe	*Beta vulgaris* L., *var. alltissima* DÖLL	12—20 (Wurzel)
Zuckerahorn	*Acer saccharum* MARSH., *Acer nigrum* MICHX. F.	2— 3 (Blutungssaft)
Nipapalme	*Nypa fructicans*	14—15 (Blutungssaft)
Cocospalme	*Cocos nucifera* L.	
Palmyrapalme	*Borassus flabellifer* L.	3— 6 (Blutungssaft)
Zuckerpalme	*Arenga saccharifera* LABILL.	
Zuckerhirse	*Sorghum dochna* (FORSK.) SNOWDEN	10—18 (Stengel)

[1]) mittlere Richtwerte; die biologische Schwankungsbreite ist hoch

Saccharose kommt in zahlreichen Pflanzen vor, von denen für die technische Zuckergewinnung im Weltmaßstab das *Zuckerrohr* und die *Zuckerrübe* überragende Bedeutung besitzen. Regional werden noch einige andere Pflanzen für die Zuckergewinnung genutzt (Produktionszahlen s. Tab. 27.17).

Besonderes ernährungsphysiologisches Interesse dürfte das erst neuerdings entdeckte Vorkommen des für die Regulationswirkung des Insulins beim Glucosetransport durch die Zellmembran erforderlichen Glucosetoleranzfaktors, einer komplexen Chrom-Niacin-Verbindung, in Rüben- und Zuckerrohrsaft bzw. -melasse verdienen.

13.1.2.1. Rübenzucker

Die Zuckerrübenwurzel (etwa 24% Trockensubstanz) enthält an löslichen Bestandteilen ungefähr 16,5% (Schwankungsbreite 12 bis 20%) Saccharose, 1,6% andere organische Substanzen (davon etwa 75 bis 80% N-haltige Verbindungen) und 0,8% lösliche Mineralstoffe, daneben 4 bis 5% unlösliche „Mark"-Bestandteile (davon 30% Pectinstoffe, 25% Cellulose, 20 bis 25% Hemicellulosen und Pentosane, 5% Lignin). Im Saft (95 bis 96%) finden sich neben der Saccharose u. a. Invertzucker (0,1 bis 0,2%), Raffinose (0,01 bis 0,02%) und im allgemeinen 1,5 bis 2,5% „Nichtzuckerstoffe", d. h. organische Säuren, Eiweißstoffe, Aminosäuren und deren Amide (Glutamin), Pflanzenbasen (0,1% Betain in reifen, 0,25% in unreifen Rüben), Saponine sowie Mineralstoffe (besonders Kalium und Phosphorsäure).

Zuckergewinnung

Für die Zuckergewinnung werden die gereinigten Rüben geschnitzelt und durch Gegenstromextraktion mit mineralarmem Wasser (pH 5,6 bis 5,8) bei 343 bis 348 K (70 bis 75 °C) auf einen Restzuckergehalt von etwa 0,3% entzuckert.

Der mechanisch gereinigte, grau-schwarze Extrakt (12 bis 15% Trockensubstanz = TS, davon 86 bis 89% Saccharose) wird zunächst zusammen mit dem in den Prozeß zurückgeführten Schlammkonzentratanteil mit Kalkmilch versetzt (Kalkung), um eine Ausfällung bzw. Zerstörung von Eiweiß- und Pectinstoffen, Pflanzensäuren, Invertzucker, Amiden und Farbstoffen zu erreichen.

Beim klassischen Verfahren arbeitet man mit der für die Fällung von Eiweiß- und Pectinstoffen besonders günstigen progressiven Vorkalkung (kontinuierliche Kalkzugabe bis zu einem pH = 11,2 bis 11,4 bei 323 bis 338 K = 50 bis 65 °C). Danach wird unter nochmaligem Kalkmilchzusatz zur Gewährleistung der Amidverseifung und Invertzuckerzerstörung die Hauptkalkung durchgeführt (pH 12,5, 358 K = = 85 °C). Nach dem Einleiten von Kohlendioxid (Carbonatation I, pH = 11,2 bis 11,4 bei 358 K = 85 °C) läßt sich das Coagulat mit dem ausgefällten Calciumcarbonat gut abtrennen (Filtration I). Im anschließenden Prozeß der Carbonatation II wird eine optimale Entkalkung angestrebt. Für den nach Feinfiltration klar anfallenden Dünnsaft ist bei verschiedenen Extraktreinigungsverfahren zusätzlich eine Behandlung mit Ionenaustauschern (besonders zur weiteren Enthärtung) sowie mit Schwefeldioxid (Sulfitation) vorgesehen.

Der Dünnsaft (12 bis 15% TS, pH ~ 9, 115 bis 125 kg/100 kg Rüben) wird in einer mehrstufigen Verdampfstation bei 403 K (130 °C) (1. Stufe) bis etwa 363 K (90 °C) (letzte Stufe) zu Dicksaft (60 bis 70% TS, davon 90 bis 92% Saccharose) eingeengt. Anschließend erfolgt in den Verdampfungskristallisatoren die weitere Konzentrierung bis zum Auskristallisieren der Saccharose aus übersättigter Lösung.

Die erhaltene Kristallsuspension („Füllmasse A") wird gekühlt und das Kristallisat (Rohzucker I) durch Abschleudern in Siebmantelzentrifugen vom Muttersirup (Ablauf I) getrennt. Den Zuckerkristallen anhaftende Siruppreste werden mit heißem Wasser oder Dampf in der Zentrifuge ausgewaschen („Decken"). Der so gewonnene Weißzucker I gelangt nach Trocknung und Sichtung (ggf. nach vorheriger Mahlung) zur Lagerung bzw. zum Versand.

Der Ablauf I enthält noch erheblche Mengen Saccharose und wird deshalb zu Füllmasse B „verkocht", die den sogenannten Mittelprodukt-Zucker geringerer Reinheit liefert. Wiederaufgelöst wird dieser zusammen mit Dicksaft zu Weißzucker verarbeitet.

In einer dritten Kristallisationsstufe wird schließlich aus dem Ablauf der Füllmasse B (Ablauf II) „Nachproduktzucker" gewonnen, der ebenfalls wieder aufgelöst wird. Als Endablauf wird die sogenannte Melasse erhalten.

Tabelle 13.2. Zusammensetzung von Rohr- und Rübenzuckermelasse (%)

Bestandteil	Rohrzuckermelasse	Rübenzuckermelasse
Wasser	17–25	20[1])
Saccharose	30–40	47,7
reduz. Substanzen	10–25	0,25
andere Kohlenhydrate	2– 5	1,7 (ca. 70% Raffinose)
Mineralstoffe	7–15 (Carbonatasche)	10,9 (Leitfähigkeitsasche)
Stickstoff	0,4–0,7	1,75
Aminosäuren	0,5–1,5	2,15 (ca. 25% Glutaminsäure)
Pyrrolidoncarbonsäure		2,75
organische Säuren (N-frei)	1,5–6,0 (ca. 65–80% Aconitsäure)	4,25 (> 40% Milchsäure)
Betain	0	5,5

[1]) Beispiel, bezogen auf Melasse mit 20% Wassergehalt (80° Bx)

Melasse enthält zwar noch 60 bis 65% Saccharose in der Trockensubstanz, ist aber durch andere lösliche Stoffe (anorganische und organische Salze, Betain, Aminosäuren, Pyrrolidincarbonsäure als Umwandlungsprodukt von Glutaminsäure, Farbstoffe, reduzierende Zucker, Raffinose u. a.) so stark verunreinigt, daß ihre weitere Entzuckerung auch bei Ausnutzung der Saccharatbildung mit Erdalkalioxiden (z. B. Kalk („Steffen")-, Baryt- und Strontianverfahren) wirtschaftlich uninteressant geworden ist. Melasse wird ökonomisch günstig als Nährsubstratgrundlage bei mikrobiellen Verfahren u. a. zur Gewinnung von Hefe, Ethanol, Glycerol, Butanol, Aceton, Citronen- und Milchsäure eingesetzt; gegen die direkte Verwendung als Lebensmittel bestehen gesundheitliche Bedenken, insbesondere wegen des hohen Betain- und Kaliumgehaltes.

In einigen älteren Zuckerfabriken wird als Endprodukt Rohzucker hergestellt, ein gelbbraunes, grobkristallines, leicht kratzend-brenzlig schmeckendes Erzeugnis, das für den direkten menschlichen Genuß weniger geeignet ist.

Reinigung des Rohzuckers

Die Reinigung des Rohzuckers erfolgt mittels „*Affination*" zu *Weißzucker*, durch zusätzliche Wiederauflösung, Aktivkohlebehandlung der Kläre und Neukristallisation („*Raffination*") aber zu *Raffinade*.

Die Affination wird mit gesättigter reiner Zuckerlösung (Affinationssirup) entweder durch Einmaischen und Siebschleudern oder durch Waschen („Decken") des kristallinen Rohzuckers unmittelbar in der Zentrifuge vorgenommen (Verwendung fein versprühten Wassers bei „Nebeldecke").

13.1.2.2. Rohrzucker

Zuckerrohr enthält neben etwa 70 bis 75% Wasser vor allem etwa 12 bis 17% Saccharose, 0,3 bis 0,8% Invertzucker, 9 bis 15% Rohfaser, 1,5% Rohprotein, 0,5% Lipide und 0,5 bis 0,7% Mineralstoffe (Asche).

Für die Zuckergewinnung wird das von den zuckerarmen Spitzen und Blättern befreite Rohr mehrstufig zerkleinert und zerfasert und in 3 bis 7 hintereinandergeschalteten Rohrwalzenmühlen bis auf 2 bis 3% Restzucker ausgepreßt. Neuerdings sind wirtschaftlichere kombinierte Preß-Extraktions-Verfahren in der Entwicklung und Anwendung. Der entzuckerte Rückstand, die Bagasse, früher ausschließlich als Brennmaterial genutzt, wird heute unter gleichzeitiger Gewinnung von Zuckerrohrwachs z. T. zu Papier, Pappe usw. aufgearbeitet.

Der Rohsaft enthält an Nichtzuckerstoffen außer Pectinstoffen, Rohprotein und organischen Säuren (typisch ist Aconitsäure) z. B. auch Wachse und Gummi. Seine Reinigung erfolgt ähnlich wie bei Zuckerrübensaft, aber invertzuckerschonend. Zuckerrohrmelasse unterscheidet sich von Zuckerrübenmelasse u. a. durch eine hohe Konzentration an reduzierenden Substanzen, einen niedrigeren Raffinosegehalt, die Abwesenheit von Betain und das Vorhandensein von Aconitsäure (s. Tab. 13.2).

Melasse u. a. Ablaufprodukte der Rohrzuckerherstellung dienen zur Rum- und Arrakproduktion.

Rüben- und Rohrzucker lassen sich auf Grund ihrer Aschezusammensetzung (Verhältnis K + Na : Ca) mit großer Wahrscheinlichkeit voneinander analytisch unterscheiden.

13.1.2.3. Handelprodukte

Saccharose wird in verschiedenen Sorten gehandelt, die sich hinsichtlich Reinheit und Angebotsform unterscheiden. Die Reinheitsbeurteilung erfolgt unter Einbeziehung der Hauptqualitätsmerkmale: Farbtyp (außer bei Puder- und Drageézuckern), Farbe und Trübung in Lösung sowie Aschegehalt nach einem Punktsystem.

Die hauptsächlich angebotenen rieselfähigen Produkte von *Weißzucker-* oder *Raffinadequalität* (maximaler Farbtyp 8 bzw. 4) werden nach dem Korndurchmesser (mm) in „vorgesiebt" ($< 2{,}0$) und „grob" (1,25 bis 2,0, nur für Weißzucker; beide mit einem Korngrößenanteil $> 2{,}0$ von höchstens 0,2%) sowie „mittel" (0,8 bis 1,25) und „fein" (0,2 bis 0,8) eingeteilt, wobei die Fraktionsreinheit mindestens 75% betragen soll. „Puder"-Erzeugnisse (mit 90% Partikel $< 0{,}1$ bzw. $< 0{,}05$ mm Durchmesser bei der Zusatzbezeichnung „fein") werden durch Feinstmahlung von Raffinade oder Weißzucker hergestellt und dürfen einen Stärkezusatz von maximal 3% erhalten. Für Drageézucker (0,20 bis 0,63 mm) ist eine bestimmte Korngrößenverteilung festgelegt (höchstens je 20% Fein- und Grobanteil bei mindestens 60% Mittelfraktion $> 0{,}20 \leq 0{,}40$ mm).

Hartzucker, d. h. Saccharose in kompakter Form (Platten oder Stangen für Würfelzucker; Zuckerhüte), wird in der DDR ausschließlich durch das besonders rationelle

Tabelle 13.3. Wichtige Handelszuckersorten und ihre charakteristischen Reinheitsunterschiede (vgl. TGL 3070/01)

Sorte	Verwendungszweck	Saccharose-mindestgehalt (%)	Wasser-höchstgehalt (‰)	maximale Gesamtpunktzahl
Raffinade S	*SI*	99,8	0,50	6
Raffinade	*D, I*	99,8	0,50	10
Puderraffinade[1])	*D, I*[2])	99,8	0,50	7[5])
Weißzucker	*D, I*	99,8	0,8[3])	20
Weißzucker I	*I*	99,8	0,8	30
Puderzucker[1])	*D, I*[2])	99,8	0,8	13[5])
Drageézucker	*I*	99,8	0,8	13[5])
Würfelzucker[4])	*D*	99,7	2,00	10

D = Direktverbrauch, *I* = industr. Weiterverarbeitung, *SI* = Spezialzwecke der industr. Weiterverarbeitung.

[1]) ohne (bis 3% zulässigen) Stärkezusatz

[2]) Körnung „fein" nur für I

[3]) 0,50 für Langzeit-Sacklagerung

[4]) aus Raffinade oder Raff. S

[5]) Gesamtpunktzahl außer Farbtyp-Wert.

Formpressen einer (Raffinade-)Kristallmasse mit 1 bis 2% Wassergehalt erzeugt und hat das Formschleudern mit anschließendem Decken von (Raffinade-)Füllmasse, das schneller lösliche Produkte ergibt, verdrängt.

Unter *Kandis* versteht man Saccharose mit einem Kristalldurchmesser von etwa 7 bis 30 mm und mehr. Die Gewinnung erfolgt durch besonders langsame Kristallisation aus sehr reinen Klären, die im Falle der Herstellung gelblich-bräunlicher Produkte mit Zuckercouleur gefärbt sind. Die Maximalausbeute beträgt etwa 30%. Einen Überblick über die in der DDR produzierten wichtigen festen Saccharosesorten gibt Tab. 13.3.

Flüssigsaccharose ist in der DDR in Weißzucker- und Raffinadequalität und als „Flüssiger Zucker, caramelisiert" (rotbraun mit leichter Caramelnote) mit Saccharosegehalten von jeweils 65%, 73% und 80% für den industriellen Gebrauch vorgesehen.

Zuckerrübensirup ist ein aus dem Saft einwandfreier, gekochter Zuckerrüben unter Eindicken gewonnenes Erzeugnis mit mindestens 60% Gesamtzucker (ber. als Invertzucker) und höchstens 21,5% Wasser.

Speisemischsirup (mit 65% Gesamtzucker) enthält demgegenüber zusätzlich Weißzucker, dem brauner Kandisablauf zugesetzt sein kann.

13.1.3. Erzeugnisse der Stärkeverzuckerung

Stärkehydrolysate werden vorrangig nach ihrem prozentualen Gehalt an reduzierenden Zuckern, berechnet als Glucose in der Trockenmasse („Dextrose Equivalent", DE-Wert) klassifiziert, der leicht bestimmbar ist und bei den als verzuckert geltenden Erzeugnissen mindestens 20%, bei sogenannten Maltodextrinen aber weniger ausmacht. Sich mit dem DE-Wert ändernde Charakteristika, wie Süße, Viskosität, Löslichkeit u. a., sind eine unmittelbare Folge der stofflichen Gesamtzusammensetzung (Molmassenverteilung), die bei Partialhydrolysaten gleicher DE-Werte nicht identisch sein muß, sondern herstellungsbedingt stark schwanken kann (vgl. Tab. 13.4).

Zur Stärkeverzuckerung stehen heute außer unspezifisch wirkenden Säuren und Getreidemalz zusätzlich auf mikrobieller Grundlage gewonnene Enzympräparate hoher Aktivität zur Verfügung (Konzentrate von α-, β-Amylase und Glucoamylase), wobei es sich um Enzymgemische handelt, die je nach Herkunft und Reinheit unterschiedliche Wirkungsoptima (pH-Wert, Temperatur) und Gehalte an Begleitenzymen aufweisen.

Durch eine kombinierte gleichzeitige oder zeitlich versetzte Anwendung und abgestufte Einwirkungsdauer einzelner Katalysatoren verschiedener Substratspezifität ist es möglich, die Zusammensetzung der Hydrolysate zu beeinflussen.

Je nachdem, ob bei der Stärkeverzuckerung unter Enzymeinsatz die Vorhydrolyse der Stärkesuspension (verflüssigende Dextrinierung als unbedingte Voraussetzung für die Wirksamkeit von Glucoamylase) säure- oder enzymkatalytisch erfolgt, unterscheidet man Säure-Enzym- und Enzym-Enzym(Doppelenzym)-Verfahren. Für die enzymatische Vorhydrolyse benötigt man ein möglichst proteasefreies, thermostabiles α-Amylasepräparat, das bevorzugt aus Bacillus subtilis gewonnen wird.

Stärkesirup

Stärkesirup wird durch unvollständige Hydrolyse wäßriger Stärkesuspensionen mit Säure unter Druck (etwa bei pH 2 und 413 bis 423 K = 140 bis 150 °C) und/oder Enzymkonzentraten über Dünnsäfte (DE 20 bis maximal 70) hergestellt. Nach Einstellung des pH-Wertes auf etwa 5 und verschiedenen Reinigungsoperationen werden diese Dünnsäfte schließlich im Vakuum zum farblosen bis gelblichen, klaren bis milchig-trüben Endprodukt mit etwa 20% Wassergehalt konzentriert.

Trockenstärkesirup (3 bis 4% Restwassergehalt) läßt sich im Vakuumsprüh- oder -walzentrocknungsverfahren herstellen.

In der DDR erzeugt man z. Z. die Stärkesirupsorten „Spezial" (DE 25 bis 35), „Kapillär" bzw. „Halbweiß" (DE 38 bis 45, mit verschiedener Lichtdurchlässigkeit) und „Extra" (DE 54 bis 62), wobei alle Produkte einen pH-Wert von 4,8 bis 5,5 und mindestens 78,3% Trockenmasse aufweisen müssen sowie höchstens 0,6% Mineralstoffe und 0,015% SO_2 enthalten dürfen.

Die meisten enzymatischen Hydrolysate, die gegenüber Säurehydrolysaten gleichen Verzuckerungsgrades in der Regel weniger Glucose enthalten, besitzen DE-Werte zwischen 60 und 65 (maximal 70; etwa 80% der Substanz ist mit Hefe vergärbar).

Tabelle 13.4. Saccharidzusammensetzung von Maisstärkesirupen in Abhängigkeit von Verzuckerungsgrad und Herstellungsweise[1])

Verfahrens-typ	DE-Wert	Saccharide (%)						
		Mono-	Di-	Tri-	Tetra-	Penta-	Hexa-	höhere
Säure	30	10,4	9,3	8,6	8,2	7,2	6,0	50,3
	42	18,5	13,9	11,6	9,9	8,4	6,6	31,1
	54	29,7	17,8	13,2	9,6	7,3	5,3	17,1
	60	36,2	19,5	13,2	8,7	6,3	4,4	11,7
Säure-Enzym	43	5,5	46,2	12,3	3,2	1,8	1,5	29,5
	63	38,8	28,1	13,7	4,1	4,5	2,6	8,2
	71	43,7	36,7	3,7	3,2	0,8	4,3	7,6

[1]) nach Angaben von COMMERFORD, J. D., „Sweeteners" (Symposium-Bericht) (Hrsg.: I. E. INGLETT), Avi Publ. Comp., Inc., Westport, Conn., 1974

Bei Säurehydrolysaten muß die obere DE-Grenze mit etwa 55—60 niedriger liegen, nicht nur wegen der starken Kristallisationsneigung (hohe Glucosekonzentration!) der Säurehydrolysate, sondern vor allem wegen ihrer sonst übermäßigen Dunkelfärbung und dem immer mehr hervortretenden Bittergeschmack.

Die weitere Erhöhung der Süßkraft von Stärkesirupen bei herabgesetzter Kristallisationsgefahr gelingt durch die partiell mögliche Umwandlung von Glucose in Fructose in den Hydrolysaten durch mikrobielle Glucoseisomerase, z. B. aus *Streptomyces phaeochromogenus* (High-Fructose-Corn-Sirup).

Sirupe mit Maltosegehalten bis zu 70% (bei DE-Werten von etwa 40 bis 45) sind durch zweistufige Stärkehydrolyse gewinnbar, indem man zunächst Bakterien-α-Amylase und anschließend ein β-Amylasepräparat einsetzt.

Diese Sirupe sind sowohl vom Maltosesirup traditioneller Herstellungsweise (Verzuckerung stärkehaltiger Mehle usw. mit Malz oder Malzauszügen) als auch vom Malzextrakt (Malzsirup) zu unterscheiden, bei dem es sich um wäßrige (Gersten-) Malzauszüge in schonend eingedickter oder getrockneter Form handelt (78% bzw.

98% Trockenmasse mit mindestens 55% Maltose- und höchstens 12% Dextringehalt, etwa 3 bis 6% Rohprotein- und 1% Aschgehalt).

Stärkesirup wird bevorzugt zur Süßwarenherstellung, außerdem aber auch in anderen Zweigen der Lebensmittelindustrie verwendet, z. B. zur Regulierung des Süßgeschmackes (etwa 20 bis 50% der Süßkraft von Saccharose), zur Viskositätserhöhung (Dessertwein, Likör, alkoholfreie Getränke, Speiseeis, Obsterzeugnisse) und zur Kristallisationsverhinderung anderer Zucker (Saccharose in Hartkaramellen, Fondant- und Füllmassen, Kunsthonig, Lactose in Speiseeis usw.). Erzeugnisse hohen Verzuckerungsgrades eignen sich auf Grund ihrer Hygroskopizität und ihres hohen osmotischen Druckes besonders gut als Frischhaltemittel (Süß- und Backwaren), zur Konservierung (Kandieren von Obst) und zur Gefrierpunktserniedrigung (Speiseeis).

Durch enzymatischen Teilabbau von Stärke gewinnbare Maltodextrinpräparate niedriger DE-Werte weisen noch betont makromolekulare Eigenschaften (hohe Viskosität, „Körperbildung", Schaumstabilisierung usw.) auf, ohne wesentliche Nachteile nichtabgebauter Stärken (z. B. klebrige Beschaffenheit, schlechte Wasserlöslichkeit, irreversibles Unlöslichwerden bei Gefrierprozessen) zu besitzen.

In der DDR wurden nach dem Vorbild derartiger Maisstärkeabbauprodukte (z. B. Maltrin D 500) entsprechende „SHP"-Präparate auf Kartoffelstärkebasis entwickelt. „SHP" (DE-Wert 5 bis 8), als Sprühpulver mit 5 bis 10% Wassergehalt und über 99% verdaulichen Kohlenhydraten i. T. hergestellt, eignet sich auf Grund sehr guter Wasserbindungs-, „Körper-" und Gelbildungseigenschaften als Verdickungsmittel (für Suppen, Saucen, Fruchtgetränke u. a.), besonders auch als sogenannter Fettaustauscher (zur Energiereduzierung in Mayonnaisen, Salatsaucen, Tortencremes u. ä.) und als Stabilisator (für Eiweißmassen) sowie als technischer Hilfsstoff bei der Trocknung hygroskopischer Güter (Tomatensaft, Speisewürze usw.).

Stärkezucker

Zur Herstellung von Stärkezucker (mit etwa 50% der Süßkraft von Saccharose) wird Stärke mit Säure so lange konvertiert, bis Dextrine nicht mehr nachweisbar sind (keine Trübung mit 96%igem Ethanol, DE $\sim$ 80). Nach Aufarbeitung des Hydrolysates, die ähnlich wie bei der Stärkesirupgewinnung erfolgt, wird die noch etwa 20% Wasser enthaltende Masse unter Beimpfen mit kristallisiertem Stärkezucker in Blockform zum Erstarren gebracht. Stärkezucker wird z. B. zur Herstellung von Caramel, Back- und Süßwaren eingesetzt.

Aus hochverzuckertem, besonders reinem Dicksaft läßt sich kristallisierter Stärkesirup „technisch rein" (mit etwa 94,6% Glucose, 4% Wasser und je 0,7% Dextrinen und Mineralstoffen) als Ausgangsprodukt für Glucosemonohydrat aus Säurehydrolysaten („Cerelose") gewinnen. Wasserfreie Glucose („Dextropur") ist aus Cerelose durch schonende Trocknung oder Umkristallisation, z. B. mit Ethanol, herstellbar.

„Total Sugar", Glucosemonohydrat und wasserfreie Glucose

Die Produktion von Glucose (Traubenzucker) aus Stärke erfolgt heute im allgemeinen nicht mehr durch Säurehydrolyse, sondern ökonomisch günstiger — größere Reinheit der Hydrolysate und höhere Ausbeute — nach der Säure-Enzym- oder Doppelenzym-Verfahrensweise.

Mit der veralteten Säuretechnologie läßt sich direkt lediglich Glucosemonohydrat herstellen, „Total Sugar“ aber wegen des zu hohen Gehaltes der Säurehydrolysate an Reversions-Oligoglucosiden, gefärbten u. a. Verunreinigungen (Zersetzungsprodukten) überhaupt nicht. Auf enzymatischer Grundlage ist jedoch unter bestimmten Voraussetzungen jedes dieser drei Handelsprodukte unmittelbar gewinnbar, wenn die Endverdampfung darauf abgestimmt wird.

Glucoamylase katalysiert mit steigender Glucosekonzentration auch die Resynthese („Back-polymerisation“). Deshalb ist sie unmittelbar nach der Verzuckerung thermisch zu inaktivieren (353 bis 363 K = 80 bis 90 °C), bevor die Hydrolysate weiterverarbeitet werden (Filtration, Entfärbung, Konzentrierung auf 50% Trockenmasse, Nachreinigung mit abschließender Ionenaustauscherbehandlung, Endverdampfung).

„*Total Sugar*“ ist das ungereinigte, Mutterlauge enthaltende (Sprüh-)Kristallisat des auf 12 bis 13% Wassergehalt eingedampften Dicksaftes (DE ~ 96), das durch Trocknen auf einen Restwassergehalt von 9% gebracht wird und neben Glucose in der Trockenmasse etwa 4% Oligosaccharide (u. a. Maltose, Isomaltose, Nigerose, Kojibiose) enthält. „Total Sugar“ läßt sich wesentlich kostengünstiger als reine Glucose erzeugen und ist vielseitig zu verwenden (z. B. für Backwaren, Süßwaren und Fruchtsaftkonzentrate).

Glucosemonohydrat wird aus Dicksaft mit 28% Wassergehalt bei 293 bis 298 K (20 bis 25 °C) kristallisiert, durch Zentrifugieren vom Ablauf getrennt, der zur Gewinnung weiterer Kristallisate dient, und auf 9% Restfeuchte nachgetrocknet. Das Fertigprodukt (DE 99 bis 99,5) wird mit einer Gesamtausbeute von mehr als 80% gewonnen, (beim Säureverfahren im allgemeinen 65%, bei zusätzlicher Salzsäurespaltung der Reversionssaccharide maximal 75%).

Wasserfreie Glucose wird aus hochwertigen Hydrolysaten (DE 98 bis 98,5) durch Endverdampfen auf 13% Wassergehalt, Kristallisieren bei 343 bis 348 K (70 bis 75 °C) nach Beimpfen mit 0,2% wasserfreier kristalliner Glucose, Abzentrifugieren, Heißwasserdecke und Nachtrocknen (333 bis 338 K = 60 bis 65 °C) bis auf 0,1% Restwassergehalt erzeugt. Die Ausbeute an Endprodukt (DE 99,5) beträgt 42% des Stärkeeinsatzes. Der Kristallisatablauf kann zur Herstellung von Glucosemonohydrat oder Stärßesirup Verwendung finden.

Traubenzucker (relative Süßkraft im Vergleich zu Saccharose etwa 70%) wird u. a. als Nähr- und Kräftigungsmittel, als Bestandteil von Kinder- und Sportlernahrung, Erfrischungsgetränken, Süßwaren usw., aber auch z. B. zur Umrötung bei der industriellen Fleischverarbeitung und als Ausgangsmaterial für die Herstellung von D-Glucitol und Ascorbinsäure eingesetzt.

13.1.4. Sonstige Zuckerarten und Zuckeralkohole

Lactose (Milchzucker)

Lactose (vgl. I; 4.3.1.) wird großtechnisch aus Molke (vorzugsweise frische Labmolke) gewonnen. Sie wird nach thermischer Abscheidung des Molkeneiweißes (pH

4,6 bis 4,8) durch Vakuum-Mehrstufenverdampfung bei zwischenzeitlicher Abtrennung unlöslich gewordener Mineralstoffe auf etwa 60 bis 70% Trockenmasse konzentriert. Die hieraus durch Auskristallisieren, Abschleudern und Decken isolierte gelbliche Rohlactose (α-Lactosemonohydrat, etwa 8 bis 14% Wassergehalt) wird vor der schonenden Trocknung meistens raffiniert.

In wäßriger Lösung besteht zwischen der α- und β-Form der Lactose ein temperaturabhängiges Gleichgewicht (1:1,59 bis 1:1,40 im Bereich von 293 bis 363 K = 20 bis 90 °C). Das von 293 bis 366,6 K (20 bis 93,5 °C) als schwerlösliches α-Lactosemonohydrat kristallisierende Raffinat wird schonend bei höchstens 348 K (75 °C) getrocknet oder zur Erhöhung seiner Löslichkeit, Verdaulichkeit und Süßkraft in wasserfreie β-Lactose umgewandelt.

Bei sehr raschem Wasserentzug (z. B. Vakuumsprühtrocknung) bleibt die Verteilung zwischen α- und β-Lactose, wie sie im gelösten Zustand gegeben war, erhalten. Dabei fällt der Milchzucker amorph-glasartig an. Er ist in dieser Form stark hygroskopisch und wandelt sich unterhalb 366,6 K (93,5 °C) bei etwa 8% Wassergehalt völlig zum α-Monohydrat um, wobei mit zunehmendem Kristallwachstum pulverförmige Produkte zusammenbacken und klumpig werden können.

Milchzucker dient als Zusatzstoff u. a. zu Diätlebensmitteln (bes. Kindernahrung), Erfrischungsgetränken und Backwaren (Förderung der Krustenbildung) und wird zur Arzneimittelherstellung verwendet, z. B. bei Tabletten als Dragier-, Füll- und Bindemittel. Für bestimmte Individuen ist Lactose unverträglich (s. II; 6.2.).

Invertzucker und Isomerose

Der durch saure oder enzymatische Hydrolyse (Invertase) aus Saccharose leicht entstehende *Invertzucker* (äquimolares Gemisch von Glucose und Fructose) ist süßer und leichter löslich als Saccharose, sehr hygroskopisch und kristallisiert nicht. Bewußt gefördert wird die Invertzuckerbildung z. B. bei der Herstellung von Kunsthonig (s. II; 12.3.), Eiscreme und Zuckerwaren.

In neuerer Zeit kommt an Stelle von Invertzucker z. T. *Isomerose* (Isomeratzucker) zum Einsatz, vor allem in Ländern, die auf Saccharoseimporte angewiesen sind, aber über ein hohes Eigenaufkommen an Stärke verfügen. Isomerose läßt sich vorteilhaft aus Glucose durch Glucoseisomerase (D-Glucose-Ketolisomerase) herstellen; das Gleichgewicht der katalysierten wechselseitigen Umwandlung von Glucose in Fructose liegt bei etwa 50%, der Gehalt an höheren Begleitsacchariden (i. allg. etwa 6% Maltose und 2% Dextrine) hängt von der Reinheit der eingesetzten Glucose ab.

Fructose (Fruchtzucker)

Wenngleich D-Fructose in der Natur weitverbreitet vorkommt, ist es relativ schwierig und kostspielig, sie als Semi- oder Monohydrat der β-Fructo-pyranose kristallin zu erhalten; zunehmende Anwendung findet die Sprühkristallisation.

Die Gewinnung erfolgt auf der Grundlage einer schonenden Hydrolyse von Fructanen, wie Inulin aus Topinambur und Cichorie oder von Saccharose bzw. einer Glucoseisomerisierung. Die Fructose läßt sich als Calciumsalz fällen und nach dem Isolieren durch Saturation mit Kohlendioxid wieder freisetzen; Rohfructose wird raffiniert.

Fructose ist die süßeste Zuckerart (Süßkraft Fructose: Saccharose 1,2:1,0), hygroskopisch und mit Hefe vergärbar. Sie gilt als günstiges Süßungsmittel für Diabetiker, da sie insulinunabhängig ist und in Mengen bis 30 g/Tag vom Menschen ohne Stoffwechselbeeinträchtigung gut vertragen wird. Fructose gewinnt aber auch als Diätetikum bei Leber- und Gallenleiden und bei Pankreasinsuffizienz zunehmend an Bedeutung und ist darüber hinaus zur parenteralen Ernährung einsetzbar.

Zuckeralkohole

Von den Zuckeralkoholen haben als Lebensmittel insbesondere D-*Glucitol* (D-Sorbit) und *Xylitol* (Xylit) für den Diabetiker praktische Bedeutung erlangt. Sie zählen mit der Fructose zu den sogenannten Zuckeraustauschstoffen, die allein oder in Kombination Zucker (Saccharose und Glucose bzw. glucosehaltige Oligosaccharide) in der Nahrung des Diabetikers ersetzen können (vgl. I; 4.2.3.7.). Beide sind leicht wasserlöslich, kristallisieren gut und können relativ kostengünstig aus D-Glucose bzw. D-Xylose (Hydrolyseprodukt xylanreicher Rohstoffe wie Birkenholz, Maiskolben, Stroh und Nußschalen) durch katalytische Hydrierung gewonnen werden.

Xylitol hat etwa die gleiche, D-Glucitol die Hälfte der Süßkraft von Saccharose. Werden vom Diabetiker mehr als 30 g D-Glucitol/Tag verzehrt, muß die darüber liegende Menge als Kohlenhydrateinheit (10 g Glucitol = 1 KHE) angerechnet werden; Xylitol kann bis zu 80 g/Tag insulinunabhängig verwertet werden. Ebenso wie D-Glucitol zeigt aber auch Xylitol eine leicht abführende Wirkung; bei Genuß von mehr als 30 g/Tag kann es mitunter zu Durchfällen kommen. Xylitol dürfte künftig als Zuckeraustauschstoff zunehmend breitere Anwendung finden, es hat eine hohe Süßkraft und ist nichtcariogen. D-Glucitol wird auf Grund seiner hygroskopischen Eigenschaften auch als Frisch- und Feuchthaltemittel (z. B. bei Süßwaren, aber auch Tabak) eingesetzt.

13.2. Zuckerwaren

Unter Zuckerwaren versteht man eine Vielzahl fester Erzeugnisse, die als Süßigkeiten von unterschiedlicher Zusammensetzung, Härte, Homogenität und Gestalt auf der Grundlage bzw. unter maßgeblicher Mitverwendung von Zuckern (meist über 50%, ersatzweise Zuckeraustauschstoffe) hergestellt werden.

Zumeist erhalten sie dabei Zusätze, Füllungen und Überzüge von Einzelsubstanzen, speziellen Zubereitungen (Würz-, Verdickungs-, Weich(Frisch)haltemittel, Farbstoffe u. ä.) oder anderen Lebensmitteln (z. B. Milch-, Obst-, Kakaoerzeugnisse, Ölsamenkerne, Alkoholika). Dadurch wird der z. T. typische Geschmack, das Aroma, die Konsistenz, das Aussehen usw. der diversen Zuckerwarenarten und -sorten oft entscheidend mitbestimmt. Darüber hinaus werden Zuckerwaren auch selbst zu Füllungen, Überzügen und Verzierungen verwendet, hauptsächlich bei bestimmten Kakaoerzeugnissen, Frisch- und Dauerbackwaren.

Die eindeutige Abgrenzung der Zuckerwaren gegenüber anderen Gruppen von Süßwaren ist nicht in jedem Fall möglich, die gruppenmäßige Zuordnung einzelner Produkte uneinheitlich und willkürlich, da sich Überschneidungen ergeben.

Im folgenden sei ein knapper Überblick über verschiedene wichtige Warengattungen und Warenarten von Zuckerwaren gegeben, wobei nur an Hand ausgewählter Beispiele auf dazugehörige Unterarten oder Sorten hingewiesen werden kann.

Karamellen (Caramels)

Hartkaramellen (Bonbons, Drops, Rocks usw.) bestehen aus einer im Vakuum auf 1 bis 3% Restwassergehalt eingeengten Grundmasse von Saccharose und dextrinreichem Stärkesirup, die farb- und geschmackgebende Zusätze (Säuren, Essenzen, Honig usw.) eingeknetet enthält. Kennzeichnend ist ihre glasartige Beschaffenheit mit hart-splittrigem Bruch; der Anteil an Stärkesirup (oder Invertzucker) verhindert die Auskristallisation der Saccharose. Durch längere Bearbeitung der warmen Bonbonmasse in Ziehmaschinen kann Luft eingearbeitet und seidenartiger Glanz erzielt werden („*Seidenwaren*").

Rocks sind (Frucht-)Schnittbonbons mit an den Schnittflächen erkennbaren mehrfarbigen Blumenmustern u. ä., die durch entsprechendes Zusammenlegen und anschließend gemeinsames Ausziehen unterschiedlich gefärbter und geformter Zuckerstränge entstehen.

Gefüllte Hartkaramellen (Füllungsanteil etwa 25%) werden durch Formung der Zuckermasse zu einem Hohlstrang, der beim Ausziehen gefüllt und danach in der sogenannten Plastikmaschine geteilt und geprägt wird, hergestellt.

Weichkaramellen (*Toffees*) nehmen im Gegensatz zu Hartkaramellen im Mund meist eine zähplastische Konsistenz an, da der Restwassergehalt höher liegt und neben Saccharose und Stärkesirup als Hauptbestandteile stets Fett (etwa 2 bis 15%) vorhanden ist. Entsprechend den besonderen Rezepturen für gewisse Spezialitäten (Malz-, Honig-, Kakao-, Kaffee-, Cola-, Cocos-, Mohn-Toffees u. a.) sind vielerlei Zusätze z. T. als separate Schichten oder Füllungen möglich. Massen für milchfreie Toffees, z. B. solche mit Frucht- oder Pfefferminzgeschmack, erhalten meist einen Zusatz von Gelatine oder einem anderen Hydrokolloid.

Unter *Fudges* versteht man Toffees von krümeliger, nichtklebriger Beschaffenheit.

Komprimate und Fondanterzeugnisse

Komprimate werden aus Mischungen von Puderzucker oder Glucose (Xylitol und/oder D-Glucitol als Austauschstoffe) mit geschmack- und aromagebenden Substanzen (z. B. Fruchtpulver, -säuren, -essenzen und -aromen, Kakao, Pfefferminzöl), Binde- und Gleitmitteln (u. a. Stärke, Fette, Palmitin- und Stearinsäure bzw. deren Calcium- oder Magnesiumsalze, Gelatine, Traganth, Gummi arabicum) und auch Farbstoffen durch Granulieren und anschließendes Pressen in verschiedenartiger Form (Tabletten, Pastillen usw.) hergestellt.

Fondanterzeugnisse enthalten als Hauptbestandteil Fondantmasse(n), die als Halbfabrikate nicht nur zu Zuckerwaren, sondern auch zu anderen Süßwaren, vor allem als Überzüge, Füllungen oder deren Bestandteil mitverarbeitet werden. In der Fondantmasse sind die in einer gesättigten Stärkesirup-(Invertzucker)-Saccharose-Lösung suspendierten Saccharosekristalle normalerweise so fein (Durchmesser 0,01 bis 0,04 mm), daß sie geschmacklich als solche nicht wahrgenommen werden können.

Zur Herstellung wird eine Zuckerlösung (Saccharose:Stärkesirup = 9:1 bis 7:3 Masseteile) bei etwa 386 bis 392 K (113 bis 119 °C) eingeengt und danach in einer Tabliermaschine bei starker Kühlung mechanisch bearbeitet, so daß eine speckige Masse mit — je nach Wassergehalt und Kochtemperatur — etwa 50 bis 60% fester Phase entsteht, die bei der Lagerung eine schnittfeste Konsistenz annimmt. Ungefärbte Fondantmasse ohne weitere Zusätze ist reinweiß, bei Mitverarbeitung von Milchbestandteilen aber caramelfarben.

Im Gegensatz dazu wird das gleichfalls zu den Fondanterzeugnissen zählende, billigere *Konservekonfekt* in Form von Plattenstücken („Morsellen") oder Plätzchen („Raffinadeküchel") aus eingeengter, mit Farb-, Geschmacks- und Aromastoffen versetzter Zuckerkläre gewonnen, indem diese nicht-tabliert, mit Fondantmasse oder Puderzucker beimpft zum Erstarren kommt. Konservekonfekt unterscheidet sich von Fondant durch ein erheblich gröberes Kristallgefüge, besonders niedrigem Wassergehalt (0,1 bis 0,2%) und das Fehlen nennenswerter Gehalte an Stärkesirup und Invertzucker.

Tabelle 13.5. Zusammensetzung von Karamellen und Fondantmassen (%)

	Karamellen (ungefüllt)			Fondantmasse	
	Hart-Karamellen	Weich-Karamellen milchfrei	Weich-Karamellen milchhaltig	milchfrei	milchhaltig
Wasser	1— 3	4—8	4— 8	8—20 (fest = 12, Krem = 20)	
Saccharose	40—70	30—60	30—60	60—90	
Invertzucker	0— 8	0—10	0—10 }	3—14	
Stärkesirup-Trockenmasse	10—60	20—50	20—50 }		
Fett	—	2—15	3—15		2,5; 4,0[1])
Lactose	—	—	4— 6 }		7,5; 6,0[1])
Milchweiß	—	—	3— 5 }		
Gelatine	—	0—0,5	0— 0,5		
Asche	0,1—0,2	1	1— 1,5		0,1—0,2

[1]) bei „Sahne"-Fondantmassen

Marzipan-, marzipanähnliche und sonstige Rohmassen

Rohmassen sind Halbfabrikate, die als Füllungsbestandteil für andere Süßwaren dienen, aber z. B. auch mit vorgeschriebenen Maximalmengen an Saccharose (sowie Stärkesirup und D-Glucitol) zu angewirkten Erzeugnissen, wie Marzipan und Persipan, oder — bei gleichzeitigem Zusatz von Eiklar — zu Makronenmassen verarbeitet werden. Ihre Bezeichnung richtet sich nach dem verarbeiteten Kerngut, die Zusammensetzung ist festgelegt; sogenannte *Backrohmassen* müssen bei der Weiterverarbeitung einem Backprozeß unterworfen werden. Bei Back- und *Füllrohmassen* ist keine besondere Forderung an die Zusammensetzung des Kerngutes gestellt.

Zur Herstellung von *Marzipanrohmasse* wird ein Gemisch aus Saccharose und gebrühten, enthäuteten, noch feucht fein zerriebenen Mandelkernen (süße sowie maximal 10% entbitterte Bitter- und Bergmandeln) durch Erhitzen (Abrösten) bis zum Erreichen des vorgeschriebenen Endwassergehaltes in eine homogene formbare Masse verwandelt.

Das Entbittern erfolgt — beginnend mit dem Brühprozeß — durch eine enzymatische Spaltung des zu etwa 3 bis 5% vorhandenen Amygdalins beim Wässern der enthäuteten Samenkerne, wobei die gebildete Blausäure z. T. in das Entbitterungswasser übergeht, hauptsächlich aber erst beim Abrösten bis auf geringe Mengen entfernt wird.

Persipanrohmasse wird unter Verwendung süßer und entbitterter Aprikosenkerne und/oder entbitterter Pfirsich- und Bergmandelkerne hergestellt; zur Unterscheidung gegenüber Marzipanrohmasse wird ein 0,5%iger Stärkezusatz gefordert.

Der Neigung zum Austrocknen (Krustenbildung) kann durch Zugabe von Frischhaltemitteln (u. a. Invertase), entsprechendes Überziehen (z. B. mit Kuvertüre) und Verpacken entgegengewirkt werden.

Nugatrohmassen sind fettreiche, zart-geschmeidige Gemenge aus zum größten Teil enthäuteten, in jedem Fall gerösteten und feinzerkleinerten Mandel-, Haselnuß- und/oder Kaschunußkernen sowie Zucker, denen häufig auch weitere Stoffe (Milch-, Sahne-, Fruchtpulver, Honig, Kaffee, Dickzuckerfrüchte, Kakaomasse u. a.) zugefügt sind. *Noisetterohmasse* wird aus Haselnüssen mit 6% Kakaobutterzusatz hergestellt. Bei allen Nugatrohmassen darf die Summe von Zucker- und Milchbestandteilen 50% nicht überschreiten; Produkte mit über 10% Kakaobestandteilen zählen zu den Kakaoerzeugnissen.

Gelee-, Gelatine-, Gummi- und Schaumzuckerwaren

Die besondere Konsistenz der Gelee-, Gelatine- und Gummizuckerwaren, die zumeist gefärbt und mit verschiedenen Geschmacks- und Aromastoffen, Pflanzenauszügen bzw. Obsterzeugnissen versehen sind, ergibt sich aus dem Zusatz von Hydrokolloidbildnern zur Saccharose-Stärkesirup-Grundmasse. Im Gemisch mit natürlichen Hydrokolloidbildnern finden auch Carboxymethylstärke und -cellulose Verwendung. Die Erzeugnisse werden durch Gießen der Massen in entsprechende (Weizenpuder-)Formen häufig figürlich (Geleefrüchte, Gummitiere) hergestellt; Weichhaltemittel (5% Invertase oder D-Glucitol) schützen vor dem schnellen Austrocknen bei der Lagerung.

Gelee-Zuckerwaren (Wassergehalt etwa 20%) enthalten als gelierende Hauptkomponente Agar-Agar oder Pectine, zur besseren Gelverfestigung außerdem Speisegelatine. Nach dem Erstarrenlassen, Auspudern und Trocknen der Oberfläche können die Erzeugnisse bezuckert oder glasiert werden. Gelee-Zuckerwaren (außer Fruchtpasten) sind glatt im Bruch. Schaumgelee-Zuckerwaren erhalten bei der Herstellung einen Zusatz an Aufschlagmitteln.

Für *Gelatine-Zuckerwaren* ist die Verwendung von Speisegelatine charakteristisch (meist 7 bis 10%), wobei 25% der vorgesehenen Menge durch Dextrin oder Stärke ersetzt und maximal 15% Gummi arabicum mitverarbeitet werden kann. Der Wassergehalt liegt meist bei 15%. Zur Weichhaltung dienen maximal 5% Glycerol oder D-Glucitol.

Gummi-Zuckerwaren (Wassergehalt etwa 12%) zeichnen sich durch einen hohen Gehalt an Gummi arabicum (meist etwa 50%) aus.

Schaumzuckerwaren sind Erzeugnisse von lockerem Gefüge und entsprechend niedriger Dichte (etwa 0,1 bis 1). Sie werden primär als sogenannte weiche Ware (weich bis zäh-plastisch) hergestellt, die man durch Trocknen auch in harte Ware umwandeln kann und ggf. noch verziert. Die Grundmasse besteht aus eingeengter Saccharose-Stärkesirup-Lösung und Eiweißschaum (Eiklar, Gelatine), der meist mit einem Stabilisierungsmittel (z. B. Agar-Agar, Pectin) versetzt ist. Sie erhält meist noch Zusätze zur Frischhaltung(D-Glucitol, Invertzucker) und geschmacklichen Verfeinerung, z. B. in Form von Kerngut des Schalenobstes und/oder Honig (bei Türkischem Honig), Obststücken oder Obstmark (z. B. teilweise bei Marshmallows).

Waren aus sehr leichten Schaummassen (wie Negerküsse) werden auf Waffelböden dressiert und im allgemeinen mit Überzügen (z. B. Kuvertüre) versehen.

Sonstige Zuckerwaren

Dragees enthalten einen festen homogenen oder gefüllten Drageekern (Einlage), der beim Dragieren im schräggestellten, mit etwa 20 U/min rotierenden Kupferkessel lagenweise mit Zucker- (meist gefärbt und aromatisiert) und/oder mit Schokoladenmasse ummantelt und anschließend evtl. noch geglänzt bzw. poliert wird. Als Einlagen finden Zuckerkristalle (für Liebesperlen und Nonparailles), Bonbons, Fondant, Geleeware, Roh-, Füll- oder Wirkmasse, Samenkerne, Fruchtstücke, Lakritzwaren usw. Verwendung. Mitunter wird zum Schutz empfindlicher, flüssig gefüllter Einlagen als erste eine Gummi arabicum-Zucker-Schicht (Decke) aufgetragen.

Die den Dragees nahe stehenden gebrannten Samenkerne, wie z. B. *gebrannte Mandeln*, werden aus ungerösteten oder gerösteten Kernen oder größeren Kernteilen durch Überziehen mit geschmolzenem oder karamelisiertem Zucker auf offenem Feuer erzeugt, wobei ein Zusatz zugelassener Farbstoffe, Gewürze, Glänzmittel erlaubt, aber gleichzeitig der Mindestanteil an Kerngut festgelegt ist.

Krokant wird meist als Füllung für andere Süßwaren mit spröder bis weicher Konsistenz (Hart-, Weich-, Mürbekrokant) aus geschmolzenem, teilweise karamelisiertem Zucker und — je nach Sorte — entweder mindestens 30% Kerngut fettreicher Samen (Süßmandel, Hasel-, Wal-, Kaschu-, Cocos-, Erdnuß), 20% Kerngut und 15% Trocken- bzw. Dickzuckerfrüchten (Fruchtkrokant) oder 50% Nuß- bzw. Nugatmasse (bei Blätterkrokant mit geschmolzenen Zuckerschichten abwechselnd) hergestellt. Auch Produkte, die Marzipan, Milchdauerwaren, Stärkesirup u. a. enthalten, sind bekannt.

Lakritzwaren sind schwarz-braune, zugleich als Leckerei und schleimlösendes, hustenstillendes Mittel hergestellte Zuckerwaren (Fäden, Bänder, Stangen oder Figuren) von lederartiger Konsistenz. Sie enthalten — neben maximal 40% Mehl oder Stärke in verkleisterter Form, 30 bis 40% Saccharose (anteilmäßig auch Stärkesirup), Verdickungsmitteln (Gelatine, Gummi arabicum), ätherischen Ölen (vor allem Anisöl), Pflanzenauszügen und höchstens 15% Ammoniumchlorid — als wertgebenden Bestandteil, mindestens 5% (bis über 30%) Süßholzsaft. Invertase und D-Glucitol können als Weichmacher Verwendung finden, künstliche Färbung ist verboten.

Süßholzsaft (Succus liquiritiae), der eingeengte Wurzelextrakt von verschiedenen Süßholzsträuchern (Leguminosae), enthält als charakteristischen, geschmackbestimmenden Inhaltsstoff Glycyrrhizin, das Diglucuronid der Glycyrrhetinsäure (etwa 20% im Süßholzsaft).

Kaugummi ist eine zum Auskauen, aber nicht zum Verschlucken bestimmte Zuckerware, die heute meist gefärbt, mitunter auch dragiert wird. Bei der Herstellung wird eine wasserunlösliche, thermoplastische Grundmasse mit verschiedenen wasserlöslichen Bestandteilen (gewöhnlich 65 bis 85%), die sich vor allem aus Zucker (Saccharose, Invertzucker, Stärkesirup), z. T. auch Süßstoff, und weiteren natürlichen und/oder künstlichen Aromastoffen zusammensetzt, unter Erwärmung maschinell verknetet und geformt.

Die unverdauliche Kaugrundmasse stellt i. allg. eine Mischung von natürlichen (besonders Chicle, guttaperchaähnlich aus *Achras sapota* L., bzw. Kautschuk als Latex oder Crepes) und/oder synthetischen Thermoplasten (Polyvinylester und -ether, Polyethylen und -isobutylene, Butadien-Styren-Copolymerisate) mit weiteren Stoffen, wie Harzen (Benzoe-, Dammarharz, Kolophonium, Mastix), Balsamen, Paraffinen, Wachsen usw., dar. In der DDR dient Polyvinylacetat bestimmter Qualität als thermoplastischer Grundstoff (vgl. TGL 89052, 1964), wobei Glycerol, -triacetat, Propandiol als Weichmacher und von fluoreszierenden Substanzen freie Hartparaffine und Stärkesirup als Füllstoffe eine Rolle spielen.

Auf weitere Zuckerwaren wie *Brausepulver*, *Dickzuckerfrüchte* (*Kanditen*), *Streusel*, *Süßtafeln* usw. soll hier nicht näher eingegangen werden.

14. Gewürze

14.1. Allgemeines

Gewürze sind Pflanzenteile oder ganze Pflanzen, die frisch, getrocknet oder chemisch konserviert, meist in relativ geringen Mengen Lebensmitteln bzw. Lebensmittelzubereitungen überwiegend auf Grund ihres Gehaltes an aromatischen oder scharf schmeckenden Stoffen zur Verbesserung von Aroma und Geschmack zugesetzt werden. Wenngleich auch die Gewürze nicht essentiell sind, erhöhen sie den Wohlgeschmack der Nahrung, regen den Appetit an und fördern die Magensaftsekretion sowie die Verdauung. Einige Gewürze haben durch ihre spezifischen Inhaltsstoffe zusätzlich eine gewisse antimikrobielle bzw. antioxydative Wirkung. Ein Einsatz von Gewürzen als natürliches Konservierungsmittel bei Lebensmitteln ist allerdings wegen des starken Eigengeschmackes und auch wegen des eng begrenzten Wirkungsspektrums der Gewürze nicht praxisrelevant. Einige Gewürze enthalten im Gegenteil nicht unerhebliche Mengen an Mikroorganismen; der Verderb von bestimmten Lebensmitteln (insbesondere Fleischerzeugnisse und Wurstwaren) ist häufig ursächlich durch die zugesetzten Gewürze bedingt. Als relativ keimreich gelten schwarzer Pfeffer und scharfer Paprika, als keimarm Muskatnüsse, Nelken und Senfkörner. Während Hefen in Gewürzen selten auftreten, kommen Bakterien und Pilze, vor allem ihre Sporen, wesentlich häufiger vor. Zur Entkeimung von Gewürzen hat sich in der Praxis die Behandlung mit Ethylenoxid gut bewährt.

Die meisten Gewürze kommen getrocknet und gemahlen in den Handel, einige werden frisch bzw. gefrostet (Würzkräuter) oder in unzerkleinertem Zustand (Gewürznelken, Pfefferkörner, Senfkörner usw.) verwendet. Ihre Wirkung beruht vorwiegend auf ihrem Gehalt an ätherischen Ölen (s. I; 10.), Alkaloiden (s. I; 12.) oder Bitterstoffen (s. I; 15.3.4.).

Die Untersuchung von Gewürzen erstreckt sich auf Identität, Reinheit und mikrobiellen Befall (makro- und mikroskopisch) sowie Ermittlung des Gehaltes an wertbestimmenden Stoffen (ätherische Öle, Alkaloide), da hierfür im allgemeinen Grenzwerte festgelegt sind. Bei überlagerten und unzureichend verpackten Produkten (insbesondere bei vermahlenen Gewürzen) nimmt nicht nur die Würzkraft infolge Verflüchtigung der ätherischen Öle ab, sondern es können sich durch Umsetzungen (Oxydation, Polymerisation usw.) zusätzlich unangenehm riechende und schmeckende Stoffe bilden.

Nach Art der verwendeten Pflanzenteile erfolgt eine Einteilung der Gewürze in folgende Gruppen:

- Wurzel- und Rhizomgewürze
- Rindengewürze

— Blatt- und Krautgewürze
— Blütengewürze
— Fruchtgewürze
— Samengewürze

14.2. Wurzel- und Rhizomgewürze

Calmus ist das getrocknete und geschälte Rhizom (Wurzelstock) von *Acorus calmus* L., einer in Indien heimischen, aber auch an unseren Gewässern wild wachsenden Pflanze. Calmus riecht kräftig aromatisch und schmeckt bitter. Gemahlen wird Calmus in Gewürzmischungen verwendet. Das Rhizom enthält 2 bis 4% ätherisches Öl (überwiegend Sesquiterpene) mit dem charakteristischen Asaron (5 bis 10%), das in cis- und trans-Form vorliegt. Da das cis-Asaron (β-Asaron) als toxisch (cancerogen) gilt, ist die Verwendung von Calmus in einigen Ländern limitiert bzw. sogar verboten (z. B. USA).

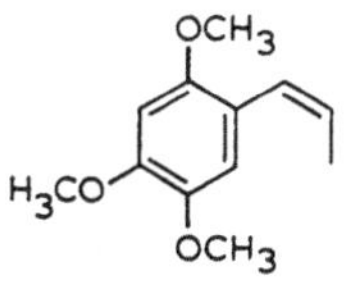

Asaron

Curcuma (Gilbwurz) ist ein aus Südostasien stammendes, aus dem gebrühten und getrockneten Rhizom gewonnenes intensiv gelb gefärbtes Pulver, das überwiegend als Gewürz (vor allem als Bestandteil von Curry bzw. Worcestersauce), seltener als Lebensmittelfarbstoff (Gebäck, Käse, Senf usw.) oder als Arzneimittel (Galle- und Leberleiden) verwendet wird. Der Geruch erinnert an Ingwer; der Geschmack ist scharf und etwas bitter. Curcuma enthält etwa 2 bis 4% ätherisches Öl, dessen Hauptbestandteile das alicyclische Keton Turmeron, das aromatische ar-Turmeron (zusammen 65%) und der Kohlenwasserstoff Zingiberen (25%) sind.

Die in Curcuma vorhandenen Farbstoffe bestehen überwiegend aus dem sich von der Ferulasäure ableitenden Curcumin (1,7-Bis-(4-hydroxy-3-methoxy-phenyl)-1,6-heptadien-3,5-dion) bzw. dessen Desmethoxylierungsprodukten.

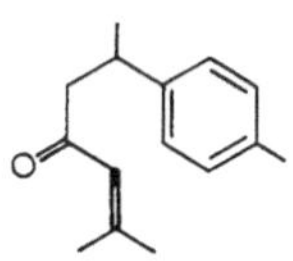

ar-Turmeron

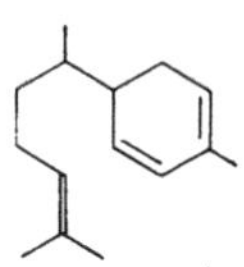
Zingiberen

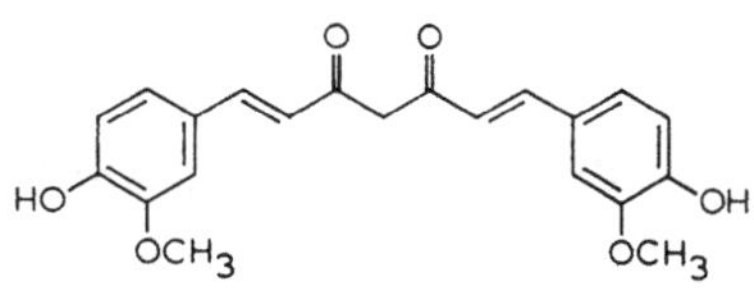

Curcumin

Ingwer ist der geschälte (unbedeckte) oder ungeschälte (bedeckte) Wurzelstock von *Zingiber officinale* Roscoe. Nach der Herkunft unterscheidet man afrikanischen, chinesischen, japanischen, Jamaika- und Malabaringwer. Geschälter Ingwer wird häufig gebleicht (Schwefeldioxid) und mit Kalk bzw. Gips behandelt, um Schädlingsbefall zu verhindern. Ingwer wird auch in Sirup eingelegt oder als kandiertes Produkt gehandelt und vielfältig in der Lebensmittelindustrie (Back- und Süßwaren,

Spirituosen, Suppen, Saucen usw.) wegen seines angenehmen Aromas und brennend scharfen Geschmackes verwendet. Das Aroma wird durch das ätherische Öl (1 bis 3,5%) mit den Hauptkomponenten Zingiberol und Zingiberen erzeugt, während der Geschmack auf die in einer harzartigen Fraktion vorkommende Gingerole (ein Gemisch homologer Phenole) bzw. deren bei der Aufarbeitung entstehende Abbauprodukte, wie Zingeron und Shogaole, zurückzuführen ist.

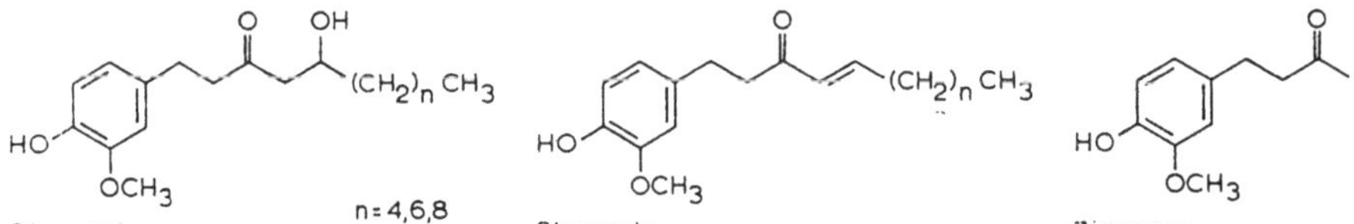

Gingerole n=4,6,8 Shogaole Zingeron

14.3. Rindengewürze

Unter *Zimt* versteht man die zumeist von den äußeren Gewebeschichten befreiten Rinden der jungen Stämme, Äste oder Wurzelschößlinge verschiedener tropischer Cinnamonum-Arten. Nach botanischer und geographischer Herkunft werden unterschieden: Ceylon-Zimt, chinesischer Zimt, Padang-Zimt, Seychellen-Zimt usw., wobei der Ceylon-Zimt als der wertvollste gilt. Aroma und Geschmack werden durch das ätherische Öl (1 bis 5%) bestimmt, dessen Hauptkomponenten bei Ceylon-Zimt Zimtaldehyd (~ 70%) und Eugenol (~ 10%) neben anderen Bestandteilen wie Benzaldehyd, Cuminal, Cymen, Linalool, α-Pinen und Phellandren sind.

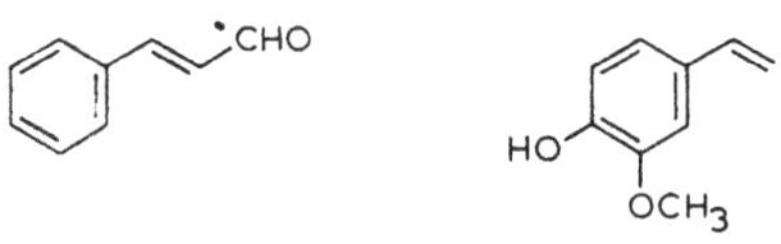

Zimtaldehyd Eugenol

Zimt ist ein typisches Küchengewürz für Süßspeisen, Gebäck usw.; er wird u. a. aber auch in der Spirituosenindustrie und Kosmetik verwendet.

14.4. Blatt- und Krautgewürze

Die Blätter und Kräuter werden frisch oder getrocknet verwendet, wobei die Kräuter *gerebelt* (abgestreifte Blätter und Blütenstände) oder *geschnitten* (Stengelteile sind zusätzlich vorhanden) sein können.

Bei den frischen heimischen Blatt- und Krautgewürzen ist die Würzkraft, die in erster Linie auf dem Gehalt an ätherischen Ölen (meist 0,05 bis 0,3%), teilweise aber auch auf dem Gehalt an Bitterstoffen beruht, im allgemeinen nicht sehr hoch. Beim Trocknen und insbesondere beim Vermahlen treten mitunter erhebliche Verluste an

Tabelle 14.1. Wichtige Blatt- und Krautgewürze

Gewürz	Charakteristische bzw. Hauptbestandteile	Hauptsächliche Verwendung
Basilicum (Königskraut)	Estragol, Linalool	Salate, Saucen, Wurstwaren
Beifuß (Gänsekraut)	Cineol, Thujon	Fleisch, Geflügel, Suppen
Bohnenkraut (Pfefferkraut)	Carvacrol, Cymen	Leguminosen, Saucen, Wurstwaren
Estragon	Estragol, Phellandren	Fisch, Salate, Saucen
Kretischer Dost (Spanischer Hopfen)	Carvacrol, Linalool	Fisch, Gabelbissen
Lorbeer (Suppenblätter)	Cineol, Eugenol	Fisch, Fleisch, Saucen
Majoran (Wurstkraut)	Sabinenhydrat, Terpinen	Saucen, Wurstwaren
Petersilie (Petersilienkraut)	Apiol, Pinen	Salate, Saucen, Suppen
Salbei (Salbeikraut)	Thujon, Cineol	Fisch, Fleisch, Salate
Thymian (Römischer Quendel)	Thymol, Carvacrol	Saucen, Suppen, Wurstwaren
Melisse (Citronenkraut)	Citral, Citronellal	Fisch, Saucen, Salate
Wermut (Bitterkraut)	Absinthin, Thujon	Likör, Wein
Ysop Ysopkraut)	Pinocamphen, Pinen	Salate, Saucen, Suppen

ätherischen Ölen auf. Getrocknete Blatt- und Krautgewürze enthalten 0,5 bis 3% ätherische Öle.

14.5. Blütengewürze

Gewürznelken (Nelken, Nägelein) sind die vollständig entwickelten, aber noch nicht aufgeblühten, getrockneten Blütenknospen des Gewürznelkenbaumes (*Szygium aromaticum* L.), der heute vor allem in Asien, besonders in Indonesien sowie auf den afrikanischen Inseln Madagaskar, Pemba und Sansibar kultiviert wird. Die dunkelbraunen, stark aromatischen und scharf schmeckenden Nelken fühlen sich fettig an. Sie enthalten sehr große Mengen (10 bis 20%) ätherischen Öles, dessen Hauptkomponenten Eugenol (80 bis 90%) und Aceteugenol (10 bis 15%) sind. Ausgereifte Nelken (Mutternelken, Anthophylli) enthalten wesentlich weniger Öl ($\sim$ 4%).

Nelken werden besonders bei Obsterzeugnissen, Punsch und Likören sowie bei Weihnachtsgebäck und Süßwaren verwendet.

Die ebenfalls ätherisches Öl enthaltenden Stiele (etwa 5%) und Blätter (etwa 3%) werden zur Ölgewinnung herangezogen, das u. a. in der Zahnmedizin und der Kosmetik (Mundwasser, Seife, Zahnpasta) eingesetzt wird.

Kapern (Kappern) sind die runden grünbraunen Blütenknospen des im Mittelmeergebiet wachsenden Kapernstrauches. Sie kommen in Salzwasser, Essig oder Öl konserviert in den Handel und werden auf Grund ihres senfähnlichen Geschmackes vor allem für Fleischgerichte, Salate und Saucen verwendet. Der charakteristische sensorische Eindruck ist durch das Senföl-Glycosid Glucocapparin bedingt, das enzymatisch durch die gleichzeitig vorhandene Myrosinase bei Zellzerstörung in Methylsenföl und Glucose gespalten wird (s. I; 10.2.5.).

Safran (Crocus) sind die getrockneten orangeroten Blütennarben der hauptsächlich in Vorderasien und den Mittelmeerländern angebauten Safranpflanze (*Crocus sativus* L.), die zu den Schwertliliengewächsen gehört. Safran wird heute nur noch selten als Gewürz oder Färbemittel verwendet. Die Farbe ist primär durch das Carotenoid Crocetin, der bittere Geschmack durch das Glycosid Picrocrocin und der iodoformähnliche Geruch durch den Aldehyd Safranal bedingt. Die vorgenannten Substanzen gehen wahrscheinlich aus einer gemeinsamen (hypothetischen) Vorstufe, dem Protocrocin, hervor.

Neben Crocitin enthält Safran noch weitere Farbstoffe, wie Caroten, Lycopin und Zeaxanthin.

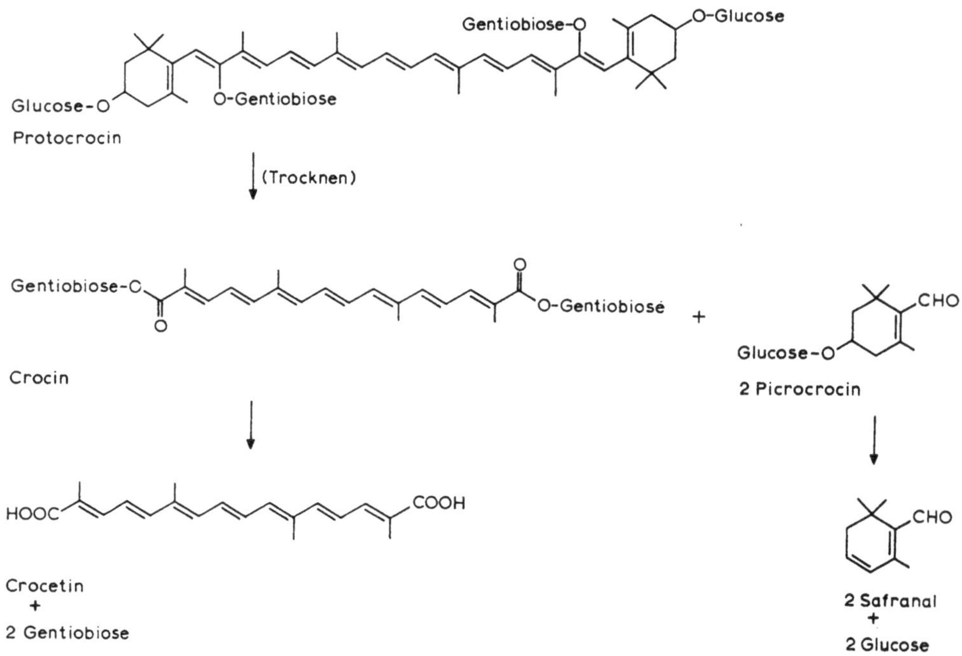

14.6. Fruchtgewürze

Cardamomen sind die Kapselfrüchte von Arten der Gattung Elettaria (Familie: Zingiberaceae), wobei allerdings nur die darin enthaltenen Samen Würzkraft haben, so daß man Cardamomen eigentlich zu den Samengewürzen zählen müßte. Cardamomensamen (Cardamomensaat) kommen aber nur selten als solche in den Handel, sondern überwiegend in Form der noch nicht ganz reifen Früchte, da durch die Fruchtwände die Verdunstung des ätherischen Öles, das in der Samenschale lokalisiert ist, weitgehend verhindert wird. Als Gewürz kommen zumeist nur die kleinen oder Malabarcardamomen von *Elettaria cardamomum* L. White und Maton in Betracht, die überwiegend aus dem indischen Raum stammen. Die Samen enthalten 5 bis 8% ätherisches Öl (Hauptkomponenten: α-Terpinen und α-Terpineol), sind Bestandteil des Currypulvers und werden als Gewürz für Liköre, Pfefferkuchen und Wurstwaren eingesetzt.

Chillies (Cayennepfeffer, Guineapfeffer) sind die reifen, gelb bis organgeroten meist getrockneten Früchte der Sträucher von *Capsicum frutescens* L., die in vielen tropischen Ländern angebaut werden. Der sehr scharfe Geschmack ist auf das Alkaloid Capsaicin zurückzuführen, das in Mengen von 0,5 bis 1% vorhanden ist (s. I; 12.3.).

Pfeffer sind die Steinfrüchte des heute in den gesamten Tropen angebauten Kletterstrauches *Piper nigrum* L., der — ähnlich wie bei uns Hopfen — an Stangen gezogen wird.

Schwarzer Pfeffer ist die ganze unreife, beim Trocknen gerunzelte Frucht. *Weißer Pfeffer* ist die reife, von der äußeren Fruchtschale befreite und getrocknete Frucht; er wird auch durch Schälen von schwarzem Pfeffer hergestellt. Pfeffer wird sowohl als Korn wie auch gemahlen, bei Fleischgerichten, Marinaden, Saucen, Wurstwaren usw. eingesetzt. Sein Geruch beruht auf dem Gehalt an ätherischem Öl (1,5 bis 3,5%), während der scharfe Geschmack auf das Alkaloid Piperin bzw. Chavicin (5 bis 10%) und nahe verwandte Stoffe, wie Piperolein A und Piperylin, zurückzuführen ist.

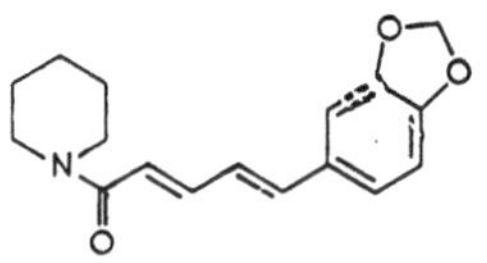
Piperin

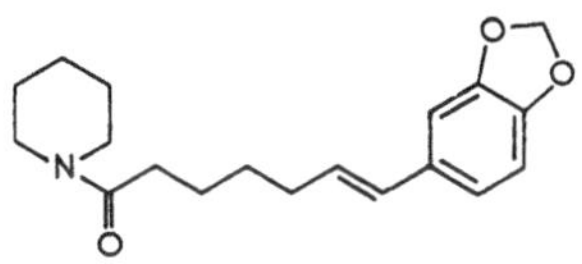
Piperolein A

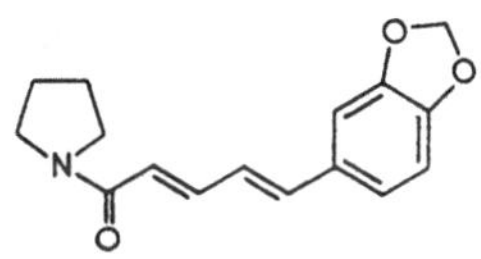
Piperylin

Piment (Englisch-Gewürz, Gewürzkörner, Nelkenpfeffer) sind die noch nicht vollständig ausgereiften getrockneten Früchte des Nelkenpfefferbaumes, der vor allem in Ostindien und Mexiko sowie auf Jamaika angebaut wird. Der Würzwert wird durch das ätherische Öl (3 bis 5%) bestimmt, das zu 75% aus Eugenol besteht. Piment wird bei Fleisch, Fisch und Gebäck verwendet.

Paprika (Spanischer Pfeffer) sind die reifen, getrockneten und gemahlenen Früchte bzw. Fruchtteile von *Capsicum anuum* L., einjährigen krautigen Pflanzen, die heute in Europa speziell in Bulgarien, Spanien und Ungarn kultiviert werden. Bekannt sind etwa 50 verschiedene Varietäten, die sich durch Farbe, Größe und Schärfe des Geschmackes, der durch das Alkaloid Capsaicin bedingt ist, unterscheiden. Für die Gewinnung des Paprikagewürzes werden bevorzugt die langfrüchtigen roten Sorten mit hohem Capsaicingehalt herangezogen, während die weniger scharfen Sorten als Gemüse konsumiert werden. Das Capsaicin ist vorwiegend in den Scheidewänden (Placenta) der Früchte anzutreffen, an denen die zahlreichen scheibenförmigen Samen sitzen. Beim „*Edelsüßen Paprika*" werden die Scheidewände und damit das Capsaicin weitgehend entfernt, so daß derartige Produkte weniger scharf sind als z. B. der sogenannte „*Rosenpaprika*", bei dem die Placenta mit verarbeitet wird.

Umbelliferengewürze (Brotgewürze) kommen in ganz Europa vor.

Tabelle 14.2. Wichtige Umbelliferengewürze

Gewürz	Ätherisches Öl (%)	Charakteristische bzw. Hauptbestandteile	Hauptsächliche Verwendung
Anis	1–3	Anethol, Estragol	Gebäck, Spirituosen
Coriander	0,3–1	Linalool, Geraniol	Gebäck, Spirituosen, Wurst
Dill	3–7	Carvon, Limonen	Fisch, Salate
Fenchel	2–5	Anethol, Fenchon	Bonbon, Gebäck, Spirituosen
Kümmel	4–6	Carvon, Limonen	Gemüse, Käse, Spirituosen

Vanille ist eine kletternde Schlingpflanze, die heute an Spalieren in vielen tropischen Gebieten (insbesondere Madagaskar, Mexiko, Réunion) gezogen wird. Die schotenähnliche Frucht wird unreif geerntet, d. h. wenn sie sich gerade gelb zu färben beginnt. Sie ist in diesem Zustand nahezu geruchlos. Die dunkle Farbe und das typische Aroma entstehen erst durch einen in Schwitzkästen künstlich eingeleiteten Fermentationsprozeß, wobei von den zahlreichen enzymatischen Reaktionen, die hierbei ablaufen, zweifellos die Einwirkung von β-Glucosidase auf das glycosidisch gebundene Vanillin (bzw. den Vanillylalkohol) die wichtigste ist. Wertbestimmender Inhaltsstoff ist das Vanillin (2 bis 4%). Neben dem Vanillin kommen aber noch weitere Aromastoffe, wie Vanillylalkohol, Ester von Phenolcarbonsäuren usw., vor, die das feine und ausgeglichene Aroma der Vanille bedingen. Hierdurch ist die natürliche Vanille dem synthetischen Vanillin (Herstellung durch Oxydation von Isoeugenol bzw. den bei der Cellulosegewinnung aus Holz anfallenden Ligninsulfonsäuren mit Nitrobenzen) überlegen. Vanille wird bevorzugt in der Süß-, Backwaren- und Spirituosenindustrie eingesetzt.

14.7. Samengewürze

Muskatnuß ist der von der Steinschale und dem Samenmantel (Arillus) befreite Samen des vor allem auf den Sunda-Inseln sowie in Brasilien und Westindien angebauten Muskatnußbaumes. Die Samen kommen teilweise gekalkt in den Handel. Charakteristischer Bestandteil des ätherischen Öles (7 bis 16%) ist das dort in sehr geringer Menge vorkommende toxische Myristicin (4% des Gesamtöles), das ebenfalls in Macis (getrockneter Samenmantel der Muskatnuß) anzutreffen ist. Muskatnuß und Macis sind gelegentlich als Abortivum und als Rauschmittelersatz (halluzinatorische Wirkung) verwendet worden.

Muskatnuß dient überwiegend zum Würzen von Fleisch, Gemüse und Saucen.

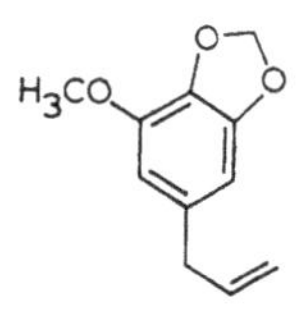

Myristicin

Macis enthält 5 bis 15% ätherisches Öl, das in der Zusammensetzung dem Muskatnußöl sehr ähnelt. Macis wird als Küchengewürz wie Muskatnuß verwendet und darüber hinaus auch teilweise bei Gebäck eingesetzt.

Senfkörner sind die scharf schmeckenden Samen verschiedener Brassica- und Sinapisarten, die in den gemäßigten Zonen kultiviert werden. Man unterscheidet meist zwischen schwarzem, weißem und braunem Senf (Sarepta- oder Russischer Senf). Typischer Inhaltsstoff sind die Glucosinolate (Thioglycoside), die in Mengen von 1 bis 3% vorliegen und die durch das Enzym Myrosinase in Glucose und ein Isothiocyanat gespalten werden (s. I; 10.2.5.). Senfkörner werden bei Fleisch- und Fischerzeugnissen sowie zum Einmachen von Gurken u. a. verwendet. Die wichtigste Verarbeitung ist aber die zu Speisesenf (Mostrich).

Zur Herstellung von *Speisesenf* (Tafelsenf) werden geschälte oder ungeschälte, mitunter zusätzlich entfettete gemahlene Senfsamen zumeist mit Wasser, Essig und Gewürzen (z. B. Coriander, Curcuma, Estragon, Kapern, Zimt), die z. T. maßgebend für die Handelssorten sind (z. B. Estragon-, Kapernsenf) sowie anderen geschmackverfeinernden Zutaten (z. B. Salz, Zucker) angemaischt und bei Temperaturen bis maximal 333 K = 60 °C (Erhaltung der Myrosinaseaktivität) fein vermahlen, wobei Senföle enzymatisch (Myrosinase) freigesetzt werden.

Die extra scharfen hellgelben Sorten werden aus überwiegend geschältem schwarzen Senf und die etwas weniger scharfen aus ungeschältem weißen (30 bis 90%) sowie schwarzen Senf hergestellt.

14.8. Würzpilze

Einige Pilze zeichnen sich durch einen besonders starken, teilweise sogar aufdringlichen Flavour aus, so daß sie allein zubereitet praktisch nicht genießbar sind, wohl aber bei sachgemäßer Verwendung zum Würzen von Speisen eingesetzt werden können. Derartige Pilze werden als Würzpilze bezeichnet. Die in Europa bekanntesten sind der *Bruchreizker* und der *Knoblauchschwindling*.

Der nach Maggi schmeckende Bruchreizker (Maggipilz) darf auf Grund seiner Unverträglichkeit nur in kleinen Mengen verwendet werden. Der Knoblauchschwindling (Mousseron) wird anstelle von Knoblauch bei Fleischgerichten, Suppen und Saucen eingesetzt.

14.9. Gewürzmischungen und -zubereitungen

Reine Gewürzmischungen in Pulverform werden in steigendem Umfang industriell für bestimmte Anwendungszwecke hergestellt, da mitunter erst durch Mischen mehrerer gemahlener Gewürze ein ganz bestimmtes Aroma bzw. bestimmter Geschmack erzielt wird. Solche Produkte werden unter Bezeichnungen wie *Braten-*, *Gulasch-*, *Wurst-*, *Lebkuchengewürz* usw. in den Handel gebracht. Bekanntestes Produkt ist das aus Indien stammende *Currypulver*, das keine konstante Zusammensetzung hat, im allgemeinen aber folgende Einzelgewürze enthält: Cardamomen, Coreander, Curcuma, Cayennepfeffer, Ingwer, Nelken, Pfeffer und Piment. Currypulver wird vielfältig bei der Speisenproduktion verwendet.

Die Zahl der Produkte, bei denen Gewürzmischungen zusätzlich mit anderen sensorisch wirksamen Bestandteilen, wie z. B. Glutamat, Hefeextrakt, Gemüseauszügen, Essig, Wein usw., verarbeitet werden, hat in den letzten Jahren ganz erheblich zugenommen. Typische Erzeugnisse derartiger Gewürzzubereitungen sind z. B. *Speisesenf*, *Tomatenketchup* (Tomatenmark, Salz, Pfeffer, Nelken, Muskatnuß, Weinessig usw.) und *Worcestersauce*, (Cherrywein, Essig, Salz, Zucker und verschiedene Gewürze).

14.10. Ersatzgewürze

Bei Ersatzgewürzen wird ein fehlendes Naturgewürz durch ein vorhandenes, dem fehlenden Gewürz in sensorischer Hinsicht möglichst nahe stehendes anderes Naturprodukt ersetzt (z. B. Pfeffer durch scharfen Paprika). Derartige Produkte spielen aber nur in Notzeiten bzw. — im Falle der Unverträglichkeit des Originalgewürzes durch bestimmte Personen — aus Diätgründen eine Rolle. Zu den Ersatzgewürzen zählen auch solche Produkte, bei denen Gewürzextrakte bzw. -destillate oder synthetische Aroma- und Geschmacksstoffe, die für bestimmte Naturgewürze typisch sind, auf geeignete Trägermaterialien (Kleie, Spelzmehle, Zucker usw.) gebracht und in dieser Form anstelle von echten Gewürzen verwendet werden.

14.11. Flüssiggewürze

Durch Extraktion bzw. Wasserdampfdestillation (in vereinzelten Fällen auch durch Abpressen) lassen sich aus natürlichen Gewürzen in mehr oder minder großem Umfang die wertbestimmenden Inhaltsstoffe gewinnen. Diese Produkte erfreuen sich nicht nur in der Lebensmittelindustrie, sondern auch in Gaststätten und im Haushalt zunehmender Beliebtheit, da sie keimarm, leicht und gleichmäßig dosierbar und gut haltbar sind. Mitunter erfolgt eine Aroma- bzw. Geschmacksverstärkung durch Zusatz synthetischer Stoffe.

15. Kochsalz und Essig

Kochsalz (Speisesalz) und Essig sind zweifellos die Handelsprodukte, die bei der Herstellung von Lebensmitteln und bei der küchentechnischen Zubereitung von Speisen zur Erzielung der Grundgeschmacksarten „salzig" und „sauer" bzw. zur Geschmacksabrundung am häufigsten verwendet werden und auch mengenmäßig bei weitem alle anderen zur Geschmacksbeeinflussung eingesetzten Stoffe übersteigen. Darüber hinaus zeigen Kochsalz und Essig in höheren Konzentrationen angewendet eine konservierende Wirkung.

15.1. Kochsalz

Kochsalz (NaCl) ist ein essentieller Nahrungsbestandteil (s. I; 6.), allerdings bestehen für den gesunden Menschen normalerweise keine Gefahren eines Defizites, eher das Gegenteil.

Das im Handel erhältliche Kochsalz (Salz) ist nahezu reines Natriumchlorid. Es wird entweder aus Meerwasser (Kochsalzgehalt meist 1 bis 4%) durch Einengen (*Meeressalz*) gewonnen oder aus Salzlagerstätten bergmännisch abgebaut (*Steinsalz*) bzw. mit Wasser als Sole zu Tage gefördert, die dann eingedampft wird. In Abhängigkeit vom Ausgangsmaterial und der Aufarbeitung schwankt der Reinheitsgrad der Salzsorten. Gereinigtes Steinsalz (*Hüttensalz*) hat meist den höchsten Reinheitsgrad. Meeressalz enthält noch etwa 1 bis 4% Verunreinigungen (überwiegend Kalium- und Magnesiumsalze). Der Wassergehalt des handelsüblichen Speisesalzes liegt unter 0,5%. Um das unerwünschte Zusammenklumpen von Kochsalz zu verhindern und die Streufähigkeit zu erhalten, werden dem Salz oft geringe Mengen an Kaliumhexacyanoferrat(II) (5 bis 40 mg/kg) und Calciumsilicat bzw. -phosphate sowie Magnesiumcarbonat (~ 1%) zugesetzt.

Das in verschiedenen Ländern angebotene *iodierte Speisesalz* (prophylaktische Kropfbekämpfung) enthält in Abhängigkeit von den dort geltenden gesetzlichen Regelungen 5 bis 100 mg/kg KI bzw. die entsprechende Menge anderer Iodide wie NaI, CaI_2 usw. (in der DDR sind 25 mg/kg KIO_3 erlaubt).

In der Schweiz ist Kochsalz mit einem Zusatz von 200 mg/kg NaF (prophylaktische Cariesbekämpfung) erhältlich.

Als *Kochsalzersatz* dienen bei kochsalzarmen bzw. -freien Diäten in erster Linie Diammoniumsalze von Dicarbonsäuren, wie Adipin-, Bernstein- und Glutaminsäure, die dem Kochsalz im Geschmack relativ ähnlich sind.

Nitritpökelsalz ist Kochsalz, das 0,5 bis 0,6% Natriumnitrit enthält (s. I; 16.2.1.2.).

Kochsalz, das zur Viehfütterung oder für technische Zwecke bestimmt ist, wird aus ökonomischen Gründen für den menschlichen Genuß je nach Verwendungszweck durch unterschiedliche Denaturierungsmittel, wie Eisenoxid, Eisensulfat, Kohlepulver, Petroleum, Tran usw., untauglich gemacht.

15.2. Essig

Essig wird entweder durch oxydative Gärung alkoholhaltiger Flüssigkeiten (*Gärungsessig*) oder durch Verdünnen von synthetischer hochprozentiger Essigsäure mit Wasser gewonnen (*Speiseessig*). Essig ist — chemisch betrachtet — verdünnte Essigsäure, die in Abhängigkeit vom Ausgangsmaterial mehr oder weniger große Mengen an anderen Stoffen enthält, die u. U. den sensorischen Gesamteindruck maßgebend beeinflussen können. Essig wird meist mit einem Gehalt von 5 bis 15 g Essigsäure in 100 m*l* in den Handel gebracht (in der DDR 10 g/100 m*l*).

15.2.1. Gärungsessig

Nach den eingesetzten Rohstoffen unterscheidet man *Bier-*, *Honig-*, *Malz-*, *Obst-*, *Rosinen-*, *Sprit-* und *Weinessig*, wobei mengenmäßig Sprit- und Weinessig bei weitem überwiegen.

Die aerobe Bildung von Essigsäure aus Ethanol beruht auf einer Dehydrierung des Alkohols sowie des als Intermediärprodukt entstehenden Acetaldehyds bzw. dessen Hydrates durch den Luftsauerstoff, wobei die Enzyme der hierbei eingesetzten Essigbakterien (Dehydrasen, Cytochromoxydasen, Mutasen usw.) als Katalysatoren wirken.

$$CH_3CH_2OH \xrightarrow[-2H]{+O_2} CH_3CHO + H_2O_2$$

$$CH_3CHO + H_2O \rightarrow CH_3CH(OH)_2$$

$$CH_3CH(OH)_2 \xrightarrow[-2\,H]{+O_2} CH_3COOH + H_2O_2$$

Das bei dieser Reaktion entstehende H_2O_2 wird durch Katalase in Wasser und Sauerstoff zerlegt.

Essigbakterien sind zusätzlich in der Lage, den gebildeten Acetaldehyd im Sinne einer CANIZZARO-Reaktion (Disproportionierung zu Essigsäure und Ethanol) umzusetzen. Diese Reaktion hat aber nur untergeordnete Bedeutung.

$$2\,CH_3CHO + H_2O \rightarrow CH_3COOH + CH_3CH_2OH$$

Essigbakterien können aus alkoholhaltigen Flüssigkeiten Essigsäure bis zu einer maximalen Endkonzentration von etwa 15% bilden, wobei dieser Prozeß technisch so gelenkt werden muß, daß ein Restalkoholgehalt von etwa 0,2% verbleibt, um die sogenannte „Überoxydation" (Abbau der Essigsäure zu CO_2 und H_2O) zu vermeiden, die allerdings auch auftreten kann, wenn übermäßig belüftet wird.

$$CH_3COOH + 2\ O_2 \rightarrow 2\ CO_2 + 2\ H_2O$$

Die Essigsäurebildung ist eine stark exotherme Reaktion; 1 *l* Alkohol liefert ~ 8400 kJ (~ 2000 kcal).

Die Herstellung von Gärungsessig erfolgt entweder nach dem moderneren *Submersverfahren* (Acetator) oder dem älteren *Generatorverfahren* (Rundpumpverfahren). Die über Jahrhunderte angewendete Oberflächengärung (Orléans- bzw. PASTEUR-Verfahren) hat heute keine praktische Bedeutung mehr.

Beim Submersverfahren wird die Maische (8 bis 11% Ethanol) mit Essigbakterien beimpft und in geschlossenen Tanks (Nutzinhalt etwa 50 m³) unter ständiger Belüftung bei Temperaturen von 311 bis 314 K (28 bis 31 °C) gehalten. Ist der Alkoholgehalt auf 0,2 bis 0,3% abgesunken, werden automatisch etwa 50% der Füllung ausgestoßen und durch neue Maische ersetzt.

Beim Generatorverfahren wird die Maische wiederholt unter Luftzufuhr (5 bis 10 Tage) über Buchenholzspäne, die mit Essigbakterien besiedelt sind, gepumpt. Die Generatoren haben einen Inhalt von 5 bis 60 m³.

Das Submersverfahren wird heute allgemein bevorzugt (geringerer Platzbedarf, höhere Ausbeute, größerer Durchsatz). Die Endkonzentration an Essigsäure liegt bei beiden Verfahren etwa bei 11 bis 12%. Zur Entfernung von Bakterienzellen und Trübstoffen wird der Essig filtriert; Eisenspuren können durch Kaliumcyanoferrat(II) bzw. Phytin beseitigt werden. Zur Haltbarkeitsverlängerung kann der Essig pasteurisiert (333 bis 338 K = 60 bis 65 °C) bzw. mit Konservierungsmitteln versetzt werden (das zuletzt genannte Verfahren ist in der DDR verboten!).

Essigälchen (etwa 2 mm lang und 0,05 mm dick), die Essig schon während der Produktion befallen können, lassen sich durch Erhitzen bzw. SO_2-Behandlung abtöten und dann leicht abfiltrieren.

Gärungsessig enthält neben Essigsäure stets noch andere Bestandteile, die aus den eingesetzten Roh- und Zusatzstoffen (z. B. Kohlenhydrate, Proteine, Mineralstoffe) stammen sowie sekundär bei der Gärung gebildet werden (Ester, Carbonyle, Alkohole). Diese Verbindungen wirken z. T. als Aroma- und Geschmacksstoffe und können analytisch zur Unterscheidung von Gärungs- und Speiseessig herangezogen werden.

15.2.2. Speiseessig und Essigessenz

Die für die Herstellung von *Speiseessig* (in einigen Ländern auch als Essenzessig bezeichnet) erforderliche Essigsäure wird überwiegend durch katalytische (Mangan(II)-salze) Oxydation von Acetaldehyd, aber auch von n-Butan sowie durch Umsatz von Kohlenmonoxid mit Methanol in Anwesenheit von Cobalt(II)-iodid bei 423 K (150 °C) und unter Druck (2 bis 5 MPa = 20 bis 50 atm) hergestellt und durch Verdünnen mit

Wasser auf den gesetzlich festgelegten Säuregehalt eingestellt.

$$CH_3CHO + {}^1/_2\ O_2 \rightarrow CH_3COOH$$

$$CH_3CH_2CH_2CH_3 + 2{}^1/_2\ O_2 \rightarrow 2\ CH_3COOH + H_2O$$

$$CH_3OH + CO \rightarrow CH_3COOH$$

Essigessenz ist im allgemeinen eine 80%ige reine Essigsäure (in der DDR darf Speiseessigessenz nur 40% Essigsäure enthalten), die wegen ihrer starken Ätzwirkung in Flaschen bestimmter Form, die nur ein langsames Ausgießen zulassen, in den Handel gebracht wird. Durch Verdünnen mit Wasser läßt sich daraus für den Verbraucher Essig mit einem gewünschten Säuregrad herstellen.

16. Bier

16.1. Allgemeines

Bier ist ein gegorenes, auf der Grundlage von gemälztem Getreide, Hopfen, Hefe und Wasser hergestelltes Getränk, wobei Malz teilweise durch Rohfrucht (ungemälztes Getreide) bzw. Zucker ersetzt werden kann. Es enthält neben Ethanol, Wasser und Kohlendioxid unvergorene Extraktstoffe, vor allem Dextrine, Eiweiß-, Farb-, Bitter- und Mineralstoffe sowie Gärungsnebenprodukte.

Der Alkoholgehalt des Bieres ist relativ gering (2 bis 5%). 1 *l* Vollbier hat einen Energiegehalt von ~ 1880 kJ (~ 450 kcal), davon entfällt etwa die Hälfte auf Alkohol. Bier enthält zwar wasserlösliche Vitamine (insbesondere der B-Gruppe), deren Menge — wenn man vom Niacin absieht — ernährungsphysiologisch aber nahezu bedeutungslos ist.

Nach dem 1516 in Bayern erlassenen „Reinheitsgebot" darf Bier nur unter Verwendung von Malz, Hopfen, Hefe und Wasser hergestellt werden. Dieses Reinheitsgebot hat noch heute in einigen Ländern Mitteleuropas Gültigkeit.

16.2. Alkoholische Gärung

Gärungen sind anaerob ablaufende Stoffwechselprozesse, bei denen der während der Glycolyse gebildete Wasserstoff auf verschiedene organische Acceptoren übertragen wird. In Gegenwart von Sauerstoff werden Gärungen zugunsten der Atmung, die unter Bildung von Wasser, Kohlendioxid und wesentlich größerem Energiegewinn abläuft, unterdrückt (Pasteur-Effekt).

Neben der Milchsäuregärung (Wasserstoffacceptor Pyruvat), der Propionsäuregärung (Wasserstoffacceptor Oxalacetat), der Buttersäuregärung (Wasserstoffacceptor Acetacetyl-Coenzym A), der Butan-2,3-diol-Gärung (Wasserstoffacceptor Acetoin) wird besonders die Ethanolgärung durch Saccharomyces-Hefen (Wasserstoffacceptor Acetaldehyd) industriell genutzt. Hierbei liefert Glucose als Hauptprodukte Ethanol und Kohlendioxid.

$$C_6H_{12}O_6 \rightarrow 2\ C_2H_5OH + 2\ CO_2 + 92\ \text{kJ}\ (22\ \text{kcal})$$

Der Abbau der Glucose verläuft bei der Gärung wie bei der Glycolyse nach dem Embden-Meyerhoff-Schema bis zur Brenztraubensäure. In Gegenwart der Hefeenzyme und Abwesenheit von Luftsauerstoff erfolgt daraus die Bildung von Ethanol.

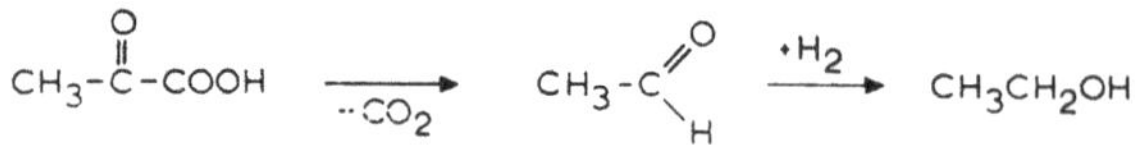

Brenztraubensäure Acetaldehyd Ethanol

Für eine optimal ablaufende alkoholische Gärung sind spezielle Heferassen und bestimmte -mindestmengen ($\sim$ 30 Mio. Zellen/ml), Temperaturen von 298 bis 303 K (25 bis 30 °C) sowie ausreichende Mengen an Nährstoffen, insbesondere auch stickstoff- und phosphorhaltige, Voraussetzung. Die Zuckerkonzentration soll 15% möglichst nicht übersteigen.

Normale Bierhefen vergären bis zu einem Ethanolgehalt von 14 Vol.-%, Spezialhefen sogar bis zu 18 Vol.-%.

Die bei der alkoholischen Gärung gebildeten Nebenprodukte verbleiben teilweise im Endprodukt und beeinflussen maßgeblich dessen Aroma und Geschmack. Teilweise verflüchtigen sie sich aber auch im Verlaufe der Gärung bzw. werden wieder abgebaut. Die wichtigsten Gärungsnebenprodukte sind: Glycerol, Methanol, höhere Alkohole, Diacetyl, Aldehyde, Säuren, Ester und S-haltige Verbindungen.

Glycerol entsteht als das mengenmäßig wichtigste Gärungsnebenprodukt durch Wasserstoffübertragung auf Dihydroxyacetonphosphat und anschließende Phosphatabspaltung.

Methanol wird durch enzymatische Hydrolyse aus den Methoxylgruppen von Pectinen gebildet.

Höhere Alkohole (Fuselalkohole, Fuselöle) entstehen bevorzugt durch Desaminierung, Decarboxylierung und Reduktion aus Aminosäuren, die durch Hydrolyse eiweißhaltiger Nährsubstanzen oder durch Autolyse von Hefezellen gebildet werden. So liefert z. B. Leucin → 3-Methylbutanol, Isoleucin → 2-Methylbutanol, Valin → 2-Methylpropanol usw. Der bei dieser Reaktion freiwerdende Ammoniak wird sofort zu Hefeeiweiß aufgebaut, den Kohlenstoff hierfür liefert der Zucker. Luftsauerstoff und erhöhte Gärtemperaturen fördern infolge verstärkten Eiweißumsatzes u. a. die Bildung von Fuselalkoholen, erhöhter Druck und größere Hefegaben wirken der Bildung entgegen.

Diacetyl entsteht in der Hauptgärphase durch oxydative Decarboxylierung aus dem als Zwischenprodukt der Valinbiosynthese der Hefe gebildeten α-Acetolacetat (3-Oxo-2-hydroxy-2-methylbutansäure). Im Verlauf der Reifung wird das Diacetyl durch spezielle Reduktasen über Acetoin zum Butan-2,3-diol abgebaut. Der Diacetylgehalt wird häufig als Indikator für den Verlauf der Gärung und Reifung von Bier bei der Großtankgärtechnologie benutzt.

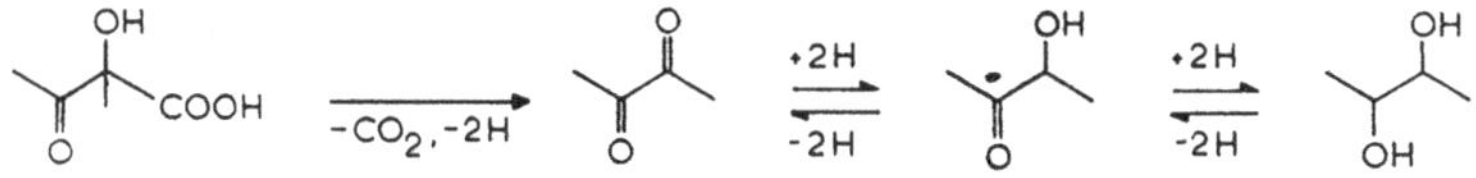

α-Acetolactat Diacetyl Acetoin Butan-2,3-diol

Aldehyde entstehen während der Hauptgärung und sind Träger des Jungbiergeschmackes (Hauptkomponente Acetaldehyd). Der Gehalt nimmt während der Reifungsphase wieder ab.

Brenztrauben- und *Bernsteinsäure* werden als typische Nebenprodukte des EMBDEN-MEYERHOFF-Abbauweges sowie des Glutaminsäurestoffwechsels gebildet.

Ester werden vorwiegend während der Hauptgärung synthetisiert, wobei ihr Gehalt mit der eingesetzten Hefemenge ansteigt.

Schwefelverbindungen entstehen aus schwefelhaltigen Aminosäuren bzw. aus Sulfationen. Verbindungen wie Schwefelwasserstoff, Dimethylsulfid und Thioalkohole können bereits in sehr geringen Mengen negative Geruchs- und Geschmacksveränderungen bewirken. Der Gehalt an flüchtigen Schwefelverbindungen nimmt während der Bierreifung stark ab.

16.3. Rohstoffe zur Bierherstellung

Die Qualität der zur Herstellung von Bier notwendigen Rohstoffe ist maßgebend für die Eigenschaften des Endproduktes.

6.3.1. Gerste

Gerste (*Hordeum vulgare*) ist der Hauptrohstoff für die Bierherstellung, wobei vorrangig zweizeilige Sommergerste Verwendung findet. Sie wird als gemälzte Gerste (Malz) und als Rohfrucht (ungemälztes Getreide) eingesetzt.

An eine gute Braugerste werden folgende Anforderungen gestellt: hoher Stärkegehalt, geringer Eiweißgehalt, hohe Extraktausbeute des daraus hergestellten Malzes (Lösungsvermögen), gute Keimfähigkeit (mindestens 95%), große Keimenergie, hoher Ertrag und große Standfestigkeit sowie Resistenz der Pflanze gegenüber Krankheiten. Lagerfeste Gerste muß weniger als 16% Wasser enthalten.

Für die Herstellung spezieller obergäriger Biere (z. B. Weißbier) wird anstelle von Gerste z. T. Weizen bzw. gemälzter Weizen mit möglichst geringem Eiweißgehalt eingesetzt. Reis findet wegen seines hohen Stärkegehaltes (Extraktausbeute bei Reis etwa 80%, bei Gerstenmalz etwa 75%) und relativ geringen Eiweißgehaltes insbesondere bei der Herstellung von Exportbieren Anwendung. Zur Erhöhung der Extraktausbeute wird im Sudhaus häufig auch Zucker (10 bis 15%) zugesetzt.

16.3.2. Hopfen

Hopfen (*Humulus lupulus* L.) für Brauzwecke sind getrocknete reife Fruchtstände (Zapfen) der weiblichen Hopfenpflanze, die dem Bier beim Brauprozeß bitternde, aromatische, schaumbeeinflussende, eiweißfällende und konservierende Bestandteile zuführen.

Wertbestimmende Inhaltsstoffe des Hopfens sind die *Hopfenharze* (12 bis 22%) — auch Hopfenbitterstoffe genannt —, die im wesentlichen für den Bittergeschmack verantwortlich sind, außerdem Gerbstoffe (2 bis 4%) sowie ätherische Öle (0,3 bis 0,9%).

Die Hopfenharze (etwa 900 Substanzen) lassen sich nach ihrer Löslichkeit einteilen in *Weichharze* (hexanlöslich), bestehend aus den sogenannten α- und β-Säuren sowie deren niedrigeren Oxydationsprodukten, und in *Hartharze* (methanollöslich), die höhere Oxydationsprodukte der α- und β-Säuren sind. Die Grundbestandteile der Bitterstoffe — die α-Säuren (Humulone) und β-Säuren (Lupulone) — werden unterteilt in n-, Co-, Post-, Ad- und Prä-Humulon bzw. -Lupulon.

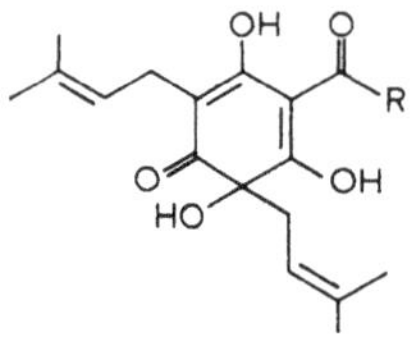

α-Säure
(Humulon)

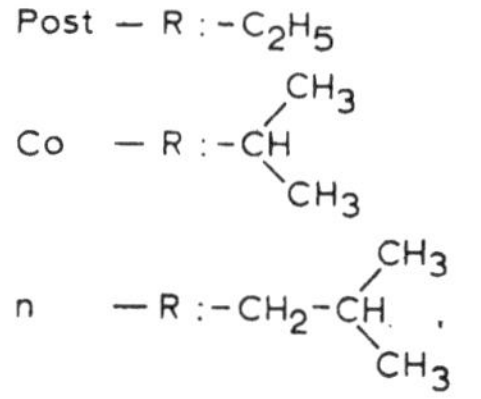

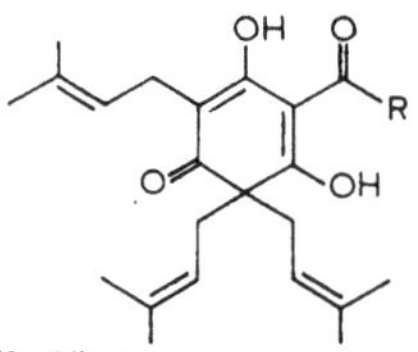

β-Säure
(Lupulon)

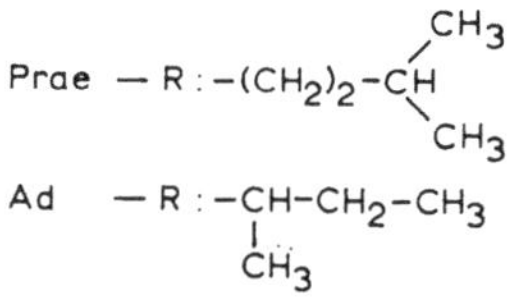

Die im Bier wirksame Bittere wird aber vor allem durch die während des Würzekochens gebildeten Isomerisierungsprodukte der α-Säuren und der Oxydationsprodukte der α- und β-Säuren hervorgerufen, die im Gegensatz zu den α-Säuren wasserlöslich sind.

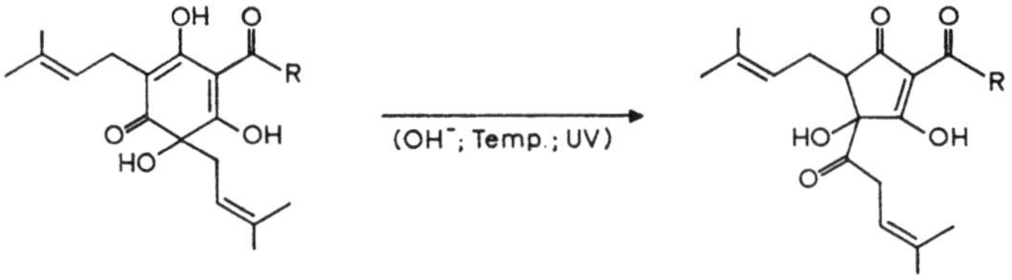

α-Säure Iso-α-Säure

Wegen der z. T. geringen Löslichkeit der Hopfenharze in Wasser gehen etwa nur 25% der Gesamtmenge in das Bier über, während 75% an Hefe, Trub, Treber und Gärdecke adsorbiert werden.

Der Einsatz des Hopfens erfolgt als Doldenhopfen und als Hopfenprodukte, wie Hopfenpulver, Hopfenextrakte und den erst nach der Vergärung zugesetzten Kalthopfungspräparaten.

Hopfengerbstoffe, insbesondere deren Polymerisations- und Oxydationsprodukte (Phlobaphene), verleihen dem Bier eine herbe Bittere, eine dunkle Farbe, verringern die Schaumhaltbarkeit und verstärken die Ausfällung von Eiweißstoffen.

Hopfenöle, die vor allem Terpenkohlenwasserstoffe, wie Humulen und Myrcen sowie deren Oxydationsprodukte, enthalten, beeinflussen Aroma und Geschmack der Biere im allgemeinen nur unwesentlich (Ausnahmen sind spezielle Biersorten, die unter Verwendung hopfenölreicher Rohstoffe hergestellt werden).

16.3.3. *Wasser*

An Brauwasser werden die gleichen Anforderungen gestellt wie an Trinkwasser, wobei insbesondere eine gleichbleibende Zusammensetzung wichtig ist. Typ und Qualität der Biere werden vom Mineralstoffgehalt des Wassers mitbestimmt (Tab. 16.1). Eine Wasseraufbereitung wird speziell bei erhöhten Gehalten an Magnesiumsulfat (Bitterkeit), Mangan- und Eisensalzen (Trübungen, Verfärbungen, Geschmacksveränderungen) sowie an Nitriten und Silicaten (Gärstörungen) erforderlich, wobei Ionenaustauscher erfolgreich eingesetzt werden.

Tabelle 16.1. Wasserzusammensetzung in für die Bierherstellung bekannten Städten

		Pilsen	Dortmund	München
Gesamthärte	(°d)	1,6	39,3	20,3
Carbonathärte	(°d)	1,3	16,2	16,0
Abdampfrückstand	(mg/*l*)	51	984	536
Calciumionen	(mg/*l*)	10	237	109
Magnesiumionen	(mg/*l*)	4	26	21
Carbonationen	(mg/*l*)	—	174	171
Sulfationen	(mg/*l*)	4	318	79
Chloridionen	(mg/*l*)	5	53	36

16.3.4. *Hefe*

In der Brauerei werden als Bierhefe ausschließlich Saccharomyces-Arten verwendet. Nach ihrem Verhalten beim Vergären unterteilt man sie in obergärige (*S. cerevisiae*) und untergärige Hefen (*S. carlsbergensis*).

Obergärige Hefen sind endvergärend (Gärdauer 3 bis 6 Tage bei 283 bis 298 K = 10 bis 25 °C) und steigen nach Beendigung der Hauptgärung weitgehend auf. Sie vergären Raffinose nicht bzw. nur teilweise, da das Enzym Melibiase fehlt. Durch Fremdinfektion tritt häufig Milchsäuregärung ein.

Untergärige Hefen bewirken keine Endvergärung (Gärdauer 6 bis 14 Tage bei 278 bis 282 K = 5 bis 9 °C) und setzen sich nach der Hauptgärung ab; Raffinose wird durch sie vergoren.

Die in Mitteleuropa bevorzugt eingesetzten untergärigen Hefen unterscheiden sich in Gärkraft, Flockungsvermögen und Bildung von Gärungsnebenprodukten, wobei Staubhefen (bleiben länger suspendiert) schneller und höher vergären als Bruchhefen (sinken schneller zu Boden).

Für die Nachgärung einiger englischer Biere (z. B. Porter) werden Spezialhefen (*Dekkera bruxellensia*) wegen der verstärkten Säure- und Esterbildung eingesetzt.

16.3.5. Zusatzstoffe

Die wichtigsten bei der Malz- und Bierherstellung eingesetzten Zusatzstoffe sind Gibberelline, Zuckercouleur, künstliche Süßstoffe, Enzyme sowie Stabilisierungs- und Filtrationshilfsmittel.

Gibberelline sind kompliziert aufgebaute Carbonsäuren. Sie werden mikrobiell gewonnen (*Giberella fujikuroi*) und bei der Malzherstellung als Aktivatoren für die Keimung (~ 50 mg/t Gerste) zugesetzt. Geringe Mengen dieser ubiquitären Verbindungen kommen als endogene Pflanzenhormone bereits in der Gerste vor.

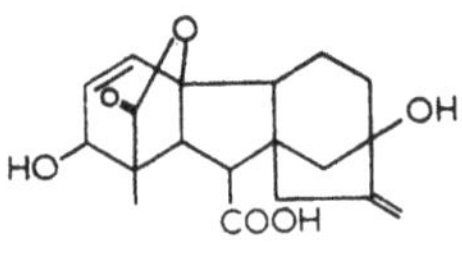

Gibberellin A_3

Zuckercouleur dient zum Färben dunkler Biere.

Künstliche Süßstoffe werden teilweise bei Einfach- und Malzbieren eingesetzt (in der DDR z. B. 8 g Saccharin/hl).

Enzympräparate werden zur Erhöhung der Enzymaktivitäten insbesondere dann eingesetzt, wenn der Rohfruchtanteil über 25% liegt. Anwendung findet z. B. der Enzymkomplex von *Bacillus subtilis* (α-Amylase, β-Glucanase, Protease) und die Glucoamylase von *Aspergillus avamori* zur vollständigen Verzuckerung (Diätbier) oder pflanzliche und mikrobielle Proteasen zur Verbesserung der Kältestabilität („chill proofing“).

Stabilisierungsmittel, die meist nur bei Bieren mit längerer Haltbarkeit (Export- und Spezialbiere) eingesetzt werden, sollen vor allem Eiweißstoffe abbauen (Zusatz von Enzymen), ausfällen (z. B. durch Zusatz von Tannin) oder adsorbieren (durch Zusatz von Bentoniten, Polyamiden usw.). Um oxydativ bedingte Geschmacks- und Farbveränderungen zu verhindern, wird Ascorbinsäure eingesetzt.

Filtrationshilfsmittel sind Asbest, Kieselgur, Perlite usw.

16.4. Bierherstellung

16.4.1. Mälzen

Der Sinn des Mälzens mit den Teilschritten Weichen, Keimen und Darren besteht in der Aktivierung von Enzymsystemen, im teilweisen Abbau von Inhaltsstoffen der Gerste, in der Neubildung erwünschter und dem Entfernen unerwünschter Substanzen und in der Herstellung eines lagerfähigen Malzes.

Beim *Weichen* werden mit der Wasseraufnahme und Belüftung durch Aktivierung zelleigener Enzymsysteme und gleichzeitigem Beginn aktiver Stoffwechselvorgänge (Atmung) günstige Voraussetzungen für die nachfolgende Keimung geschaffen. Die Weichtemperaturen betragen 283 bis 285 K (10 bis 12 °C). Für helle Malze ist eine Weichdauer von 55 bis 75 h (Wassergehalt 42 bis 44%) und für dunkle Malze eine von 90 bis 110 h (Wassergehalt 44 bis 46%) erforderlich.

Die *Keimung* stellt einen Prozeß der intensiven Zellatmung bei ausreichender Belüftung dar. Dabei erfolgt das Wachstum von Blatt- und Wurzelkeimen bis zur gewünschten Keimlänge sowie die Aktivierung und Neubildung von Enzymen, wie α- und β-Amylase, Proteasen, Phosphatasen usw. Gleichzeitig findet ein Abbau polymerer Inhaltsstoffe der Gerste als Voraussetzung für die Atmung des Keimlings statt (Abnahme des Stärkegehaltes von 63 auf 58%; Zunahme des Zuckergehaltes von 2 auf 8%; Abbau von Pentosanen und Hemicellulosen mit Lösen der Zellwände des Mehlkörpers; Abbau des Eiweißes um 10 bis 15%; Verringerung des Fettgehaltes durch die Zellatmung).

Durch Zugabe von Gibberelline-Lösungen können die Keimungsdauer von 7 auf 5 Tage verkürzt sowie die Mengen- und Extraktausbeuten um etwa 1% erhöht werden. Die maximalen Keimungstemperaturen liegen für helle Malze bei 291 K (18 °C), für dunkle Malze bei 298 K (25 °C).

Beim *Darren* werden aus dem bei der Keimung gebildeten Grünmalz durch Wasserentzug bei gleichzeitiger Fixierung der stofflichen Veränderungen lagerfähige Malze hergestellt. Der Wassergehalt wird beim Darren schrittweise auf 1,5 bis 4% gesenkt, wobei bis zu einer Darrtemperatur von 343 K (70 °C) noch enzymatische Reaktionen ablaufen. Durch diesen Prozeß werden Keimungs- und Atmungsvorgänge unterbrochen sowie Farb- und Aromastoffe gebildet.

Typische Darrprodukte sind Melanoidine, Phlobaphene und Maltol (2-Methyl-3-hydroxy-pyron).

16.4.2. Brauen

Der Brauprozeß umfaßt die Arbeitsstufen Maischen, Würzekochen, Gären und Reifen.

Während des *Maischens* (Vermischen von geschrotetem Malz und ggf. von Rohfrucht mit Wasser) werden durch eine gezielte Temperaturführung, die eine optimale Wirkung der Enzyme gewährleistet, möglichst viele Inhaltsstoffe des Malzes in Lösung gebracht. Bei Rohfruchtanteilen über 25% werden der Maische Enzyme zugesetzt, da dann das Enzympotential des Malzes allein nicht genügt, um den gewünschten Stoffabbau zu erreichen.

Verkleisterte Stärke (Verkleisterungstemperatur von Malz- und Gerstenstärke etwa 333 K = 60 °C) wird durch β-Amylase (Temperaturoptimum 333 bis 338 K = 60 bis 65 °C, pH-Optimum 5,0, Denaturierung bei 343 K = 70 °C) vor allem zu Maltose und durch α-Amylase (Temperaturoptimum 345 bis 348 K = 72 bis 75 °C, pH-Optimum 5,6 bis 5,8, Denaturierung bei 353 K = 80 °C) zu den Dextrinen, die nicht vergoren werden und somit den Biertyp mitbestimmen, abgebaut. Hierzu werden verschiedene

Maischverfahren angewendet. Durch schnelles Erhitzen auf Temperaturen von 345 K (72 °C) erhält man Maischen mit hohem Dextringehalt, die für die Herstellung alkoholarmer Biere verwendet werden. Zusätze von Glucoamylase (z. B. bei der Herstellung von Diabetiker-Bier) fördern die Bildung vergärbarer Zucker. β-Glucane (Gummistoffe), als Bestandteile der Zellwände des Gerstenkorns, werden besonders bei Rohfruchteinsatz durch Zusatz von β-Glucanase bei 323 K (50 °C) abgebaut, wobei gleichzeitig eine erwünschte Viskositätsabnahme der Maische zu verzeichnen ist.

Der enzymatische Abbau der Eiweißsubstanzen findet vorwiegend im Temperaturbereich von 318 bis 328 K (45 bis 55 °C) statt. Weiterhin gehen während des Maischens Mineralstoffe (vor allem Phosphate durch Einwirken von Phosphatasen) und Polyphenole in Lösung.

Den Abschluß des Maischens bildet das Abläutern, bei dem die löslichen Substanzen (Extrakt) von den unlöslichen (Treber) abgetrennt werden.

Während des anschließenden *Würzekochens* (etwa 2 h) erfolgt die Zugabe des Hopfens (200 bis 400 g/h*l*). Während dieses Prozesses kommt es zur Vervollständigung der enzymatischen Abbauprozesse und einer anschließenden Denaturierung sämtlicher Enzyme. Die Hopfeninhaltsstoffe werden gelöst und isomerisiert. Durch Bildung von Eiweiß-Gerbstoff-Komplexen (Bruchbildung) werden Eiweißsubstanzen abgeschieden. Außerdem erfolgt eine Zufärbung der Würze durch Melanoidin- und Phlobaphenbildung, die Bildung reduzierender Substanzen (Reductone) sowie eine Säuerung und Sterilisierung der Würze. Durch Verdampfen des Wassers (3 bis 12%) findet eine Konzentrierung statt.

Nach Abtrennen des Hopfentrebers (Ausschlagen der Würze) werden beim Würzekühlen die Vorgänge der Trubbildung weitergeführt und eine intensive Belüftung als Voraussetzung für eine schnelle Gärung erzielt.

Während des *Gärens* und *Reifens* werden durch Einwirken von Hefe die vergärbaren Zucker zu Ethanol und Kohlendioxid abgebaut. Daneben finden noch viele Vorgänge in der Würze statt, wie die Bildung von Gärungsnebenprodukten, die Abnahme der Stickstoffsubstanzen um 20 bis 25% (Ausfällen oder Verbrauch durch Hefe), die Abnahme des Redoxpotentials (rH-Wert) von 20 bis 26 auf 8 bis 12, die sich günstig auf den Geschmack auswirkt, die Abnahme des Bitterstoffgehaltes (Adsorption an Kräusendecke oder an Hefe), die Abnahme des Gerbstoffgehaltes (Bildung von Eiweiß-Gerbstoff-Komplexen), eine Farbaufhellung (Ausfällen verschiedener Inhaltsstoffe) und Bierklärung durch Absetzen von Hefe und anderen Schwebteilchen, die durch geeignete Hilfsstoffe, wie Eichenholzspäne, Tannine, Aktivkohle, Bentonite und Kieselgele, beschleunigt und vervollständigt werden kann.

Während bei den klassischen Verfahren zwischen Hauptgärung (etwa 7 Tage) und Nachgärung oder Reifung (etwa 4 bis 12 Wochen) unterschieden wird, werden bei modernen kontinuierlichen Verfahren sowie in Großraumreaktoren Gärung und Reifung in einem Schritt durchgeführt (Zeitdauer etwa 1 bis 3 Wochen).

Im Gegensatz zur nahezu vollständigen Vergärung bei Einsatz untergäriger Hefen findet bei Verwendung obergäriger Hefen eine unvollständige Vergärung statt, die teilsweise in Fässern oder Flaschen durch Nachgärung weitergeführt wird.

Das ausgereifte Bier wird durch Filtration über Baumwoll-Asbestfilter bzw. Kieselguranschwemmfilter von Schwebstoffen befreit und anschließend abgefüllt.

16.5. Einteilung von Bieren

Biere werden nach der zu ihrer Herstellung verwendeten Hefesorte (ober- und untergärige Biere), nach ihrem Stammwürzegehalt sowie nach ihrem Biertyp eingeteilt.

Tabelle 16.2. Einteilung der Biere nach Stammwürzegehalt

	Stammwürze (%)	Ethanolgehalt (%)
Einfachbier	2–5,5	1 –2
Schankbier	8–9	2,5–3
Vollbier	11–14	3,5–4,5
Starkbier	16	4,5–5,5

Die wichtigsten Typen untergäriger Biere sind:

- *Pilsner Typ*: Helles, stark gehopftes Bier mit haltbarem Schaum, hergestellt unter Verwendung von weichem Brauwasser.
- *Münchener Typ*: Braunes, aromatisches Bier mit geringer Bittere, hergestellt unter Verwendung stickstoffreicher Gerste und Brauwasser mit hoher Carbonathärte.
- *Dortmunder Typ*: Helles, vollmundiges und wenig bitteres Bier, hergestellt unter Verwendung von hartem Brauwasser.
- *Amerikanischer Typ*: Sehr helles, wenig gehopftes, erfrischendes Bier, hergestellt mit hohem Gerstenrohfruchtanteil.

Die bekanntesten obergärigen Biere sind:

- *Stout* (engl.): Dunkles, stark gehopftes Bier, hergestellt unter Zusätzen von Farbmalz, Zucker und Caramelzucker.
- *Porter* (engl.): Leichter Stout.
- *Ale* (engl.): Helles, stark gehopftes Bier, häufig Zusätze von Hopfen (Bitter-Ale), Caramelmalz (Milch-Ale), pflanzlichen Extrakten von Coriander, Kümmel, Ingwer (z. B. Ginger-Ale).
- *Lambic* (belg.): Helles, wenig gehopftes Bier, hergestellt durch wilde Gärung unter Verwendung von 40% Weizenrohfrucht.
- *Weißbier*: Helles, schwach gehopftes, säuerliches Bier, hergestellt aus Gemischen von Gersten- und Weizenmalz durch Vergärung mit Hefen und Milchsäurebakterien.

Alkoholfreie Biere sind Erzeugnisse, deren Alkoholgehalt unter 0,5% liegt.

Fremdländische Biere sind das ostasiatische *Sake-Bier*, hergestellt aus geschältem Reis durch Schimmelpilzgärung sowie das afrikanische *Hirsebier*.

Tabelle 16.3. Zusammensetzung von Vollbier

Wasser	90 –92%			
Ethanol	3,5 –4,5%			
Kohlendioxid	0,35–0,45%			
Extrakt	4 –5%	davon:	Kohlenhydrate	75 –80%
			Eiweiße	6 – 9%
			Glycerol	5 – 7%
			Mineralstoffe	3 – 4%
			Farb-, Gerb-, Bitterstoffe	2 – 3%
			org. Säuren u. sonstige Stoffe	0,7–1%

Tabelle 16.4. Menge der Gärungsnebenprodukte in Vollbier

Glycerol	2– 3 g/l
Höhere Alkohole	60–100 mg/l
Ester	40– 60 mg/l
Aldehyde	3– 6 mg/l
Diacetyl	< 0,2 mg/l
S-haltige Verbindungen	< 50 µg/l

16.6. Bierfehler

Die Bierfehler können nach ihrer Wirkung in *Geschmacksfehler,* hervorgerufen durch schlechte Rohstoffqualität und Fremdgärungen, und in *Trübungsfehler,* verursacht durch Störungen des kolloidchemischen Gleichgewichtes oder Infektionen durch fremde Mikroorganismen, eingeteilt werden.

Geschmacksfehler: Brotgeschmack bei pasteurisiertem Bier; Parfümgeschmack bei schlechter Hopfenqualität und wilden Hefen; Pechgeschmack bei unsachgemäßem Pichen der Fässer oder schlechter Pechqualität; rauchbitterer Geschmack bei schlechter Trubabscheidung; bitterer Geschmack bei geringwertigem Hopfen sowie Hopfenüberdosierung; saurer Geschmack bei Milchsäuregärung; Hefegeschmack durch Bildung von Hefezersetzungsprodukten bei träger Gärung; schaler Geschmack bei geringem Kohlendioxidgehalt; Lichtgeschmack durch Bildung von Schwefelverbindungen aus Bitterstoffabbauprodukten.

Trübungsfehler: Trübungen durch Milchsäurebakterien oder wilde Hefen; Dauer- bzw. Kältetrübungen durch Bildung von Eiweiß-Gerbstoff-Komplexe; Metall-Eiweiß-Trübungen, insbesondere bei Anwesenheit von Eisen-, Kupfer- und Zinnionen; Kleister-Trübungen bei unvollständigem Stärkeabbau; Oxalat-Trübungen bei Verwendung von calciumreichem Brauwasser.

17. Wein

17.1. Allgemeines

Wein ist das durch alkoholische Gärung aus dem Saft der frischen Weintrauben hergestellte Getränk.

Zur Weinbereitung werden in Europa nur die Trauben des *edlen Weinstocks* (*Vitis vinifera* L.) herangezogen. Der Anbau von *Hybriden* (Direktträger, durch Kreuzungen zwischen Europäer- und Amerikanerreben gezüchtet) ist in den meisten Ländern verboten, weil sie Weine minderer Qualität (Fuchsgeschmack) liefern und eine ungenügende Widerstandsfähigkeit gegen bestimmte Schädlinge zeigen. Die *neueren Hybriden* (erhalten durch weitere Einkreuzung von Kultursorten) sollen diese Nachteile nicht mehr aufweisen. Neuerdings werden auch *amerikanische Arten* (*V. rupestris*, *V. riparia*, *V. berlandieri*) sowie Kreuzungen daraus in Europa in Kultur gehalten.

Traubensorten für Weißweine sind z. B. Riesling, Silvaner, Müller-Thurgau (Kreuzung Riesling × Silvaner), Traminer, Ruländer, Muskateller, Weißer Burgunder, Weißer Gutedel, Gelber Furmint, Semillon, Sauvignon und Veltliner.

Traubensorten für Rotweine sind z. B. Blauer Spätburgunder (Pinot noir), Bordeauxsorten (bestehen aus den im gemischten Satz angebauten drei Traubensorten Cabernet-Sauvignon, Cabernet-franc und Merlot), Gamay, Müllerrebe, Portugieser, Trollinger, Blauer Aramon, Mavrud und Gamza.

Zum unmittelbaren Verzehr als *Eß-* bzw. *Tafeltrauben* sind besonders großbeerige süße Sorten geeignet, wie z. B. Perle von Czaba, Frühe Malinger und Blaues Ochsenauge.

Für die Gewinnung von *Rosinen* werden Sorten, wie z. B. Schwarze und Weiße Korinthe, Schwarzer und Gelber Muskateller und Sultania, herangezogen.

In Europa werden etwa 90% der geernteten Trauben zu Wein verarbeitet, in Amerika etwa 65% und in Asien nur etwa 6%. Der Rest wird als Tafeltrauben verzehrt, oder es werden daraus Traubensaft bzw. -konzentrat oder Rosinen gewonnen (Zahlenangaben über Weinerzeugung s. Tab. 27.19).

Die wichtigsten *Weinerzeugungsländer* sind Italien, Frankreich, Spanien, UdSSR, Argentinien, Portugal, USA und BRD. Tafeltrauben liefern hauptsächlich Italien, UdSSR, Türkei, Spanien und USA (zusammen über 50% der Weltproduktion). Rosinen werden überwiegend in den USA (Kalifornien), der Türkei und Griechenland hergestellt (zusammen über 70% der Weltproduktion).

17.2. Weinbereitung

17.2.1. *Lese und Mostgewinnung*

Die Trauben werden mit der Traubenschere zu einem bestimmten, gesetzlich festgelegten Zeitpunkt (Vorlese, Hauptlese, Spätlese, Traubenauslese, Beerenauslese) vom Stock abgetrennt und zunächst maschinell durch Entrappen (Abbeeren) meist von den Traubenkämmen (Rappen) befreit. Anschließend werden die Beeren in Traubenmühlen (Zylinder- oder Flügelwalzenmühlen) durch Anreißen geöffnet und ausgequetscht, ohne daß die Beerenkerne (unerwünschte Bitterstoffe!) zerrieben werden. Aus der dabei erhaltenen Maische läßt sich etwa 1/3 des Mostes direkt abtrennen (Vorentsaftung), der Rest wird abgepreßt (keltern); zurück bleiben die festen Maischebestandteile (Trester). Die Mostausbeute liegt bei 65 bis 80%. Die Trester vom Most für die Weißweingewinnung werden teilweise nach Zusatz von Wasser und Zucker zur Herstellung von Tresterwein (Haustrunk) verwendet oder ergeben mit Erde vermischt nach Kompostierung einen wertvollen Weinbergdünger.

Das Mostgewicht (Dichte), ausgedrückt in °Öchsle (°Oe) — wobei 10 °Oe = 1,010, 20 °Oe = 1,020 usw. sind — liegt meist zwischen 50 und 110° Oe.

Der Most enthält als Hauptbestandteile 70 bis 85% Wasser und an Kohlenhydraten 10 bis 25% Monosaccharide, die neben Spuren (2 g/*l*) von unvergärbaren Pentosen (Arabinose, Rhamnose und Xylose) aus einem Gemisch von Glucose und Fructose bestehen (im Most ausgereifter Beeren annähernd zu gleichen Teilen, bei unreifen Beeren überwiegt Glucose und bei überreifen Fructose). Saccharose ist praktisch nicht vorhanden. Pectine kommen zwar nur in geringen Mengen (etwa 1 g/*l*) vor, wirken aber viskositätserhöhend sowie stabilisierend auf Trübstoffe und erschweren dadurch bei der Herstellung von blank filtriertem Traubensaft (Süßmost) die Filtration, wenn sie nicht enzymatisch durch sogenannte Filtrationsenzyme abgebaut werden. Für die Weinbereitung erübrigt sich eine Entfernung der Pectine, da sie durch den während der Gärung entstehenden Alkohol weitgehend ausgefällt werden. Glucitol ist im Traubensaft nur in Spuren (bis 0,02 g/*l*) vorhanden, in Kernobstsäften dagegen in relativ großen Mengen (bis 60 g/*l*). Durch eine quantitative Erfassung des Glucitols ist eine Verfälschung von Wein mit Obstwein nachweibar.

Hauptvertreter der *Säuren* im Most sind Äpfelsäure (3 bis 5 g/*l*, bei unreifen Trauben bis 25 g/*l*) und Weinsäure (2 bis 8 g/*l*, bei unreifen Trauben bis 10 g/*l*). Der pH-Wert von Most liegt bei 2,8 bis 3,2.

An *N-haltigen Verbindungen* (Gesamtstickstoff 0,3 bis 1,4 g/*l*) kommen Eiweiß bzw. dessen Abbauprodukte, geringe Mengen an Aminen sowie anorganische N-Verbindungen (Ammoniumsalze, Nitrate usw.) vor, die insgesamt den Hefen bei der Weinbereitung als Nährstoff dienen (etwa 75% der N-Verbindungen werden von der Hefe verbraucht) und die z. T. auch entscheidend an der Aroma- und Geschmacksbildung beteiligt sind. Außerdem enthält der Most verschiedene Enzyme, von denen Oxydasen insofern von besonderer Bedeutung sind, als sie unerwünschte Dunkelfärbungen des Mostes und der Weine bedingen können.

Von *polyphenolischen Substanzen* sind geringe Mengen an Phenolcarbonsäuren (z. B. Gallus-, Ellag-, p-Cumar- und Kaffeesäure), die sogenannten Önotannine

(Sammelbegriff für die in Weinbeeren vorhandenen Gerbstoffe) und weiter verschiedene Flavonoide, die an der Farbgebung beteiligt sind, nachgewiesen worden. Die Gerbstoffe kommen nur in den Kämmen (~ 4%), Hülsen (~ 1,5%) und Kernen (~ 6%) vor und finden sich später in Weißweinen in Mengen von 0,2 bis 0,5 g/*l*, in Rotwein hingegen infolge der Maischevergärung (s. II; 17.2.2.) in Mengen von 1 bis 2,5 g/*l*. Die Gerbstoffe geben mit Eiweiß wasser- und alkoholunlösliche Niederschläge und sind dadurch an der Selbstklärung der Weine (besonders bei Rotweinen) beteiligt.

Der *Farbstoffgehalt* des Mostes ist — abgesehen von der Traubensorte — vom Reifegrad der Beeren abhängig. In unreifen Beeren überwiegen die Chlorophylle. Mit zunehmender Reife erhöht sich die Menge an orange und gelben (z. B. Caroten, Xanthophyll, Quercetin und Quercitrin) sowie an roten bzw. blauen (Anthocyane) Farbstoffen. Der Saft roter bzw. blauer Trauben ist (abgesehen von der sogenannten Färbertraube und einigen Hybriden) dennoch nur schwach und nicht intensiv rot bzw. blau gefärbt, da die entsprechenden für Rotwein typischen Farbstoffe in der Schale lokalisiert sind. Aus derartigen schwach gefärbten Mosten können die sogenannten *Schillerweine* (Roséweine) hergestellt werden. Meist werden aber Schillerweine durch Keltern eines Gemisches von angegorenen blauen und weißen Trauben gewonnen. Um für die Herstellung von Rotwein die Farbstoffe aus den Schalen herauszulösen, müssen die entsprechenden Maischen angegoren bzw. erhitzt (etwa 323 K = 50 °C) oder mit Enzympräparaten behandelt werden. Die typischen Rotweinfarbstoffe sind das Önin (ein Malvidinglycosid) sowie weitere Glycoside von Cyanidin, Delphinidin, Päonidin und Petunidin.

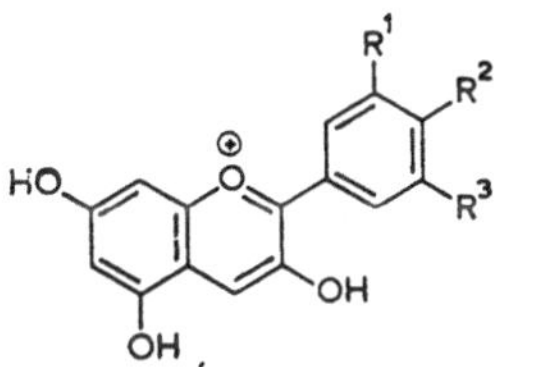

	R^1	R^2	R^3
Malvidin	$-OCH_3$	$-OH$	$-OCH_3$
Cyanidin	$-OH$	$-OH$	$-H$
Delphinidin	$-OH$	$-OH$	$-OH$
Päonidin	$-H$	$-OH$	$-OCH_3$
Petunidin	$-OCH_3$	$-OH$	$-OH$

Die Polyphenole der Weinbeeren können unter Sauerstoffeinfluß enzymatisch zu dunkel gefärbten Verbindungen oxydiert werden (Braunwerden der Moste bzw. Weine bei längerem Stehenlassen an der Luft); durch Zusatz von Reduktionsmitteln (üblich ist der Zusatz von schwefliger Säure bzw. schwefligsauren Salzen) wird das aber weitgehend verhindert. Außerdem wird durch die Schwefelung der raschen Entwicklung unerwünschter Mikroorganismen (wilde Hefen, Schimmelpilze, säureabbauende Bakterien, Essigbakterien usw.) entgegengewirkt.

Aroma und *Geschmack* des Mostes (Traubenbukett) sind sorten- und lagenabhängig und werden in erster Linie durch Aldehyde, Alkohole, Ester, Ketone, Lactone, Terpene sowie bestimmte N- bzw. S-haltige Verbindungen und Säuren bestimmt.

Mineralstoffe sind im Most in Mengen von 3 bis 5 g/*l*, im Wein infolge Aufnahme durch die Hefe und Ausfällen von Calciumcitrat und Weinstein nur noch in Konzentrationen von 1,5 bis 2,5 g/*l* vorhanden.

Lipide (überwiegend Wachse der Schalenoberfläche) treten nur in Spuren (unter 1 g/*l*) auf. Die Traubenkerne enthalten etwa 15% Fett, dessen Fettsäurezusammensetzung der des Mohnöls ähnelt.

Der *Vitamingehalt* des Mostes und auch des Weines ist ernährungsphysiologisch — im Gegensatz zu dem vieler anderer Fruchtsäfte — bedeutungslos.

17.2.2. Weingärung

Für die Herstellung von *Weißwein* wird der Most vorgeklärt (Absetzenlassen der Trübstoffe bzw. Einsatz von Separatoren). Nach evtl. Korrektur des Zucker- bzw. Säuregehaltes (z. B. Mostverschnitt, Zuckerzusatz, Entsäuerung mit Calciumcarbonat) und Schwefelung (s. II; 17.2.3.) wird dann der vorgeklärte Most unter Luftabschluß meist einer spontanen Gärung durch die Weinhefen (bodenabhängige Rassen von *Saccharomyces cerevisiae var. ellipsoideus*), u. U. aber auch nach Pasteurisieren einer gelenkten Gärung mit Reinzuchthefen, unterworfen.

Bei der Herstellung von *Rotwein* erfolgt zunächst eine Vergärung der Maische (meist 5 bis 7 Tage) zur Herauslösung des roten Farbstoffes. Danach wird „abgewirzt" (Wirzwein) sowie abgepreßt (Preßwein) und der angegorene Most separat zu Ende vergoren. Bei vorheriger Hitzebehandlung der Maische bzw. dem Einsatz von Enzympräparaten kann die Vergärung auf der Maische umgangen werden, da durch diese Verfahrensweisen der Farbstoff ebenfalls in genügendem Umfange herausgelöst wird. Die Rotweintrester können zu *Tresterbranntwein* (reich an Fusel- und Weinöl, damit sehr intensiver Geruch und Geschmack) und Weinstein aufgearbeitet werden.

Bei der alkoholischen Gärung werden die vorhandenen Hexosen Glucose und Fructose zu Ethanol und Kohlendioxid umgesetzt. Hierbei liefern 100 g dieser Zucker bei restloser Vergärung theoretisch 51 g Ethanol und 49 g Kohlendioxid. Praktisch liegt die Alkoholausbeute aber nur bei etwa 47 g, da die Hefe einen Teil der Kohlenhydrate zum Aufbau eigener Körpersubstanz verbraucht und gewisse Ethanolverluste bei der Gärung nicht vermeidbar sind.

Bei der Vergärung von zuckerreichen Mosten (vor allem Spätlesen und Auslesen) verbleibt eine natürliche Restsüße, da die normalen Hefen bei etwa 16 Vol-% Ethanol ihre Tätigkeit einstellen. Da Fructose langsamer als Glucose vergoren wird, kann das Verhältnis Fructose zu Glucose bis zu 6:1 betragen. Weine mit Restsüße können aber auch in der Weise hergestellt werden, daß normal durchgegorener und ausgebauter Wein kurz vor dem Abfüllen mit 5 bis 10% solchen Weines gemischt wird, der kurz nach Beginn der Gärung bereits entkeimt wurde und somit neben geringen Mengen Ethanol noch relativ große Mengen Zucker (Süßreserve) enthält. Hierbei liegen Fructose und Glucose nahezu im Verhältnis von 1:1 vor. Weine mit Restsüße müssen konserviert werden (meist mit schwefliger Säure, teilweise auch zusätzlich mit Sorbinsäure in Mengen bis zu 250 mg/*l*).

Ethanol entsteht bei der Vergärung von Traubenmost in Abhängigkeit von Sorte, Zuckergehalt und Vergärungsgrad etwa in Mengen von 60 bis 120 g/*l*. *Methanol* (gebildet aus Pectinen) tritt dagegen nur in Spuren (0,05 bis 0,2 g/*l*) auf. Als typische *Gärungsnebenprodukte* entstehen aus Zucker *Glycerol* (5 bis 10 g/*l*), sekundär aus Diacetyl *Butan-2,3-diol* (0,2 bis 0,6 g/*l*) und aus Aminosäuren *höhere* (*Fusel-*) *Alkohole* (0,1 bis 0,3 g/*l*), von denen über 95% auf Propan-, Butan- und Pentanole entfallen.

Die Fuselalkohole sind auf Grund ihrer Unverträglichkeit primär an den Folgen eines zu reichlichen Weingenusses beteiligt. Weiterhin entstehen Bernsteinsäure (0,5 bis 1 g/l) und flüchtige Säuren (0,3 bis 0,8 g/l berechnet als Essigsäure), deren Hauptvertreter Essigsäure neben geringen Mengen an Propion- und Buttersäure sind. Am Gärungsbukett sind außer den genannten Verbindungen hauptsächlich Ester beteiligt.

Unter dem Begriff „*Extrakt*" versteht man die Summe aller Stoffe, die im Wein gelöst sind und bei einer Destillation von Wein zurückbleiben. Dies sind vor allem Kohlenhydrate, nicht-flüchtige Säuren, Glycerol, höhere Alkohole, Stickstoffverbindungen, Gerb-, Farb- und Mineralstoffe. Der zuckerfreie Extraktgehalt liegt meist zwischen 20 und 30 g/l.

17.2.3. Weinbehandlung

Die Weinbehandlung (Kellerbehandlung) umfaßt die Bearbeitung vom Ende der Hauptgärung bis zur Flaschenreife der Weine und bezweckt die Ausbildung eines bestimmten Weincharakters sowie die Haltbarmachung und Stabilisierung der Weine.

Abstechen

Während der Gärung scheiden sich durch die Erhöhung der Alkoholkonzentration Eiweißstoffe, Pectine, Gerbstoffe, Kaliumhydrogentartrat (Weinstein) und Calciumtartrat gemeinsam mit Hefezellen und anderen Trübstoffen ab (Bodengeläger, Hefetrub). Jetzt muß der Jungwein abgezogen (1. Abstich) werden, da es anderenfalls zu unerwünschten geruchlichen und geschmacklichen Veränderungen (Hefeböckser) kommen kann. Der 2. Abstich erfolgt meist 6 bis 8 Wochen später.

Der Hefetrub enthält noch etwa 50% Wein, der weitgehend durch Filtration bzw. vorsichtiges Abpressen gewonnen werden kann (Hefepreßwein), aber einen unreinen Geschmack aufweist. Hefebranntwein ist das durch entsprechende Destillation von Hefetrub gewonnene Produkt, das etwa die doppelte Menge Fuselöl ($\sim$ 0,7%, bezogen auf Ethanol) enthält wie echter Weinbrand. Bei der weiteren Destillation von Hefetrub geht das überwiegend aus Carbonsäureestern bestehende Weinöl (Önanthether) über, das für die Herstellung von Weinbrandessenzen verwendet wird (Ausbeute, bezogen auf Hefe, etwa 40%). Aus dem Destillationsrückstand (Hefeschlempe) kann Weinstein, der weiter zu Weinsäure aufgearbeitet wird, auskristallisiert werden.

Neben dem o. g. chemischen Säureabbau (Ausfallen von Tartraten) findet nach Abschluß der alkoholischen Gärung auch ein biologischer Säureabbau — vorwiegend durch *Bacterium gracile, B. intermedium, B. mannitopoeum* und *Micrococcus acidovorax* — statt, wobei die Äpfelsäure teilweise zu Milchsäure und Kohlendioxid umgesetzt wird. Beide Prozesse bedingen einen Rückgang im Gehalt titrierbarer Säure. Bei säurereichen Weinen wirkt sich der Säureabbau in der Regel geschmacklich qualitätserhöhend (harmonischere Note) aus; bei säurearmen Weinen hingegen kann der Säuregehalt u. U. soweit reduziert werden, daß die Weine leicht verderben.

Das Bukett eines ausgebauten Weines setzt sich aus den Aroma- und Geschmacksstoffen zusammen, die vom Traubensaft stammen (Sorten- und Lagebukett), bei der Gärung entstehen (Gärungsbukett) und im Verlauf der Weinbehandlung sowie Lagerung durch Oxydation, Veresterung, Ab- und Umbau verschiedener Inhaltsstoffe usw. gebildet werden (Lagerungsbukett). Bisher hat man bereits über 200 Aromastoffe in Wein nachgewiesen.

Schwefeln

Eine der wichtigsten kellereitechnischen Maßnahmen ist das Schwefeln, das in erster Linie der Gesunderhaltung der Weine, d. h. dem Schutz gegen unerwünschte Mikroorganismen und Verfärbungen dient. Außerdem bindet die schweflige Säure den bei der Gärung entstehenden Acetaldehyd und fördert die Ausbildung von Bukettstoffen. Die zugesetzte schweflige Säure beeinflußt entscheidend das Redoxpotential; sie senkt den rH-Wert. Frisch gepreßte ungeschwefelte Moste haben meist rH-Werte von etwa 22. Durch die Gärung (Sauerstoffverbrauch) fällt der rH-Wert auf etwa 17, steigt dann am Ende der Gärung infolge Abgabe oxydierend wirkender Stoffe der sich absetzenden Hefe schwach an, um beim nachfolgenden biologischen Säureabbau wieder geringfügig abzunehmen. Bei der weiteren Weinbehandlung würde sich — falls keine schweflige Säure zugesetzt wird — der rH-Wert stetig erhöhen (insbesondere nach dem erneuten Zutritt von Luftsauerstoff bei den Abstichen usw.). Das hätte zur Folge, daß der Wein hochfarbig (braungelb bei Weißwein, braunrot bei Rotwein), rahn, firnig und schließlich genußuntauglich wird. Um dies zu verhindern, wird meist bei den Abstichen und bei der Abfüllung erneut schweflige Säure zugesetzt. Die optimalen rH-Werte sind für die einzelnen Weintypen verschieden. Deutsche Weine sollten etwa rH-Werte zwischen 17 und 19 aufweisen. Die Schwefelung erfolgt entweder durch Verbrennen von Schwefelschnitten (schlecht dosierbar), durch Zusatz von 5 bis 6%iger wäßriger schwefliger Säure, durch verflüssigtes Schwefeldioxid oder direkten Einsatz von schwefligsauren Salzen wie Kaliumpyrosulfit (Kaliummetabisulfit). Die eingesetzte schweflige Säure wird partiell zu Sulfat oxydiert, ein Teil reagiert mit Acetaldehyd und anderen Carbonylverbindungen (in geringem Umfange entsteht glucoseschweflige Säure); nur ein geringer Teil liegt im Endprodukt als freie Säure vor.

Völlig durchgegorene Weiß- und Rotweine sollten vor der Abfüllung 20 bis 25 mg/*l* freie schweflige Säure enthalten, Weine mit Restsüße 25 bis 35 mg/*l*. Auf Grund der Unverträglichkeit größerer Mengen an schwefliger Säure für den Menschen ist deren Gehalt in Wein im allgemeinen limitiert (in der DDR z. B. mit 50 mg/*l* freier und 300 mg/*l* gesamtschwefliger Säure).

Versuche, die schweflige Säure durch ein anderes Reduktionsmittel wie z. B. die gesundheitlich unbedenkliche Ascorbinsäure abzulösen, haben gezeigt, daß dies für die Weinbehandlung nicht möglich ist. Ascorbinsäure kann zwar durch Abfangen des Luftsauerstoffes nichtenzymatische Oxydationsvorgänge inhibieren (sie wird zu diesem Zweck in einigen Ländern bis zu 150 mg/*l* zugesetzt), wirkt aber nicht keimhemmend. Außerdem vermag Ascorbinsäure weder enzymatische Reaktionen zu unterbinden noch Acetaldehyd abzufangen.

Klären, Stabilisieren und Abfüllen

Da die Selbstklärung des Weines nur sehr langsam und auch nur unvollkommen abläuft, werden zur Klärung und teilweise auch zur Entfernung unerwünschter Farb-, Aroma- und Geschmacksstoffe die Weine „geschönt" und filtriert bzw. zentrifugiert.

Von den *Schönungsverfahren* (Klärung unter Zusatz bestimmter Stoffe) spielt in der Praxis die *Blauschönung* nach MÖSLINGER mit Kaliumhexacyanoferrat(II) eine große Rolle. Durch dieses Verfahren werden bestimmte, Trübungen verursachende Metallionen (insbesondere Eisen, aber auch Kupfer, Zink und Zinn) ausgefällt und gleichzeitig Eiweißtrübungen beseitigt. Das Kaliumhexacyanoferrat(II) setzt sich dabei mit den vorhandenen Eisenionen zunächst zu löslichem Berlinerblau um, das dann allmählich in unlösliches Berlinerblau übergeht.

$$K_4Fe(CN)_6 + FePO_4 \rightarrow KFe[Fe(CN)_6] + K_3PO_4$$

$$3\,KFe[Fe(CN)_6] + FePO_4 \rightarrow Fe_4[Fe(CN)_6]_3 + K_3PO_4$$

Überschönung, d. h. Überschuß an Kaliumhexacyanoferrat(II), muß wegen der Bildung von Blausäure unbedingt vermieden werden (analytische Kontrolle ist erforderlich!). Der nach der Blauschönung anfallende Trub muß verworfen werden. Zur Entfernung von Eisenionen (nicht aber von Kupfer, Zink und Zinn) werden teilweise auch Salze der Phytinsäure („Aferrin") eingesetzt.

Die häufig angewendete *Gelatineschönung* (5 bis 25 g/h*l*) beruht darauf, daß die im Wein aufgelöste positiv geladene Gelatine mit den dort vorhandenen negativ geladenen Gerbstoffen unter Ausflockung reagiert und dabei andere Trübstoffe mitreißt. Dieses Verfahren wird bei Rot- und Obstweinen sowie bei gerbstoffreichen Weißweinen angewendet. Bei gerbstoffarmen Weinen werden vor der Gelatinezugabe Gerbstoffe (Tannin) zugesetzt (*Tannin-Gelatineschönung*); teilweise wird statt Tannin auch Kieselsol verwendet. Weitere Schönungsmittel sind *Bentonite* (bestimmte Montmorillonit-Erden), die in Mengen von 20 bis 150 g/h*l* eingesetzt werden, *Hausenblase* (0,5 bis 3 g/h*l*), *Eiereiweiß* (10 bis 20 g/h*l*), *Agar-Agar* (15 bis 25 g/h*l*) und *Aktivkohle* (10 bis 100 g/h*l*). Durch die teilweise bei einfachen Konsumweinen mit geringer Reifezeit geübte Hoch-Kurzzeiterhitzung (20 bis 40 s, 343 bis 363 K = 70 bis 90 °C)

Tabelle 17.1. Zusammensetzung von Traubenmost und durchgegorenem Wein (g/*l*)

	Most	Wein
Wasser	700 –850	820 –930
Ethanol	–	60 –120
Methanol	–	0,05– 0,2
höhere Alkohole	–	0,1 – 0,3
Glycerol	–	5 – 10
Gesamtstickstoff	0,3– 1,3	0,1 – 0,8
Säuren	6 – 20	4 – 9
Zucker (vergärbar)	100 –250	0 – 4
Gerbstoffe	–	0,2 – 0,5 (Weißwein)
		1 – 2,5 (Rotwein)
Mineralstoffe	3 – 5	1,5 – 2,5
Extrakt	110 –260	20 – 35

in Kombination mit einer nachgeschalteten Kältebehandlung (269 K = −4 °C, 4 bis 6 Tage) können bei gleichzeitiger Abtötung von Mikroorganismen bestimmte hitze- und kältelabile Verbindungen (wie Eiweiß bzw. Weinstein) ausgeschieden werden.

Bei der Filtration (Anschwemm- oder Schichtenfilter bzw. Entkeimungsfiltration) dient neben Kieselgur überwiegend Asbest als Filtermaterial.

Nach Klärung und Stabilisierung wird der Wein auf Flaschen abgefüllt und mit Naturkorken oder den in ständig steigendem Umfange verwendeten Polyethylenstopfen verschlossen.

Die modernen Schönungs-, Stabilisierungs- und Filtrationstechniken ermöglichen es, und haben dazu geführt, daß insbesondere die Massenweine heute wesentlich schneller und damit ökonomischer als früher zur Flaschenreife kommen und daher — auch z. T. der Wandlung des Verbrauchergeschmackes Rechnung tragend — überwiegend junge, spritzige und frische Weine angeboten und konsumiert werden.

Standardmarkenweine sind Verschnittweine, die unter ausschließlicher Verwendung von Wein und Dosagewein (Lösung von mindestens 600 g Saccharose in 1 l Wein) oder von Wein und unvergorenem Traubensaft bzw. -konzentrat hergestellt werden.

Perlwein ist ein Wein, der einen durch Kohlendioxid bedingten Überdruck von 0,1 bis 0,25 MPa (1 bis 2,5 atm) aufweisen und beim Eingießen im Glas deutlich schäumen und nachperlen muß. Er wird überwiegend durch Imprägnieren von sehr leichtem Wein mit Kohlendioxid hergestellt und darf nicht in Sektflaschen abgefüllt werden.

17.3. Dessertweine

Dessertweine (teilweise auch als Süd-, Süß- oder Likörweine bezeichnet) sind Weine, die aus besonders zuckerreichen Traubensäften oder eingeengten Traubensäften als Ausgangsmaterial unter Mitverwendung von Weinen, Weindestillaten oder Alkohol nach speziellen Verfahren hergestellt werden. Dessertweine haben meist einen relativ hohen Alkohol- und Zuckergehalt. Sie zeichnen sich durch einen spezifischen Geruch und Geschmack aus.

Nach Art der Herstellung wird unterschieden zwischen natürlichen, konzentrierten, gespriteten (avinierten) und zusammengestellten Dessertweinen, Mistellen und Rosinenweinen.

Für die Herstellung von *natürlichen Dessertweinen* werden geeignete Trauben einer sehr späten Auslese (evtl. edelfaul bzw. nachgetrocknet) verwendet. Typische Vertreter sind der Sherry, Tokay Szamorodni und Goldmalaga.

Bei *konzentrierten Dessertweinen* geht man entweder von eingeengten Traubensäften oder von trockenbeerenreichen Trauben bzw. getrockneten Beeren aus, die mit Traubensaft oder Wein ausgezogen werden. Die sehr zuckerreichen Moste (bis 350 g/l) vergären nur sehr langsam (z. B. Tokayer Ausbruchweine).

Für *gespritete Dessertweine* sind zuckerreiche Traubenmoste bzw. Moste aus Trockenbeeren oder getrockneten Beeren und Traubensaftkonzentrate das Ausgangsmaterial. Nach oder zur Beendigung der Gärung wird Alkohol oder Weindestillat zugegeben (z. B. Portwein und Madeira).

Zusammengestellte Dessertweine werden durch Vermischen von Weinen mit Traubensäften bzw. konzentrierten Traubensäften, Zucker und Alkohol hergestellt.

Mistellen sind zuckerreiche Traubensäfte, die — ohne eine Gärung durchgemacht zu haben — mit Ethanol „stummgemacht" werden, wie z. B. Samoswein.

Rosinenwein wird aus Rosinen, die mit Wasser oder Wein ausgezogen werden, hergestellt, wobei meist während der Gärung (mit Reinzuchthefe) ein Zusatz von Zucker und Alkohol erfolgt.

Tabelle 17.2. Richtwerte für die Zusammensetzung von Dessertweinen (g/l)

Ethanol	120—180	Gesamtsäure	3 —8
Zucker	60—220	Glycerol	2,5—10
Extrakt (zuckerfrei)	15— 30	Asche	2 —5

Von Ausnahmen abgesehen zeigen Dessertweine die in Tab. 17.2 wiedergegebene Zusammensetzung.

17.4. Sekt

Sekt (Schaumwein) ist ein aus einem oder mehreren Weinen (Sektgrundweine) hergestelltes Getränk, das durch alkoholische Gärung oder technische Imprägnierung mit Kohlendioxid übersättigt ist und sich durch ein spezifisches Sektaroma auszeichnet.

Für die Sektherstellung werden bevorzugt stabile Weine ohne Restsüße mit leicht betonter Säurenote und einem feinen, möglichst nicht aufdringlichen Bukett eingesetzt. Bestimmte Qualitätssekte werden aus traubensortenreinem Grundwein hergestellt. In der Regel werden aber verschiedene Sektgrundweine gemischt (Coupage) und als Verschnitt (Cuvée) verwendet.

Für die Herstellung von Sekt kommen drei Verfahren in Betracht:

1. das Flaschengärverfahren (Champagnerverfahren),
2. das Tankgärverfahren (Großraumgärverfahren)
3. das Imprägnierverfahren

Beim klassischen *Flaschengärverfahren* werden dem Sektgrundwein 20 bis 30 g Zucker (in Ausnahmefällen bei sogenannten „naturreinen" Sekten auch entsprechende Mengen entkeimten Traubensaftes) und Spezialhefe (gärstark und möglichst kohlensäureunempfindlich) vor der Einfüllung (Tirage) in Sektflaschen, die mit Naturkorken oder Kunststoffstopfen provisorisch verschlossen werden (Sicherung durch Stahlagraffe), zugesetzt. Nach der Gärung (2 bis 3 Monate) und einer Reifezeit von 2 bis 5 Jahren werden die Flaschen zunächst nahezu waagerecht in sogenannte Rüttelpulte gesteckt. Durch tägliche manuelle kurze schnelle Rechts- und Linksdrehung werden die Flaschen unter gleichzeitigem steileren Einsetzen (Hals nach unten) bewegt, so daß die Hefe sich langsam auf dem Korken als ein Pfropf (Depot) ansammelt. Nach etwa 4 bis 8 Wochen werden aus den gut gekühlten Flaschen (Hals schräg nach unten) der Stopfen und das Depot schnell entfernt und die Flaschen sofort wieder in die normale senkrechte Lage gebracht. Für diesen Prozeß, der auch als Degorgieren bezeichnet wird, existieren verschiedene Techniken. Der vom Trub befreite Rohsekt (vin brut) erhält dann eine sogenannte Dosage (früher meist Dessertwein und Cognac, heute fast ausschließlich ausgesuchte Weine, in denen Zucker — bei Diabetikersekt Glucitol — gelöst ist) und wird verschlossen. Während die im Sektgrundwein gelöste Zuckermenge den Kohlendioxidgehalt bestimmt (Druck etwa 0,3 bis 0,5 MPa = 3 bis 5 atm), wird der Zuckergehalt des Fertigproduktes durch die Dosage festgelegt. Nach Durchlaufen eines Quarantänelagers (mindestens 14 Tage) erfolgt die Flaschenausstattung (Etikett, Halsverkleidung und -schleife).

Der bekannteste nach dem Flaschengärverfahren hergestellte Sekt ist der *Champagner*, der nur im Weinbaugebiet der Champagne seit Ende des 17. Jahrhunderts hergestellt wird (Herkunftsbezeichnung!).

Beim modernen *Transvasierverfahren* (einer Weiterentwicklung des Flaschengärverfahrens) erfolgt die Vergärung in 1,5 oder 2,0 *l*-Flaschen (Kronkorken), es unterbleibt das zeit- und arbeitsaufwendige Rütteln und Degorgieren. Unter bestimmten Bedingungen wird nach Beendigung der Vergärung der Rohsekt aus den Flaschen über ein Filter in einen Drucktank gebracht, dort mit einer Dosage versetzt, kältestabilisiert, nach einigen Tagen filtriert und abgefüllt. Transvasierter Sekt ist in der Qualität dem klassischen Sekt ebenbürtig.

Tankgärverfahren zur Herstellung von Sekt sind dadurch gekennzeichnet, daß die Vergärung und Zugabe der Dosage in druckfesten Tanks (bis 20000 *l*) erfolgt. Nach Ausfrieren von Hefe, Gerbstoffen, Weinstein usw. wird unter Druck kalt filtriert und abgefüllt. Etwa 2/3 der Weltproduktion entfallen heute auf „Tanksekt“, wobei teilweise bereits kontinuierliche Produktionsverfahren Anwendung finden.

Beim *Imprägnierverfahren* werden bereits völlig ausgebaute Weine mit einer Dosage und künstlicher Kohlensäure (durch Gegenstromberieselung bzw. mittels Einspritzpumpen) versetzt. Solche Produkte müssen in der DDR zur Unterscheidung von Gärungssekt die Aufschrift „mit Zusatz von Kohlensäure“ tragen.

17.5. Weinhaltige Getränke

Zu den weinhaltigen Getränken zählt man im allgemeinen Wermutwein, Kräuterweine, Aperitifs, Arzneiweine, Bowlen und Weinpunsch. Hauptbestandteil der genannten Erzeugnisse ist Wein. Der typische sensorische Eindruck wird aber in jedem Fall durch die verwendeten Zusätze hervorgerufen.

Zur Herstellung von *Wermutwein* werden Wermutkraut bzw. -extrakte gärendem Most zugesetzt, wobei zur Geschmacksabrundung meist noch andere Gewürze (z. B. Angelika, Chinarinde, Enzian, Thymian, Zimt), Zucker, Citronen- bzw. Weinsäure sowie Alkohol dienen.

Kräuterweine sind die aus Wein unter Verwendung von Aroma und Geschmack gebenden Kräutern u. ä. (z. B. Ingwer) sowie Zucker, Alkohol und ggf. Säuren (Wein- bzw. Citronensäure) hergestellten Getränke; zu diesem Geschmackstyp zählen auch die *Aperitifs*.

Arzneiweine (z. B. Baldrian-, oder Pepsinwein) rechnen in der DDR zu den Gesundheitspflegemitteln. Sie werden zumeist durch Extraktion der entsprechenden Pflanzen bzw. Pflanzenteile mit Wein gewonnen.

Bowlen sind Aufgüsse von Wein, Sekt, kohlendioxidhaltigem Wasser auf Früchte wie Ananas, Erdbeeren, Pfirsiche usw..

Als *Punsch* (Sanskrit: pantschan = 5) bezeichnet man ein aus ursprünglich 5 Bestandteilen (Wein, Arrak oder Rum, Wasser, Zucker und Citronensaft) bestehendes kaltes oder warmes Getränk.

17.6. Weinähnliche Getränke

Unter weinähnlichen Getränken sollen hier alle heimischen Erzeugnisse zusammengefaßt werden, die durch Vergärung des Saftes von frischem *Beeren-*, *Kern-* und *Steinobst* sowie *Wildfrüchten* (Hagebutten, Schlehen und Heidelbeeren), frischen *Rhabarberstengeln, Malzauszügen* und *Honig* (→ Met) gewonnen und zu Tisch-, Dessert- oder Schaumweinen aufgearbeitet werden.

Die Herstellung erfolgt im allgemeinen in Analogie zum Traubenwein. Der Zusammensetzung des jeweiligen Ausgangsmaterials muß aber Rechnung getragen werden, es sind gewisse (gesetzlich festgelegte) Korrekturen (z. B. Zucker-, Säure- und Wasserzusatz; bei Fruchtdessert- und Wermutfruchtdessertweinen auch Alkoholzusatz) erforderlich.

Die Gewinnung der Rohsäfte erfolgt in Abhängigkeit vom Ausgangsmaterial durch Pressen der frischen Maische (z. B. bei Äpfeln und Birnen), Pressen der angegorenen Maische (z. B. bei Stachelbeeren und Hagebutten) oder Entsaften durch strömenden Dampf (z. B. bei schwarzen Johannisbeeren). Die Vergärung wird meist mit Reinzuchthefen durchgeführt. Die Kellerbehandlung entspricht weitgehend der von Traubenwein. Im Hinblick auf die verschiedenen Arten und deren Zusammensetzung sei hier auf die geltenden Bestimmungen verwiesen.

Typische außereuropäische weinähnliche Getränke sind z. B. *Ahornwein*, *Agavenwein*, *Dattelpalmwein*, *Sake* (Reiswein), *Orangenwein* und *Tamarindenwein.*

17.7. Weinfehler und Weinkrankheiten

Weinfehler sind die durch rein chemische und physikalische Prozesse ausgelösten unerwünschten Veränderungen, die sich auf Aussehen, Geruch und Geschmack der Weine negativ auswirken. Mängel, die auf eine mindere Qualität der Trauben zurückzuführen sind, wie zu geringer Alkohol- oder Farbstoffgehalt, zu hoher Säuregehalt, zu wenig Bukett usw., werden nicht zu den Weinfehlern gerechnet.

Weinkrankheiten entstehen dagegen durch die Lebenstätigkeit von Mikroorganismen und wirken sich ebenfalls auf Aussehen, Geruch und Geschmack aus. Die verschiedenen Weinfehler und -krankheiten treten mitunter auch zusammen auf.

Weinfehler

Geruchs- und Geschmacksfehler treten bei unsachgemäßer Behandlung bzw. bei Verwendung nicht einwandfreier Gerätschaften, Behältnisse usw. auf.

Der bekannte *Schwefelböckser* (Geruch nach H_2S) ist darauf zurückzuführen, daß elementarer Schwefel durch Hefen zu Schwefelwasserstoff reduziert worden ist. Dieser Fehler ist durch intensive Belüftung und nachfolgendes mittelstarkes Schwefeln meist leicht zu beheben. Wird der Schwefelwasserstoff jedoch nicht rechtzeitig entfernt, kann sich sekundär das übelriechende und kaum noch entfernbare Ethanthiol (Ethylmercaptan) bilden (Faulböckser, Mercaptanböckser).

$$H_2S + C_2H_5OH \rightarrow C_2H_5SH + H_2O$$

Weitere Geschmacksfehler sind die sog. *Schwefelblume* (bei überschwefelten Weinen), der *Alt-* bzw. *Firngeschmack* (bei zu langer Faßlagerung), der *Luftgeschmack* bei zu geringer Schwefelung (Geschmack nach Dörrobst, hoher Aldehydgehalt), *Holz-*, *Schimmel-*, *Metall-*, *Koch-*, *Maische-* (*Trester- oder Rappen-*) und *Gummigeschmack.*

In Abhängigkeit von ihrem Ausmaß lassen sich die vorgenannten Weinfehler meist durch starkes Belüften, Behandeln mit Kohle u. ä. weitgehend beseitigen bzw. durch Verschnitt mit einwandfreien Weinen vermindern.

Trübungen, wie Eiweißtrübungen, Metalltrübungen — ausgelöst z. B. durch Reaktion von Eisenionen mit Phosphaten usw. — und Weinsteintrübungen, lassen sich im allgemeinen durch entsprechende Schönungsmaßnahmen (Blauschönung, Bentonitschönung usw.) bzw. thermische Behandlung beseitigen.

Braunwerden (Rahnwerden, brauner Bruch), verbunden mit Luftgeschmack, tritt besonders leicht bei unterschwefelten Weinen aus faulen oder edelfaulen Trauben in erster Linie durch oxydative Veränderungen der phenolischen Inhaltsstoffe ein. In leichteren Fällen reicht hier mitunter eine nachträgliche Behandlung mit schwefliger Säure; anderenfalls muß eine intensive Behandlung mit Kohle oder einem anderen Adsorptionsmittel erfolgen. Meist sind die so behandelten Weine aber nur noch im Verschnitt genußtauglich.

Weinkrankheiten

Typische Weinkrankheiten sind *Essigstich*, *Milchsäurestich*, *Mannitolgärung*, *Kahmigwerden*, *Schleimig-* oder *Zähwerden* (Lindwerden), *Mäuseln* (betrifft überwiegend Fruchtweine, die einen mäuseurinähnlichen Geruch annehmen), *Umschlagen der Rotweine* (Farbumschlag nach Braun, Bodensatzbildung, Auftreten eines unangenehmen Geruches und kratzenden Geschmackes) und *Bitterwerden der Rotweine* (Abbau des Glycerols zu Acrolein, das mit Phenolen zu „Bitterstoffen" umgesetzt wird).

Während Weinfehler zumeist durch entsprechende Behandlungen rückgängig gemacht werden können, ist dies bei Weinkrankheiten nur in Ausnahmefällen möglich.

18. Spirituosen

18.1. Allgemeines

Spirituosen sind für den menschlichen Genuß bestimmte Getränke, die als wertbestimmenden Bestandteil Ethanol (meist 20 bis 50 Vol.-%) enthalten, das durch Destillation aus vergorenen, zuckerhaltigen oder verzuckerten Maischen gewonnen worden ist. Auf Grund der eingesetzten Rohstoffe, Herstellung und Zusammensetzung kann bei Spirituosen zwischen *Edelbränden, Trinkbranntweinen* und *Likören* unterschieden werden, die ihrerseits jeweils noch weiter unterteilt werden.

Als natürliche, das Ethanol liefernde Rohstoffe für die Herstellung von Spirituosen kommen vor allem in Betracht:

- *ethanolische Flüssigkeiten* (z. B. Wein, Obstwein), die direkt destilliert werden
- *zuckerhaltige Stoffe* (z. B. Melasse), die nach ihrer Vergärung destilliert werden
- *stärke-* oder *inulinhaltige Stoffe* (z. B. Getreide, Kartoffeln, Topinambur), die nach enzymatischer Verzuckerung durch Malz bzw. Enzympräparate vergoren und destilliert werden.

In der DDR erfolgt die Gewinnung von Ethanol (Spiritus) für die Herstellung von Trinkbranntweinen und Likören überwiegend aus Getreide und Melasse. Hierbei wird zunächst ein *Rohspiritus* erhalten, der durch Rektifikation unter Abscheidung von *Fuselöl, technischem Alkohol* und *Sekundasprit* den *Primasprit* bzw. *Wodkasprit* liefert. Primasprit ist im Geruch und Geschmack neutral und darf im Gegensatz zum Wodkasprit eine ganz schwache rohstoffbedingte Nebennote aufweisen.

18.2. Edelbrände

Als *Edelbrände* werden Destillate aus Wein oder aus solchen Maischen bezeichnet, deren Rohstoffe oder Herstellungsverfahren geeignet sind, den daraus hergestellten Destillaten einen besonders hohen Genußwert (Aroma und Geschmack) zu verleihen.

Verschnitte von Edelbränden sind Erzeugnisse, die neben Primasprit den Edelbrand enthalten, nach dem sie benannt sind, wobei dessen charakteristische sensorische Eigenschaften im Verschnitt noch eindeutig erkennbar sein müssen. Der sensorische Gesamteindruck eines Edelbrandes ergibt sich aus den im Fertigprodukt verbliebenen Aroma-, Geschmacks- und Farbstoffanteilen des Ausgangsmaterials sowie den bei der Gärung und Reifung gebildeten Produkten und den zugesetzten Typagestoffen.

Weinbrand

Prototyp der meisten Weinbrände ist der *Cognac*, eine vom französichen Gesetz geschützte Bezeichnung für Erzeugnisse, die ausschließlich in den Departements Charente (Hauptstadt Cognac) und Charente-Maritime gewachsenen Weine verschiedener Traubensorten zur Grundlage haben und nach einem bestimmten Destillationsverfahren gewonnen worden sind (Herkunftsbezeichnung!). Anderweitig analog hergestellte Produkte werden als *Weinbrand* oder *Brandy* bezeichnet.

Weinbrände werden in der DDR und BRD praktisch ausschließlich aus ausländischen (Bulgarien, Frankreich, Griechenland, Italien, Jugoslawien, Spanien, Ungarn usw.) Brennweinen hergestellt. Brennweine sind voll ausgegorene Weine, die mit Weindestillat auf etwa 25 Vol.-% Ethanol verstärkt (aviniert) sind. Diese werden für die Herstellung von Weinbränden nach der Gewinnung meist 3 bis 6 Wochen gelagert. Sie sind in der Regel weder filtriert noch geklärt und enthalten dadurch bestimmte erwünschte Bukettstoffe, die in der Hefe ihren Ursprung haben (Weinhefeöl). Durch Destillation wird zunächst der Rauhbrand gewonnen, aus dem man nach Zugabe von „Verschnittwasser“ durch fraktionierte Destillation (Abtrennung von Vor- und Nachlauf) den Feinbrand (meist 60 bis 80 Vol.-% Ethanol) erhält. Das frische Weindestillat, farblos und von wenig angenehmem Geruch, wird erst durch Lagerung zum Weinbrand. Die Lagerung erfolgt in (Limousin-)Eichenholzfässern meist über mehrere Jahre, wobei durch Oxydation, Veresterung sowie Aufnahme von Aroma-, Farb- und Geschmacksstoffen aus dem Holz (insbesondere Gerbstoffe und Flavonoide) die Ausbildung der sensorischen Eigenschaften erfolgt. Ihrer Abrundung dient der Zusatz von Typagen (Extrakte, die mit Weindestillaten aus Eichenholz bzw. -spänen, getrockneten Mandelschalen, Backpflaumen und unreifen (grünen) Walnüssen gewonnen werden). Die aus gereiften Destillaten zusammengestellten Mischungen werden mit Wasser auf Trinkstärke verdünnt (Ethanolgehalt mindestens 38 Vol.-%). Zusätze von Zuckercouleur sowie geringe Mengen an Zucker und Dessertwein (meist bis zu 1 Vol.-%) zum „Aufsüßen“ (bis zu einem Extraktgehalt von 20 g/*l*) sind darüber hinaus in den meisten Ländern erlaubt. Versuche, die zeit- und kostenaufwendige Lagerung von Weinbrand und auch anderen Spirituosen durch eine künstliche „Alterung“ (Wärme-, Ultraschall-, Luft-, Ozonbehandlung usw.) zu ersetzen, haben bisher nicht zu wesentlichen praktischen Erfolgen geführt.

Beim *Weinbrand-Verschnitt* (mindestens 38 Vol.-% Ethanol), der durch Vermischen von Primasprit mit Wasser und möglichst aroma- sowie geschmackstarkem Weinbrand hergestellt wird, muß 1/10 des Alkoholgehaltes vom Weinbrand stammen.

An Aromastoffen konnten im Weinbrand bisher etwa 200 Verbindungen identifiziert werden, von denen etwa die Hälfte auf Ester (überwiegend Ethylester) entfällt, der Rest sind Alkohole, Carbonylverbindungen und andere Substanzklassen (Kohlenwasserstoffe, Säuren usw.). Bei den Estern (250 bis 3000 mg/*l* r. A.[1])) überwiegen zwar Essig- und Milchsäureethylester (60 bis 90% der Gesamtester), für das Aroma sollen aber die Ethylester der Carbonsäuren mit 7 bis 12 C-Atomen entscheidend sein. Bei den Alkoholen, die neben dem Ethanol vorkommen, entfällt die Hauptmenge (250 bis 1250 mg/*l* r. A.) auf 3-Methyl-butanol + 2-Methyl-butanol (früher als Gärungsamylalkohol bezeichnet) und 2-Methyl-propanol (50 bis 400 mg/*l* r. A.); Methanol

[1]) r. A. = Reinalkohol

kommt nur in geringen Mengen (50 bis 100 mg/*l* r. A.) vor. Bei den Carbonylverbindungen dominiert eindeutig Ethanal (50 bis 200 mg/*l* r. A.) bzw. dessen Diethylacetal. Die Aromastoffe bei den einzelnen Weinbränden unterscheiden sich nur quantitativ; auch in bezug auf die anderen Edelbrände gilt eine weitgehende qualitative Übereinstimmung für die vorhandenen Aromastoffe.

Rum

Rum (Übersee-Rum) ist ein Erzeugnis, das hauptsächlich in Zuckerrohr anbauenden Ländern aus Zuckerrohrsaft und -sirup, Skimmings (Zuckerschaum, der beim Kochen des Saftes anfällt und aus geronnenen Eiweißstoffen besteht), Bagasse (ausgepreßtes Zuckerrohr) und Zuckerrohrmelasse nach Fermentation der entsprechenden, meist etwa 20% Zucker enthaltenden Maische hergestellt wird. Durch Vergären und evtl. Zusatz fermentierter Schlempe (besonders bei hocharomatischen Typen) und natürlicher Aromaträger (Ananas, Cocosnußschalen, bestimmten Pflanzenblättern usw.), Destillation und anschließender Lagerung in Holzfässern wird der Rum gewonnen. Am Aroma sollen die in Mengen bis 20 mg/*l* r. A. vorkommenden Ethylester der Propion- und Buttersäure entscheidend beteiligt sein. Die braune Farbe wird durch Zugabe von Zuckercouleur erreicht. Man unterscheidet bei Rum zwischen dem leicht aromatischen Typ (Brandy-Typ) (z. B. *Cuba-Rum*), dem vollmundigen aromatischen Typ (z. B. *Jamaika-Rum*) und dem stark aromatischen Typ (z. B. *Martinique-Rum*). Rezeptur sowie Art der Gärung, Destillation und Reifung sind unterschiedlich. Der zur Ausfuhr bestimmte Rum hat meist einen Alkoholgehalt von 70 bis 80 Vol.-% und wird in den Verbraucherländern auf 45 bis 50 Vol.-% Alkoholgehalt verdünnt bzw. unter Zusatz von Wasser und Primasprit zu *Rumverschnitt* (5% des Alkoholgehaltes müssen vom Rum stammen) weiterverarbeitet (mindestens 38 Vol.-% Alkohol). Rum ist der aromaintensivste Edelbrand und enthält darüber hinaus relativ viel Säure (1 g/*l*, berechnet als Essigsäure).

Deutscher Rum ist ein aus Rübenzuckerprodukten in Anlehnung an überseeischen Rum hergestelltes Erzeugnis, das auch entsprechend als *Deutscher Rum-Verschnitt* in den Handel gebracht wird.

Arrak

Arrak wird aus speziell hierfür angebautem Keton-Reis, Zuckerrohrmelasse, auch unter Zusatz anderer zuckerhaltiger Pflanzensäfte (besonders von Palmen sowie Gewürzen durch Verzuckerung, Vergärung (Symbiose zwischen diastaseproduzierenden Schimmelpilzen und Hefen) und Destillation hauptsächlich auf Java und Sri Lanka gewonnen. Das Destillat reift gewöhnlich etwa 6 Monate in Fässern aus altem Teakholz und kommt auch so zum Versand; sein Aroma ist eigentümlich juteartig. Arrak wird überwiegend zur Bereitung von Heißgetränken, zur Aroma- und Geschmacksgebung bei Süß- und Backwaren sowie bei bestimmten Likören verwendet. Arrak muß in der DDR wenigstens 45 Vol.-% und *Arrak-Verschnitt* (1/10 des Alkoholgehaltes muß aus echtem Arrak stammen) 38 Vol.-% Alkohol enthalten.

Obstbrände

Obstbrände (Obstbranntweine) werden durch Destillation (Rauhbrand → Feinbrand) — spontan oder durch Einsatz von Reinzuchthefen — vergorener Obstmaischen (ohne Zusatz von Zucker, zuckerhaltigen Stoffen oder Ethanol) als farblose Flüssigkeiten gewonnen und zur Bukettentwicklung meist in möglichst wenig Farbstoff abgebenden Holzfässern (z. B. Eschenholz) gelagert.

Der Alkoholgehalt der trinkfertigen Erzeugnisse beträgt im allgemeinen wenigstens 45 Vol.-%, daneben finden sich — aus Pectinen stammend — nicht unbeträchtliche Mengen (0,1 bis 0,7 Vol.-%) Methanol, der in Wein- und Kornbrand nur in Spuren (0,005 bis 0,05 Vol.-%) auftritt. Das Aroma wird weitgehend durch die in relativ hoher Konzentration (meist 2000 bis 4000 mg/*l* r. A.) vorliegenden Ester bestimmt.

Bekannteste Vertreter der Obstbrände sind *Kirschbrand* (Kirschwasser) und *Zwetschgenbrand* (Zwetschgenwasser, Slibovitz); mehr von regionaler Bedeutung sind *Aprikosenbrand* (z. B. Barack Palinka in Ungarn), *Apfelbrand* (z. B. Calvados in Frankreich und Applejack in USA). Steinobstbrände können bis 60 mg/*l* Gesamtblausäure (entstanden durch enzymatische Spaltung des im Kern vorkommenden Amygdalins) neben entsprechenden Mengen an Benzaldehyd enthalten.

Kornbrände

Kornbrände (Kornbranntwein, Korn) sind die nach dem Maischverfahren vorwiegend aus Roggen, Weizen und Gerste (als Malz) durch Verzuckerung, Vergärung und Destillation (Rauhbrand → Feinbrand) gewonnenen Erzeugnisse, deren Ethanolgehalt mindestens 32 Vol.-%, bei Doppelkorn 38 Vol.-% beträgt. Für das Kornaroma ist die brot- und malzartige Note charakteristisch.

Whisky (Urheimat Irland) ist ein Getreidebranntwein, der aus Gerstenmalz (Malt Whisky) und/oder ungemälztem Getreide (Grain Whisky, Verzuckerung hauptsächlich durch Säurehydrolyse, kontinuierliche Destillation in Kolonnenapparaten: patent still) mit mindestens 43 Vol.-% Ethanol hauptsächlich in Schottland, Irland, USA und Kanada aus den Rohstoffen Gerste, Weizen, Roggen, Hafer und Mais, nicht aber aus Reis, hergestellt wird. Beim *schottischen Whisky* wird die ausgesprochen rauchige Note durch Darren des Gerstenmalzes über Torfrauch erzeugt, während dies bei anderen Whiskyarten z. T. nur durch eine mehrjährige Lagerung in innen angekohlten Holzfässern erfolgt. Der *amerikanische Bourbon* wird aus einem Getreidegemisch (wenigstens 51% Mais) hergestellt.

18.3. Trinkbranntweine

Trinkbranntweine sind Mischungen von Ethanol (Primasprit) und Wasser mit oder ohne weitere Zusätze, die überwiegend der Aroma- und Geschmacksgebung dienen.

Bekanntester Vertreter der Trinkbranntweine ohne Zusätze ist der *Wodka*, der nach speziellen Verfahren zur Entfernung von Gärungsnebenprodukten (u. a. Filtration über Holz- bzw. Aktivkohle) gewonnen wird und sich durch seine reine, neutrale Ethanolnote auszeichnet (Alkoholgehalt mindestens 40 Vol.-%). Neben dem Wodka existieren weitere Erzeugnisse, die nur durch Mischen von Primasprit mit Wasser hergestellt werden, wie z. B. *Klarer*. Als Aroma- bzw. Geschmacksträger kommen bei Trinkbranntweinen in Betracht: Pflanzenauszüge bzw. -destillate, ätherische Öle, Fruchtsäfte bzw. -maischen, Kornbrände, organische Säuren usw. Typische Vertreter sind die unter Mitverwendung von Wacholder hergestellten Produkte *Genever*, *Gin*, *Steinhäger* und *Wacholder*, der mit Kümmel aromatisierte *Aquavit*, der *Enzian* und die unter Verwendung verschiedener Kräuter hergestellten *bitteren Trinkbranntweine* (Magen-, Kräuter- und Gebirgsbitter). *Obstgeiste* (Aprikosen-, Himbeergeist usw.) werden erhalten, indem die entsprechenden Früchte mit Primasprit angesetzt und anschließend destilliert werden.

18.4. Liköre

Liköre sind Spirituosen, die unter Verwendung von Prima- oder Wodkasprit, Kornfeindestillat (aus Roggen oder Weizen) oder Edelbränden mit Zusatz von Zucker bzw. Zucker und Stärkesirup, Traubenweinen, Fruchtweinen, Fruchtsäften, Pflanzenauszügen bzw. -destillaten, ätherischen Ölen oder natürlichen Essenzen, bei Emulsionslikören zusätzlich Hühnereiern, Sahne oder Milch hergestellt werden. Der Gesamtextrakt bei Likören liegt zwischen 200 und 350 g/*l*, der Alkoholgehalt zwischen 20 und 45 Vol.-%. Bei den Likören wird unterschieden zwischen *Fruchtsaftlikören*, *Fruchtaromalikören* (Verwendung von Fruchtauszügen bzw. -destillaten), *Bitter-*, *Kräuter-* und *Gewürzlikören*, *Kaffee-*, *Mocca-*, *Tee-*, *Kakao-*, *Cola-* und *Honiglikören* sowie *Emulsionslikören*, deren wichtigster Vertreter der *Eierlikör* ist.

19. Kaffee

19.1. Allgemeines

Kaffee (Bohnenkaffee) ist der vom Fruchtfleisch vollständig und von der Samenschale (Silberhaut) nach Möglichkeit befreite, rohe (Rohkaffee) oder geröstete (Röstkaffee), ganze oder zerkleinerte Samen von Pflanzen der Gattung Coffea sowie auch das daraus hergestellte Getränk (Ernteerträge s. Tab. 27.12).

Von den über 100 bekannt gewordenen kultivierten Vertretern der Gattung Coffea sind aber nur *C. arabica* und *C. canephora* (insbesondere *var. robusta*) von Bedeutung. Haupterzeugungsländer sind Brasilien, Kolumbien, Elfenbeinküste, Mexiko, Indonesien, El Salvador und Guatemala. Die Hektarerträge liegen in der Größenordnung von 200 bis 600 kg Rohkaffee, wobei das Rendement (Verhältnis Kaffeekirsche zu Rohkaffee) für *C. arabica* etwa 6 und für *C. canephora* etwa 4,5 beträgt.

Die Aufarbeitung der gepflückten bzw. abgestreiften oder aufgesammelten kirschenähnlichen Früchte erfolgt entweder nach der *nassen* (westindischen) oder der *trockenen Methode*. Bei der trockenen Methode, die weniger arbeitsaufwendig ist aber bestimmte klimatische Voraussetzungen erfordert, werden die Früchte an der Sonne getrocknet und die Bohnen maschinell aus dem getrockneten Fruchtfleisch entfernt (*ungewaschener Kaffee*).

Bei der nassen Methode werden die Kaffeekirschen im Wasserstrom dem sogenannten Pulper zugeführt, wo das Fruchtfleisch durch gerauhte Walzen bzw. Scheiben weitgehend abgequetscht wird ohne die Samen zu verletzen. Die noch anhaftenden Reste von Fruchtfleisch werden durch eine 1- bis 2-tägige Fermentation in Bottichen u. ä. soweit gelöst, daß sie anschließend leicht mit Wasser entfernt werden können. Die Bohnen werden danach an der Luft oder bei Temperaturen von etwa 323 bis 363 K (50 bis 90 °C) getrocknet (*gewaschener Kaffee*).

Die nach den beiden beschriebenen Verfahren erhaltenen Bohnen werden nach dem Schälen, Sortieren und Polieren (Entfernung der Pergamentschale und des Silberhäutchens) in Säcke abgepackt. Beim Sortieren fällt auch der einsamige *Perlkaffe* an.

Robustas kommen überwiegend als ungewaschener Kaffee und Arabicas (sie gelten im allgemeinen als hochwertiger) zumeist als gewaschener Kaffee in den Handel. Robustas haben kleine und gedrungene Samen, während Arabicas größer und schlanker sind.

Durch *Rösten des Rohkaffees* (Endtemperaturen bis zu etwa 513 K (240 °C)) erhält man den Röstkaffee (Wassergehalt 0,5 bis 4%). Bei diesem Prozeß finden tiefgreifende Veränderungen statt, die zu einem Gewichtsverlust (Einbrand) von etwa 18%, einer Volumenzunahme von etwa 35%, einer Braunverfärbung sowie zur Ausbildung der typischen Aroma- und Geschmacksstoffe führen. Zum Aromaschutz und zur Verbesserung des Aussehens bzw. Verstärkung des bitteren Geschmackes ist es in einigen Ländern erlaubt, den Kaffee zu *glasieren* (Zusatz von etwa 0,5% Schellack u. ä. beim Rösten; in der DDR verboten) bzw. zu *kandieren* (Zusatz von Zucker beim Rösten; in der DDR bis zu 8% der Rohkaffeemenge erlaubt).

19.2. Zusammensetzung des Rohkaffees und seine Veränderung beim Rösten

Rohkaffee enthält etwa 6 bis 12% Wasser, 10 bis 15% Lipide, 10 bis 15% Eiweiß, 15 bis 25% Rohfaser, 3 bis 5% Mineralstoffe, 5 bis 8% Saccharose, etwa 50% Polysaccharide (Cellulose, Galactan, Araban, Mannan usw.), Spuren an Monosacchariden und als charakteristische Bestandteile 5 bis 8% Chlorogensäuren (s. I; 11.3.), 1 bis 2% Coffein neben geringen Mengen an Theobromin und Theophyllin (s. I; 12.2.) sowie etwa 1% Trigonellin (Coffearin).

Der typische Rohkaffeegeruch wird durch über 100 verschiedene flüchtige Verbindungen hervorgerufen, wobei Methoxypyrazine vermutlich eine wesentliche Rolle spielen. Diese Pyrazinderivate entstehen möglicherweise durch Kondensation von Säureamiden (aus Aminosäuren entstanden) mit Diketonen (s. I; 15.2.2.). Von den im Rohkaffee vorhandenen Substanzen ist etwa nur 1/3 wasserlöslich.

Durch den Röstprozeß findet ein Abbau vorhandener sowie die Bildung neuer Substanzen statt. Die Lipide, Mineralstoffe und das Coffein werden davon kaum betroffen. Wesentliche Änderungen ergeben sich bei den Kohlenhydraten, wobei die Hydrolyse und die Bildung von aroma-, geschmack- und farbgebenden MAILLARD-, Karamelisierungs- und Pyrolyseprodukten im Vordergrund stehen. Freie Aminosäuren werden verhältnismäßig leicht abgebaut und bilden — abgesehen von Produkten des STRECKER-Abbaues und der MAILLARD-Reaktionen — ebenfalls Pyrolyseprodukte, die am Aroma und Geschmack von Röstkaffee entscheidend beteiligt sind. Ob und in welchem Umfang Proteine beim Rösten erhalten bleiben, ist bisher nicht mit Sicherheit bekannt. In jedem Fall ist damit zu rechnen, daß sie an MAILLARD-Reaktionen beteiligt sind und eine partielle Fragmentierung eintritt.

Trigonellin wird bei Temperaturen über 473 K (200 °C) bis zu 90% u. a. zu Nicotinsäure, Pyridin und N-Methylpyrrol abgebaut.

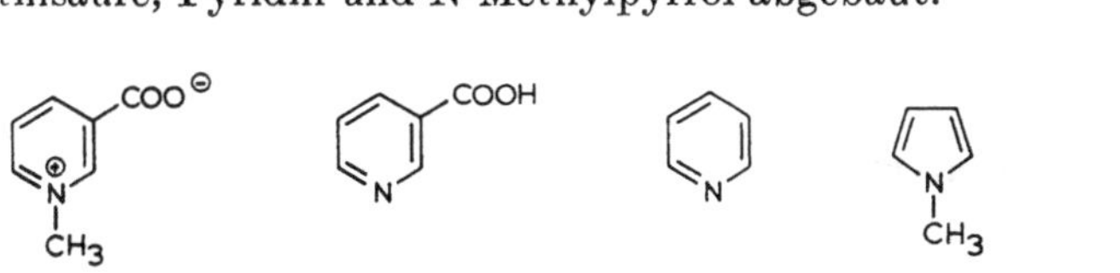

Trigonellin Nicotinsäure Pyridin N-Methylpyrrol

Die Chlorogensäuren (*I*) werden beim Rösten ebenfalls zu einem erheblichen Teil (bis 95%) abgebaut, wobei primär durch Hydrolyse Kaffeesäure (*II*) und Chinasäure (*III*) entstehen, von denen die Chinasäure nur zum geringen Teil weiter zu Pyrogallol (*IV*) und Hydrochinon (*V*) umgesetzt wird. Chinasäure ist für den adstringierenden Geschmack des Kaffeegetränkes mitverantwortlich. Kaffeesäure wird dagegen nahezu vollständig zu Dihydroxystyren (*VI*) und Protocatechualdehyd (*VII*) abgebaut, die aber letztendlich beide Brenzkatechin (*VIII*) liefern.

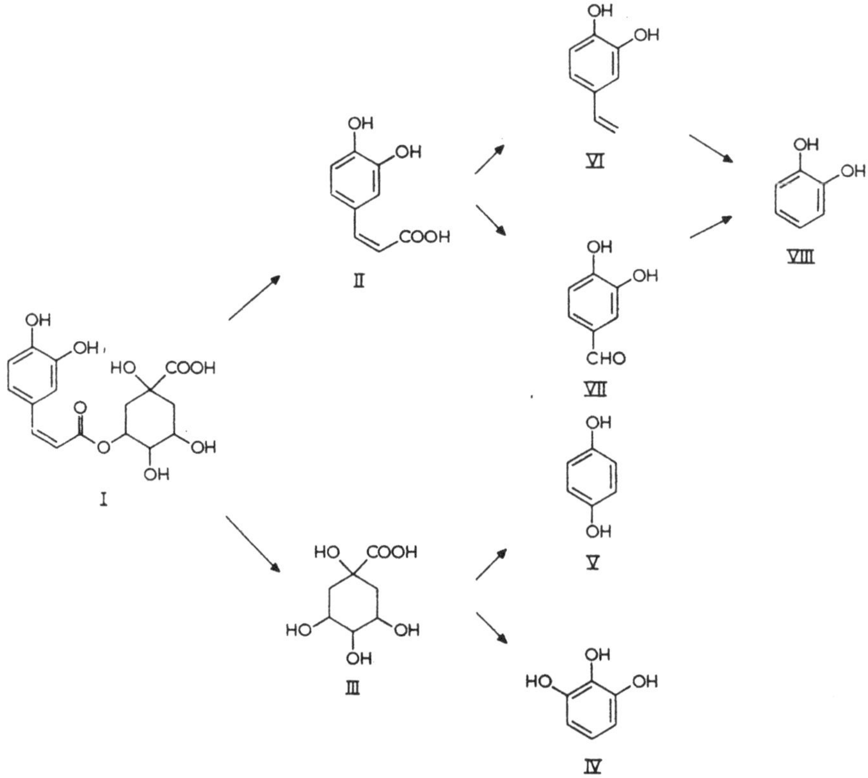

Die Zahl der bisher im Röstkaffee nachgewiesenen flüchtigen Aromastoffe beläuft sich auf über 500 Substanzen unterschiedlicher Strukturen, die aber nur 0,1% (!) der Gesamtsubstanz des Kaffees ausmachen. Über die Hälfte sind hierbei Heterocyclen, wie Furane, Lactone, Pyrone, Pyrrole, Pyridine, Pyrazine, Chinoline, Indole, Oxazole, Thiazole und Thiophene.

Als Vorläufer für die Aromastoffe sind in erster Linie die Monosaccharide und die Aminosäuren sowie die Chlorogensäuren anzusehen.

Die wäßrigen Extraktausbeuten von Röstkaffee liegen etwa zwischen 20 und 35%.

19.3. Kaffee-Extraktpulver

Für die Herstellung von Extraktpulvern werden nach dem Gegenstromverfahren wäßrige Kaffeeauszüge (Konzentration etwa 20 bis 30%) hergestellt, die anschließend *sprüh-* oder *gefriergetrocknet* werden. Bei der Gefriertrocknung wird der flüssige Extrakt unter Verschäumen mit einem inertem Gas oder Luft gefroren, vermahlen, gesiebt und im Vakuum im gefrorenen Zustand getrocknet. Sprühgetrocknete Produkte werden teilweise durch nachträgliches Aufsprühen eines aus Kaffee gewonnenen

Aromakonzentrates aromatisiert; bei gefriergetrockneten Produkten erfolgt die Zugabe des Aromakonzentrates in der Regel bereits vor dem Trocknen. Kaffee-Extraktpulver besitzt trotzdem ein schwächeres Aroma als frisch gemahlener Röstkaffee, was weniger auf das Entweichen von Aromastoffen beim Trocknen zurückzuführen ist als vielmehr darauf, daß die Aromabindung bei gemahlenem Kaffee größer ist als bei Kaffee-Extrakten. Dennoch ist eine steigende Tendenz — im Weltmaßstab gesehen — im Verbrauch an Pulverkaffee festzustellen.

19.4. Coffeinfreier Kaffee

Um die anregende Wirkung des Coffeins bei kreislaufgeschädigten Personen weitgehend zu unterbinden, wird industriell auch *coffeinarmer* bzw. *-freier* Kaffee hergestellt. Zur Entfernung des Coffeins wird der Rohkaffee entweder mit heißem Wasser extrahiert oder nach Aufschluß mit gespanntem Wasserdampf mit einem unpolaren Lösungsmittel (meist Methylenchlorid oder Trichlorethylen) bzw. nach einem sehr modernen Verfahren mit überkritischem Kohlendioxid extrahiert. Das hierbei anfallende Coffein kann in der pharmazeutischen Industrie weiter verwendet werden. Coffeinfreier Kaffee darf in der DDR nicht mehr als 0,08% Coffein enthalten.

Um Kaffee bekömmlicher zu machen, wird in geringem Umfang auch ein Produkt (*Idee-Kaffee*) auf den Markt gebracht, bei dem die Rohbohnen ohne Coffeinentfernung einer Wasserdampfbehandlung unter erhöhtem Druck unterworfen werden. Hierbei sollen insbesondere die verschiedentlich als schädlich angesehenen Chlorogensäuren weitgehend zerstört werden.

19.5. Kaffeemittel

Unter Kaffeemitteln werden Kaffee-Ersatzstoffe und Kaffee-Zusatzstoffe verstanden.

Kaffee-Ersatzstoffe dienen überwiegend als Ersatz des Kaffees oder als Zusatz zum Kaffee. Sie werden durch Rösten von Pflanzenteilen (insbesondere *Cerealien*) auch unter Zusatz anderer Stoffe (z. B. Stärkesirup) hergestellt und liefern durch Auslaugen mit heißem Wasser ein kaffeeähnliches Getränk. *Malzkaffee* ist ein durch Rösten gemälzter Gerste hergestelltes Produkt, das im Gegensatz zu den meisten Kaffee-Ersatzstoffen unvermahlen in den Handel kommt. Von Kaffee-Ersatzstoffen können ebenso wie von Kaffee entsprechende Extraktpulver hergestellt werden.

Kaffee-Zusatzstoffe — häufig auch als Kaffee-Gewürze bezeichnet — werden als Zusatz zu Kaffee bzw. Kaffee-Ersatzstoffen verwendet. Sie werden ebenfalls durch Rösten von Pflanzenteilen (z. B. *Zichorien* und *Zuckerrübenschnitzel*), auch unter Zusatz anderer Stoffe hergestellt. In den einzelnen Ländern ist im allgemeinen gesetzlich festgelegt, welche Stoffe als Kaffee-Ersatz bzw. als Kaffee-Zusatz verwendet werden dürfen.

Wenn auch den Kaffeemitteln die anregende Wirkung des Coffeins fehlt, so fördern sie ebenso wie Kaffee durch Stimulierung der Magensaftsekretion die Verdauung.

20. Tee und teeähnliche Erzeugnisse

20.1. Allgemeines

Tee sind die nach verschiedenen Verfahren aufbereiteten Blattknospen, jungen Blätter und Triebe des zur Familie der Theaceae gehörenden Teestrauches und das daraus hergestellte Getränk. Nach Art der Aufarbeitung unterscheidet man zwischen *unfermentiertem* Tee (grüner Tee) und *fermentiertem* Tee (schwarzer Tee). *Halbfermentierter* Tee (Oolong-Tee) wird u. a. in Taiwan (Formosa) erzeugt, er spielt im Weltmaßstab aber keine wesentliche Rolle (Ernteerträge s. Tab. 27.13).

Schwarzer Tee — das Haupterzeugnis — wird konventionell gewonnen, indem man das gepflückte Gut (Wassergehalt etwa 75%) in dünnen Schichten auslegt und zunächst einen Tag welken läßt (Wassergehalt etwa 45%), danach maschinell rollt (Zerstörung der Zellstruktur, Saftaustritt) und anschließend in 5 bis 10 cm dicken Schichten für 1 bis 4 Stunden bei 308 bis 313 K (35 bis 40 °C) einem Fermentationsprozeß überläßt (der Wassergehalt fällt dabei auf etwa 25%), bei dem insbesondere Polyphenoloxydasen wirksam werden. Sobald sich das Gut kupferrot färbt (Chinonbildung) wird der Prozeß abgebrochen. Abschließend werden die fermentierten Blätter 20 bis 30 min bei etwa 363 K (90 °C) getrocknet (Firing, „Röstung"), wobei sich die Farbe weiter vertieft („Phlobaphen"-Bildung) und der Wassergehalt auf etwa 5% sinkt. Der Tee wird anschließend gekühlt, sortiert und verpackt. In zunehmendem Maße werden heute Vollautomaten für die Teeaufarbeitung eingesetzt. 100 kg frische Teeblätter liefern etwa 22 bis 30 kg Tee.

Grüner Tee — vorzugsweise in Japan und China hergestellt — wird erhalten, wenn die frischen Blätter zur Enzyminaktivierung sofort gedämpft, dann gerollt und bei etwa 343 K (70 °C) getrocknet werden. Da dieser Tee keinen Fermentationsprozeß durchmacht, bleiben die ursprünglichen Farbstoffe (Chlorophyll und Carotenoide) sowie die phenolischen Inhaltsstoffe weitgehend erhalten. Grüner Tee liefert ein relativ helles und herb-bitter schmeckendes Getränk.

Hauptanbauländer für Tee sind Indien, UdSSR, Sri Lanka (Ceylon), China, Japan und Kenia (s. Tab. 27.13). Die Hektarerträge an Tee liegen zwischen 300 bis 700 kg.

20.2. Zusammensetzung

Die Zusammensetzung handelsüblicher Tees schwankt je nach Art, Herkunft, Aufarbeitung usw. innerhalb recht weiter Grenzen. Dabei ist mit folgenden Mengen zu rechnen: 5 bis 9% Wasser, 25 bis 30% stickstoffhaltige Substanzen (insgesamt), 20 bis 30% phenolische Substanzen, 10 bis 15% Rohfaser, 4 bis 8% Pectine, 2 bis 8% Lipide, 2 bis 4% Coffein, 4 bis 6% Mineralstoffe (bis 0,1% Fluor, bis 0,4% Mangan und bis 0,4% Aluminium!) und 0,05 bis 0,1% ätherische Öle.

Charakteristische bzw. wertbestimmende Bestandteile des Tees sind das Coffein, die verschiedenen phenolischen Substanzen sowie die arteigenen Aroma-, Geschmacks- und Farbstoffe.

Neben dem Coffein, das an Gerbstoffe gebunden als Kaliumsalz vorliegt, kommen geringe Mengen an Theobromin und Theophyllin (s. I; 12.2.) sowie Adenin, Guanin, Xanthin, und Hypoxanthin vor. An stickstoffhaltigen Substanzen sind weiterhin Proteine (etwa 15% i. T.) sowie Amide und Aminosäuren (etwa 8% i. T.) vorhanden. Charakteristisches Amid ist das Theanin (N-Ethyl-γ-Glutamin), das in Mengen von 1 bis 2% i. T. vorliegt und am Geschmack beteiligt ist.

Bei den phenolischen Substanzen, die meist vereinfacht als Teegerbstoffe bezeichnet werden, überwiegen in den frischen Blättern die zu den Flavanolen zählenden Catechine und Gallocatechine (s. I; 11.4.1.) mit etwa 80%. Daneben treten Flavonoidglycoside, insbesondere Flavonolglycoside (Kämpherol, Myricetin, Quercetin usw.), Flavandiole (nur in frischen Teeblättern) und Depside mit dem Hauptvertreter Theogallin (Galloyl-Chinasäure) auf. Junge Blätter enthalten mehr Phenole als alte Blätter. In Spuren enthält Tee außerdem 5,7-Dihydroxycumarin.

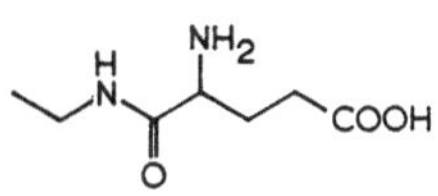

Theanin

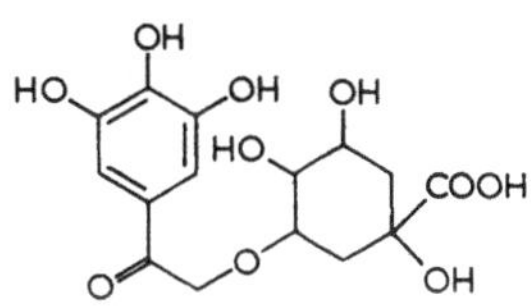

Theogallin

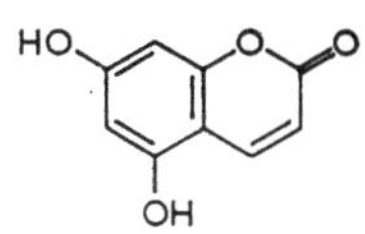

5,7-Dihydroxycumarin

Im schwarzen Tee sind über 300 verschiedene flüchtige Verbindungen nachgewiesen worden, wobei die Hauptmenge auf Carbonyle, gefolgt von Alkoholen, Säuren und Lactonen entfällt. Der Anteil an Terpenen, Estern und Pyrolyseprodukten (Pyrazine u. ä.) ist auffallend gering. Das charakteristische Teearoma entsteht vor allem während der Fermentation, wobei die im Tee vorhandenen Phenole durch Polyphenoloxydase oxydiert werden. Die oxydierten Phenole sind ihrerseits starke Oxydationsmittel, die sekundär andere Substanzen oxydieren, die zum Aroma, Geschmack und zur Farbe beitragen können. Die primären Oxydationsprodukte der Phenole sind unbeständige, reaktionsfähige o-Chinone, aus denen u. a. nicht enzymatisch kondensierte Produkte (überwiegend Dimere der Catechine) entstehen. Von den ursprünglich vorhandenen Catechinen (etwa 25%) sind nach der Fermentation nur noch geringe Mengen (etwa 3%) nachweisbar. Der überwiegende Teil hat sich zu den dunkel gefärbten sogenannten Thearubiginen (polymere Proanthocyanidine, die bei Erwärmen mit Mineralsäure Cyanidin und Delphinidin liefern) umgesetzt. Die Thearubiginfraktion (7,5 bis 15% i. T.) ist entscheidend mit verantwortlich für die Farbe und auch für den Geschmack von Teeaufgüssen. Außerdem entstehen bei der Fermentation aus den Polyphenolen die orangeroten Theaflavine, wie Teeflavin, Teeflavingallat und -digallat. Es handelt sich hierbei um dimere Produkte mit Benztropolonstruktur, die unter Mitwirkung der Oxydasen aus Catechinen, Gallocatechinen und deren Gallaten gebildet werden.

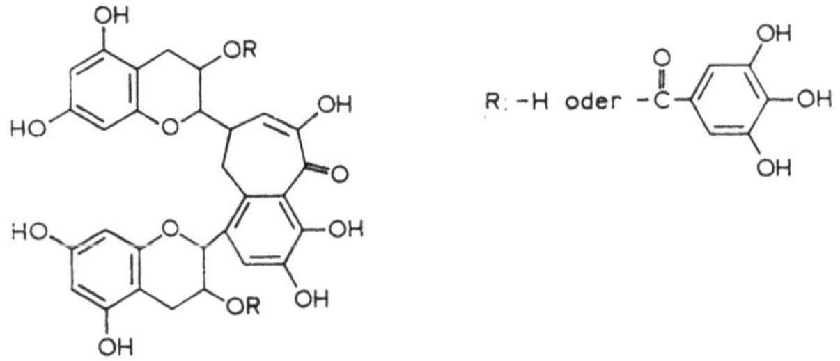

Am Teearoma sind weiterhin oxydative Spaltprodukte der Carotene (z. B. β-Ionon (*I*), 6-Methyl-3,5-heptadien-2-on (*II*), 2,2,6-Trimethylcyclohexanon (*III*), Theaspiron (*IV*) und Dihydroactinidiolid (*V*)) sowie der Linol- und Linolensäure (z. B. Hex-2-enal) beteiligt, ebenso wie Abbauprodukte der Aminosäuren (STRECKER-Abbau).

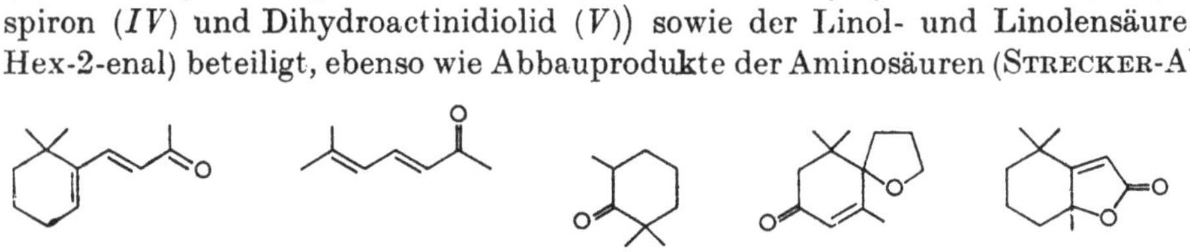

I II III IV V

Tee ist wie Kaffee ein anregendes Genußmittel mit einer ähnlichen physiologischen Wirkung. Die wäßrigen Extraktausbeuten bei Tee liegen zwischen 25 und 40%. Aus Tee-Extrakten wird industriell — wie bei Kaffee — auch Tee-Extraktpulver hergestellt.

20.3. Teeähnliche Erzeugnisse

Teeähnliche Erzeugnisse sind Produkte, die — anstelle von Tee getrunken — überwiegend aus verschiedenen Kräutern, aber auch bestimmten Obstblättern oder Blüten (z. B. Malven) evtl. unter Fermentation hergestellt werden und meist kein Coffein enthalten.

Mate (Paraguaytee) ist ein typisches Getränk in Süd- und Mittelamerika. Es wird aus den Blättern, Blattstielen und jungen Trieben mehrerer der dort wild wachsenden und auch in Kultur gehaltenen Stechpalmenarten (insbesondere *Ilex paraguariensis*) gewonnen. Die Blätter werden zur Enzyminaktivierung über offenem Feuer erhitzt oder kurz in kochendes Wasser getaucht und dann getrocknet. Nach der Grobzerkleinerung wird sortiert, nachgetrocknet und zu Pulver vermahlen. Mate enthält etwa 0,5 bis 2% Coffein, geringe Mengen an Theobromin, Theophyllin sowie Trigonellin und hat eine ähnlich anregende Wirkung wie Tee.

21. Kakaobohnen und Kakaoerzeugnisse

21.1. Allgemeines

Kakaobohnen sind die vom Fruchtfleisch befreiten, in den subtropischen und tropischen Ursprungsländern fermentierten und getrockneten Samen des immergrünen Kakaobaumes *Theobroma cacao* L.

Die Kakaobohnen gehören auf Grund ihrer sensorischen Eigenheiten zu den wertvollsten Rohstoffen der Süßwarenindustrie. Botanisch unterscheidet man zwischen *Criollos, Forasteros* und *Trinitarios* (Hybriden aus Criollo und Forastero), im Handel dagegen zwischen *Edel-* und *Konsumkakaobohnen.* Während alle Criollo- und Trinitariotypen als Edelkakaobohnen eingestuft werden, gehören alle Forasteros — die Kakaobohnen aus Ekuador ausgenommen — zur Gruppe der Konsumkakaobohnen. Letztere machen etwa 90% der Weltproduktion aus. Die Forasteros aus Ekuador werden auf dem Weltmarkt unter der Bezeichnung Arriba als Edelkakaobohnen gehandelt. Weitere typische Vertreter der Edelkakaobohnen sind die Kakaobohnen aus Mexiko, Trinidad, Grenada, Java, Samoa und Sri Lanka. Als Konsumsorten gelten die Kakaobohnen aus Ghana, Brasilien (Bahia), Nigeria, Kamerun, von der Elfenbeinküste und aus dem Kongo (Ernteerträge s. Tab. 27.14).

Kakaobohnen bestehen je nach botanischer Sorte und geographischer Herkunft aus 10 bis 16% Schalen, 83 bis 89% Kern und etwa 1% Keimwürzelchen, aber nur der Kakaokern dient zur Herstellung von Kakaoerzeugnissen.

21.2. Kakaobohnenaufbereitung

Die nach der Ernte den Früchten entnommenen Kakaobohnen werden in Haufen, Kästen, rotierenden Trommeln o. ä. einer spontanen (etwa 4 bis 5 Tage) *Fermentation* (Temperaturanstieg dabei bis auf etwa 323 K = 50 °C) unterworfen, die das Ziel hat, noch anhaftendes Fruchtfleisch zu entfernen (enzymatischer Abbau der höhermolekularen Kohlenhydrate und ihre partielle Vergärung zu Ethanol bzw. sekundär unter Lufteinfluß zu Essigsäure) und den Samen abzutöten. Durch die Fermentation wird — insbesondere unter dem Einfluß von Oxydasen (Polyphenoloxydasen usw.) — die Bildung von Aroma-, Geschmacks- und Farbstoffen (Kakaobraun) sowie eine partielle Kondensation der adstringierend schmeckenden Gerbstoffe ausgelöst. An diesen Reaktionen sind — wie bei Tee (s. II; 20.2.) — hauptsächlich phenolische Substanzen, Eiweiß bzw. Aminosäuren und Kohlenhydrate beteiligt. Anschließend werden die Bohnen auf einen Wassergehalt von 6 bis 8% getrocknet.

Zur weiteren Verarbeitung werden die Kakaobohnen nach der Reinigung und dem Sortieren *geröstet* (Temperatur maximal bis etwa 413 K = 140 °C), wobei der Wassergehalt auf etwa 2% absinkt (Röstverlust insgesamt 4 bis 8%). Bei der Röstung werden unerwünschte Geruchs- und Geschmacksträger (z. B. Essigsäure) weitgehend entfernt, gleichzeitig wird eine thermische sowie oxydative Aroma-, Geschmacks- und Farbstoffbildung ausgelöst, wobei als Precursors in erster Linie Aminosäuren, Kohlenhydrate und Phenole in Betracht kommen.

Die gerösteten Bohnen werden zur Abtrennung der Schalen und Keimwürzelchen den Brech- und Reinigungsanlagen zugeführt. Ein Teil der dabei anfallenden Kakaoschalen wird zu Kakaoschalentee verarbeitet, der überwiegende Teil aber wird in der Landwirtschaft (Futter, Düngemittel) verwendet. Die Würzelchen gelangen in den Kakaokernbruch oder zu den Kakaoschalen.

Der Kern gut aufbereiteter Edelkakaobohnen ist von mildem, angenehm bitterem Geschmack. Er hat ein ausgeprägtes Aroma mit vielen Eigenheiten, die mit fruchtig, blumig, weinähnlich oder würzig beschrieben werden können. Die Kerne der Konsumkakaobohnen dagegen weisen einen herben, mitunter adstringierenden Geschmack auf und haben ein kräftiges Kakaoaroma.

21.3. Chemische Zusammensetzung

Die Zusammensetzung der Kakaobohnen schwankt in Abhängigkeit von der botanischen Varietät, den Anbaubedingungen und der Art der Aufbereitung. Die Zusammensetzung der Kakaoerzeugnisse dagegen wird durch die Verbrauchererwartung, die zu erzielende Qualität der Fertigerzeugnisse, die jeweiligen lebensmittelrechtlichen Bestimmungen und nicht zuletzt durch die Technologie bestimmt. Die folgenden Ausführungen beziehen sich — unter der Berücksichtigung, daß nur der Kakaokern für die menschliche Ernährung verwendet wird — primär auf den Kakaokern.

Charakteristisch für Kakaokerne ist der hohe (50 bis 55%) Lipidanteil (Kakaobutter) sowie die relativ großen Mengen an Theobromin (1 bis 2%) neben geringen Mengen Coffein (etwa 0,2%) und Spuren von Theophyllin (etwa 0,0002%).

Kohlenhydrate

Die Kohlenhydrate des Kakaokerns (insgesamt etwa 15%) enthalten als Hauptbestandteil Stärke (etwa 8%), daneben finden sich Pentosane (etwa 1,5%), Cellulose (etwa 2%), Pectine, Galactane usw. Lösliche Zucker treten nur in geringen Mengen auf (bis etwa 1,5%).

Saccharose ist in allen unfermentierten oder schlecht fermentierten (schiefrigen, violetten) Kakaobohnen vorhanden. In gut aufbereiteten Kakaobohnenpartien fehlt sie fast völlig. Glucose und Fructose dagegen sind in jedem Fall nur in fermentierten Kakaokernen nachweisbar, sie werden hydrolytisch bei der Fermentation aus Saccharose gebildet. Sie sind während des Röstprozesses an der Aromaausbildung entscheidend beteiligt.

Stickstoffhaltige Verbindungen

Der Gesamtstickstoffgehalt der Kakaokerne beträgt 2,0 bis 2,5%. 2/3 davon entfallen auf Eiweißstoffe, die in Mengen von 10 bis 12% vorkommen. Nicht fermentierte Kakaokerne enthalten etwa 0,3% freie Aminosäuren, fermentierte dagegen infolge des enzymatischen Eiweißabbaues etwa 1%. Die relativ schlechte Löslichkeit und Verdaulichkeit des Eiweißes von fermentiertem Kakao (etwa 50%) ist auf Reaktionen der Polyphenole bzw. der enzymatisch oxydierten Polyphenole mit den Proteinen während der Fermentation zurückzuführen. Während in der ersten Phase der Kakaofermentation, die anaerob abläuft, eine „sauerstoffunabhängige Vergerbung“ (Wasserstoffbrücken zwischen phenolischen OH-Gruppen und Proteinen) zu verzeichnen ist, tritt in der zweiten Phase der Fermentation unter aeroben Bedingungen eine „oxydative Vergerbung“ (kovalente Bindung zwischen den chinoiden Systemen der oxydierten Polyphenole und freien Amino- bzw. Iminogruppen des Proteins) ein, die evtl. zu weiteren Kondensationsprodukten führt.

Außerdem kommen Purine (1 bis 2%) vor, deren Hauptvertreter in Kakaokernen Theobromin und Coffein sind.

Lipide

Den größten Teil des Kakaokerns machen die Lipide aus. Der Fettgehalt beträgt etwa 50 bis 55%, der Phosphatidgehalt 0,3 bis 0,5%. Bemerkenswert ist, daß die Kerne der Edelkakaobohnen im allgemeinen die geringeren, die der Konsumkakaobohnen die höheren Fettmengen aufweisen.

Das Fett des Kakaokerns — in abgepreßter Form als Kakaobutter bezeichnet — unterscheidet sich sowohl in seiner Fettsäurezusammensetzung als auch in seiner Glyceridstruktur und damit im Schmelz- und Erstarrungsverhalten erheblich von den meisten anderen Pflanzenfetten (s. II; 7.4.2.).

Von besonderer Bedeutung für die Herstellung von Kakaoerzeugnissen sind die Polymorphie, das große Kontraktionsvermögen beim Übergang von der flüssigen in die feste Phase und die Härte der Kakaobutter. Man unterscheidet 4 Kristallmodifikationen — α-, β-, β'- und γ-Form —, von denen die β-Form die energieärmste, d. h. bei Zimmertemperatur stabilste ist.

Mineralstoffe

Der Mineralstoffgehalt der Kakaokerne schwankt zwischen 2 und 4%. Von analytischer Bedeutung ist unter Umständen die Bestimmung des Mineralstoffgehaltes bei Kakaopulver, da hierdurch eine zur Verbesserung der Qualität des Kakaopulvers durchgeführte Behandlung des Kakaokernbruches bzw. der Kakaomasse mit wäßrigen Alkali- oder Magnesiumsalzlösungen (Alkalisieren) nachgewiesen werden kann. Das Alkalisieren (Aufschließen, Solubilisieren) von Kakaokernbruch bzw. Kakaomasse bei der Herstellung von Kakaopulver soll bewirken, daß sich die Farbe vertieft, der adstringierende Geschmack gemildert und die Schwebefähigkeit der Kakaopartikel im Kakaogetränk erhöht wird. Zur Vermeidung einer sich geschmacklich ungünstig auswirkenden alkalischen Reaktion des Kakaopulvers ist bei pH-Werten über 7 eine nachträgliche Abstumpfung mit Säure (Citronen- oder Weinsäure) nötig, so daß das pH dann etwa zwischen 6,5 und 7 liegt. Mitunter erfolgt das Solubilisieren auch durch eine Behandlung von Kakaokernbruch oder Kakaomasse allein mit Wasser. Diese Art der Aufarbeitung kann über die Bestimmung des Gehaltes an Mineralstoffen nicht nachgewiesen werden.

Vitamine und Enzyme

Vitamine kommen in aufbereiteten Kakaokernen nur in ernährungsphysiologisch unbedeutenden Mengen vor. Frische Kakaobohnen enthalten kohlenhydrat-, eiweiß- und fettabbauende Enzyme, Oxydasen usw., die aber während der Aufarbeitung fast restlos inaktiviert werden.

Phenolische Substanzen

Polyhydroxyphenole zählen zu den charakteristischen Inhaltsstoffen des Kakaos und sind an der Farbgebung sowie dem Geschmack der fermentierten und gerösteten Kakaokerne entscheidend beteiligt. Frische Kakaobohnen enthalten zumeist etwa 3% Catechine (Flavonolderivate) und 2,5% der purpurnen Leucoanthocyane (Flavandiolderivate) neben geringen Mengen (etwa 2%) der sogenannten löslichen Gerbstoffe und anderen phenolischen Substanzen. Beim Fermentationsprozeß werden glycosidische Bindungen durch Glycosidasen gespalten und die freien Polyhydroxyphenole enzymatisch (Polyphenoloxydase) partiell oxydiert. Kondensationsreaktionen zu höhermolekularen unlöslichen Verbindungen (Phlobaphene) finden überwiegend aber erst bei der Trocknung statt. Diese Umsetzungen an den Polyphenolen bedingen die Bildung des Kakaorots bzw. des Kakaobrauns sowie die Abnahme des adstringierenden Geschmackes und das Auftreten des typischen herb-bitteren Kakaogeschmackes.

Organische Säuren

Kakaokerne enthalten — in Abhängigkeit von der Art und der Sorgfalt der Aufbereitung — bis zu 2,5% freie organische Säuren. Den Hauptanteil daran haben die bei der Fermentation gebildete Essigsäure (0,2 bis 0,7%) und Citronensäure (0,5 bis 0,7%). Ein hoher Essigsäuregehalt — und damit ein hoher Gesamtsäuregehalt — ist bei Kakaokernen zu verzeichnen, die entweder in Gruben oder über längere Zeiträume der Fermentation unterworfen wurden. Neben Essig- und Citronensäure sind auch Wein-, Oxal-, Milch- und Propionsäure nachgewiesen worden. Bei Fehlfermentation kommen auch iso-Buttersäure und iso-Valeriansäure im Kakaokern vor.

Geschmacks- und Aromastoffe

Der typisch herb-bittere, mitunter auch adstringierend-herbe Geschmack des Kakaokerns wird durch Gerbstoffe unterschiedlichen Kondensationsgrades und durch Purine hervorgerufen. Bei gerösteten Kakaobohnen tragen zusätzlich Diketopiperazine zur Bittere bei. In Abhängigkeit von dem durch Reife, Fermentation, Trocknung Röstung oder Darren der Kakaobohnen erzielten Kondensationsgrad der Polyhydroxyphenole weist der Kakaokern einen adstringierend-herben bis bitteren Charakter auf. Niedrig kondensierte Gerbstoffe sowie deren Monomere bedingen die wenig erwünschte adstringierend-herbe Note, höher kondensierte Produkte den allgemein bevorzugten bitteren Geschmack.

Das typische Kakaoaroma wird durch eine Vielzahl chemischer Verbindungen hervorgerufen. Die Zahl der identifizierten Substanzen beläuft sich derzeit auf mehr als 200. Diese Verbindungen gehören zu den Kohlenwasserstoffen (z. B. Benzen, Toluen, Cumen, Xylen, Mesitylen, 2-Ethyl-1,3-dimethylbenzen, Limonen), Ethern und Phenolen (z. B. Safrol, Guajakol), Ketonen (z. B. Aceton, Butan-2,3-dion, Campher, Menthon, Acetophenon), Alkoholen (z. B. Methanol, Ethanol, Propanol, Linalool, Geraniol, n-Hexanol), Aldehyden (Acetaldehyd, Acrolein, Benzaldehyd, Citronellal u. a.), Säuren (z. B. Ameisensäure, Essigsäure, Propionsäure), Furanen, Estern (Methylacetat, Ethylacetat, n-Amylacetat, Amylbutyrat, Ethylphenylacetat u. a.), Aminen, Pyrrolen, Pyrazinen und schwefelhaltigen Verbindungen. Die das charakteristische Kakaoaroma bedingenden Schlüsselsubstanzen konnten bisher noch nicht ermittelt werden.

21.4. Kakaoerzeugnisse

Zu den Kakaoerzeugnissen gehört eine Vielzahl von Produkten, die sich sowohl in der Zusammensetzung als auch im Aussehen, in der Konsistenz, im Geruch und im Geschmack wesentlich voneinander unterscheiden können. Gemeinsames Merkmal ist ihr Gehalt an Kakaobestandteilen, d. h. an Kakaomasse, Kakaobutter und/oder Kakaopulver. Kakaoerzeugnisse enthalten — die sogenannte weiße Schokolade ausgenommen — in jedem Fall die aus dem Kakaokern herrührenden typischen Bestandteile Theobromin und phenolische Verbindungen.

Die Kakaoerzeugnisse werden in folgende Hauptgruppen unterteilt:

- Halbfabrikate (Kakaokernbruch, Kakaomasse, Kakaobutter)
- massive Kakaoerzeugnisse und Schokoladenhohlkörper (Tafeln, Riegel, figürliche Erzeugnisse)
- gefüllte Kakaoerzeugnisse (gefüllte Tafeln, Riegel, figürliche Erzeugnisse, Pralinen)
- pulverförmige Kakaoerzeugnisse (Kakaopulver, Kakaopulvermischungen, Schokoladenpulver, Instantprodukte).

Halbfabrikate

Kakaokernbruch sind die gedarrten oder gerösteten, von den Schalen bis auf einen technisch unvermeidbaren Rest befreiten, gebrochenen Kakaobohnen. *Kakaomasse* ist feinzerkleinerter Kakaokernbruch. Als *Kakaobutter* wird das aus Kakaokernbruch oder Kakaomasse abgepreßte Fett bezeichnet.

Massive Kakaoerzeugnisse und Schokoladenhohlkörper

Massive Kakaoerzeugnisse sind verschiedenartig geformte Produkte aus einer homogenen Masse, der Schokoladenmasse. Zur Herstellung von Schokoladenmasse wird die Kakaomasse unter Zusatz von Zucker sowie im allgemeinen von Kakaobutter, Vanillin oder Ethylvanillin, Milchpulver usw. einer vielstufigen, mechanischen (Mischen in Melangeuren oder mittels kombinierter Misch- und Förderschnecken; Feinzerkleinerung durch Fünfwalzwerke) und thermischen Behandlung (Temperatur in den Conchen 323 bis 358 K = 50 bis 85 °C) unterworfen (Gesamtdauer etwa 1 bis 3 Tage). Bei diesem Prozeß tritt, abgesehen von einer Verbesserung der Konsistenz (Fließfähigkeit) infolge Homogenisierung und Desaggregierung, eine Aroma- und Geschmacksabrundung durch Verflüchtigung unerwünschter Bestandteile sowie durch die unter Sauerstoff- und Temperatureinfluß ausgelöste Bildung neuer Aroma- und Geschmacksstoffe ein. Vor dem Ausformen wird die Schokoladenmasse in Abhängigkeit von ihrer Zusammensetzung auf 299 bis 305 K (26 bis 32 °C) temperiert. (Ungenügend temperierte Schokoladenmassen würden ein unbefriedigendes Gefüge aufweisen, keinen Glanz haben und sich nicht ausformen lassen.) Die so vorkristallisierte Masse wird in Kunststoff- oder Metallformen gefüllt, durch einen Kühltunnel geführt und anschließend ausgeformt. Schokoladenhohlkörper werden gleichfalls nur aus Schokoladenmasse und in verschiedenen Formen hergestellt.

Tabelle 21.1. Zusammensetzung verschiedener Schokoladensorten

Schokoladenmasse	Fett (%)	Saccharose (%)	Stickstoffsubstanz (N × 6,25) (%)
Speise- und Haushaltsschokolade	25–30	57–62	2,0
Halbbitter-, Zartbitter-, Feinherb-Schokolade	29–35	54–55	4,0– 4,5
Bitter-, Extrabitter-, Edelbitter-Schokolade	31–38	45–51	5,0– 6,0
Sahneschokolade	32–38	43–53	5,9– 6,4
Vollmilchschokolade	28–36	36–47	6,2– 9,8
Magermilchschokolade	27–32	51–67	8,2–12,3

Weiße Schokolade ist ein Produkt aus Kakaobutter, Milchpulver und Zucker, es enthält meist zusätzlich bestimmte Aromaträger.

Schokolade hat auf Grund ihres hohen Gehaltes an Fett, Eiweiß und Saccharose einen nicht unbeträchtlichen physiologischen Brennwert. Eine Tafel (100 g) liefert etwa 2,3 MJ (550 kcal).

Gefüllte Kakaoerzeugnisse

Gefüllte Kakaoerzeugnisse sind verschiedenartig geformte Erzeugnisse, die aus zwei sich deutlich voneinander unterscheidenden Bestandteilen bestehen, d. h. aus der Füllung und aus der allseitigen Umhüllung mit einer Schokoladenüberzugsmasse, auch *Kuvertüre* genannt. Als Füllungen kommen in verschiedenen Varianten sowohl hinsichtlich der Konsistenz als auch der Geschmacksrichtung Fondant, Gelee, Krokant, Marzipan, Persipan, Nugat- und Trüffelmassen, Spirituosen usw., als Überzugsmassen bittere Kuvertüren oder Milchschokoladenüberzugsmassen in Betracht.

Pulverförmige Kakaoerzeugnisse

Bei den pulverförmigen Kakaoerzeugnissen handelt es sich um Kakaopulver und pulverförmige kakaohaltige Mischungen einerseits und um Schokoladenpulver andererseits.

Kakaopulver ist das aus Kakaokernbruch oder Kakaomasse durch teilweises Abpressen des Kakaofettes gewonnene, feinzerkleinerte und gesichtete Pulver. Durch den Zusatz von Saccharose, Glucose, Vollmilchpulver, Magermilchpulver, ggf. Mehl bzw. Malzmehl von Hafer und Gerste und/oder anderen Produkten erhält man die *pulverförmigen kakaohaltigen Mischungen.*

Schokoladenpulver ist ein aus Kakaokernbruch, Kakaomasse oder Kakaopulver und Saccharose in Anlehnung an die Schokoladenmassenherstellung gewonnenes pulverförmiges oder feinkörniges Erzeugnis, das den typischen Schokoladengeschmack deutlich erkennen läßt.

Der Fettgehalt des Kakaopulvers wird durch die Menge des aus dem Kakaokernbruch oder aus der Kakaomasse abgepreßten Fettes bestimmt. Man unterscheidet zwischen *schwach entöltem* Kakaopulver mit einem Fettgehalt über 20% (meist 20 bis 22% Fett) und *stark entöltem* Kakaopulver mit einem Fettgehalt von 10 bis 20% (meist um 12%).

21.5. Lagerung von Kakaoerzeugnissen

Kakaoerzeugnisse sind bei ordnungsgemäßer Lagerung gut lagerfähig, nehmen aber verhältnismäßig leicht Fremdgerüche an. Sie sollten daher in geruchsneutralem Verpackungsmaterial abgepackt werden. Mikrobielle Veränderungen sind bei massiven Schokoladenerzeugnissen wegen des relativ geringen Wassergehaltes recht selten. Der auf massiven Schokoladenerzeugnissen und Pralinen mitunter auftretende grauweiße *Fettreif* (fat-bloom) ist darauf zurückzuführen, daß Fett austritt und wieder auskristallisiert (der Vorgang ist bisher nicht in allen Einzelheiten geklärt). *Zuckerreif* (sugar-bloom) ist dann zu beobachten, wenn sich Feuchtigkeit auf der Oberfläche von Schokolade niederschlägt und Zucker herauslöst, der anschließend nach Abdunsten der Feuchtigkeit auskristallisiert.

22. Tabak und Tabakerzeugnisse

22.1. Allgemeines

Tabak und Tabakerzeugnisse sind die aus den getrockneten und fermentierten Blättern der zu den Nachtschattengewächsen (Solanaceen) zählenden Tabakpflanze unter evtl. Mitverwendung von Aromatisierungs-, Saucierungs-, Brandverbesserungs-, Feuchthalte-, Konservierungsmitteln usw. hergestellten Produkte, die zum Rauchen, Schnupfen oder Kauen bestimmt sind.

Von den über 60 verschiedenen Arten der Gattung Nicotiana werden aber nur zwei in größerem Umfang kultiviert, die rot blühende *Nicotiana tabacum* und die gelb blühende *Nicotiana rustica* (Bauerntabak, Veilchentabak, Machorka). *N. rustica* gilt als qualitativ minderwertiger und wird vor allem in klimatisch ungünstigen Gebieten angebaut. Die wichtigsten tabakanbauenden Länder sind die USA, Indien, Brasilien, UdSSR, Pakistan, Japan, Türkei, Kanada, Bulgarien, Thailand und Griechenland.

22.2. Gewinnung und Verarbeitung von Rohtabak

Die Blätter der Tabakpflanze reifen von unten nach oben. Die Ernte erfolgt im allgemeinen durch dreimaliges Pflücken, dabei werden zuerst die unteren Blätter (Grumpen und Sandblätter, Erstgut), dann die mittleren (Hauptgut, Mittelgut, Bestgut) und zum Schluß die oberen Blätter (Obergut) abgenommen. Für Zigarettentabake werden vollreife Blätter genommen, bei denen die Polysaccharide schon weitgehend zu löslichen Kohlenhydraten abgebaut sind. Sie liefern die sogenannten sauren Tabake, bei denen der Hauptstromrauch ein pH < 7 (meist 5 bis 6) hat. Für Zigarrentabake werden vorreife Blätter geerntet. Sie liefern die sogenannten alkalischen Tabake, bei denen der Hauptstromrauch ein pH > 7 (bis maximal 8,5) hat. Zigarrenrohtabake enthalten relativ große Mengen an Eiweiß und anderen hochmolekularen Substanzen. Sie müssen, um diese Stoffe abzubauen, bei höheren Temperaturen fermentiert werden, damit der Tabak rauchbar wird.

Die geernteten Blätter werden auf Schnüre gezogen oder aufgelattet, in Trockenschuppen o. ä. im allgemeinen an der Luft, zum Teil aber auch unter Zufuhr von Warmluft, getrocknet und ergeben so den unfermentierten Rohtabak.

Ziel der Fermentation von Tabak ist die Verbesserung der Blattstruktur (Geschmeidigwerden), der Abbau bzw. die Umwandlung unerwünschter Bestandteile sowie die Bildung erwünschter Geschmacks-, Aroma- und Farbstoffe. Bei der Fermentation wirken blatteigene Enzyme sowie die mit dem Erntegut eingebrachten Mikroorganismen (vorzugsweise Bakterien) auf den Rohtabak ein. Die Fermentation erfolgt bei den Naturverfahren (ohne künstliche Wärmezufuhr) in der Weise, daß die getrockneten Blätter zu großen Haufen (Stocks) von mehreren Tonnen bei einer Temperatur von 313 bis 333 K (40 bis 60 °C) gehalten werden (Stapelfermentation, bevorzugt für alkalische Tabake) oder in Ballen schonend bei etwa 308 bis 318 K (35 bis 45 °C) fermentiert werden (Ballenfermentation, vor allem für saure Tabake). Bei den modernen Warmverfahren erfolgt eine gelenkte Fermentation in klimatisierten Kammern o. ä.

Bei der Trocknung und Fermentation tritt infolge Veratmung und anderer Reaktionen ein Verlust von 5 bis 20% an organischer Substanz ein.

Der charakteristische Bestandteil des Tabaks, das Nicotin (s. I; 12.4.), vermutlich überwiegend an Chlorogensäuren gebunden, wird bei der Aufarbeitung bis zu etwa 25% abgebaut (u. a. zu Nicotinamid, Myosmin, Glutaminsäure und γ-Aminobuttersäure). Polysaccharide (Stärke, Pentosane usw.), die neben löslichen Kohlenhydraten im Rohtabak vorliegen, werden partiell zu niedermolekularen Zuckern abgebaut, die z. T. veratmet werden. Pectine werden ebenfalls teilweise enzymatisch gespalten, wobei Methanol und Galacturonsäuren als typische Spaltprodukte auftreten. Phenolische Substanzen, wie Flavone, Flavonole, Depside, Phenolcarbonsäuren usw., werden enzymatisch (Polyphenoloxydase) — ähnlich wie bei Tee (s. II; 20.2.) — umgesetzt. Proteine liefern Peptide, Amide, Aminosäuren usw., die während der Fermentation sekundär mit anderen Stoffen reagieren können. Auch die Farbstoffe (Chlorophyll und Carotenoide) werden weitgehend durch den Fermentationsprozeß zerstört.

22.3. Zusammensetzung von fermentiertem Tabak

Die Zusammensetzung von fermentierten Tabaken schwankt in Abhängigkeit von Sorte, Herkunft, Reifegrad, Fermentation usw. innerhalb relativ weiter Grenzen. Im allgemeinen ist mit folgenden Werten zu rechnen: Wasser 8 bis 15%, wasserlösliche Extraktstoffe 45 bis 55%, Gesamtstickstoffsubstanz 3 bis 4%, Nicotin 0,5 bis 3%, Mineralstoffe (Asche) 18 bis 22%, Rohfaser 10 bis 15%, Pectine 6 bis 10%, phenolische Substanzen 3 bis 8%, Lipide 3 bis 6%, Harze 3 bis 15% und etwa 15% organische Säuren.

Die wesentlichen Schadstoffe sind das Nicotin sowie bestimmte beim Verbrennen des Tabaks entstehende Pyrolyseprodukte (Teerprodukte) und Kohlenmonoxid.

Beim Zigarettenrauchen wird etwa 1/3 des im Tabak vorhandenen Nicotins in der Glutzone (Temperatur etwa 973 K = 700 °C) verbrannt, 1/3 geht in den Rauchnebenstrom und 1/3 gelangt mit dem Hauptstrom in die Mundhöhle. Beim Inhalieren werden etwa 90%, sonst etwa 5% des eingesogenen Nicotins resorbiert.

Von den Pyrolyseprodukten stehen die polycyclischen aromatischen Kohlenwasserstoffe im Mittelpunkt des Interesses, seitdem festgestellt wurde, daß Zigarettenrauchkondensate cancerogen wirken. In solchen Kondensaten sind u. a. nachgewiesen worden: Anthracen, 3,4-Benzpyren, 1,2,5,6-Dibenzanthracen und Pyren, daneben aber auch N-, S- und O-Heterocyclen.

Um den Gehalt an den genannten Schadstoffen zu reduzieren, ist man um die Züchtung möglichst nicotinarmer Tabake bemüht bzw. um die Entfernung bestimmter Blattbestandteile (z. B. Oberflächenwachse bzw. -harze), die vermutlich eine wesentliche Rolle bei der Bildung polycyclischer aromatischer Kohlenwasserstoffe spielen, ohne daß dabei die Qualität des Tabaks Einbuße erleidet. Eine grundsätzlich andere Möglichkeit ist die Filtration des Rauches (Filterzigaretten) mit dem Ziel der weitgehenden Adsorption von Nicotin und den sogenannten Teerprodukten. Bei Filterzigaretten werden sowohl etwa 15 bis 40% Nicotin als auch 15 bis 40% Teerprodukte durch das Filter retiniert.

22.4. Tabakerzeugnisse

Mischungen aus mehreren Tabaksorten mit unterschiedlichem Gebrauchswert werden zu Tabakerzeugnissen verarbeitet.

- *Zigaretten* werden aus hellgelbem bis schwarzbraunem, feingeschnittenem (Schnittbreite meist 0,6 mm) mehr oder weniger stark gesauctem Tabak hergestellt.
- *Zigarren, Zigarillos* und *Stumpen* werden zumeist aus nicht gesaucten Tabaken gefertigt und bestehen aus dem Wickel (Tabakeinlage und unentripptes Umblatt) und dem entrippten Deckblatt.
- *Rauchtabake* (*Pfeifentabake*) sind zumeist gesaucte Erzeugnisse, deren Schnittbreite zwischen 1,5 und 3,5 mm liegt.
- *Kautabak* wird überwiegend aus schweren, fettreichen Tabaksorten (z. B. Kentucky und Virginia) hergestellt. Der Tabak ist entrippt, stark gesauct, mit einem Deckblatt umgeben und kommt in Form von Rollen, Stangen, Würfeln usw. in den Handel.
- *Schnupftabak* ist ein pulverförmiges gemahlenes Produkt, das aus entrippten, gesaucten Blättern schwerer Tabaksorten, die eine Nachfermentation (Karottieren) erfahren haben, hergestellt wird.

Als *Tabakersatzstoffe* finden Blätter anderer Pflanzen (z. B. Rosen- und Kirschblätter) Verwendung. Ob und in welchem Umfang solche Ersatzstoffe verwendet werden dürfen, ist in der Regel gesetzlich in den einzelnen Ländern festgelegt.

23. Alkoholfreie Erfrischungsgetränke

Zu den wichtigsten Vertretern der alkoholfreien Erfrischungsgetränke zählen die ungesüßten kohlensäurehaltigen Wässer, Fruchtsaftgetränke ohne Kohlendioxidzusatz, fruchtsafthaltige Getränke mit Kohlendioxidzusatz, Limonaden und Brausen mit Frucht- oder Kräutergeschmack sowie bestimmte coffeinhaltige Getränke. Gemeinsames Merkmal der genannten Erzeugnisse ist, daß sie — gekühlt getrunken — durststillend und erfrischend sind. Sie müssen den gleichen hygienischen Anforderungen entsprechen, die an Trinkwasser gestellt werden.

Während ungesüßte kohlensäurehaltige Wässer in mikrobiologischer Hinsicht relativ ungefährdet sind, sind zuckerhaltige Getränke weitaus weniger widerstandsfähig gegen mikrobielle Infektionen. Besonders Hefen können sich infolge des niedrigen pH-Wertes gut entwickeln und zur Genußuntauglichkeit (Gärung, starke Kohlendioxidbildung, Trübungen, Bodensatz, Aroma- und Geschmacksveränderungen usw.) führen. An Bakterien kommen in erster Linie Essig- und Milchsäurebakterien sowie das schleimbildende *Bacterium Leuconostoc mesenteroides* („Froschlaichbacterium") in Betracht. Die mit der letztgenannten Bakterienart befallenen Getränke weisen eine dickflüssige, schleimige Konsistenz auf, die auf der Bildung von Dextranen aus der Saccharose beruht. Hyphomyceten vermehren sich infolge ihres hohen Sauerstoffbedarfes kaum in den in Flaschen abgefüllten Getränken; es existieren jedoch auch einige mikroaerophile Arten, die Verderb auslösen können.

Ungesüßte kohlensäurehaltige Wässer

Ungesüßte kohlensäurehaltige Wässer sind natürliche mineralstoffhaltige oder mineralisierte Wässer mit Kohlendioxid. In der DDR wird zwischen Mineralbrunnen, Tafelbrunnen, Tafelwässern, Selterswasser und Sodawasser unterschieden.

Mineral- und *Tafelbrunnen* entstammen zugelassenen Quellen bzw. Brunnen und unterscheiden sich von Trinkwasser durch ihre Menge an gelösten Mineralstoffen und/oder Kohlendioxid. Sie werden am Gewinnungsort verabfolgt oder abgefüllt. Mineralbrunnen müssen mindestens 1000 mg/l gelöste feste Mineralstoffe enthalten; für Tafelbrunnen ist ein Mindestgehalt an Mineralstoffen nicht vorgeschrieben.

Tafelwässer werden zumeist durch Verdünnen einer entsprechenden natürlichen Sole mit Trinkwasser gewonnen. Sie müssen mindestens 1000 mg/l gelöste feste Mineralstoffe — aus Brunnen oder Quellen stammend — enthalten.

Selterswasser, ursprünglich ein natürliches, kohlensäurehaltiges Wasser aus Niederselters in Hessen/Nassau, ist heute meist ein künstliches Mineralwasser, das durch Auflösen von Selterssalz (ein Gemisch von Kochsalz und Natriumhydrogencarbonat, wobei der Kochsalzgehalt höchstens 66,6% betragen darf) in Trinkwasser und Imprägnieren mit Kohlendioxid hergestellt wird. Ähnliches gilt für *Sodawasser*, dessen Mineralstoffgehalt mindestens 400 mg/*l* (davon wenigstens 60% Natriumcarbonat) betragen muß. Alle ungesüßten kohlensäurehaltigen Wässer müssen wenigstens 6000 mg/*l* an freiem Kohlendioxid enthalten, anderenfalls muß ein Kohlendioxidzusatz vorgenommen werden.

Fruchtsaftgetränke und fruchtsafthaltige Getränke

Fruchtsaftgetränke ohne Kohlendioxid sind geklärte oder naturtrübe gesüßte Getränke, die aus Trinkwasser, Fruchtsäften, Zucker und aroma- sowie geschmackgebenden Stoffen ohne Kohlendioxidzusatz hergestellt und durch thermische Behandlung haltbar gemacht werden. Der gesetzlich festgelegte Fruchtsafteinsatz liegt in Abhängigkeit von der Fruchtart in den meisten Ländern zwischen 10 und 60%, der Zuckerzusatz unter 10%.

Fruchtsafthaltige Getränke mit Kohlendioxid werden aus Trinkwasser, Mineral- oder Tafelbrunnen, Kohlendioxid, Fruchtsäften oder deren Konzentraten, Zucker bzw. Zucker und Süßstoff und den entsprechenden aroma- und geschmackgebenden Stoffen hergestellt. Mit fallendem Fruchtsaftanteil wird in der DDR unterschieden zwischen Fruchtsaftgetränken, Fruchtsaftlimonaden und Limonaden mit Fruchtsaftanteil. In Abhängigkeit von der Getränkeart sowie der eingesetzten Fruchtsaftart liegt der Fruchtsafteinsatz zwischen 20 und 3%.

Coffeinhaltige Erfrischungsgetränke

Coffeinhaltige Erfrischungsgetränke werden aus Trinkwasser, Coffein, Colanuß und/oder anderen Drogenauszügen, -destillaten, ätherischen Ölen, Zucker, Genußsäuren und Kohlendioxid hergestellt, wobei der Coffeingehalt im allgemeinen so eingestellt wird, daß eine Flasche (0,33 *l*) etwa die gleiche Menge Coffein wie eine Tasse Kaffee enthält. Derartige Getränke sind demzufolge für kleine Kinder als Erfrischungsgetränk nicht geeignet.

Limonaden und Brausen mit Frucht- oder Kräutergeschmack

Limonaden mit Frucht- oder Kräutergeschmack werden aus Trinkwasser oder Mineral- bzw. Tafelbrunnen, Zucker, Kohlendioxid und den entsprechenden aroma-, geschmack- und farbgebenden Stoffen hergestellt. *Brausen* mit Frucht- und Kräutergeschmack entsprechen den Anforderungen an Limonaden, nur wird hier der Zucker teilweise durch Süßstoff ersetzt.

24. Diätetische Lebensmittel

Diätetische Lebensmittel[1]) sind solche Lebensmittel, die nach Zusammensetzung und Eigenschaften für eine Ernährung bestimmt sind, die besonderen körperlichen Zuständen (z. B. Diabetes mellitus, Niereninsuffizienz), besonderen Umweltbedingungen (z. B. bedingt durch den Arbeitsplatz) oder einem bestimmten Lebensalter (z. B. Säuglinge, ältere Menschen) Rechnung tragen. Diätetische Lebensmittel sind also für ganz bestimmte Ernährungsformen vorgesehen und werden hierfür genehmigungspflichtig gezielt hergestellt. Erzeugnisse aus dem normalen Lebensmittelsortiment, die auch in der Diätetik verwendet werden, wie z. B. Reis, Leinöl, Speisequark usw., sind ebenso wie Gesundheitspflegemittel (z. B. natürliche und künstliche Heilwässer, Quellsalze, Nährpräparate) keine diätetischen Lebensmittel.

Auf einige der wichtigsten diätetischen Lebensmittel soll kurz eingegangen werden.

Säuglings- und Kinder-Fertig- bzw. -Zusatznahrung

Industriell gefertigte Säuglings- und Kindernahrungen sind Erzeugnisse auf der Basis von Milch, Obst, Gemüse und Getreide mit oder ohne Zusatz anderer Lebensmittel, Provitamine, Vitamine und Mineralstoffe. Sie werden — den ernährungsphysiologischen Kenntnissen Rechnung tragend — für eine optimale Ernährung von Säuglingen und Kindern bestimmter Altersgruppen hergestellt.

Diabetiker-Lebensmittel

Diabetiker-Lebensmittel werden vor allem für die Ernährung an Diabetes mellitus erkrankter Personen hergestellt und dürfen bei bestimmungsgemäßem Verzehr den Blutzuckerspiegel nicht oder nur in nicht gesundheitsgefährdendem Umfange erhöhen. Sie unterscheiden sich von vergleichbaren Lebensmitteln durch einen verringerten Gehalt an verdaulichen Kohlenhydraten und/oder durch Verwendung von für Diabetiker zuträglichen Süßungsmitteln, wie z. B. Fructose, Glucitol und Xylitol, bzw. künstlichen Süßstoffen oder deren Gemische. Süßungsmittel für Diabetiker gelten auch als Diabetiker-Lebensmittel.

[1]) Vgl. AO über diätetische Lebensmittel in der DDR vom 28. 11. 78

Kochsalzarme und natriumarme Lebensmittel sowie Diätsalze

Kochsalzarme Lebensmittel (für die Grunddiät geeignet) dürfen höchstens soviel Natriumchlorid enthalten, daß eine Tagesdosis von 2 g nicht überschritten wird.

Natriumarme Lebensmittel (Diät bei Herz-Kreislauf- sowie bestimmten Nieren-, Leber- und Hauterkrankungen) dürfen höchstens 0,12 g Natrium in 100 g bzw. 100 *ml* Fertigerzeugnis enthalten.

Als *Diätsalze* gelten Ersatzstoffe für Kochsalz, die aus Ammonium-, Calcium-, Kalium- und Magnesiumsalzen der Adipin-, Bernstein-, Glutamin-, Kohlen-, Milch-, Salz-, Wein- und Citronensäure (einzeln oder als Mischung) bestehen.

Energiereduzierte Lebensmittel

Energiereduzierte Lebensmittel (geeignet für Reduktionsdiät) müssen im Energiegehalt maßgeblich unter dem vergleichbarer Lebensmittel liegen. Die Energiereduktion muß z. B. in der DDR bei Mayonnaisen und Remouladen mindestens 50%, bei alkoholfreien Erfrischungsgetränken, Koch-, Back- sowie Streichfetten mindestens 40%, bei Marmeladen und Konfitüren mindestens 25% und bei Fleisch-, Wurst-, Feinback- sowie Konditorwaren mindestens 20% betragen. Die Senkung des Energiegehaltes wird zumeist durch Reduktion der Fett- oder der Zuckerkonzentration („fettreduzierte", „zuckerreduzierte" Lebensmittel) erreicht.

Glutenfreie Lebensmittel

Glutenfreie Lebensmittel sind für die Ernährung von Personen mit gluteninduzierten Enteropathien (Zöliakie bei Kindern und einheimische oder idiopathische Sprue bei Erwachsenen) bestimmt, sie müssen völlig frei sein von Avenin, Gliadin und Hordein. Cerealien, wie Weizen, Roggen, Hafer und Gerste, dürfen daher in solchen Lebensmitteln nicht vorhanden sein, dafür werden Reis, Mais und Hirse sowie Buchweizen verwendet.

Eiweißarme Lebensmittel

Eiweißarme Lebensmittel sind für Personen mit chronischen Nierenerkrankungen und eingeschränkter Nierenfunktion (Präurämie und Urämie) sowie Aminosäurestoffwechselstörungen (z. B. Phenylketonurie) bestimmt. Sie dürfen nicht mehr als 3% Gesamteiweiß enthalten.

Polyenfettsäurereiche Lebensmittel und cholesterolreduzierte Lebensmittel

Diese Lebensmittel sind vorrangig für Personen mit bestimmten Herz-Kreislauferkrankungen geeignet. Der geforderte Gehalt von 50% Polyenfettsäuren (bezogen auf Gesamtfettsäuren) wird erreicht durch Einsatz polyenfettsäurereicher Pflanzenfette, wie z. B. Sonnenblumen-, Soja- und Leinöl.

Cholesterolreduzierte Lebensmittel dürfen höchstens 50 mg Cholesterol je 100 g bzw. 100 *ml* enthalten und der Gehalt im Fertigprodukt darf nicht mehr als 1/3 vergleichbarer Lebensmittel betragen.

25. Neuartige Lebensmittel

25.1. Allgemeines

Unter neuartigen Lebensmitteln sollen hier einerseits Lebensmittel verstanden werden, die entweder völlig oder teilweise aus solchen Rohstoffen hergestellt werden, die bisher für die menschliche Ernährung praktisch nicht genutzt worden sind und andererseits auch solche Lebensmittel, die sich als völlig neue Produkte durch Kombination herkömmlicher Rohstoffe ergeben. Es handelt sich demnach um Erzeugnisse, die sich nach Art, Beschaffenheit oder Zusammensetzung von den herkömmlichen Lebensmitteln unterscheiden. Sie zeichnen sich meist durch besondere Gebrauchs- und ernährungsphysiologische Eigenschaften aus und werden teilweise auch nach für die Lebenmittelproduktion völlig neuen Technologien hergestellt. Zu den neuartigen Lebensmitteln zählen z. B. als wichtige Vertreter die simulierten (Imitationen, Analoga) Lebensmittel.

Neuartige Lebensmittel sind in erster Linie Substitute für solche Produkte, bei denen die Bereitstellung, Gewinnung und Verarbeitung der herkömmlichen Rohstoffe mit einem zu hohen gesellschaftlichen Aufwand verbunden ist bzw. die wegen Erschöpfung konventioneller Rohstoffressourcen nur noch eingeschränkt verfügbar sind. Neuartige Lebensmittel bedürfen in der DDR der Zulassung durch das Ministerium für Gesundheitswesen.

Unabhängig von den sozialökonomischen Ursachen des Hungers (etwa 500 Mill. Menschen) und der Unterernährung (ebenfalls etwa 500 Mill. Menschen), aber auch unter Berücksichtigung der Fehl- und Überernährung (Strukturwandel des Lebensmittelsortiments!), ist im Zusammenhang mit dem raschen Wachstum der Menschheit sowohl die Lebensmittelproduktion quantitativ und qualitativ zu steigern als auch seiner Profiländerung (z. B. erhebliche Zunahme des Konsums von Fleischprodukten) zu entsprechen. Es gilt, die vorhandenen Rohstoffe möglichst effektiv zu nutzen und neue Rohstoffquellen zu erschließen. Hierbei kommt zweifellos der Produktion von Nahrungsprotein derzeit die größte Bedeutung zu.

Wenn auch zunächst die Steigerung der Lebensmittelproduktion durch die traditionelle Pflanzen- und Tierproduktion erfolgen wird, beginnen sich weitere Produktionsformen, wie die mikrobiologische Stoffwandlung und neue Methoden der industriellen Lebensmittelverarbeitung herauszubilden, die alle zum Ziel haben, die Lebensmittelproduktion ökonomischer zu gestalten. Allerdings wird die traditionelle Landwirtschaft, in erster Linie die Pflanzenproduktion, der Hauptrohstofferzeuger einer solchen neuen Produktionsstruktur sein. So können beispielsweise Kohlenhydrate der Pflanzenproduktion als Nährsubstrat (Kohlenstoffträger) für die mikrobielle Proteinsynthese dienen. Durch direkte Verarbeitung der pflanzlichen Proteine zu simulierten Fleischprodukten lassen sich die erheblichen Transformationsverluste (die Umwandlung von pflanzlichem in tierisches Protein erfolgt mit einer Ausbeute von 6 bis 38%) bei der Fleischproduktion durch den tierischen Organismus sehr stark senken. Das gilt gleichermaßen auch für solche tierischen Proteine, die in der Tierernährung zur Fütterung eingesetzt werden, wie z. B. Casein. Völlig neue Perspektiven eröffnen sich in diesem Zusammenhang durch die Möglichkeit der mikrobiellen Proteinsynthese auf kohlenwasserstoffhaltigen Nährböden bzw. auf Alkoholen.

Der gegenwärtige Stand der Lebensmittelproduktion ist durch eine ausgeprägte Produktbezogenheit (Fleisch, Fisch, Milch usw.) gekennzeichnet. Dadurch ist eine Beeinflussung der funktionellen Eigenschaften über die eingesetzten Rohstoffe und Zwischenprodukte bis zum Finalprodukt meist sehr eingeschränkt. Aus diesem Grunde ist die Herstellung von neuartigen Lebensmitteln mit spezifischen funktionellen Eigenschaften von fundamentaler Bedeutung, da es durch sie immer besser möglich sein wird, programmierte Lebensmittel (fabricated foods) mit erwünschten Eigenschaften, die vorausbestimmbar eingestellt werden können, zu entwickeln.

Da über neuartige Fette (einschließlich Pseudofette) und Möglichkeiten der Modifizierung der funktionellen Eigenschaften von Fetten (vgl. II; 7.5. bis 7.8.) und Polysacchariden (vgl. I; 4.4.1. und 16.2.3.) bereits berichtet worden ist, sollen nachfolgend nur Ausführungen über neue Proteinquellen sowie über Möglichkeiten zur Modifizierung von Proteinen gemacht werden.

25.2. Proteine und Plasteine

25.2.1. Gewinnung von Proteinen

Für die Gewinnung von Proteinen zur Produktion neuartiger Lebensmittel stehen an Rohstoffressourcen tierische (z. B. Casein, Molkenproteine, Fischproteine, Blutplasma, Schlachtabfälle), pflanzliche (Ölsamen wie Sojabohne, Erdnußkerne, Baumwoll-, Sonnenblumen- und Rapssamen; Ackerbohnen; Erbsen; Getreide wie Weizen, Gerste, Mais, Reis; Luzerne als „Blattprotein"-Träger usw.) und mikrobiell synthetisierte Proteinträger (Einzellerproteine), sogenannte „proteinreiche Biomassen", wie Algen- (Chlorella, Scenedesmus, Spirulina), Bakterien-, Hefe- und Mikropilz-Biomassen, zur Verfügung.

Für die Isolierung der Proteine ist zumeist ein Zellwandaufschluß (mechanisch, enzymatisch) und eine Lipidextraktion erforderlich.

Die Proteinextraktion findet in wäßriger Lösung, im sauren (HCl) oder alkalischen pH-Bereich (NaOH) oder auch mit Hilfe eines Elektrolyten (NaCl) statt. Bei Ölsaaten kann auch eine kombinierte Öl-/Proteinextraktion angewandt werden. Dabei entsteht eine Protein-Öl-Wasser-Emulsion, die durch Zentrifugation in eine mit Öl und in eine mit Protein angereicherte Phase getrennt werden kann.

Der wäßrige Proteinextrakt wird zur Ausfällung des Proteins (z. B. Globuline) auf den isoelektrischen Punkt eingestellt und das Präzipitat abgetrennt. Die im Überstand löslichen Proteine (z. B. Albumine) können durch Hitzepräzipitation (Denaturierung der Proteine) oder durch Komplexbildung mit Polyelektrolyten (z. B. Carrageenane) gefällt werden. In speziellen Fällen (Molkenproteinisolierung) wird auch eine Reinigung durch Ultrafiltration an halbdurchlässigen Membranen durchgeführt. Die so gereinigten Proteine werden nach dem Trocknen als Isolate (etwa 90% Protein) bezeichnet. Als Konzentrate (Proteingehalt 60 bis 70% i. T.) bezeichnet man Produkte, die lediglich durch Extraktion von Lipiden und bestimmten Kohlenhydraten befreit wurden.

Proteinkonzentrate und -isolate mit den verschiedensten funktionellen Eigenschaften werden im internationalen Maßstab auf der Basis unterschiedlichster Proteinträger bereits hergestellt; im großindustriellen Maßstab steht die Verarbeitung der Sojabohne an erster Stelle.

Selbstverständlich ist der ernährungsphysiologische Wert der unterschiedlichen Proteine in Abhängigkeit von ihrer Aminosäurezusammensetzung und vom angewandten Herstellungsprinzip verschieden; er kann aber durch die Auswahl bestimmter Proteine bzw. durch Kombination unterschiedlicher Proteine weitgehend programmiert werden. Von weitaus größerer Bedeutung ist aber bei Proteinkonzentraten bzw. -isolaten der Aspekt der gesundheitlichen Unbedenklichkeit. Dabei geht es in erster Linie um unphysiologische oder sogar toxische Produkte, die aus dem Ausgangsmaterial nativ oder umweltbedingt (vgl. I; 6. und 16.3.) stammen oder bei der Gewinnung bzw. Verarbeitung gebildet werden bzw. hineingelangen. Das betrifft z. B. bei bestimmten pflanzlichen Materialien u. a. Trypsininhibitoren, Hämagglutenine, Saponine, Bitterstoffe (s. II; 9.2.) sowie Strumigene (s. I; 10.2.5.) und bei mikrobiell erzeugten Ausgangsstoffen z. B. Purine, Nucleinsäuren sowie atypische Lipide (s. I; 3.2.1.1. und II; 7.5.).

Das bei der Alkalibehandlung von Proteinen entstehende Lysinoalanin (erzeugt Nephrocytomegalie bei der Ratte) und die möglicherweise durch MAILLARD-Reaktionen gebildeten toxischen Substanzen gehören in die Kategorie von Produkten, die durch die Herstellungsbedingungen gebildet werden.

25.2.2. Modifizierung der funktionellen Eigenschaften von Proteinen

Da eine Einstellung bestimmter funktioneller Eigenschaften von Proteinen allein durch Veränderung der Gewinnungs- und Verarbeitungsprinzipien meist nicht in ausreichendem Maße möglich ist, wird u. U. eine weitere Beeinflussung der Proteine notwendig.

Sie kann durch chemische Modifizierung, pH-Änderung, Hitzeeinwirkung, partielle chemische und enzymatische Hydrolyse sowie durch Wechselwirkung mit Neutralsalzen oder Komplexbildnern erreicht werden.

Bei der chemischen Modifizierung von Nahrungsproteinen steht die Blockierung von Aminogruppen durch Acylierung (Acetylierung und Succinylierung der ε-Aminogruppe des Lysins), die Freisetzung von Carboxylgruppen durch Desamidierung, die reduktive und oxydative Einwirkung auf Disulfid- und Sulfhydrylgruppen und die Vernetzung von Polypeptidketten durch bifunktionelle Carbonylverbindungen (z. B.

Umsetzung der freien Aminogruppe des Lysins und Arginins mit Dialdehydstärke oder reduzierenden Zuckern (MAILLARD-Reaktion)) im Vordergrund.

— Die Blockierung von Aminogruppen und die Desamidierung führen durch die Zunahme der negativen Nettoladung im Proteinmolekül zu einer Verschiebung des isoelektrischen Punktes zu niedrigeren pH-Werten (verändertes Löslichkeitsprofil).
— Im Falle der Acylierung erfolgt durch die erhöhte negative Nettoladung eine Auffaltung der Proteinstruktur, die zunächst zu einer gesteigerten Bereitschaft zu Sulfhydryl-Disulfid-Wechselwirkungen führt, die aber ab einem bestimmten hohen Acylierungsgrad wegen der Verringerung der elektrostatischen Wechselwirkung stark verringert sind. So ist erklärlich, daß zunächst mit steigendem Acylierungsgrad das Gelbildungsvermögen durch thermische Denaturation zunimmt, um bei weiterer Einführung von Acylgruppen wieder abzunehmen bis letztendlich keine Gelbildung mehr erfolgt; in diesem Zustand liegen lösliche, hitzestabile acylierte Proteine vor.
— Die Acylierung von Proteinen bewirkt im allgemeinen eine zunehmende hydrophobe Assoziation des Proteins mit Lipidtröpfchen; es werden also das Emulgiervermögen (Öl-in-Wasser Emulsionen) und die Emulsionsstabilität verbessert.
— Durch die Spaltung von Disulfidbindungen durch Reduktionsmittel, z. B. Sulfit, wird eine Auflockerung der Proteinstruktur erreicht, die zu einer Löslichkeitszunahme und einer Verringerung der Viskosität von wäßrigen Lösungen des modifizierten Proteins führt.
— Eine Vernetzung von Proteinen mit Dialdehydstärke oder reduzierenden Zuckern kann zur gezielten Löslichkeitsverminderung, zur Erhöhung der Thermostabilität und zur Erzeugung und Verbesserung des Gelbildungsvermögens herangezogen werden.
— Die Denaturierung von Proteinen durch pH-Änderung und Temperaturerhöhung oder auch durch Einwirkung von organischen Lösungsmitteln führt zu Konformationsumwandlungen, die im Abbau der Hydrathülle und der Freisetzung hydrophober Reste an der Moleküloberfläche bestehen; am isoelektrischen Punkt ist dieser Vorgang mit einer irreversiblen Aggregation der Proteine verbunden.
  Durch kurzzeitige pH-Aktivierung, pH-Erhöhung auf pH 12, kann eine solche Exponierung hydrophober (lipophiler) Aminosäurereste erzeugt werden, daß Proteine mit einer hohen Emulgierfähigkeit und Fettabsorption entstehen.
  Bei pH-Werten zwischen 8 und 11 kann unter ähnlichen Bedingungen eine partielle Aufspaltung von Disulfidbindungen, die die Polypeptidketten vernetzen, hervorgerufen werden. Im Zusammenhang damit spielt auch der Abbau des Cystins nach einem β-Eliminierungsmechanismus eine Rolle; dabei bildet sich ein α-Aminoacrylsäurerest, der z. B. zur Reaktion mit der Sulfhydrylgruppe des Cystins (Lanthionin-Verknüpfung) und der Aminogruppe des Lysins (Lysinoalanin-Verknüpfung) und Ornithins (Ornithinoalanin-Verknüpfung) befähigt ist. Durch diese Alkalibehandlung erfolgt zunächst eine Aktivierung von Aminosäureresten, die dann zu Vernetzungsreaktionen befähigt sind und zu einer Gelbildung und im speziellen Fall zur Proteinfaserbildung durch Verspinnung führen. Weiterhin läßt sich beispielsweise in assoziierenden-dissoziierenden Proteinsystemen (pflanzliche Samenglobuline) bei Temperaturbehandlung im alkalischen pH-Bereich eine partielle Dissoziation der Quartärstruktur erreichen. Dadurch kommt es zur Freilegung der abgeschirmten polaren Reste (aktivierter Zustand), die nunmehr zur Wechselwirkung mit anderen Proteinen befähigt sind; auf diese Weise entsteht ein erhöhtes Gelbildungsvermögen.
— Die partielle chemische oder enzymatische Hydrolyse von Proteinen führt zu einem teilweisen Abbau der Polypeptidketten. Die damit verbundenen Konformationsänderungen führen zu einer erhöhten Zugänglichkeit aktiver Gruppen. Eine solche Desaggregation durch gesteuerte Hydrolyse erhöht die Penetration der Wasserdipole, die den hydrophilen Charakter solcher partiell hydrolysierter Proteine bedingt. Deshalb werden vor allem die Löslichkeit und das Schaumbildungsvermögen verbessert.
— Durch Neutralsalze kommt es zu Salz-Dipol-Wechselwirkungen zwischen den Elektrolytionen und den Amidgruppen der Proteine (Ein- und Aussalzeffekte). Die damit verbundene Konformationsumwandlung kann zu irreversiblen Veränderungen der Proteine und deren Löslichkeits- und Fällbarkeitseigenschaften führen. So wird bei Ackerbohnenglobulin durch 0,45 M Natriumchlorid im isoelektrischen Bereich die Löslichkeit erhöht; bei 1,0 M Natriumchlorid sinkt zwischen pH 2 und 3 die Löslichkeit ab. Die elektrostatische Wechselwirkung mit Polyanionen (Komplexbildner), wie Carrageenan, Alginat, Polyphosphat, führt ebenfalls zu ver-

änderten Löslichkeits- und Fällbarkeitseigenschaften der Proteine. Durch Variation des Protein-Komplexbildner-Verhältnisses können sowohl lösliche als auch unlösliche Komplexe hergestellt werden.
Weiterhin können beispielsweise mit Aluminiumsalzen Komplexe hergestellt werden. Dabei wird im Kation $[Al(H_2O)_6]^{3+}$ das koordinativ gebundene Wasser durch Carboxyl-, aber auch Sulfhydrylgruppen des Proteins ausgetauscht. Diese so gebildeten Aluminium(III)-Koordinationskomplexe können durch Wechselwirkung miteinander (vor allem im schwach alkalischen pH-Bereich) zu Vernetzungen führen. Damit ist u. a. eine Löslichkeitsabnahme und Erhöhung der Thermostabilität verbunden.

Die gezielte Veränderung der funktionellen Eigenschaften von Nahrungsproteinen durch chemische Modifizierung, durch Denaturierungsprozesse und durch Wechselwirkung mit Neutralsalzen und Komplexbildnern wird bisher nur vereinzelt (z. B. acetyliertes Casein als Kaffeeweißer, Herstellung von Proteinstrukturaten als Fleischsubstitute, Fleischverarbeitung mit Natriumchlorid und Polyphosphaten) angewendet.

Partialhydrolysate dagegen werden bereits industriell hergestellt (z. B. auf der Basis eines Sojabohnenproteinisolates).

Die ernährungsphysiologischen Veränderungen an den Proteinen durch die aufgeführten Modifizierungen sind sehr unterschiedlich. Während beispielsweise succinyliertes Lysin vom Organismus nicht verwertet werden kann, ist acetyliertes Lysin durch das Vorkommen einer unspezifischen Acylase in der Leber durchaus verwertbar; allerdings ist wegen der verminderten enzymatischen Angreifbarkeit die Verdaulichkeit acylierter Proteine etwas reduziert. Alle irreversiblen Vernetzungsreaktionen der Proteine (Reaktionen mit Aldehyden, Ketonen, reduzierenden Zuckern, Aluminium(III)-Koordinationskomplexe) führen zu einer herabgesetzten enzymatischen Angreifbarkeit, die eine geringere Verdaulichkeit bewirkt; der nicht resorbierbare Anteil nimmt zu. Im Falle der Vernetzung über ε-Aminogruppen des Lysins und über Sulfhydrylgruppen des Cysteins (im Aluminium(III)-Koordinationskomplex) wird durch Blockierung dieser essentiellen Aminosäuren der Biologische Wert des Proteins herabgesetzt. Das gilt gleichermaßen für pH- und Temperaturbehandlungen hinsichtlich des Abbaus von Cystin (α-Aminoacrylsäurerest-Bildung), der Lysinfixierung durch Bildung von Lysinoalanin und des Abbaus von Methionin zu Methioninsulfoxid, obwohl letztere Verbindung teilweise verwertet werden soll. Die nicht erwünschte Racemisierung von L-Aminosäuren ist vor allem bei einer Alkalibehandlung gegeben. Dagegen führen sowohl die partielle Hydrolyse als auch die elektrostatische Komplexbildung zu keinen wesentlichen ernährungsphysiologischen Veränderungen.

25.2.3. Plasteinsynthese

Die Modifizierung von Proteinen durch die Plasteinsynthese erfolgt in zwei Teilschritten, der Proteolyse des Proteins und der anschließenden Plasteinsynthese. Dabei wird allgemein das Maximum der Plasteinausbeute bei einem Proteolysegrad des Proteins von 80% und einer Substratkonzentration an Proteolysat von 20 bis 40% erreicht.

Als bevorzugtes Enzym der Proteolyse wird bisher die Endopeptidase Pepsin eingesetzt.

Für die Plasteinsynthese stehen drei Typen von Enzymen zur Verfügung; der Pepsin-Typ (das pH-Optimum der Synthese liegt um 1 bis 3 pH-Einheiten höher als das der Proteolyse), der Chymotrypsin-Typ (das pH-Optimum der Synthese liegt um 1 bis 5 pH-Einheiten niedriger als das der Proteolyse) und der Papain-Typ (die pH-Optima der Synthese und Proteolyse stimmen überein).

Im Gegensatz zu den Proteinen ist die Löslichkeit von Plasteinen nur wenig pH-abhängig. Durch Erhitzen der Plasteine in Wasser oder in wäßrigem Ethanol wird das Löslichkeitsverhalten nur unwesentlich geändert. Hinzu kommt das ausgeprägte reversible Temperatur-Koagulations-Phänomen der Plasteine.

Aus ernährungsphysiologischer Sicht ist festzustellen, daß zwischen dem Ausgangsprotein und dem entsprechenden Plastein im Hinblick auf die Aminosäurezusammensetzung, die Verdaulichkeit und den Biologischen Wert keine wesentlichen Unterschiede bestehen.

Aus ökonomischen Gründen ist aber eine industrielle Anwendung der Plasteinsynthese bisher nicht möglich.

25.3. Simulierung unterschiedlicher Lebensmittelsysteme

25.3.1. Lösungen und Emulsionen

Zur Herstellung von Lösungen, die z. B. alkoholfreie Erfrischungsgetränke o. ä. simulieren sollen, gilt als maximale Forderung, daß alle Inhaltsstoffe leicht und vollständig kaltwasserlöslich sind und klare, nicht nachtrübende Lösungen ergeben. Weitere wichtige funktionelle Eigenschaften von Lösungen sind der osmotische Druck, die Viskosität und die Vollmundigkeit (Fülle, Körper). Die Herstellung solcher Produkte ist meist relativ problemlos.

Während die Herstellung feindisperser Systeme aus nicht miteinander mischbaren Phasen in erster Linie ein technologisches Problem ist, ist die Stabilisierung derartiger Systeme von der Anwesenheit geeigneter grenzflächenaktiver Stoffe (Emulgatoren) abhängig; für Aufschlagmassen (Schäume) gilt das gleiche.

Man kann fetthaltige und fettfreie Emulsionen unterscheiden, wobei die Fettsubstitution durch Kohlenhydrate und Proteine eingeschlossen sein soll. Bei den fetthaltigen Systemen ist der Fett-in-Wasser-Emulsionstyp (Milch, Mayonnaisen, Cremes, Schlagsahne) und Wasser-in-Fett-Emulsionstyp (Margarine, Butter) zu unterscheiden. Wenn auch z. Z. ein Einsatz von Kohlenhydraten (z. B. Pectine und Aliginate) und Proteinen (Modifikate) als Emulgatoren nur zur Herstellung von Fett-in-Wasser-Emulsionen im Vordergrund steht, müßte durch sie auch eine Simulierung des Wasser-in-Fett-Emulsionstypes erreichbar sein. Zur partiellen Fettsubstitution bis zur Herstellung fettfreier Systeme stehen bisher Kohlenhydrate (z. B. Carrageenan, Carboxymethylstärke, niederverestertes Pectin, Xanthan, Maltodextrine mit DE-Werten von 4 bis 8) an erster Stelle; im Zusammenhang damit ist meist auch der Einsatz von Emulgatoren notwendig.

25.3.2. *Gelartige Mehrkomponentensysteme*

Bildung von Fasern

Zur Herstellung von Fasern sind sowohl spezielle Polysaccharide als auch generell Proteine geeignet.

So lassen sich z. B. aus schwach alkalischen bis neutralen Natriumalginatlösungen durch Einspritzen mittels Spinndüsen in calciumhaltige Fällbäder Calciumalginat-Fasern herstellen.

Proteine werden als alkalische Proteinlösung oder -dispersion eingesetzt; die Faserbildung erfolgt im sauren Fällbad am isoelektrischen Punkt und wird durch hohe Natriumchloridkonzentrationen (Aussalzeffekt) unterstützt.

Die Faserbildung kann als ein Zweistufen-Modifizierungsmechanismus des Proteins aufgefaßt werden. Die erste Stufe stellt eine pH-Temperatur-Modifizierung dar. Durch die Alkalibehandlung kommt es zum Cystinabbau, der durch die Bildung von α-Aminoacrylsäurereste die Vernetzungsreaktionen ermöglicht (s. II; 25.2.2.). Gleichzeitig findet eine Auffaltung des Proteinmoleküls unter Treisetzung von Sulfhydrylgruppen statt, die am isoelektrischen Punkt zu neuen Disulfidbrücken reagieren. Die zweite Stufe läuft als Modifizierung durch Wechselwirkung mit Neutralsalzen ab. Durch das anwesende Natriumchlorid im Fällbad werden die neu gebildeten Disulfidgruppen maskiert, so daß eine Verdichtung des Proteinmoleküls resultiert, die letztendlich die chemischen und physikalischen Eigenschaften der Proteinfasern bestimmt.

Bildung von faserigen Texturaten

Ausgangspunkt für faserige Texturate sind flüssige Zweiphasensysteme (Emulsionen), deren flüssige disperse tropfenartige Teilchen (disperse Phase) durch Deformation der Emulsion im Strom (Schereinwirkung) gestreckt und in diesem Zustand durch Gelbildung fixiert werden. Dabei entstehen kurze, dünne Fäden. Für die Herstellung solcher Emulsionen werden Proteine unter Zusatz von Polysacchariden verwandt, z. B. durch eine Mischung aus Casein und Gummi arabicum. Die disperse Casein-Phase koaguliert in einem sauren Fällbad unter Zusatz von Calciumionen, Gummi arabicum ist nicht gelbildend. Die Scherung wird bereits durch Ausfließen aus einem Tropftrichter erreicht.

Bildung von porösen, faserartigen Texturaten

Unter Nutzung des bei der Bildung von faserigen Texturaten genannten Prinzips lassen sich mit Fasern gefüllte Gele herstellen. Dabei werden während der Deformation des Zweiphasensystems beide Phasen in den gelartigen Zustand übergeführt. Beispielsweise läßt sich das Casein/Natriumalginatsystem (Natriumalginat ist in der dispersen Phase angereichert, Casein stellt das dispergierende Mittel dar) durch Rühren in einer Calciumchloridlösung in ein Caseingel, das mit Natriumalginatfasern gefüllt ist, umwandeln.

Wird das dispergierende Mittel in den gelartigen Zustand gebracht, so entstehen Gele mit Kapillarstruktur. Das kann z. B. durch Abkühlung eines Gelatine/Dextran-Systems erreicht werden. Durch Gelbildung der Gelatine des dispergierenden Mittels werden die flüssigen Teilchen der dispersen Dextranphase fixiert.

Weitere Möglichkeiten der Texturierung von Proteinen sind „zerreißendes Rühren" thermogelierender Proteinlösungen oder verdünnter Proteindispersionen, Extrusion thermogelierender Systeme aus konzentrierten Proteindispersionen (thermoplastische Extrusion), die Methode „Gefrieren—Auftauen" von verdünnten Proteindispersionen und die gerichtete Expansion von erhitzten konzentrierten Proteindispersionen (Teige) bei Druckentspannung.

Bildung von Gelen

Neben den anisotropen Gelen mit verschiedenen Makrostrukturen unterscheidet man weiterhin gefüllte, gemischte und komplexe Gele.

Bei gefüllten Gelen ist die durch den Gelbildner erzeugte Gelmatrix mit nicht am Gelbildungsprozeß beteiligten Lebensmittelbestandteilen angefüllt. Gemischte Gele bestehen aus zwei oder mehreren dreidimensionalen Netzen, die aus verschiedenen Gelbildnern entstanden sind; dazu sind allerdings Wechselwirkungen zwischen den Gelbildnern notwendig. Komplexe Gele verfügen nur über ein räumliches Netz, das durch Wechselwirkung von zwei oder mehreren Gelbildnern entstanden ist.

Beispiele für gefüllte Gele sind mit Albuminen (bei pH 2 bis 5), Casein oder Dextran gefüllte Gelatinegele oder durch Thermodenaturierung erhaltene Proteingele, die mit denaturierten Proteinen oder neutralen Polysacchariden gefüllt sind. Gelatine/Calciumalginat-Gele sind beispielsweise gemischte Gele, während Gelatine/Pectin-Gele komplexe Gele sind. Bei pH 8 bis 9 geht der Füllstoff Albumin Wechselwirkungen mit Gelatine ein, es entsteht ein komplexes Gel. Die Protein-Protein- und Protein-Polysaccharid-Wechselwirkungen sind bei Gelen, die durch Thermodenaturierung von Proteinen (Sulfhydryl-Disulfid-Wechselwirkungen) entstanden sind, noch unklar. Gelbildung kann auch durch Vernetzung der Polypeptidketten der Proteine durch chemische Reaktion hervorgerufen werden (Umsetzung von Casein mit Dialdehydstärke).

25.4. Simulierte Fleisch- und Fischprodukte

Für die Herstellung von simulierten Fleisch- und Fischprodukten lassen sich alle aufgeführten Texturate, also Proteinfasern, faserige Texturate und poröse faserartige Texturate verwenden, wobei ein hoher Identitätsgrad mit natürlichen Produkten angestrebt wird. Dazu gehören Textureigenschaften, Aroma und Farbe, aber auch der ernährungsphysiologische Wert, der durch die Zusammensetzung steuerbar ist. Während mit Ausnahme der durch Erspinnung erhaltenen Proteinfasern alle Texturate bereits pH-gerecht gewonnen werden können, müssen die Proteinfasern mit einem pH-Wert zwischen 2 und 3 durch Nachbehandeln auf den gewünschten pH-Wert ($\sim$ pH 6) gebracht werden. Zur Verbesserung der funktionellen Eigenschaften der Texturate können im wesentlichen alle bereits beschriebenen Modifizierungsarten an Lebensmittelbestandteilen verwendet werden. Wegen der erheblichen Schwierigkeiten bei der Aromatisierung werden gegenwärtig vor allem partielle Simulate, also unter Zusatz von natürlichem Fleisch und Fisch produziert. Das ist bei der Herstellung hackfleischartiger Produkte relativ problemlos, da der natürliche und simulierte Anteil mit einer gleichartigen Homogenität der Textur eingestellt werden kann. Für die Bildung von partiell simulierten Produkten vom Typ Fleischscheiben oder auch Gulasch ist es dagegen sehr schwierig, eine einheitliche Textur zu erzeugen. Das wird nur dadurch ermöglicht, daß der natürliche Anteil relativ fein zerkleinert und die Texturmatrix z. B. nur durch Proteinfasern gebildet wird; das fein zerkleinerte, natürliche Produkt muß dabei als Füllstoff aufgefaßt werden.

Sowohl Proteinfasern als auch andere Proteintexturate werden als Feucht- und Trockenprodukte, vor allem auf der Basis von Sojabohnen- und Weizenprotein, industriell gefertigt. Das gilt auch für simulierte Produkte; sie werden als Halbfertig- oder Fertiggerichte in Konserven, tiefgefroren oder auch als Trockenprodukte angeboten.

Hackfleischartige Produkte

Zur Herstellung hackfleischartiger Produkte werden kurzgeschnittene Proteinfasern oder andere Texturate in granulierter Form mit einem Bindemittel, mit Fett und weiteren notwendigen Zusatzstoffen, wie Aroma- und Farbstoffen, bei partiell simulierten Produkten auch mit natürlichem Schweine-, Rind-, Geflügel- oder Fischfleisch vermischt. Durch Hitzeeinwirkung erfolgt eine Koagulation des Bindemittels und damit eine Fixierung der Gesamttextur. Auf diese Weise lassen sich alle Produkte simulieren, die aus Hackmasse herstellbar sind. Die Scherfestigkeit solcher Produkte wird sowohl durch die Texturate als auch durch die Bindemittel beeinflußt.

Als Bindemittel werden Proteine und Polysaccharide in Form von Bindemittelmischungen eingesetzt. Das Bindemittel soll eine echte Bindung der Texturate bewirken. Diese Bindung kann durch Wechselwirkungen zwischen dem Bindemittel und dem Texturat oder durch Einschluß des Texturates in das Bindemittel erreicht werden. Für die Hitzekoagulation werden entsprechende Proteine, für die Verhinderung von Synärese auch zusätzlich Polysaccharide eingesetzt.

Produkte mit ausgerichtetem Faseranteil

Die Herstellung fleischartiger Produkte mit gerichtetem Proteinfaseranteil kann aus Proteinstapelfasern von ungefähr 3 bis 5 cm Länge erfolgen. Sie werden mit weiteren Lebensmittelbestandteilen gemischt, einer Faserorientierung unterworfen (z. B. durch Fließförderung) und erst dann der Texturfixierung durch Erhitzen zugeführt. Es kann aber auch der kontinuierlich in Spinnprozeß gebildete Proteinfaden in entsprechenden Imprägnierungsbädern mit Lebensmittelbestandteilen behandelt und nach einer Zusammenführung zu einem unendlichen Proteinband durch Erhitzen fixiert werden.

Die Scherfestigkeit solcher Produkte mit ausgerichtetem Proteinfaseranteil wird lediglich durch die Scherfestigkeit der Proteinfasern beeinflußt.

Simulierter Speck und Schinken

Während der mager erscheinende Bereich des Schinkens sehr gut aus Proteinfasern mit einem Bindemittel simuliert werden kann, werden fett erscheinende Schichten durch Bildung einer Gelmatrix für Fett hergestellt. Dazu werden beispielsweise durch Thermodenaturierung gewonnene Proteingele (z. B. Albumin), aber auch Calciumalginatgele mit Erfolg eingesetzt.

25.5. Simulierte Milch und Milchprodukte

Neben der vollständigen Simulierung von Milch (z. B. als Säuglingsnahrung in einigen Entwicklungsländern oder als thermostabiler Kaffeeweißer) ist aus ernährungsphysiologischen Gründen der partielle Austausch von Lebensmittelbestandteilen (Substitution der Milchproteine, des Milchfettes oder auch der Lactose) wichtig. Hierher gehört aber z. B. auch die Herstellung von muttermilchähnlichen Erzeugnissen.

Die Simulierung von Käse erfolgt auf der Basis von simulierter Milch oder simuliertem Quark nach dem traditionellen Herstellungsprinzip der Reifung, sie kann aber auch durch die Bildung von Proteingelen erfolgen. Dadurch lassen sich sowohl Schmelz- als auch Schnittkäsesorten, u. a. auch fettarme, gewinnen. Auch partiell simulierte Produkte spielen hier eine Rolle, da der natürliche Anteil einen wertvollen Aromaträger für diese Erzeugnisse darstellt.

25.6. Simulierte Nährmittel und Kartoffelerzeugnisse

Die mit Extrusionsprozessen gekoppelten Methoden der Gelbildung und die Anwendung der thermoplastischen Extrusion ermöglichen es heute, Analoga von Nudeln, Reis, Graupen, Pommes frites usw. auf Proteinbasis herzustellen; auch hier bietet sich die Verarbeitung von natürlichen Rückständen und Abfällen der zu simulierenden Erzeugnisse an. Für diätetische Zwecke z. B. ist die Herstellung glutenfreier Nudeln und Graupen interessant.

25.7. Simulierte kugelförmige Gebilde

Kugelförmige Gebilde lassen sich durch Gelbildung erzeugen. Dazu werden vor allem niedrigschmelzende Gelatinegele, komplexe und Mischgele mit sauren Polysacchariden, die schon eine erhöhte Thermostabilität aufweisen, und die durch Thermodenaturierung gewonnenen thermostabilen, sterilisierbaren Proteingele benutzt. Die Formbildung erfolgt bei der Thermodenaturierung durch Eintropfen einer Proteinlösung oder -dispersion in heißes Öl, in allen anderen Fällen in erster Linie durch Eintropfen in kaltes Öl.

Alle Methoden sind zur Simulierung von beispielsweise Kaviar, Beeren und ähnlichen Produkten (auch Trockenprodukten) unterschiedlicher Textureigenschaften geeignet. Um einen hohen Identitätsgrad bei Kaviar zu erreichen, hat sich die Oberflächenhärtung (Bildung dünner, fester Häutchen) der kugelförmigen Gelatinegele mit Tannin bewährt.

25.8. Simulierung von nußfleischähnlichen und Schaumprodukten

Nußfleischähnliche Texturen werden durch Koagulation von Protein-Öl-Emulsionen, die anschließend getrocknet und leicht geröstet werden, hergestellt; in gleicher Weise werden auch wasserarme Protein-Öl-Gemische verarbeitet. Bisher ist Eieralbumin, Weizengluten und Rinderblutplasma eingesetzt worden. Ähnliche Effekte sind auch bei der Anreicherung getrockneter Proteinfasern mit Glycerol erreicht worden.

Auch Schäume und z. B. Baiser können bei partieller oder auch totaler Substitution von Eieralbumin durch gleichartig oder besser wirkende Proteine hergestellt werden. So kann man beispielsweise besonders thermostabile Schäume erhalten, wenn man 2/3 des Eieralbumins durch ein spezielles Sojabohnenproteinisolat substituiert.

25.9. Simulierung von Frucht- und Gemüsegewebe

Pflanzengewebe in der Art von Gurken oder Melonen können durch ionotrope Gele simuliert werden. Dazu wird z. B. eine Natriumalginatlösung an einer halbdurchlässigen Membran durch Diffusion von Calciumionen langsam in ein Calciumalginat überführt. Nach dem Gefrieren und Auftauen liegt eine poröse Struktur vor, die sehr gut Früchte- oder Gemüsestückchen imitiert.

26. Bedarfsgegenstände

26.1. Allgemeines

Wie in verschiedenen anderen Ländern, so unterliegen auch in der DDR nicht nur die Lebensmittel dem Lebensmittelgesetz, sondern auch die Bedarfsgegenstände. Damit wird die Überwachung des Verkehrs mit Bedarfsgegenständen zu einer Aufgabe auch des Lebensmittelchemikers. Der Grund für diese Regelung ist hauptsächlich darin zu sehen, daß Bedarfsgegenstände eine nachteilige Beeinflussung von Lebensmitteln (Fremdstoffübergang aus den Bedarfsgegenständen in die Lebensmittel) und u. U. auch eine Schädigung der menschlichen Gesundheit verursachen können. Um dies zu verhindern, ist grundsätzlich eine Zusammensetzung der Bedarfsgegenstände zu fordern, die bei bestimmungsgemäßer oder vorauszusehender Verwendung diese Möglichkeit ausschließt.

Zu den Bedarfsgegenständen zählen nicht alle Gegenstände des täglichen Gebrauchs, sondern nur die in den Rechtsvorschriften ausdrücklich angeführten Gegenstände. In der DDR sind dies gemäß § 3 des Lebensmittelgesetzes:

a) Gegenstände, die dazu bestimmt sind, im Verkehr mit Lebensmitteln oder beim Genuß von Lebensmitteln verwendet zu werden und dabei mit diesen in unmittelbare Berührung kommen;
b) Mittel und Gegenstände zur Reinigung, Pflege, Färbung oder Verschönerung der Haut, des Haares, der Nägel oder der Mundhöhle (Kosmetische Mittel);
c) Bekleidungsgegenstände, Haushaltstextilien (wie Bettwäsche, Handtücher, Seifentücher), Spielwaren, Mal- und Zeichengeräte, Tapeten, Anstrichmittel, Masken, Künstlerschminken, Kerzen, künstliche Pflanzen und künstliche Pflanzenteile;
d) Farben, die zur Färbung von Bedarfsgegenständen bestimmt sind;
e) Mittel zur Reinigung und Pflege von Bedarfsgegenständen.

Von den Bedarfsgegenständen spielen in lebensmittelhygienischer Hinsicht die unter a) genannten Gegenstände weitaus die wichtigste Rolle. Zu diesen zählen die Eß-, Trink- und Kochgeschirre sowie sämtliche im Verkehr mit Lebensmitteln benutzten Geräte, Maschinen und Verpackungsmaterialien. Die nachfolgenden Ausführungen (II; 26.2. bis 26.7) beziehen sich auf diese Erzeugnisse. Auf kosmetische Mittel, Spielwaren, Farben für Bedarfsgegenstände, Mittel zur Pflege von Bedarfsgegenständen und auf Haushaltschemikalien wird gesondert (II; 26.8. bis 26.11.) eingegangen.

26.2. Bedarfsgegenstände aus Metall

Als wichtigste Werkstoffe kommen Eisen, Aluminium, Zinn und Kupfer in Betracht sowie weiterhin Zink, Blei, Cadmium, Nickel und Chrom.

Eisen wird zur Herstellung zahlreicher Bedarfsgegenstände verwendet, u. a. zur Herstellung von Konservendosen. Es ist ein stark korrosionsgefährdertes Metall, das noch dazu eine nachteilige Beeinflussung von Lebensmitteln hervorrufen kann (prooxydative Wirkung, Verfärbungen, metallischer Geschmack usw.). Auf dem Lebensmittelsektor kommen daher insbesondere im Apparate- und Maschinenbau in großem Umfang Chrom- und Chrom-Nickel-Stähle zum Einsatz, die eine hohe Korrosionsbeständigkeit aufweisen. Ebenfalls korrosionsbeständig sind unveredelte Stahlbleche, die mit einem Schutzüberzug (z. B. Verzinnung, Lackierung und Plattierung sowie Emaillierung) versehen sind. Verzinnte Stahlbleche spielen unter der Bezeichnung „Weißblech" eine dominierende Rolle. Infolge zunehmenden Zinnmangels hat sich die elektrolytische Verzinnung gegenüber der Feuerverzinnung immer stärker durchgesetzt, sie führt zu einer gleichmäßigeren und vor allem dünneren Zinnauflage (1 bis 1,5 µm). Um die im Vergleich zu feuerverzinnten Blechen verminderte Korrosionsbeständigkeit zu verbessern, werden diese Bleche häufig mit einem Lacküberzug versehen (verniert). Für diese Zwecke werden vornehmlich Epoxidharz- und Phenolharzlacke verwendet, die bei 473 bis 623 K (200 bis 350 °C) eingebrannt werden.

Wie bei Eisen, so bestehen auch bei *Aluminium* in gesundheitlicher Hinsicht keine Bedenken gegen seine Verwendung zur Herstellung von Bedarfsgegenständen. Es wird u. a. zur Herstellung von Konservendosen, Tuben und Folien eingesetzt. Die Dosen werden meist im Tiefziehverfahren hergestellt, wodurch ihre Höhe begrenzt ist; die Folien werden entweder zu Kaschierzwecken eingesetzt oder zum Verpacken bzw. als Haushaltsfolie verwendet.

Der Nachteil von Aluminium ist, daß es auf Grund seiner amphoteren Eigenschaften bei der Verarbeitung saurer Lebensmittel in Lösung gehen und den Lebensmitteln dadurch einen metallischen Geschmack verleihen kann. Um dies zu verhindern, sind verschiedene Behandlungsverfahren entwickelt worden (Eloxieren, Chromatieren, Phosphatieren), die zu einer Erhöhung der Widerstandsfähigkeit der Aluminiumoberfläche führen. Meist jedoch werden die Aluminiumoberflächen lackiert, wodurch ein wirksamer Schutz erreicht wird.

Zinn zeichnet sich im Gegensatz zu Eisen und Aluminium durch seine relativ hohe Widerstandsfähigkeit gegenüber Lebensmitteln aus. Geringe Mengen an Zinn können allerdings in Lösung gehen (bis 250 mg/kg), sie werden jedoch als gesundheitlich unbedenklich beurteilt. Zinn findet auf dem Lebensmittelsektor umfangreiche Anwendung; es dient vor allem zur Herstellung von Weißblech für Konservendosen. Die Reinheit des zur Verzinnung von Bedarfsgegenständen verwendeten Metalles soll mindestens 99,75% betragen.

Kupfer findet in bestimmten Zweigen der Lebensmittelindustrie noch eine relativ weitgehende Verwendung, so werden bei der Herstellung von Obst- und Gemüseerzeugnissen sowie in der Süßwarenindustrie Kessel und andere Bedarfsgegenstände aus Kupfer benutzt. Ein Übergang von Kupfer in die Lebensmittel erfolgt — wenn überhaupt — nur in geringem Ausmaß, eine längere Aufbewahrung saurer Lebensmittel in Kupfergefäßen kann allerdings zu einer stärkeren Kontamination der Lebensmittel mit Kupfer führen. Wenn auch eine Gesundheitsschädigung bei den in Frage kommenden Mengen nicht zu befürchten ist, so kann Kupfer jedoch zu einer Zerstörung des Vitamins C in Lebensmitteln führen oder eine prooxydative Wirkung auf Fette ausüben.

Im Gegensatz zu Bedarfsgegenständen aus Eisen, Aluminium, Zinn und Kupfer sind Gesundheitsschädigungen durch den unsachgemäßen Einsatz von Bedarfsgegenständen aus *Zink* im Lebensmittelverkehr schon bekannt geworden. Dabei waren insbesondere Übelkeit, Erbrechen und Durchfall zu beobachten. Der Einsatz von Zink zur Herstellung von Bedarfsgegenständen ist daher nur dann zulässig, wenn eine Migration von Zink in das Lebensmittel ausgeschlossen werden kann, d. h., wenn es lediglich mit nicht hygroskopischen, nicht säuernden, nicht salzigen, neutralen Lebensmitteln in Berührung kommt (z. B. Speisefette).

Blei zählt zu den toxischen Metallen (s. I; 6.3.) und wird daher nur für spezielle Einsatzgebiete verwendet, von denen bekannt ist, daß eine Bleimigration nicht oder nur in vertretbarem Maße erfolgt, z. B. zur Herstellung von Loten und Legierungen sowie deren Verwendung zur Herstellung bestimmter Bedarfsgegenstände.

Der Einsatz von metallischem *Cadmium* zur Herstellung von Bedarfsgegenständen ist grundsätzlich abzulehnen, da Cadmium noch stärker toxisch ist als Blei.

Zum Schutze des Verbrauchers sind in der DDR — wie auch in zahlreichen anderen Ländern — vom Gesetzgeber genaue Festlegungen über die Zulässigkeit der Anwendung von Blei, Zink, Cadmium, Antimon und Kupfer bei der Herstellung von Bedarfsgegenständen erlassen worden.

26.3. Bedarfsgegenstände aus keramischen Massen, Email und Glas

Zu den keramischen Massen, die als Bedarfsgegenstände interessieren, gehören *Töpferwaren, Fayence, Majolika, Steingut, Steinzeug* und *Porzellan.* Die aus ihnen produzierten Bedarfsgegenstände dienen vornehmlich als Eß-, Trink- und Kochgeschirr. Sie werden aus Ton hergestellt, mit einer Glasur versehen und meist dekoriert. Die Glasuren können Bleiverbindungen, die Dekorationen Blei- und Cadmiumverbindungen enthalten. Von besonderer Bedeutung für die Kontamination von Lebensmitteln sind Aufglasurfarben, wie sie z. B. bei der Herstellung von dekoriertem Porzellan verwendet werden. Blei ist ein wesentlicher Bestandteil vieler Aufglasurfarben; es kann sowohl als Farbkörper als auch als Flußmittel dienen. Auch Cadmium kann, meist in Form von Cadmiumsulfid oder Cadmiumselenid, in Aufglasurfarben oder gefärbten Glasuren enthalten sein. Es dient — im Gegensatz zu Blei — nur als Farbkörper und nicht als Flußmittel.

Die gleichen Aufglasurfarben, wie sie zur Herstellung von dekoriertem Porzellan verwendet werden, dienen auch zur Dekorierung von Bedarfsgegenständen aus *Email* (Kochtöpfe, Tiegel u. ä.). Der Einsatz von Mononatriumtrioxoantimonat(V) (Natriummetaantimonat) als Weißtrübungsmittel ist wesentlich zurückgegangen. Die größte Bedeutung als Trübungsmittel besitzt heute Titandioxid wegen seiner hohen Deckkraft. In der DDR wird Mononatriumtrioxoantimonat(V) als Trübungsmittel nicht mehr verwendet.

Die Tatsache, daß auch bestimmte Glasqualitäten, z. B. Bleikristall, einen Bleigehalt von meist 30 bis 40% aufweisen, hat dazu geführt, daß in einigen Ländern das Glas mit in die gesetzlichen Festlegungen für keramische Massen und Email einbezogen werden. Diese Einschränkungen gelten nicht für normales Glas, wie es auf

Grund seiner günstigen Eigenschaften (Geruchs- und Geschmacksneutralität, gute Dichtigkeit, chemische Beständigkeit, Sterilisierbarkeit u. a.) für die Herstellung von Verpackungsmitteln umfassend Anwendung findet. Derartiges Glas wird ohne Zusatz von Bleiverbindungen hergestellt.

26.4. Bedarfsgegenstände aus Papier und Pappe

Wie Glas so finden auch Papier, Karton und Pappe umfangreiche Verwendung als Verpackungsmaterial. Diese Werkstoffe können durch Variation der Herstellungs-, Behandlungs- und Veredlungsmethoden weitgehend den gewünschten Forderungen angepaßt werden. Da sie außerdem preiswert sind, stellen sie den Hauptanteil an Verpackungsmaterial.

Als *Papierrohstoffe* werden im wesentlichen Fasern auf Cellulosebasis, Holzschliff und — zur Herstellung von Einschlagpapieren — Fasern aus Altpapieren benutzt. Zu den Papierrohstoffen rechnet man weiterhin die Füllstoffe, meist wasserunlösliche, gesundheitlich unbedenkliche Mineralstoffe, die bis zu 30% in den Papieren enthalten sein können. Als Fabrikationshilfsstoffe und *Papierveredlungsstoffe* dienen eine große Anzahl anorganischer und organischer Verbindungen, die je nach ihrem Einsatzzweck zu Gruppen zusammengefaßt werden können, z. B. Leimstoffe, Fällungsmittel, Flotationsmittel, Schleimbekämpfungsmittel, Konservierungsmittel, Feuchthaltemittel usw.

Unter Verwendung dieser Ausgangsmaterialien werden die einzelnen Papiersorten hergestellt, so z. B. die stark beanspruchbaren *Kraftpapiere* aus mindestens 90% Sulfatzellstoff zur Herstellung von Tüten, Beuteln, Taschen, Säcken u. ä., *Pergament-* und *Pergamentersatzpapiere* als wasserdichte und weitgehend fettdichte Verpackungsmaterialien für Butter, Margarine, Speck und andere fetthaltige Lebensmittel, gewachste und paraffinierte Papiere zur Verpackung von Milch und Milchprodukten, Brot, Eiscreme u. ä. und mit Plasten und/oder Aluminium *beschichtete Papiere* als aroma-, gas- und lichtdichtes Verpackungsmaterial.

Das Gewicht dieser Papiere liegt zwischen 20 g/m² (Seidenpapier) und 90 g/m² (Chromopapier). Steife Papiere mit einem Gewicht von 150 bis 500 g/m² werden als *Karton* bezeichnet, Papiere mit noch höherem Gewicht als *Pappe*. Die Übergänge sind fließend.

Papier muß frei von fremdartigen Gerüchen sein, es darf die verpackten Lebensmittel weder in sensorischer Hinsicht noch durch die Migration einzelner Ausgangsmaterialien nachteilig beeinflussen. Besonders ist auf Druckfarben zu achten, die sich nicht an der Innenseite des Papiers befinden dürfen, da hierdurch eine Anfärbung der Lebensmittel erfolgen kann (Butter, Margarine). Bei Pergament und Pergamentersatzpapier ist zu beachten, daß dem Papier zum Geschmeidigmachen noch andere Stoffe zugesetzt werden, die unter ungünstigen Umständen auf Grund ihrer guten Wasserlöslichkeit leicht in die Lebensmittel übergehen können (z. B. Glycerol). Weiterhin ist bei Verpackungsmaterial aus Papier von Bedeutung, daß sie frei von Schimmelsporen und Schwermetallspuren sind. Besonders Kupfer und Eisen haben als prooxydativ wirkende Metalle Einfluß auf die Haltbarkeit bzw. das Verderben von verpackten Fetten.

26.5. Bedarfsgegenstände aus Holz

Besonders zur Herstellung von Versandverpackungen (Harrasse, Steigen, Spankörbe u. ä.) und zur Herstellung von Fässern wird Holz als Werkstoff verwendet. Es kommen sowohl Laub- als auch Nadelholzarten zur Verarbeitung, wobei sich der Einsatz der meist harzhaltigen Nadelhölzer überall dort verbietet, wo geruchsempfindliche Güter verpackt werden sollen. Auch zur Herstellung von Fässern sind Nadelhölzer nur insoweit geeignet, als ausgeschlossen werden kann, daß durch bestimmte Lebensmittelinhaltsstoffe (z. B. Ethanol) eine Extraktion des Harzes erfolgt. Da Bedarfsgegenstände aus Holz häufig als Mehrwegverpackung verwendet werden, spielt die hygienisch einwandfreie Reinigung, vor allem des Rücklaufgutes, eine wesentliche Rolle.

26.6. Bedarfsgegenstände aus Plasten

In steigendem Maße werden Plaste zur Herstellung von Bedarfsgegenständen verwendet. Diese Bedarfsgegenstände werden aus Hochpolymeren hergestellt, die durch Polymerisation, Polykondensation oder Polyaddition entstanden sind unter gleichzeitiger Verwendung von Hilfs- und Zusatzstoffen, die dem fertigen Werkstoff die gewünschten Eigenschaften verleihen.

Bei der *Polymerisation* findet eine Zusammenlagerung von mehreren Monomeren mit reaktionsfähigen Doppelbindungen zu einem größeren Molekül statt. Die Zusammensetzung der Polymeren ist identisch mit der Zusammensetzung der Ausgangsmonomeren (z. B. Synthese von Polyethylen aus Ethylen).

$$n\ CH_2{=}CH_2 \longrightarrow \left[CH_2{-}CH_2\right]_n$$

Bei der *Polykondensation* erfolgt die Bildung von Polymeren dadurch, daß Verbindungen mit wenigstens zwei funktionellen Gruppen unter Abspaltung von niedermolekularen Produkten, wie Wasser, Ammoniak usw., reagieren. Die Zusammensetzung der Polymeren unterscheidet sich von der Zusammensetzung der Ausgangsmonomeren (z. B. Synthese von Polyestern aus zweibasischen Säuren und Diolen).

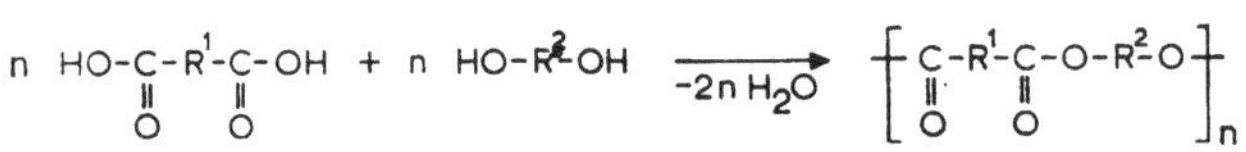

Bei der *Polyaddition* handelt es sich um die Zusammenlagerung von zumeist zwei verschiedenen, wenigstens bifunktionellen Komponenten, häufig verbunden mit einem Übergang von H-Atomen von einem Grundbaustein zum anderen. Die Polymeren haben die gleiche Zusammensetzung wie die eingesetzten Monomeren (z. B. Synthese von Polyurethan *(PUR)* durch Umsatz von Diisocyanten mit Diolen).

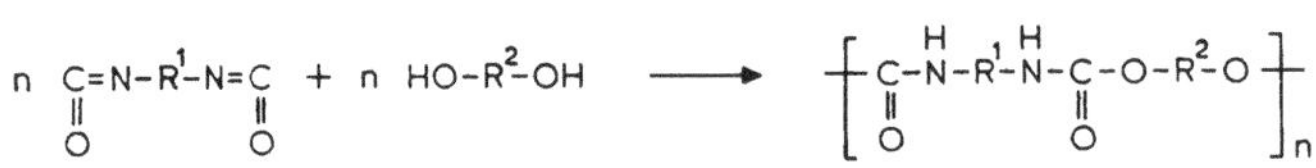

Auf Grund ihres Verhaltens bei Wärmeeinwirkung wird unterschieden zwischen *Thermoplasten* und *Duroplasten*. Thermoplaste, z. B. Polyvinylchlorid (*PVC*) und Polyethylen (*PE*), sind Stoffe, die aus einzelnen, nicht miteinander verbundenen Makromolekülen bestehen, die beim Erwärmen weich werden und bei Abkühlung wieder erhärten. Diese Eigenschaft wird bei der spanlosen Verarbeitung (z. B. Tiefziehen, Spritzgießen, Blasen) der Thermoplaste ausgenutzt. Thermoplaste sind auch die einzige Gruppe der Plaste, die sich verschweißen lassen. Im Gegensatz dazu sind die Duroplaste, z. B. Aminoplaste, bei Wärmebehandlung zunächst verformbar, dann aber irreversibel verfestigt und ausgehärtet. Sie lassen sich nach ihrer Aushärtung nur noch durch Drehen, Fräsen oder eine andere spanabhebende Bearbeitung in die gewünschte Form bringen. Duroplastische Eigenschaften zeigen auch gesättigte und ungesättigte Polyester sowie eine Reihe von härtbaren Harzen, z. B. Epoxidharze und Siliconharze, die ebenfalls zu den Plasten gerechnet werden und bei der Herstellung von Bedarfsgegenständen Verwendung finden.

Die makromolekularen hochpolymeren Verbindungen sind charakterisiert durch ihre chemische Indifferenz und einen hohen Grad von Unlöslichkeit. Diese Unlöslichkeit steht in direktem Verhältnis zur Höhe des Molekulargewichtes; sie hat zur Folge, daß die Hochpolymeren das Verdauungssystem von Mensch und Tier passieren ohne resorbiert zu werden, so daß gesundheitliche Auswirkungen dadurch nicht eintreten können.

Anders hingegen liegen die Verhältnisse bei den Hilfs- und Zusatzstoffen, deren Einsatz bei der Herstellung von Plasten unumgänglich ist. Hierher gehören *Katalysatoren, Stabilisatoren, Gleitmittel, Emulgatoren, Schutzkolloide, Weichmacher, Antioxydantien, UV-Absorber, Füllstoffe, optische Aufheller* und eine Reihe weiterer Substanzen. Diese Verbindungen sind teils anorganischer, teils organischer Natur, meist handelt es sich um monomere, mitunter aber auch um polymere Verbindungen. Die Löslichkeit der einzelnen Verbindungen in verschiedenen Lösungsmitteln ist unterschiedlich, demzufolge auch ihre Löslichkeit in verschiedenen Komponenten eines Lebensmittels. Die Hilfs- und Zusatzstoffe werden in sehr unterschiedlichen Mengen eingesetzt. In dem fertigen Plasterzeugnis sind sie z. T. nicht mehr, z. T. aber auch in größeren Mengen enthalten.

Diese Plastbestandteile können unter ungünstigen Umständen in die Lebensmittel migrieren. In der Tatsache, daß in Lebensmittel migrierte Plastbestandteile über einen längeren Zeitraum vom Verbraucher mit der Nahrung aufgenommen werden können, ist das eigentliche lebensmittelhygienisch-toxikologische Problem beim Einsatz von Plasten auf dem Lebensmittelsektor zu sehen. Um hier den Gesundheitsschutz des Verbrauchers ausreichend abzusichern, können verschiedene Maßnahmen ergriffen werden. Der günstigste Weg ist z. Z. sicherlich die Erarbeitung von Positivlisten, in denen die zur Herstellung der einzelnen Plastarten zulässigen Stoffe und gegebenenfalls auch Mengenbegrenzungen im einzelnen aufgeführt sind. Die Festlegung der zulässigen Stoffe sowie der Maximalkonzentrationen erfolgt hierbei derart, daß die infolge der Wechselwirkung mit dem Füllgut eintretende Auswanderung so gering bleibt, daß eine gesundheitliche Beeinträchtigung des Verbrauchers ausgeschlossen werden kann. Grundlage für diese Festlegungen sind tierexperimentell-toxikologische Untersuchungen in Verbindung mit praxisnahen Migrationsversuchen. Entsprechende Rechtsvorschriften gibt es in zahlreichen Ländern, so auch in der DDR.

Plasterzeugnisse werden auf dem Lebensmittelsektor insbesondere deshalb in so umfassendem Ausmaß angewendet, weil durch die Entwicklung neuer Verkaufsformen (Kaufhallen, Selbstbedienung) häufig Werkstoffe mit spezifischen Eigenschaften benötigt werden. Die zur Verfügung stehenden Naturstoffe werden diesen Anforderungen aber nicht immer voll gerecht. Plaste hingegen können durch den Einsatz spezieller Hilfs- und Zusatzstoffe weitgehend so modifiziert werden, daß sie den gestellten Anforderungen nahekommen. So dienen Plaste z. B. als Werkstoffe zur Herstellung von Fässern und anderen Behältern, Tellern, Tassen, Bestecken usw., sie finden in Form von Folien, Beuteln, Säcken u. ä. als Verpackungsmaterial Verwendung, kommen als Rohrleitungen mit Lebensmitteln in Kontakt und besitzen Bedeutung als Beschichtungsmaterial für Bedarfsgegenstände aus Metall, Papier und Pappe.

Die einzelnen Plastarten sind nicht in gleichem Maße für einen bestimmten Verwendungszweck geeignet. Neben der Zusammensetzung haben auch die mechanischen und verarbeitungstechnischen Eigenschaften Einfluß auf das Einsatzgebiet des Plastes.

Polyvinylchlorid (PVC)

PVC entsteht durch Polymerisation von Vinylchlorid, das durch Anlagerung von Chlorwasserstoff an Ethin (Acetylen) erhalten wird.

$$n\ HC\equiv CH + n\ HCl \longrightarrow n\ H_2C=\underset{\substack{|\\Cl}}{CH} \longrightarrow \left[-CH_2-\underset{\substack{|\\Cl}}{\overset{\substack{H\\|}}{C}}-\right]_n$$

Die Polymerisation erfolgt meist im Suspensions- oder Emulsionsverfahren (S-PVC, E-PVC), wobei das PVC in beiden Fällen als weißes Pulver erhalten wird. Als Polymerisationskatalysatoren dienen vornehmlich peroxidische Verbindungen, während zur Stabilisierung des unter Licht- und Lufteinwirkung leicht zur Zersetzung und Braunfärbung neigenden PVC sehr unterschiedliche Verbindungen eingesetzt werden.

PVC ist ein Thermoplast, der für die Verpackung von verschiedenen Lebensmitteln gut geeignet ist. Es ist geruchs- und geschmacksneutral, beständig gegenüber Säuren, Basen, Salzen und auch Fetten, eine Eigenschaft, die zu einem umfassenden Einsatz von PVC für die Ölverpackung geführt hat. Die Aroma- und Wasserdampfdichtigkeit von PVC ist gut.

Beim Einsatz von PVC auf dem Lebensmittelsektor ist zu beachten, daß einige der zugelassenen Hilfs- und Zusatzstoffe alkohollöslich sind und daher bei falschem Einsatz mit einer Migration gerechnet werden muß. Weiterhin soll der Gehalt an Restmonomeren im Polymerisat 1 mg/kg nicht übersteigen, da das Vinylchlorid in gesundheitlicher Hinsicht als bedenklich gilt.

Wegen seines polaren Chloratoms läßt sich PVC gut weichmachen, und in Ermangelung eines anderen geeigneten Plastes wird auch heute noch Weich-PVC auf dem Lebensmittelsektor eingesetzt. Als Weichmacher, die im Weich-PVC meist in einer Menge von 20 bis 30% enthalten sind, werden Phthalsäureester, Adipinsäureester, Alkylsulfonsäurephenylester, Chlorparaffine und andere Verbindungen verwendet. Diese Substanzen besitzen häufig einen intensiven Eigengeruch, der sich leicht auf die Lebensmittel überträgt; außerdem sind sie gut fettlöslich, so daß bei Kontakt mit fetthaltigen Lebensmitteln leicht eine Migration erfolgt, womit gleichzeitig eine Wirkung als Lösungsmittler verbunden sein kann. Der Einzatz von Weich-PVC verbietet sich daher überall dort, wo diese Gefahr besteht.

Polyethylen (PE)

Polyethylen besitzt von den Polyolefinen die größte Bedeutung. Es wird durch Polymerisation von Ethylen gewonnen.

Die wichtigsten Verfahren zur Herstellung von PE sind das Hochdruckverfahren (> 50 MPa = 500 atm; Katalysator: geringe Mengen Sauerstoff), die drucklose Polymerisation nach ZIEGLER (metallorganische Mischkatalysatoren, vornehmlich Al- und Ti-Verbindungen) und das Verfahren nach PHILLIPS (etwa 3 MPa = 30 atm; Katalysator: Chrom(VI)-oxid auf verschiedenen Trägersubstanzen).

Das nach dem Hochdruckverfahren gewonnene PE ist aus verzweigten Molekülketten aufgebaut, es weist eine Dichte von etwa 0,92 und einen Schmelzpunkt von 378 bis 388 K (≈ 105 bis 115 °C) auf (PE niederer Dichte). Die Verfahren nach ZIEGLER und PHILLIPS führen zu einem PE, bei dem der Verzweigungsgrad der Molekülketten geringer ist. Dadurch erhöht sich der kristallisierte Anteil der Produkte, was von wesentlichem Einfluß auf deren Eigenschaften ist. So weist dieses PE eine Dichte von 0,94 bis 0,96 auf, der Schmelzpunkt liegt bei 403 bis 413 K (≈ 130 bis 140 °C) (PE hoher Dichte).

PE ist ein Thermoplast mit einer sehr geringen Wasserdampfdurchlässigkeit, jedoch sehr großer Durchlässigkeit für Sauerstoff und für Dämpfe von unpolaren Flüssigkeiten. Diese Gasdurchlässigkeit nimmt ebenso wie die Quellbarkeit und die Transparenz mit steigender Dichte ab, während die Festigkeit des Materials zunimmt.

PE eignet sich gut zur Herstellung von Verpackungsfolien, aber auch Flaschen, Dosen, Fässer und andere Bedarfsgegenstände werden daraus geblasen oder gespritzt. PE-Folie findet u. a. Verwendung zur Schlauchbeutelverpackung von Milch. PE wird eingesetzt zum Beschichten von Papier und Karton, zum Kaschieren von Aluminiumfolie und zur Herstellung von Verbundfolie.

In der Wärme und unter Einwirkung von Licht ist PE oxydationsanfällig, es können sich — besonders bei nicht stabilisierten Typen — ranzig riechende Oxydationsprodukte bilden. Fette und Öle quellen PE-Produkte vor allem niederer Dichte an und können durch diese hindurchdiffundieren. Zur Verpackung von fett- und ölhaltigen Produkten ist PE daher nur bedingt geeignet. Bei Kontakt mit alkoholhaltigen Lebensmitteln kann eine sensorische Beeinflussung durch den Bedarfsgegenstand eintreten.

Polystyren (PS)

Durch Polymerisation von Styren erhält man PS, das aus langkettigen, linearen, unvernetzten Molekülen besteht.

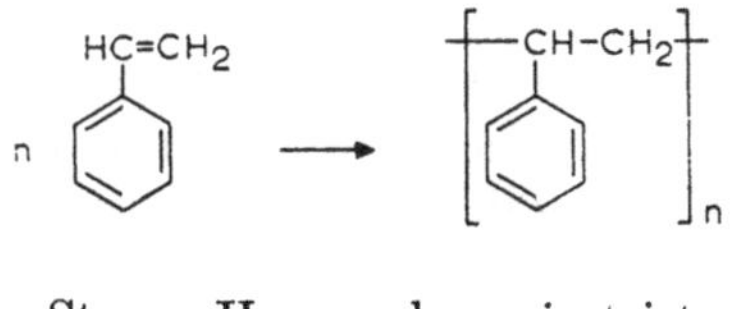

Styren-Homopolymerisat ist ohne Zusätze glasklar, glänzend und spröde, es weist für viele Anwendungszwecke eine nur ungenügende Festigkeit und Zähgikeit auf. Zur Verbesserung dieser Eigenschaften werden durch Mischpolymerisation von Styren mit Butadien und/oder Acrylnitril kautschukartige, plastische und gut verformbare Produkte hergestellt. Auch die Mischung von Polymerisaten ist üblich, wobei es sich bei diesen Polymerisatgemischen im wesentlichen um Produkte handelt, die fein verteilten Kautschuk enthalten. Diese große Gruppe von Erzeugnissen wird als „*schlagfestes Polystyren*“ bezeichnet.

PS besitzt thermoplastische Eigenschaften; es dient zur Herstellung zahlreicher Bedarfsgegenstände, die meist im Spritzgußverfahren hergestellt werden. Schlagfestes PS wird in großem Umfang bei der Herstellung von Kühlschränken eingesetzt.

Der Anteil an flüchtigen organischen Bestandteilen darf bei PS 0,6% nicht überschreiten. Schlagfestes PS besitzt mitunter einen Eigengeruch, der sich unter ungünstigen Umständen auch auf Lebensmittel übertragen kann; er verliert sich allerdings nach einiger Zeit von selbst.

Polyamide (PA)

PA sind Polykondensationsprodukte von Diaminen mit Dicarbonsäuren (a), von ω-Aminosäuren (b) oder deren Lactamen (c).

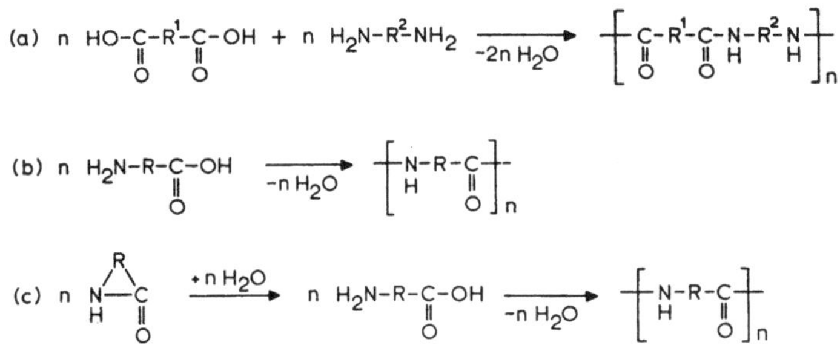

PA enthalten die typische —CO—NH-Bindung, die auch für natürliche Eiweißstoffe charakteristisch ist. PA werden häufig nach der Zahl der C-Atome ihrer Grundmonomeren bezeichnet, z. B. Polyamid 6 = Polycaprolactam, Polyamid 6/6 = Polykondensationsprodukt aus Hexamethylendiamin und Adipinsäure. Das PA 6 ist die Grundlage für *Dederon* und *Perlon*, das PA 6/6 die für *Nylon*.

PA sind durchscheinende bis glasklare Massen mit einer sehr guten Zähigkeit, Abrieb- und Kratzfestigkeit. Sie haben thermoplastische Eigenschaften und enthalten meist noch monomere Ausgangsstoffe, die durch Auskochen mit Wasser weitgehend entfernt werden können. Sie sind beständig gegenüber Öl, Fett und Wasser, werden aber von verdünnten Säuren angegriffen.

Bei Plastformstoffen und Folien aus PA ist — besonders bei PA 6 — darauf zu achten, daß der Gehalt an monomeren Bestandteilen 3% nicht übersteigt. Es handelt ich hierbei um stark bitter schmeckende Substanzen, die bei einer Migration in die Lebensmittel zu einer nachteiligen sensorischen Beeinflussung führen können.

Aminoplaste

Als Material zur Herstellung von Bedarfsgegenständen besitzen von den Aminoplasten die Melamin-Formaldehyd-Harze (MF) die größte Bedeutung.

MF wird durch Polykondensation aus Melamin (2,4,6-Triamino-1,3,5-triazin) und Formaldehyd erhalten, wobei sich die Anlagerung des Formaldehyds an das Melamin im alkalischen Milieu über die Methylolverbindungen vollzieht.

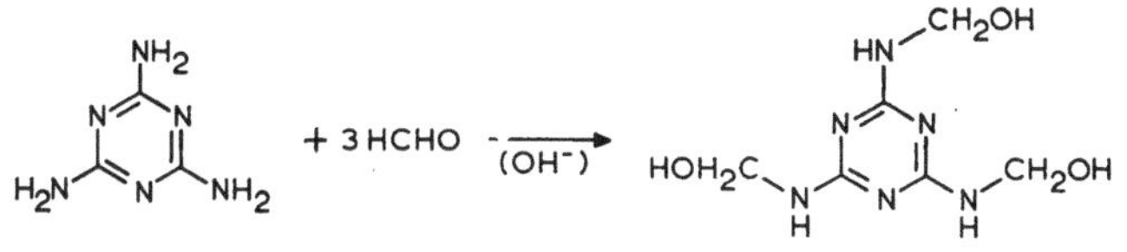

Die Vernetzung — die Härtung des Harzes — bewirken saure Katalysatoren.

Melaminharzpreßmassen sind Duroplaste, die neben den reinen Harzen Füllstoffe enthalten, wodurch sie undurchsichtig werden. Sie weisen eine hohe Wärme- und Wasserbeständigkeit auf. Neben ihrem Einsatz zur Herstellung von Dosen, Schachteln und anderen Behältern werden sie häufig zu Bedarfsgegenständen verarbeitet, die wiederholt mit heißen Speisen in Berührung kommen. Die Formaldehydabgabe derartiger Formstoffe darf unter genau definierten Versuchsbedingungen 3 µg/m*l* nicht übersteigen. Es kann dann eine einwandfreie Kondensation vorausgesetzt und eine Beeinflussung von Lebensmitteln ausgeschlossen werden.

Zellglas

Zellglas spielt eine wesentliche Rolle als Verpackungsmaterial. Es ist kein vollsynthetisches Plastmaterial, sondern ein modifizierter Naturstoff. Es wird hergestellt, indem Cellulose in Lösung gebracht (Viskoselösung), diese reifen gelassen und anschließend durch Schlitze in Fällbäder gepreßt wird. Hierbei wird Cellulosehydrat (Zellglas) aus den Lösungen ausgefällt. Da reines Zellglas sehr spröde ist, werden ihm Feuchthaltemittel zugesetzt (meist Glycerol oder Polyethylenglycole), um es elastisch zu machen.

Zellglas ist transparent, dehnbar, reißfest und fettdicht, weist jedoch eine hohe Wasserdampfdurchlässigkeit auf. Dieser Mangel kann durch ein- oder zweiseitige Lackierung des Zellglases beseitigt werden („wetterfestes Zellglas"). Im Gegensatz zu normalem ist wetterfestes Zellglas heißsiegelfähig.

Indem die Viskoselösung durch eine Ringdüse dem Fällbad zugeführt wird, werden Cellulosehydratschläuche erhalten. Sie finden unter der Bezeichnung Viskosedärme umfangreiche Anwendung als Kunstdärme.

Sonstige Plastarten

Neben den angeführten Plastarten gelangen auch zahlreiche andere auf dem Lebensmittelsektor zum Einsatz. Als Beispiele seien genannt *Polypropylen*, *Polyurethan*, *Polymethacrylat*, *Plast-* und *Elastdispersionen*, *Polyethylenglycolterephthalat*, *Epoxidharzkombinationen* und *ungesättigte Polyesterharze*, die in unterschiedlichster Form zur Herstellung von Bedarfsgegenständen oder als Verpackungsmaterial verwendet werden. Speziell als Beschichtungsmaterialien für Bedarfsgegenstände sowohl aus Metall als auch aus Papier dienen *Silikonharze* und *Polytetrafluorethylen* (PTFE).

Bei der Zulassung und Beurteilung dieser Plastarten sind je nach dem vorgesehenen Verwendungszweck und der Zusammensetzung unterschiedliche Gesichtspunkte zu beachten. Diese Plastarten besitzen z. Z. jedoch nicht die Bedeutung wie die zuvor behandelten.

26.7. Bedarfsgegenstände aus Gummi

Wie die Plaste so sind auch die Elastomere (Gummi) Hochpolymere. Unter Gummi oder Elastomeren versteht man vulkanisierten Kautschuk, wobei zwischen Natur- und Synthesekautschuk unterschieden wird.

Naturkautschuk wird aus dem Latex von *Hevea brasiliensis* und einigen anderen Arten gewonnen und besteht im wesentlichen aus Polyisopren, das als unverzweigtes lineares Polymeres vorliegt (mittlere relative Molekülmasse 350000).

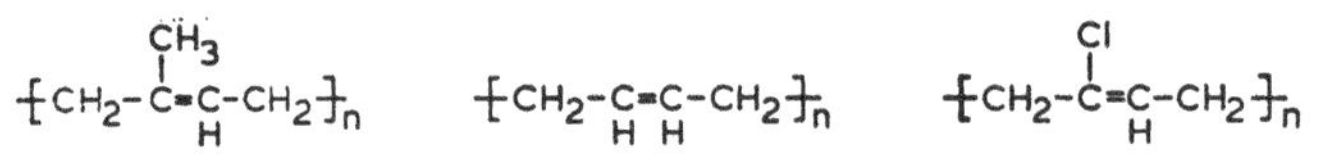

Polyisopren Polybutadien Polychlorbutadien

Synthetische Kautschuke sind Erzeugnisse, die in ihrem chemischen Aufbau dem Naturkautschuk ähneln oder ihm in ihren Eigenschaften entsprechen. So erhält man z. B. durch Polymerisation von Butadien das Polybutadien. Neben Polybutadien sind die Butadienmischpolymerisate mit Styren und/oder Acrylnitril, das Polychlorbutadien (Chloropren) und das Polyisopren zu erwähnen.

Bei der Vulkanisation des Kautschuks werden durch Anlagerung von Schwefel Schwefelbrücken zwischen den Molekülketten gebildet, wodurch der Kautschuk die erwünschten hochelastischen Eigenschaften annimmt. Meist erfolgt bei der Vulkanisation auch die Formgebung, so daß das fertige Gummierzeugnis der Form entnommen werden kann.

Auch *Silikonkautschuk* ist ein Erzeugnis mit gummiähnlichen Eigenschaften. Er besteht aus hochmolekularen kettenförmigen Diorganopolysiloxanen und unterscheidet sich dadurch wesentlich von den bisher angeführten Kautschukarten. Er ist über einen außergewöhnlichen breiten Temperaturbereich beständig (223 bis 533 K $\approx$ -50 °C bis 260 °C).

Zur Herstellung von Kautschuk, bei der Vulkanisation sowie zur Erzielung einer langen Haltbarkeit und anderer erwünschter Eigenschaften der Gummierzeugnisse werden eine große Anzahl von Hilfs- und Zusatzstoffen verwendet. Bedarfsgegenstände aus Elastomeren kommen bei ihrem bestimmungsgemäßen Gebrauch sehr oft mit flüssigen Lebensmitteln (auch mit sauren und fetthaltigen) in Berührung, so daß hier ein Fremdstoffübergang besonders leicht möglich ist. Um den Gesundheitsschutz des Verbrauchers auch auf diesem Gebiet abzusichern, wurde daher in der DDR — wie auch in anderen Ländern — eine Anordnung über Elastomere für Bedarfsgegenstände erlassen, der die gleichen Gesichtspunkte zu Grunde liegen wie den Anordnungen über Plaste für Bedarfsgegenstände.

26.8. Kosmetische Mittel

Unter kosmetischen Mitteln sind Mittel und Gegenstände zur Reinigung, Pflege, Färbung oder Verschönerung der Haut, des Haares, der Nägel oder der Mundhöhle zu verstehen. Sie zählen nur insoweit zu den Bedarfsgegenständen, als sie nicht Gesundheitspflegemittel im Sinne des Arzneimittelgesetzes sind.

An diese Erzeugnisse sind strenge Anforderungen im Hinblick auf ihre gesundheitliche Unbedenklichkeit zu stellen. Weitere spezielle Festlegungen wurden in zahlreichen DDR- und Fachbereichstandards getroffen, die erforderlichenfalls zur Beurteilung heranzuziehen sind.

26.9. Spielwaren

Bei Spielwaren muß grundsätzlich davon ausgegangen werden, daß sie bei ihrem vorauszusehenden Gebrauch in den Mund genommen werden oder mit der Haut oder Schleimhaut in Berührung kommen. Es ist daher Speichel- und Schweißechtheit dieser Erzeugnisse zu fordern. Die Überprüfung dieser Forderung erfolgt mit Hilfe von Lösungen, die eine Zusammensetzung wie Speichel bzw. Schweiß haben. Darüber hinaus unterliegen Lacke, die zur Herstellung von Spielzeug verwendet werden, international strengen Anforderungen hinsichtlich ihres Gehaltes an toxischen Elementen (Pb, Ba, Cd, As, Hg, Cr u. a.). Bei Spielwaren aus Plasten ist zu berücksichtigen, daß sie nicht aus PVC bestehen dürfen, das mit Orthotrikresylphosphat weichgemacht wurde. Ausgenommen hiervon sind Bälle. Auch für Spielzeug sind detaillierte Bestimmungen in DDR- und Fachbereichstandards festgelegt.

26.10. Farben für Bedarfsgegenstände

Spezielle Festlegungen für Anstrichmittel und Farben, die zur Herstellung von Bedarfsgegenständen bestimmt sind, wurden in der DDR nicht erlassen. Die Anforderungen an derartige Erzeugnisse ergeben sich aus den Anforderungen des Lebensmittelgesetzes, wonach bei bestimmungsgemäßer und vorauszusehender Verwendung des Bedarfsgegenstandes eine Schädigung der menschlichen Gesundheit nicht eintreten darf. Der Bedarfsgegenstand muß in seiner Ganzheit, also einschließlich der zu seiner Herstellung verwendeten Farben, diesen Anforderungen genügen.

Da es sich bei diesen Farben für Bedarfsgegenstände häufig um anorganische Pigmentfarbstoffe handelt, ist eine Überprüfung dieser Forderung in praxisnahen Migrationsversuchen meist möglich. Ähnlich liegen die Verhältnisse bei den auf dem Lebensmittelsektor verwendeten Lacksystemen. In den Migraten ist hier besonders auf phenolische Verbindungen, Amine und Formaldehyd zu achten.

26.11. Mittel zur Pflege von Bedarfsgegenständen, Haushaltschemikalien

Bei den Mitteln zur Reinigung und Pflege von Bedarfsgegenständen handelt es sich im wesentlichen um sauer oder alkalisch reagierende Lösungen bzw. Verbindungen. Je nach der Art des Materials, aus dem der Bedarfsgegenstand besteht, und je nach der Verunreinigung, die zu entfernen ist, muß hier die richtige Auswahl getroffen werden. Bei bestimmten Plasterzeugnissen ist ferner zu berücksichtigen, daß bei einer Behandlung mit heißem Wasser bzw. heißen Lösungen eine Deformierung des Formstoffes eintreten kann. Wesentlich ist, daß durch den Einsatz dieser Reinigungsmittel eine möglichst weitgehende Senkung des Keimgehaltes und die Entfernung sonstiger Verschmutzungen erreicht wird. Voraussetzung hierfür ist u. a. die Einhaltung der erforderlichen Mindestkonzentration des Reinigungsmittels.

Bei dem Einsatz von Reinigungsmitteln ist zu beachten, daß sich auch bei gutem Spülen geringe Rückstandsmengen auf den behandelten Bedarfsgegenständen nicht immer ausschließen lassen. Unter diesen Umständen muß daher von diesen Mitteln eine Zusammensetzung gefordert werden, die auf dem Weg über das Lebensmittel nicht zu einer Gesundheitsschädigung führen kann.

Die Kenntnis der Zusammensetzung sowie die Einhaltung der Anwendungsvorschrift von Haushaltschemikalien ist auch die Voraussetzung für eine Aussage über ihre gesundheitliche Unbedenklichkeit. Unter Haushaltschemikalien wird eine Gruppe von Erzeugnissen zusammengefaßt, zu der neben den Mitteln zur Reinigung und Pflege von Bedarfsgegenständen noch weitere Erzeugnisse zählen, z. B. Lederpflegemittel, Fleckenentferner, Möbelpolituren, Schuhcremes, Autopolituren u. a. m. Ohne daß dies bereits gesetzlich fixiert ist, hat der Begriff „Bedarfsgegenstände" hierdurch eine gewisse Erweiterung erfahren.

27. Ausgewählte statistische Angaben über Lebensmittelverbrauch, Ernteerträge und Produktion*)

Tabelle 27.1. Jährlicher Pro-Kopf-Verbrauch ausgewählter Lebensmittel in der DDR

Erzeugnis		1965	1970	1980[10])
Fleisch und -erzeugnisse[1])	(kg)	58,7	66,1	98,4
Fisch und -erzeugnisse[2])	(kg)	9,1	7,9	7,5
Eier und -erzeugnisse	(Stck.)	211	239	290
Nahrungsfette	(kg)	33,7	33,6	33,3
Butter	(kg)	12,5	14,6	15,2
Tierfette, bearbeitet	(kg)	6,6	5,8	5,7
Margarine	(kg)	11,9	11,0	10,7
Pflanzenfette	(kg)	2,7	2,2	1,7
Trinkmilch	(*l*)	94,1	98,5	99,3
Käse	(kg)	4,3	4,6	7,4
Mehl und Nährmittel[3])	(kg)	100,2	97,3	94,2
Hülsenfrüchte	(kg)	1,3	1,5	1,1
Kartoffeln[4])	(kg)	156,5	153,5	142,1
Gemüse, gesamt[5])	(kg)	63,8	84,8	96,8
Frischgemüse	(kg)	47,9	61,3	65,8
Obst, gesamt[6])	(kg)	46,5	55,5	63,4
Frischobst	(kg)	28,3	34,4	32,7
Zucker und Zuckererzeugnisse[7])	(kg)	30,1	34,4	40,7
Zucker	(kg)	18,1	17,1	13,8
Kaffee, geröstet	(kg)	1,8	2,2	2,8
Tee	(kg)	0,09	0,09	0,1
Zigaretten	(Stck.)	1123	1257	1721
Alkoholfreie Getränke[8])	(*l*)	30,9	40,8	81,8
Wein und Sekt[9])	(*l*)	4,2	5,0	9,6
Bier	(*l*)	80,6	95,7	138,7
Spirituosen	(*l*)	4,7	6,6	12,3

[1]) Fleisch mit Knochen
[2]) effektives Warengewicht
[3]) einschließlich Reis, geschält
[4]) ohne in der Lebensmittelindustrie zu Stärkeerzeugnissen weiterverarbeitete Kartoffeln
[5]) umgerechnet auf Frischware, einschließlich Zwiebeln
[6]) umgerechnet auf Frischware, einschließlich Nüsse und Nußkerne
[7]) umgerechnet auf Weißzucker
[8]) ab 1970 einschließlich alkoholhaltiger Erfrischungsgetränke
[9]) nur industrielle Herstellung
[10]) vorläufige Zahlen

*) Alle Angaben sind — wenn nicht ausdrücklich anders vermerkt — dem „Statistischen Jahrbuch der DDR" entnommen, wobei bei den Ernteerträgen und Produktionszahlen jeweils die Haupterzeugungsländer und im Vergleich dazu die DDR und die BRD aufgeführt sind.

Tabelle 27.2. Jährlicher Pro-Kopf-Verbrauch einiger ausgewählter Lebensmittel in verschiedenen Ländern des RGW

Land	Jahr	Fleisch und -erzeugnisse (kg)	Fisch und -erzeugnisse (kg)	Eier (Stck.)	Pflanzenfette (kg)	Zucker und -erzeugnisse (kg)	Mehl und Nährmittel (kg)	Kartoffeln (kg)
Bulgarien	1960	32,7	2,0	84	9,6	17,7	190	35
	1979	62,1	6,6	187	15,1	34,2	159	27
DDR	1960	55,0	–	197	2,2	29,3	101	174
	1979	87,8	7,0	284	1,7	40,8	95	143
Polen	1960	50	4,5	143	1,0	27,9	145	223
	1976	94	7,7	214	2,0	43,9	119	171
ČSSR	1960	56,8	4,7	179	4,1	36,3	126	100
	1979	84,0	5,3	310	7,0	38,5	108	86
UdSSR	1960	40	9,9	118	5,3	28,0	164	143
	1979	53,1	16,4	233	8,4	42,8	139	119
Ungarn	1960	47,6	1,5	160	0,8	26,6	133	98
	1976	68,0[1]	2,7[1]	270	5,3[2]	33,0	120	64

[1]) Werte für 1975
[2]) einschließlich Margarine

Tabelle 27.3. Pro-Kopf-Verbrauch einiger ausgewählter Lebensmittel in verschiedenen anderen Ländern[1])

Land	Jahr	Fleisch (kg)	Fisch (kg)	Eier (kg)	Margarine (kg)	Zucker (kg)	Getreide (kg)	Kartoffeln (kg)
BRD	1960/61	59,7	11,0	13,2	10,7	32,6	81,6	132,5
	1975	90,4	9,0	17,2	8,4	37,8	66,0	89,8
	1976	92,4	9,1	16,8	8,8	39,7	68,2	78,0
Dänemark	1977	72,9	21,7	11,9	17,4	46,8	66,4	55,0
	1978	–	–	12,3	16,4	41,7	68,1	65,0
Frankreich	1960/61	69,3	11,0	11,1	3,0	33,0	99,7	116,1
	1975	99,1	18,7	12,9	3,2	35,6	76,1	90,8
	1976	101,6	–	13,0	3,3	36,1	77,6	71,4
Großbritannien und	1960/61	67,9	9,7	14,4	6,4	52,7	81,9	102,2
Nordirland	1975	73,5	7,9	13,8	5,0	48,9	74,6	90,4
	1976	71,4	–	14,5	5,9	46,0	75,3	84,1
Italien	1960/61	28,5	7,1	9,1	0,9	22,7	134,5	44,9
	1975	65,2	10,8	11,3	1,1	30,5	131,1	36,5
	1976	67,2	–	11,1	1,1	27,0	126,9	34,2
Japan	1960/61	5,1	27,8	4,9	–	15,1	149,9	16,8
	1975	25,4	37,7	14,0	–	25,1	122,1	11,7
	1976	25,9	–	16,0	–	–	–	–
Niederlande	1977	74	10	11	25	41	64	78
Österreich	1975/76	80,9	2,1	14,4	–	34,9	80,5	60,5
	1976/77	83,1	2,1	14,5	–	37,8	78,1	59,9
Schweden	1960/61	50,1	18,7	11,9	16,1	43,1	72,2	87,4
	1975	60,9	23,5	12,7	17,8	42,5	61,2	80,6
	1976	63,9	–	12,3	–	–	–	–

[1]) OECD Food Consumption Statistics

Tabelle 27.3. (Fortsetzung)

Land	Jahr	Fleisch (kg)	Fisch (kg)	Eier (kg)	Margarine (kg)	Zucker (kg)	Getreide (kg)	Kartoffeln (kg)
Schweiz	1960/61	58,7	3,3	9,8	2,1	42,6	96,8	67,8
	1975	75,3	4,6	11,3	—	39,7	70,1	47,8
	1976	79,2	—	11,0	—	—	—	—
Spanien	1960/61	19,0	27,3	6,2	—	17,0	115,6	117,7
	1975	60,6	29,3	16,3	1,2	27,5	86,3	111,7
	1976	63,9	—	17,0	—	—	—	—
USA	1960	82,1	5,9	19,2	4,3	48,8	66,6	43,8
	1975	110,1	6,9	16,0	5,1	50,1	61,8	39,9
	1976	116,0	7,8	15,9	5,5	52,6	63,4	37,9

Tabelle 27.4. Welternteerträge an Getreide (1000 t)

	1950	1960	1970	1979
Weizen	174 200	245 500	318 437	425 478
Reis	151 100	239 800	308 767	379 814
Körnermais	137 450	215 900	261 312	394 231
Gerste	52 500	93 000	139 551	172 175
Hafer	62 500	59 500	55 557	42 909
Roggen	37 600	37 210	27 722	23 705

Tabelle 27.5. Ernteerträge an Weizen (1000 t)

	1950	1960	1970	1979
Welt	174 200	245 500	318 437	425 478
UdSSR	31 076	64 299	99 734	90 207
USA	27 744	36 939	36 784	58 289
China (ohne Taiwan)	14 500	—	31 004	44 003[1])
Indien	6 391	10 324	20 093	34 982
Kanada	12 565	14 108	9 023	17 746
BRD	2 614	4 964	5 662	7 971
DDR	1 163	1 456	2 132	3 116

[1]) Wert für 1978

Tabelle 27.6. Ernteerträge an Reis (1000 t)

	1950	1960	1970	1979
Welt	151 100	239 800	308 767	379 815
China (ohne Taiwan)	55 100	85 000	105 226	143 400
Indien	30 930	51 297	63 338	69 000
Indonesien	8 615	13 151	19 204	26 350
Bangladesh	—	—	16 714	19 355
Thailand	6 782	7 789	13 270	15 640
Japan	12 064	16 073	16 490	15 600

Tabelle 27.7. Ernteerträge an Körnermais (1000 t)

	1950	1960	1970	1979
Welt	137 450	215 900	261 312	394 231
USA[1])	77 671	99 269	105 463	197 208
China (ohne Taiwan)	—	—	29 057	40 620
Brasilien	6 024	9 036	14 216	15 309
Rumänien	2 101	5 531	6 536	12 425
UdSSR	6 644	9 823	9 428	8 373
BRD	17	20	507	655

[1]) einschließlich Körnerwert für silierten, verfütterten oder abgeweideten Mais

Tabelle 27.8. Ernteerträge an Gerste (1000 t)

	1950	1960	1970	1979
Welt	52 500	93 000	139 551	172 175
UdSSR	6 354	16 021	39 172	47 954
Frankreich	1 572	5 716	8 126	11 238
Großbritannien	1 737	4 309	7 529	9 550
Kanada	3 732	4 212	9 051	8 460
USA	6 608	9 390	9 061	8 238
BRD	1 473	3 221	4 754	8 715
DDR	559	1 269	1 926	3 323

Tabelle 27.9. Ernteerträge an Hafer (1000 t)

	1950	1960	1970	1979
Welt	62 500	59 500	55 557	42 909
UdSSR	13 005	11 999	14 203	15 162
USA	20 473	16 769	13 313	7 757
Kanada	6 476	6 146	5 673	2 978
Polen	2 127	2 774	3 209	2 186
BRD	2 545	2 179	2 484	2 999
DDR	1 048	1 007	558	532

Tabelle 27.10. Ernteerträge an Roggen (1000 t)

	1950	1960	1970	1979
Welt	37 600	37 210	27 722	23 705
UdSSR	18 016	16 357	12 972	8 117
Polen	6 488	7 878	5 433	5 201
Türkei	443	700	630	620
ČSSR	1 147	895	454	486
BRD	3 021	3 795	2 663	2 105
DDR	2 300	2 126	1 483	1 830

Tabelle 27.11. Ernteerträge an Kartoffeln (1000 t)

	1950	1960	1970	1979
Welt	260 100	283 600	312 155	284 471
UdSSR	88 612	84 374	96 783	90 956
China (ohne Taiwan)	12 400	—	34 824	—
Polen	36 130	37 855	50 301	49 572
USA	11 700	11 677	14 781	15 769
BRD	27 959	24 546	16 250	8 746
DDR	13 711	14 821	13 054	12 243

Tabelle 27.12. Ernteerträge an Kaffee (1000 t)

	1950	1960	1970	1979
Welt	2 190	3 660	3 856	4 929
Brasilien	1 071	1 796	755	1 295
Kolumbien	338	462	507	756
Elfenbeinküste	—	186	240	275
Mexiko	66	124	184	228
Indonesien	36	92	178	227
El Salvador	65	94	129	152

Tabelle 27.13. Ernteerträge an Tee (1000 t)

	1950	1960	1970	1979
Welt	570	970	1 297	1 817
Indien	276	321	422	550
UdSSR	85	164	273	480
China (einschl. Taiwan)[1])	—	—	—	304
Sri Lanka	143	197	212	208
Japan	42	78	91	106
Kenia	7	14	41	99

[1]) Statistisches Jahrbuch für die BRD 1981

Tabelle 27.14. Ernteerträge an Kakao (1000 t)

	1950	1960	1970	1979
Welt	790	1 200	1 514	1 616
Elfenbeinküste	—	94	179	360
Brasilien	136	163	197	298
Ghana	—	439	406	295
Nigeria	112	189	350	180
Kamerun	—	82	112	115

Tabelle 27.15. Fischfang (1000 t)[1])

	1950	1960	1970	1979
Welt	20 140	40 000	70 400	72 380
Japan	3 086	6 193	9 367	10752
UdSSR	1 755	3 541	7 828	8930
China (einschl. Taiwan)[2])	—	—	—	4660
Norwegen	1 468	1 543	2 986	2647
BRD	525	674	613	422
DDR	—	115	320	201

[1]) Fangergebnisse der See- und Binnenfischerei einschließlich Seetang, Krebstiere und Muscheln, aber ohne Wassersäugetiere

[2]) Statistisches Jahrbuch für die BRD 1981

Tabelle 27.16. Produktion von Fleisch (1000 t Schlachtgewicht)

	1970	1979
Welt	104 095	139 742
USA	22 633	25 965
China (einschl. Taiwan)[1])		22 352
UdSSR	12 278	15 511
Frankreich	4 193	5 272
Argentinien	3 256	3 942
BRD	3 849	4 594
DDR	1 271	1 809[2])

[1]) Statistisches Jahrbuch für die BRD 1981

[2]) Wert für 1978

Tabelle 27.17. Produktion von Zucker[1]) (1000 t)

	1950	1960	1970	1979
Welt	33 700	52 301	72 896	88 910
UdSSR	2 523	6 363	10 221	10 647
Kuba	5 759	5 943	7 559	7 212
Brasilien	1 900	3 319	5 019	7 000
Indien	1 242	2 814	4 634	6 400
USA	3 161	3 635	5 327	5 059
BRD	1 212	2 017	1 854	2 745
DDR	605	680	540	792

[1]) Angaben, soweit möglich, in Rohzuckerwert ausgedrückt

Tabelle 27.18. Produktion von Butter und Margarine (1000 t)

Butter	1970	1979	Margarine	1970	1979
UdSSR	1 067	1 409	UdSSR	762	1 273
Frankreich	461	566	USA	1 012	1 158
USA	518	447	Großbritanien	315	359
Polen	128	252	Niederlande	234	209
			Polen	165	181
BRD	494	567			
DDR	216	276	BRD	520	509
			DDR	188	169

Tabelle 27.19. Weinerzeugung 1974 (1000 *hl*)[1]

Italien	76 867
Frankreich	75 482
Spanien	38 267
UdSSR	27 638
Argentinien	27 283
BRD	6 805
DDR	25

[1]) Angaben des Internationalen Weinamtes in Paris

28. Literatur

Allgemeine Literatur zum vertiefenden Studium (vgl. auch I; 17.)

ESKIN, N. A. M., H. M. HENDERSON und R. J. TOWNSEND, „*Biochemie der Lebensmittel*", Verlag Hüthig, Heidelberg 1976

GASSNER, G., „*Mikroskopische Untersuchung pflanzlicher Lebensmittel*", VEB Gustav Fischer Verlag, Jena 1973

GRAHNEIS, H. und K. HORN, „*Taschenbuch der Hygiene*", VEB Verlag Volk und Gesundheit, Berlin 1979

„*Handbuch der Lebensmittelchemie*", Bd. I–IX, Springer-Verlag, Berlin-Heidelberg-New York 1965–1970

HEIMANN, W., „*Grundzüge der Lebensmittelchemie*", 3. Aufl., Verlag Steinkopff, Darmstadt 1976

„*Lebensmittelgesetz*", Staatsverlag der DDR, Berlin 1978

„*Lebensmittel-Lexikon*", VEB Fachbuchverlag, Leipzig 1979

„*Lehrbuch der Botanik*", 31. Auflage, VEB Gustav Fischer Verlag, Jena 1973

MAIER, H. G., „*Lebensmittelanalytik*", Bd. I–III, Verlag Steinkopff, Darmstadt 1974–1977

MÜLLER, G., „*Grundlagen der Lebensmittelmikrobiologie*", VEB Fachbuchverlag, Leipzig 1974; „*Mikrobiologie pflanzlicher Lebensmittel*", VEB Fachbuchverlag, Leipzig 1977

RAUSCHER, K., R. ENGST und U. FREIMUTH, „*Untersuchung von Lebensmitteln*", VEB Fachbuchverlag, Leipzig 1972

SCHORMÜLLBR, J., „*Lehrbuch der Lebensmittelchemie*", 2. Auflage, Springer-Verlag, Berlin-Heidelberg New York 1974

Spezielle Literatur zum vertiefenden Studium

BITTRICH, H. J., D. HABBRLAND und G. JUST, „*Leitfaden der chemischen Kinetik*", VEB Deutscher Verlag der Wissenschaften, Berlin 1973

HERRMANN, J., Qualitäts- und Prozeßoptimierung zur Erhöhung der Effektivität der Lebensmittelproduktion durch die Reaktionskinetik der Lebensmittel (Fortschrittsbericht), Die Lebensmittelindustrie *23* (1976), 399, 469, 515 und 537

HORN, H., „*Handbuch der Desinfektion und Sterilisation*", (Bd. II, S. 64–88, J. HERRMANN, „*Kinetik der Keimabtötung*"; S. 384–411, J. HERRMANN, „*Sterilisation von Lebensmitteln*"), Verlag Volk und Gesundheit, Berlin 1973

KITTNER, H., „*Wasserversorgung*", VEB Verlag für Bauwesen, Berlin 1975

LEITHE, W., „*Umweltschutz aus der Sicht der Chemie*", Wissenschaftliche Verlagsgesellschaft, Stuttgart 1975

LIENIG, D., „*Wasserinhaltsstoffe*", Akademie-Verlag, Berlin 1979

FARCHMIN, G. und G. SCHEIBNER, „*Tierärztliche Lebensmittelhygiene*", 2. Auflage, VEB Gustav Fischer Verlag, Jena 1973

GRAU, R., „*Fleisch und Fleischwaren*", 2. Auflage, Verlag Parey, Berlin-Hamburg 1969

HAMM, R., „*Kolloidchemie des Fleisches*", Verlag Parey, Berlin-Hamburg 1972

KRAMLICH, W. E., A. M. PEARSON und F. W. TAUBER, „*Processed Meats*", Avi Publ. Comp., Inc., Westport, Connecticut 1973

KRÜGER, F., G. LEMKE und H. WEINLING, „*Fleisch und Fleischerzeugnisse*", 5. Auflage, VEB Fachbuchverlag, Leipzig 1976
KRYLOWA, N. N. und J. N. LJASKOWSKAJA, „*Biochemie des Fleisches*", 2. Auflage, VEB Fachbuchverlag, Leipzig 1978
SULSER, H., „*Die Extraktstoffe des Fleisches*", Wissenschaftliche Verlagsgesellschaft Stuttgart 1978
BRANDENBURG, E. und H. KRÄMER, „*Industrielle Fischverarbeitung*", VEB Fachbuchverlag, Leipzig 1967
HENNIG, R., „*Fischwaren*", VEB Fachbuchverlag, Leipzig 1972
JENESS, R. und ST. PATTON, „*Grundzüge der Milchchemie*", Bayrischer Landwirtschaftsverlag, München 1967
KIERMEIER, F. und E. LECHNER, „*Milch und Milcherzeugnisse*", Verlag Parey, Berlin-Hamburg 1973
TÖPEL, A., „*Chemie und Physik der Milch*", VEB Fachbuchverlag, Leipzig 1976
BALTES, J., „*Gewinnung und Verarbeitung von Nahrungsfetten*", Verlag Parey, Berlin-Hamburg 1975
PARDUN, H., „*Analyse der Nahrungsfette*", Verlag Parey, Berlin-Hamburg 1976
KOSMINA, N. P., „*Biochemie des Getreides und seiner Verarbeitungsprodukte*", Verlag Kolos, Moskau 1976
ROHRLICH, M. und G. BRÜCKNER, „*Das Getreide*", Verlag Parey, Berlin-Hamburg 1966
KOSMINA, N. P., „*Biochemie der Brotherstellung*", VEB Fachbuchverlag, Leipzig 1977
HERRMANN, K., „*Gemüse und Gemüsedauerwaren*", Verlag Parey, Berlin-Hamburg 1969
HERRMANN, K., „*Obstdauerwaren und Obsterzeugnisse*", Verlag Parey, Berlin-Hamburg 1966
EINHORN, O., H. KÖTER und G. MEISCHAK, „*Obst und Gemüse*", VEB Fachbuchverlag, Leipzig 1975
HONIG, P., „*Principles of Sugar-Technology*", Bd. I—III, Elsevier Publ. Comp., Amsterdam-London-New York-Princeton 1953—1963
FINCKE, R., „*Zucker und Zuckerwaren*", Verlag Hayn's Erben, Berlin 1957
„*Die Zuckerherstellung*", 2. Auflage, VEB Fachbuchverlag, Leipzig 1980
GRIEBEL, C., H. MELCHIOR und H. KASTNER, „*Gewürze und gewürzhaltige Gemenge*", 2. Auflage, Verlag Parey, Berlin-Hamburg 1974
DE CLERCK, J., „*Lehrbuch der Brauerei*", Versuchs- und Lehranstalt für Brauerei, Berlin 1964
KUNZE, W., „*Technologie Brauerei und Mälzerei*", 4. Auflage, VEB Fachbuchverlag, Leipzig 1978
GOLLMICK, F., H. BOCKER und H. GRÜNZEL, „*Das Weinbuch*", VEB Fachbuchverlag, Leipzig 1970
VOGT, E. und E. BIEBER, „*Weinchemie und Analyse*", Verlag Ulmer, Stuttgart 1970
WÜSTENFELD, H., „*Trinkbranntweine und Liköre*", Verlag Parey, Berlin-Hamburg 1950
SCHÄR, W., „*Alkoholische Getränke*", VEB Fachbuchverlag, Leipzig 1976
FINCKE, H., „*Handbuch der Kakaoerzeugnisse*", 2. Auflage, Springer-Verlag, Berlin-Heidelberg-New York 1965
MARSCHALKIN, G. A., „*Technologie der Süßwarenindustrie*", Verlag der Lebensmittelindustrie, Moskau 1978
WOLF, G., L. HICKETHIER, A. HÄRTLEIN und H. SKALWEIT, „*Kakao, Schokolade, Pralinen*", VEB Fachbuchverlag, Leipzig 1963
LEHMANN, H., „*Alkoholfreie Getränke*", VEB Fachbuchverlag, Leipzig 1979
SEIDEL, K. und H. BOSSECKERT, „*Moderne Diätetik*", 2. Auflage, Johann Ambrosius Barth, Leipzig 1971
VETTER, K., F.-K. GRÜTTE und R. NOACK, „*Kalorienreduzierte Nahrungsmittel*", VEB Verlag Volk und Gesundheit, Berlin 1975
DAVIS, P., „*Single Cell Protein*", Academic Press Inc., London 1974
GUTCHOW, M., „*Textured Foods and Allied Products*", Noyes Data Corporation, Park Ridge — New Jersey 1973
HANSON, L. P., „*Vegetable Protein Processing*", Noyes Data Corporation Park Ridge — New Jersey 1974
INGLETT, E., „*Fabricated Foods*", Avi Publ. Comp., Inc., Westport, Connecticut 1975
TOLSTOGUSOW, V. B., „*Künstliche Lebensmittel*", Verlag Nauka, Moskau 1978
TOSHIMARO SONE, „*Consistency of Foodstuffs*", D. Reidel Publ. Co., Dordrecht 1972
VIEWEG, R., „*Kunststoffhandbuch*", Bd. I—XI, Verlag Hanser, München 1963—1975
LEFAUX, R., „*Chemie und Toxikologie der Kunststoffe*", Verlag Krausskopf, Mainz 1966

29. Sachwortverzeichnis

Bei Fragen zur Produktsicherheit wenden Sie sich bitte an:
If you have any questions regarding product safety,
please contact:

Walter de Gruyter GmbH
Genthiner Straße 13
10785 Berlin
productsafety@degruyterbrill.com